【第二卷】

山东教育出版社

杨鑫辉心理学文集

杨鑫辉 著

图书在版编目（CIP）数据

杨鑫辉心理学文集．第二卷/杨鑫辉著．—济南：山东教育出版社，2014
ISBN 978-7-5328-8424-7

Ⅰ．①杨… Ⅱ．①杨… Ⅲ．①心理学－文集 Ⅳ．①B84-53

中国版本图书馆CIP数据核字（2014）第082115号

杨鑫辉心理学文集

第二卷

杨鑫辉 著

主　管：山东出版传媒股份有限公司
出版者：山东教育出版社
（济南市纬一路321号　邮编：250001）
电　话：(0531) 82092664　传真：(0531) 82092625
网　址：http://www.sjs.com.cn
发行者：山东教育出版社
印　刷：山东新华印务有限责任公司
版　次：2014年5月第1版第1次印刷
规　格：787mm×1092mm　1/16
印　张：33.25印张
字　数：445千字
书　号：ISBN 978-7-5328-8424-7
定　价：76.00元

（如印装质量有问题，请与印刷厂联系调换）
印厂电话：0531-82079112

杨鑫辉简介

杨鑫辉，1935年7月生，江西省萍乡市人，中共党员。南京师范大学心理学教授，博士、博士后导师，江苏省心理学重点学科带头人。1958年毕业于华中师范大学教育系，师从完形心理学派创始人考夫卡门生朱希亮教授。曾任江西师范大学心理学教授、教育系主任兼教科所所长和心理技术应用研究所所长。曾任主要社会兼职有：加拿大西安大略大学、南开大学、武汉大学、中山大学、河海大学、西南师大、贵州师大、绵阳师院、萍乡高专等校兼职教授或客座教授。1984年起历任中国心理学会第4—9届理事或常务理事，兼心理学理论与历史专业委员会委员、副主任、主任。江西省人大代表，江西省心理学会理事长，江西省科协常委，江西省社联常务理事。江苏省心理学会高级顾问，中美精神心理学研究所顾问，全国维果茨基研究会顾问，第28届国际心理学大会顾委。还曾任《心理学报》、《心理科学》等学术刊物编委，《心理学探新》主编、名誉主编、顾问。2000年创办全国心理技术应用研究论坛（开始称研究会）被推选为主席。2013年北京创刊的《心理技术与应用》杂志邀任顾问。

杨鑫辉教授是“有影响有学术造诣的心理学家”，“心理学史理论家”。他跟我国心理学泰斗潘菽、高觉敷先生和燕国材教授等共同创建中国心理学史学科，填补了世界心理学史的重要空白。是我国第一部《中国古代心理学思想研究》（1983）论集的倡导人和组织者，是我国第一部教育部部编教材《中国心理学史》（1985）的副主编和教材大纲撰稿人，其学术专著《中国心理学思想史》（1994）被誉为该学科发展“新的里程碑”，又是第一部通古今贯中外的五卷本《心理学通史》（2000）主编。他主张心理学要跨学科交叉和面向社会生活。是中国现代心理技术学体系的创建人，创办国内首家心理技术应用研究所（1991），创建全国心理技术应用研究论坛（2000），出版学术专著《现代心理技术学》（2005），还是现代大教育观理论建构的提出者，主编出版由全国多学科中青年专家为主体撰写的《现代大教育观》（1990）。

杨鑫辉教授著述丰硕，个人专著及主编、副主编、合著67部，发表文章200多篇。主持一系列部省级科研项目，其科研成果获教育部人文社科、省政府哲学社科一、二、三等奖及国家图书奖提名奖、中国图书奖等国家、省部级奖20多项。在全国率先招收中国心理学史、心理技术学和思维科学博士生、硕士生，指导培养硕士、博士、博士后近50人，深受学生爱戴。1987年应邀赴加拿大西安大略大学、多伦多大学作中国心理学史讲学、交流并访问美国，后来还访问过俄罗斯，十余次在国际学术会议和港台学术会议上报告交流。

杨鑫辉教授于1984年评为江西省南昌市劳动模范，1987年被评为江西省先进科技工作者，1988年被国家人事部授予国家级有突出贡献中青年专家称号，1989年获全国优秀教师奖章，1991年起享受国务院颁发的政府特殊津贴，2003年被评为江苏省高校优秀共产党员，2004年被评为江苏省优秀哲学社会科学工作者。2009年被中国心理学会首批认定为心理学家，2011年获中国心理学会学科建设成就奖。国内外许多报刊辞书将其作为现代心理学家、社会科学家和教育家评介，被列入国际心联《国际心理学家名录》、英国剑桥国际中心《20世纪杰出人物传》、《当代世界名人传·中国卷》等国内外传记。

自序

我出生在江西省萍乡市的一个中医药世家，后来怎么成了一个心理学教师与研究者呢？在社会政治经济、文化科学的大背景下，中小学老师和家庭长辈的教育培养，给我打下了做人品格和文化教养的基础，读中学时便立志终身从事教育事业。1954年秋第一志愿考取华中师范大学（当时称学院）教育系，报考选志愿时是得到班主任和学校支持的。入大学后，在全面学好各门基础课程的情况下，着重钻研了心理学。我们的心理学老师朱希亮教授是完形学派考夫卡的门生，他渊博的学识和富于情感的讲课深深地吸引着我攻读心理学书籍，参加心理学课外兴趣组，引发我给报刊写点短文章。1956年党发出“向科学进军”的号召，更激发了我的热情与动力，并大胆地撰写关于思维问题的论文请老师审阅且得到鼓励，寄给成立不久的中国科学院心理研究所寻求指导，也得到肯定和希望进一步研究提高的书面答复。总之，朱希亮先生是把我带入心理科学领域的领路人和第一个指导者。中小学和大学阶段老师们的教育使我获得优秀的学习成绩，则为我深入钻研某门专业打下了较好的基础；同学和朋友的相互支持使我能较好地融入集体；尤其是党的教育和培养指引了我整个人生的方向。

大学毕业时，党发出了“到基层去”的号召，我积极服从组织分配，1958年秋去了湖南省新办的耒阳师范学校工作。当时国内出现过心理学“批判运动”的极“左”思潮，我还是坚持了心理学教学，认定心理学是一门科学。后来还自编铅印了《教育心理学讲义》在校内使用，并撰写了有关心理学文章。当时虽然也被安排教过别的课程，如教育学和人体解剖生理学，但总起来说，还是在师范从事了心理学专业七年。由于已在家乡结婚，1965年秋调回江西省萍乡市工作，在母校萍乡中学等校改教语文课程。教学中注意运用教育心理学理论指导，教学效果好。1975年下学期被市里调去编写江西省三二制中学语文试用课本和教学参考资料。十年“文化大革命”时期，中国心理学事业遭受严重的破坏，心理学教学和科研等活动都被迫停止。但是我还是坚信心理科学有用，结合语文教学工作，课余撰写了《错别字的心理学分析》等文章（改革开放后送到刊物便获得发表和转载）。还应提到，“文革”中学生“造反”时，我还比较机智地保存了自己所有的心理学专业书籍和杂志。总之，在我心中要从事心理学专业这一红线并未被完全切断。13年从事语文教学与教材编写工作中，有关古汉语的知识，还为我后来研究中国心理学史提供了语言文字工具方面的帮助。我的同辈人从事心理学专业工作所走的道路大体上也都是曲折的。

沐浴着中国共产党十一届三中全会的春风，社会主义现代化建设事业迅速发展，心理科学获得了重生。正是在这种形势下，经过江西师范大学中文系主任刘方元教授（我中学时的教导主任）的推荐，我于1978年冬调入该校，开始“归队”从事我喜爱的心理学教学与研究工作，并于1983年加入中国共产党，1984年起任教育系系主任。我用“志坚当高远不断进取，情真贵久深始终如一”来勉励和鞭策自己。我如饥似渴钻研中外心理学资料，认认真真对待每一堂心理学课的教学。在此基础上探索心理学领域的有关学术问题，积极参加了中国心理学史学科的开拓和创建工作，在国内首倡重建现代心理技术学，并提出现代大教育观理论建构。率先在大学开设中国心理学史课程，建立了首个以中国心理学史为重点的心理学硕士点，创办了国内第一个心理技术应用研究所。在江西期间，高觉敷先生曾三次想调我到南京，1992年他在病中给校领导写信希望“商请……心理学史理论家杨鑫辉教授转于我的博士点名下”。这令我既感激又惶恐。从全局出发经两校领导协商，我于1995年春调入南京师范大学，在原先以西方心理学史为重点的博士点平台上，拓展了自己的研究广度和深度，1996年在全国率先招收中国心理学史博士生，指导培养多个研究方向的博士生，后来和教育学家鲁洁教授合作指导两届各一名心理学博士后。在国内外心理学学术活动方面，被邀请讲学、参加会议、合作论著的联系交往更广泛，出版撰写的专著、论文和主编的著作、论集更多，在学术组织里担负的任务更重，担任兄弟高校客座教授、主持博士答辩也更多，2004年起至今的十年退休期间，做到了退而不休，仍然继续在心理学研究方面竭尽绵薄之力。总之，进入大学工作以后至今的35年里，我集中全部精力潜心为心理学事业而努力。在此我要特别感谢潘菽学部委员（现称院士）、高觉敷教授、刘兆吉教授等老一辈心理学家的器重、鼓励与指导；要感谢同在心理学理论与历史研究领域的好友和兄长车文博教授、燕国材教授等当代心理学家的关心、协作与帮助，感谢老一辈心理学家陈立、朱智贤、张厚粲、赵璧如、赵莉如、王启康教授等的勉励与支持；也要感谢所有关心和支持我的研究工作的领导和心理学界同仁与其他同志们；还要感谢我的妻子黎志萍和家人在生活方面的全力支持，而无后顾之忧。

“讲学开人心之扉，著述寄墨砚之情。”我工作了半个多世纪，主要就做了教书育人和学术研究两个方面的一些事情，要求自己坚持“虚怀若谷博采众长，独立钻研锐意开拓”的治学原则。回顾一下撰写的著作论文和主编、参编的论著，概括起来主要涉及四个研究领域，其成果线索是：

（1）中国心理学史方面：① 1980年的《“学记”心理学思想初探》

论文和《研究中国心理学史刍议》发言稿，在重庆全国心理学基本理论学术会议上，得到理事长潘菽教授看重，吸收我作为在会上成立的中国心理学史研究组织成员，并主动将《初探》发表在《心理学探新》上，后来又在《心理学报》上发表了《刍议》。1983年上学期借调南京师范大学，在高觉敷教授指导下负责草拟我国第一部《中国心理学史》教材的编写大纲。② 担任副主编的《中国心理学史》（顾问潘菽，主编高觉敷，另一副主编燕国材），1986年人民教育出版社出版。该书是中国心理学史学科建立的主要标志。本人于1987年开始招收中国心理学史硕士研究生。③《中国心理学史研究》一书（1990年10月由江西高校出版社出版），集结了本人1980年至1990年春一系列论文，归纳为总论、学史研究，范畴、专题研究，古代人物研究，古代专著研究和现代心理学家研究五个部分。④《中国心理学思想史》一书（1994年8月江西教育出版社出版），包括对象、意义与方法论，心理学思想发展脉络，心理实质探索，心理实验与测验追源，普通心理学思想，应用心理学思想，学史、现状与前瞻七章。获得省和教育部多项优秀奖；2012年被张厚粲主编《20世纪中国学术大典》（心理学卷）列为20世纪中国31部心理学名著之一。⑤《中国心理学史论》（2002年11月安徽教育出版社出版），包括总论、价值论、方法论、范畴论、专题论、体系论、文献论、学史论和余论九章。1995年调入南京师范大学给博士研究生开讲了这门课。该书是在讲稿的基础上写的。⑥ 将研究成果收入其他心理学史著作丛书。例如，我主编的五卷本《心理学通史》（2000年10月山东教育出版社出版），第一卷为中国古代心理学思想史，第二卷为中国近现代心理学史；又例如，2012年山东教育出版社出版了我主编的《文化·诠释·转换——中国传统心理学思想探新系列》（共11册），本人单独撰著了《医心之道——中国传统心理治疗学》。

（二）现代心理技术学方面：① 1979年12月中国心理学会在天

津举行全国心理学学术会议。我因故未出席会议，但提交了论文《略论心理学的应用与普及》（载《江西师院学报》1980年第1期、中国人民大学《心理学》1980年第4期选刊），强调“心理学的应用与普及是心理学发展的生命力”。这可以说是本人后来提出重建现代心理技术学的基础和起点。② 1988年在成都举行的中国心理学会基本理论心理学术会议上，报告《心理科学应当面向社会生活》论文，明确提出要重建心理技术学，并简述其研究内容与方法。1989年开始招收培养心理技术研究方向的硕士生。1991年在江西师范大学建立国内第一个心理技术应用研究所。③ 1999年10月在九江市举行的中国心理学会理论心理学与心理学史专业委员会学术会上致开幕词：《大力促进心理学理论与实践研究的结合》，提出首先要做的是“完善和发展心理技术学”。该年秋，本人已在南京师范大学招收心理技术学博士生，《心理科学》1999年第5期的《现代心理技术学的体系建构》一文，曾应邀在全国人、机、理系统工程学术会上报告，这是较系统的一次概述。④《加入WTO的心理应对：强化五种意识》一文是2001年在上海第二届全国心理技术应用研究论坛开幕词的主要内容，2003年选入中国世界贸易组织研究院编选的《WTO与中国经济研究文库》。⑤ 出版专著《现代心理技术学》（上海教育出版社，2005年1月），作了较系统全面的阐述；《心理学大辞典》（林崇德、杨治良、黄希庭主编，2004年）在辞条“心理技术学”中称：“中国学者杨鑫辉于20世纪80年代中期提出要重建心理技术学，并称原先的为经典心理技术学，要重建的为现代心理技术学。”

（三）理论心理学方面：①《必须用辩证法指导我国心理学的发展》一文，在1981年中国心理学会成立60周年学术会议上报告交流，概要地反映了我对心理学方法论的基本观点。载《心理科学通讯》1982年第3期，选入中国人民大学《心理学》复印资料1982年第6期。②《建立有中国特色的心理学思想》（与我的在读博士生汪凤炎、赵凯、郭永玉合作而成）发表在《心理学动态》1997年第3期（后载入《潘菽全集》第十卷附录）。2000年中国心理学会理论心理学与心理学史学术年会上，作了《大力推进心理学的中国化研究》学术主题报告。③《把握当代心理学的发展趋势》（1999年）和《当代心理学的发展趋势》（2001年），从总体层面概括为四点：心理学的高新科技化；心理学的综合化；心理学的本土化（或称中国化）；心理学的实用化。④ 主持教育部人文社会科学"九五"规划项目，领衔出版其成果《危机与转折——心理学的中国化问题研究》（黑龙江人民出版社，2002年9月），包括绪论、理论篇和应用篇，集结了课题组成员即我一批博士生的20篇论文。

（四）现代大教育观理论等其他方面：① 主编《现代大教育观——中外名家教育思想研究》（江西教育出版社，1990年）。经过多年酝酿，1988年我提出："所谓现代大教育观……它采取全方位的观点，系统论的观点，从哲学、政治学、经济学、社会学、文化学、心理学、传统教育学、管理学、传播学、未来学等各个角度，综合地考察研究教育的本质和规律。"该书《绪论》作了较全面的论述。组织全国21个单位的31位中青年同志共同研究和撰写而成。1991年获得全国优秀图书等多种奖励。② 1997年在《江西教育科研》上发表《心理素质教育是素质教育的重要方面》。主编出版《青少年心理素质教育丛书》（江西教育出版社，1997年）。③ 发表《现代教育的三大基本观念》（《南京师范大学学报》1999年第3期），提出"视野：现代大教育观"、"目标：全面素质教育观念"、"手段：现代教育技术观念"。在江苏、内蒙等省应邀举办讲座，2001年《江南时报》等多家刊物选登。武汉有教育博士生撰写学位论文也前来访谈。

还有其他方面，如西方和苏俄的心理学，中国教育史、语文教学等的论述，这里就略而不说了。值得一提的是我2001年出版的《心理学的历史·理论·技术》，将原先的主要论文归纳为史学心理撷粹、理论心理探微、心理技术应用等部分，已具本《文集》后半部分的雏形。

本《心理学文集》共四卷。第一卷包括中国心理学史的两本专著:《中国心理学思想史》和《中国心理学史论》。第二卷是关于心理技术与应用的两本专著:《现代心理技术学》和《医心之道——中国传统心理治疗学》。第三卷和第四卷编入论文和附录。论文部分的编排顺序是心理学历史、心理学理论、心理技术应用和其他文章。附录部分包括报道评论感言、学习工作纪要、主要著述简目。

悠悠岁月，从教56载，我已进入耄耋之年。谨以此《文集》微薄的成果呈献给祖国人民和学界，回报社会，以慰吾心。热诚祝愿21世纪心理科学事业更加繁荣，祖国社会主义现代化建设更加昌盛。

杨鑫辉

2014年1月8日于南京仙林大学城香樟园寓所

目录

医心之道——中国传统心理治疗学

现代心理技术学

第一章 现代心理技术学概论

心理技术学（psycho-technology）的名称，是德国心理学家斯腾（L. W. Stern）于1903年提出来的。近半个世纪以来，提及心理技术学的人很少，或者说被许多心理学工作者淡忘了。但是，在心理学应用于社会生活各个领域时，实际上人们仍然要做心理技术方面的某些工作，只是没有自觉地在心理技术学的统领下开展罢了。而今，科学的发展，包括心理科学的发展，愈来愈显示出技术学层面的生命力，加之社会生活实践的迫切需要，故而又将一百年前出现的“心理技术学”的名称召唤回来。

笔者于20世纪80年代中期便明确提出，要重建心理技术学的新体系，后来在《心理科学应当面向社会生活》[1]一文中又作了简要阐述。尽管当时并未为很多人所理解，但是，我们仍然从1989年起在普通心理学硕士点拓展研究方向，招收了多届心理技术学的研究生。1991年，笔者还在江西师范大学创建了国内首家心理技术应用研究所，并于1999年在《心理科学》和《心理学探新论丛》（1999）上发表了现代心理技术学的体系建构的论文[2]，论述重建心理技术学的必要性和现代心理技术学的内容体系。同年起，笔者在南京师范大学又招收了两届心理技术学博士生。

[1] 杨鑫辉：《心理科学应当面向社会生活》，《心理学探新》1990年第1期。

[2] 杨鑫辉：《略论现代心理技术学的体系建构》，《心理科学》1999年第5期。杨鑫辉：《现代心理技术学的体系建构》，《心理学探新论丛》（1999），南京师范大学出版社1999年版，第195—203页。

2000年在南京举办了首届全国心理技术应用学术研讨会，2001年在上海召开了第二届全国心理技术应用学术研讨会，并在中国心理学会的支持下，成立了全国心理技术应用研究会，由笔者任会长，2002年在湖南省张家界召开第三届全国心理技术应用学术研讨会，2003年在江西省萍乡市召开第四届全国心理技术应用学术研讨会，并根据中国科协的精神和中国心理学会的指导性建议，将全国心理技术应用研究会更名为全国心理技术应用研究论坛。2004年在四川绵阳市召开第五届全国心理技术应用学术研讨会。2002年起每年主编出版《心理技术应用论丛》（后改为《心理技术应用研究》），重建心理技术学新体系，已逐步为学术界所接纳和重视，尤其受到了社会各实际工作部门的欢迎和支持。

特别值得一提的是，在中国系统工程学会举办的历届人—机—环境系统工程学术研讨会上，与会者们都有心理技术应用方面的论文在会上报告交流，并已选编在正式出版的《人·机·环境系统工程研究进展》各卷书里。例如，《论人员心理素质测评》（第1卷，1993年）、《关于心理特性测评的理论思考》、《射击运动员心理特性测评与思考》（第3卷，1997年）、《现代心理技术学的体系建构》（第4卷，1999年）、《人员不同气质类型组合与工作效率关系的比较研究》以及《优秀医药销售人员的心理选拔》（第5卷，2001年）等。此外，在《心理学探新论丛》上，也已发表了不少有关心理技术应用方面的论文。

我们把重建的心理技术学新体系称为现代心理技术学。本章是全书的总论，首先，叙述心理技术学的发展简史；其次，论述重建心理技术学的必要性；最后，阐述现代心理技术学的内容体系。

第一节　心理技术学的发展简史

前面已经指出，心理技术学的名称是德国心理学家斯腾于1903年提出来的。但是最早进行具体研究工作并取得突出成果的先驱，则是侨居美国的德国心理学家闵斯特伯格（H. Münsterberg，1863—1916）。他在1913—1914年间出版了专门著作《心理学与工业效率》与《心理技术学原理》。当时的心理技术学，是为了适应工业生产发展的需要，研究职业选择问题，运用心理测验方法选拔合格工人，以提高工业生产率。心理技术学实际上是劳动心理学开始发展时的名称，研究的内容着重于职业选拔和职业培训问题，也研究疲劳和劳动合理化等的内容，主要是为了解决人与机器之间的关系问题。

心理技术学在美国的兴起，是与资本主义的迅速发展、心理学内部机能主义学派出现后的影响联系在一起的。大家知道，铁钦纳是冯特的忠实学生，他在美国传播冯特的实验心理学，并极端地将心理学看成一门纯科学，打出了构造主义心理学的旗帜，与美国本土产生的机能主义心理学开展大论争，"认为机能主义心理学只是心理学的应用，是心理技术，不是心理学本门"[1]。但是，当时美国资本主义的迅速发展，需要有能为资本主义开拓疆土、讲求实效、有进取心、能适应环境的人。这就有力地支持了机能主义心理学的发展，并特别注重心理现象在人对社会环境适应中的作用，注重个人心理能力的差异。机能主义重视应用，正是它战胜构造主义的重要原因之一。心理技术学也正是在这一历史背景下兴起和发展的。

心理技术学曾在国际心理学界盛行过三四十年，这是与成立心理技术协会的推动工作分不开的。这里要特别提到另一位先驱人物瑞士心理学家克拉佩里德（Edouard Claparède，1873—1940），他的主要弟子和传人是皮亚杰，克拉佩里德提出如何用心理学知识进行主动干预，来处理现实生活中个人与群体的问题，并解决商务、教育和政府的问题。他在1920年建立了国际心理技术学协会。[2]1920年在日内瓦召开了第一届国

---

［1］高觉敷主编：《西方近代心理学史》，人民教育出版社1982年版，第196页。

［2］Kurt Pawlik等主编：《新世纪版国际心理学手册》下册，张厚粲主译，华东师范大学出版社2002年版，第703—704页。

际心理技术学会议，以后每一两年就举行一次国际研讨会，从而促使心理技术学在各国很快发展。在苏联，成立了心理技术协会，出版有《苏联心理技术学》杂志（1928—1934年），主要研究职业选择、工业心理、军事心理技术。但到了30年代，则受到批判。在美国，主要有心理治疗技术学。1953年西班牙马德里大学还成立了心理技术学系，培养研究生。1955年，国际心理科学联合会把国际心理技术学会改成国际应用心理学会，此后，心理技术学的名称就很少用了。但是，有的心理学家仍在关注这方面的问题。例如，美国著名心理学家斯金纳去世前不久，在《作为行为科学的心理学究竟发生了什么》一文中认为，心理学至今还没有发展出来一门强有力的技术学。很显然，斯金纳是主张积极发展心理技术学的。

上面勾画了心理技术学发展的主要轨迹。为了对这种发展有一个更为具体的了解，下面就将心理技术学在西方国家、在苏俄、在中国的发展情况，分别加以介绍。由于心理技术学与应用心理学存在特别密切的关系，下面的发展简介就不细分。

一、心理技术学在西方国家的发展简况[1]

心理学知识在工厂企业中的应用是从心理技术学开始的，所以心理技术学的发展，当时主要就是工业心理学。这可以追溯到19世纪末泰勒关于工作效率和管理问题的研究，例如所谓“搬铁块试验”、“铁锹试验”、“切削试验”等。泰勒进而提出“劳动定额”、“工时定额”、“工作流程图”、“计件工资制”等科学管理制度和方法。很显然，这一切都是为了追求资产阶级的最大利益而产生的；而它又是由于科学成就的应用，包括心理学的应用所取得的。正如列宁曾经所说：“泰罗制（即泰勒制）——也同资本主义其他一切进步的东西一样，有两个方面，一方面是资产阶级剥削最巧妙的残酷手段，另一方面是一系列最丰富的科学成就，即按科学来

[1] 其中某些材料取自管连荣著《四十国心理学概况》，山东教育出版社1985年版。

分析人在劳动中的机械动作，省去多余的笨拙的动作，制定最精确的工作方法，实行最完善的统计监督制等等。”[1]从一些工业心理学、劳动心理学、管理心理学等著作的内容看，工业心理学这个应用领域又繁衍出劳动心理学、工程心理学、管理心理学、人事心理学和消费心理学等学科。

美国是当代世界心理学的一大中心，从它那里可以看出心理技术学、应用心理学在西方发展的一个概貌。美国心理学家斯科特（W. D. Scott）于1903年出版了《广告原理》一书。闵斯特伯格于1913年出版了《心理学与工业效率》。工业心理学首先起始于第一次世界大战，其时主要是为了选拔陆军人员，提高训练效果；后来才进入工厂企业的广泛研究。最著名的有在20世纪20年代中期，梅奥（E. Mayo）等在美国西方电气公司所开展的“霍桑试验”。它本是一项工效研究，后来发展为人际关系的研究。霍桑实验包括四个子实验项目，即照明实验、福利实验、态度调查、群体实验。结果表明:人的社会心理方面的满足和工作中发展的人际关系，是影响生产效率的最重要因素。影响生产效率的不仅仅是工作的物理环境和工资待遇及福利，同时还发现，当非正式群体与管理目标和利益一致时，可以提高生产效率；职工参与管理可以对公司的态度有很大改变。第二次世界大战期间，心理技术学的应用，不仅在人员选拔如飞行员选拔等方面效果显著，而且还注意到机器、武器的设计要适合人的特点，使之易于感知、理解、判断和操作。其后便形成了工程心理学，涉及“人—机器—环境”系统，工程技术界一般称为工效学。

20世纪50年代以后，一般说来，尽管应用心理学取代了心理技术学的名称，但是美国在心理治疗方面，仍有使用心理技术学名称的论著。[2]该书认为，心理技术学是应用科学，它的研究领域相当广泛，它的研究模糊了心理学、生理学与生物学之间的传统区分。提倡心理技术学的人，强调它的效用特征。发现凡易发生暴力行为、焦虑、压抑和活动过度的

[1]《列宁全集》第26卷，人民出版社1958年版，第27页。

[2]弗兰克林·布鲁诺著:《心理技术学》，胡秋良1990年译，未正式出版。

人，对之运用心理外科学、药物或食谱改变，都能减轻其自身疾苦。凡患慢性偏头痛、过度紧张症和其他身心疾病的人，对之进行生物反馈训练，有时也可以减轻其疾病痛苦，甚至有人相信，心理技术学的运用可大大增强人的能力。该书论述了心理外科学、营养与心理疾病、药物与心理镇静、生物反馈与身心交感、行为医学与心理治疗以及临床应用等方面的问题。该书也列有“对心理技术学的批判”的专节，认为运用技术控制人的心理与行为，既有利也有弊。但是最后还是引用爱因斯坦在加利福尼亚技术学院的一次讲演中说的：“为什么这种既少工作量，又能安闲生活的应用科学给我们只带来这么一点儿的幸福呢？唯一的答案就是：因为我们还未真正学会很好地利用。”该书作者末了指出：正如爱因斯坦所说的一样，心理技术学完全有可能改善我们的生活质量，只要我们很好地利用它。

美国心理学有一支庞大的队伍，其人数相当于世界其他各国所有心理学人数的总和。据1972年的一次调查，在职业心理学人员中，从事心理学教学与研究的占41%，从事心理学应用和服务工作的占59%，心理学已应用到社会生活的各个领域。从美国联邦政府各部门在心理学研究方面的经费投入情况看，应用研究方面的投入比重大于基础研究。就投入所服务的对象而言，美国心理学研究主要是为卫生、国防、教育服务。美国心理学会对应用心理学工作给予大力支持与鼓励，学会设立了五种心理科学奖，其中两项为应用心理学杰出贡献奖和职业心理学杰出贡献奖。然而，正如前面已经指出的，斯金纳在去世前认为，美国心理学至今还没有发展出来一门强有力的技术学。

德国是近代科学心理学的发祥地，但是该国心理学家们起先偏向于将心理学看作一种纯科学，直到20世纪50年代以后，提出向美国学习，他们才加强了应用研究工作。从德语国家出版的德文心理学杂志也可以看出这种变化。过去偏于理论的杂志有《心理学杂志》，1890年创刊于莱比锡；《心理学文库》，1903年创刊于法兰克福；《心理学研究》，1922年创刊于柏林；《心灵》，1947年创刊于斯图加特；《心理学研究》，1949年创刊于哥廷根。后来，则多数偏重于应用,《心理治疗和医学心理学杂志》，1951年创刊于斯图加特;《儿童心理学和儿童精神病学应用》，1952年创刊于斯图加特;《临床心理学和心理治疗杂志》，1952年创刊于弗顿堡;《心理学和应用》，1953年创刊于斯图加特;《心理学评论》，1953年创刊于梅森海姆;《实验和应用心理学杂志》，1953年创刊于哥廷根;《教育和教学心理学》，1954年创刊于慕尼黑;《心理学问题和成果》，1960年创刊于帕德博思;《发展和教育心理学杂志》，1969年创刊于哥廷根;《社会心理学杂志》，1970年创刊于伯尔尼。

同许多国家一样，德国的工业心理学，使用的名称不统一，有的称为经济心理学，有的称为工作心理学、劳动心理学、工效学等。它们研究“工作的人本化”问题、交通噪声问题、司机交通事故原因、市场心理、组织心理、工作环境等。总之，其目的在于为生产服务，提高生产效率和保障生产安全。在临床心理学方面,德国也吸引了许多心理学人员。他们或在医院里开门诊，或者私人开业。

比纳—西蒙智力量表的故乡是法国。该量表于1905年发表以后在国内外产生了很大影响。后来的其他智力量表都是在其基础上修订、发展起来的。它广泛应用于学校、部队、医院以及犯人审讯。早在1910年，法国便开展了以心理学理论为依据的职业选择、职业指导工作。这个传统一直保持至今，现在法国招收公务员和重要的安全部门的工作人员，大多要进行心理测评。法国建有劳动心理研究所，既研究理论问题，也研究应用问题。劳动心理学家们则在工厂、企业、部队、铁路、交通、邮政、电业以及人事部门的咨询机构里工作，并建立了一个由政府部门主管的“法国就业培训速成协会”。法语国家的组织有建于1963年的“法语国家工效学会”，但法国工效学专家很少是心理学家。同美、英大多数国家一样，工效学主要的工作部门是军事系统。

英国的个别差异和个性研究，是对世界心理学作出贡献的一个主要领域。高尔顿开创了许多人们非常感兴趣的领域——适应、遗传与环境、物种的比较、儿童研究、统计技术、问卷法的应用、性别差异、心理测验等，其中多项与心理技术有关。在英国，一般将工业心理学称为“职业心理学”（occupational psychology）。职业心理学的领域包括工业和组织心理学、职业和人事心理学、人事关系、人的因素和工程心理学等方面；比较重视用训练有素的交谈法进行人员选拔，并且较多地注意对选拔人员的高级心理过程（记忆、推理）及人格特征的了解。英国是世界上最早成立工效学会的国家，在国际工效学界起着重要作用。在陆海空军队中都设立有工程心理学（人—机系统学、工效学）的专门机构。陆军研究武器系统工效学、装甲车设计、部队服装等问题；海军研究应激耐力、睡眠剥夺、潜艇中隔绝等问题；英国皇家空军医学院研究所则着重研究飞行疲劳、心理负荷、事故分析等方面的问题。

谈到心理技术学在西方国家的发展，还应提到西班牙。西班牙于1917年便已成立了职业指导研究所，后改名为心理技术研究所，它是世界上最早的应用心理学研究中心之一。该所对推进国际心理技术学的发展有一定的贡献，曾经两次在巴塞罗那组织举办国际心理技术学学术会议：第一次是1921年举行的第二届国际心理技术学会议，第二次是1930年举行的第六届国际心理技术学会议。1920年西班牙还成立了国立应用心理研究所，它和心理技术研究所的研究工作类似，主要有职业指导、工业心理学、临床心理学等实际应用领域，1953年马德里大学还成立了心理学和心理技术学系，主要培养研究生。

二、心理技术学在苏联的发展简况

十月革命以后，苏联心理学非常重视应用工作，以适应其国民经济和文化发展的迫切需要。列宁曾多次论述能提高生产效率的泰罗制（即泰勒制），指出:“应该在我国研究和传授泰罗制，有系统地试行这种制度，并且使它适应我国条件。”[1]这无疑有力地推动了心理技术学在苏联的发展。苏联著名心理学家维果茨基对心理技术学曾作过专门论述，1926年

[1]《列宁全集》第27卷，人民出版社1958年版，第237页。

在其著《心理学危机的历史内涵》中指出：现阶段解除心理学危机的主要动力是各个方面的应用心理学的发展。它包括：第一是工业的、教育的、政治的、战争的实践领域，第二是解决方法论问题，第三是发展心理技术学，使之成为实在（实用）的心理学。维果茨基认为："心理技术学是科学的理论，它将支配和控制心理，人为地支使操作。"[1]接着又着重强调说："心理技术学面向行为，面向实践，原则上不同于纯理论的理解和解释，它涉及因果性的、客观的心理学。"[2]心理技术学既是科学的理论，又不同于纯理论，同时又面向实践和行为，很显然是将心理技术学看成介于纯理论与实践行为之间的中介技术层面。维果茨基关于"新的心理学种子应植根于心理技术学之中"等的论述，不仅对当时苏联心理技术学及其应用的发展产生了重要影响，而且对当前我们重建现代心理技术学的现实意义、学科性质、研究范围等方面也有重要启示作用。[3]

心理技术学是苏联心理学的一个分支，形成于1927—1928年，并成立了心理技术协会和应用心理生理学协会，出版了《苏联心理技术学》杂志（1928—1934年）。很多城市都有心理技术学实验室，培养了许多心理技术学人员，并且召开了心理技术学的会议和代表大会。尤其值得一提的是，1931年在莫斯科召开了第七届国际心理技术学会议，1925—1936年期间，苏联的劳动心理学和工程心理学获得了很大的发展。在工业、运输、通讯及职业教育等部门，开展了心理技术学的研究和应用工作。心理学工作者在军队中广泛开展了军事心理技术的研究和应用工作，如飞行员选拔、飞行心理卫生、飞行教学法等。但是，自1936年联共发布关于儿童学的决定后，在取消儿童学的同时，也取消了心理技术学。此后，即30年代中期以后，苏联劳动心理学的重心，就从职业选择问题的研究

---

［1］维果茨基著：《心理学危机的历史内涵》，《维果茨基文集》第1卷，莫斯科教育科学出版社1982年版，第389页。

［2］同上，第390页。

［3］杨鑫辉：《维果茨基关于心理技术学论述的启示》，《心理技术应用研究》第2辑，河海大学出版社2003年版。

转移到综合技术教育和职业教育方法以及劳动过程的组织、技能和技巧的形成等方面。

苏联心理学应用工作的发展情况呈一个“马鞍形”。正如前面所述，20世纪二三十年代心理技术学的发展是一个高峰。后来由于心理技术学被取消，只是军事心理技术方面继续有些研究成果，而劳动心理学和工程心理学总的研究状况则处于低潮。1959年建立了列宁格勒工程心理学实验室，苏联工程心理学得以逐步恢复和发展，此后举行过四五次全苏工程心理学会议，许多大学心理学系也开展了工程心理学的研究与教学工作，并出版了多本工程心理学著作，其中最有代表性的是1979年洛莫夫主编的《工程心理学手册》。苏联解体以后[1]，俄罗斯社会的各个实践部门迫切需要应用心理学，要求心理学工作者“走出实验室”，“走出书斋”，“到社会的大课堂中去”。最近几年来，更有学者主张俄罗斯心理学要参与俄罗斯民主化运动的研究，参与市场经济研究，参与社会改革研究，例如，参与选举工作问题、民族矛盾问题、家庭问题、教育改革问题、青少年违法犯罪问题、宗教信仰问题、灾害心理问题、风险职业等问题的研究。

三、心理技术学在中国的发展简况

过去，中国一般没有使用心理技术学这个名称。但是，早在20世纪30年代，一些学者已在介绍和研究工业心理和实业心理方面的问题。[2]据统计，1934—1937年，《心理半年刊》、《心理附刊》、《心理季刊》以及其他刊物，发表工业心理或实业心理的文章共有36篇，其中介绍西方和苏联实业心理学的译文约20篇。例如，肖孝嵘的《实业心理学的功用及其背景》，阐述了实业心理学的功能在雇聘人员、提高工效、增进管理效率和货物推销等方面，并从经济、社会和心理三方面因素阐述实业心理

[1] 龚浩然:《今日的俄罗斯心理学》，见杨鑫辉主编《心理学通史》第5卷，山东教育出版社2000年版，第565—568页。

[2] 赵莉如:《中国现代心理学的起源和发展》，载《心理学动态》专集，1992年，第73—74页。

的产生背景。王书林的《心理学与工业效率》一文，阐述工业心理学的范围包括工作效率、工人训练、工作方法、疲劳、单调、工作环境、纪律、意外事件预防等。此外，还有介绍西方和苏联实业心理学的文章，如丁瓒的《英国实业心理学在实业和商业上的研究》，丁祖荫的《英国国家实业心理研究所与各机关之合作事业》，吴襄的《瑞士之实业心理学》等。译文有《澳大利亚的实业心理学会》(贾玉润译)和《澳大利亚的实业心理》(王馨一译)。丁祖荫所译《苏俄的实业心理学》，介绍了苏俄早期的实业心理的观点、中央工作研究所及实业心理学中新观点的发展、职业之研究和实业训练的趋势、实业中的妇女工资和升迁、减少工作疲劳、心理技术家的训练等。

1936年，周先庚、陈汉标发表《中国工业心理学之兴起》一文，阐述了中国工业心理学兴起的由来，总结了当时我国十数年工业心理学的发展状况。当时已有心理学者深入工厂开展工业心理问题的实地研究，如陈立等学者到铁路，上海和南通的工厂，或进行研究试验，或考察工业效率。这是我国心理学工作者具体研究工业心理问题的开始。1935年出版的陈立所著《工业心理学概观》一书，开我国自著的工业心理学著作之先河。同年，潘菽所著的《心理学的应用》一书，也论述了工业心理学问题。1937—1948年期间，周先庚主持制定了人格测验、军事和伞兵选拔测验。

需要指出的是，20世纪50年代以后，我国工业心理学着重从工程心理学和管理心理学两大方面开展研究。工程心理学主要进行了信号传信效率研究、闪光信号研究、电站中央控制室信号显示研究、人—机界面研究、照度标准问题研究、交通心理学研究等。管理心理学主要进行了激励问题研究、人员测评研究、领导行为研究、管理决策研究、组织心理研究等。1980年确立了“人类工效学”名称，1989年成立了中国人类工效学会，人类工效学“是一门以心理学、生理学、解剖学、人体测量学等学科为基础，研究如何使人—机—环境系统的设计符合人的身体结构和生理心理特点，以实现人、机、环境之间的最佳匹配，使处于不同条件下的人能有效地、安全地、健康和舒适地进行工作与生活的科学”[1]。朱祖祥1994年主编的《人类工效学》和2003年主编的《工程心理学教程》，是我国当前在此领域的代表性著作。1997年由王甦、林仲贤、荆其诚主编出版的《中国心理科学》，将劳动心理学与工程心理学研究和管理心理学研究，都归入“工作心理学”之中。

20世纪80年代以来，随着改革开放的不断深入，社会各实践部门对心理学的应用日趋迫切，从而推动我国心理学工作者，对个体与群体的社会心理的研究，对心理治疗与咨询的研究和应用工作，对经济领域中的诸如市场营销、消费心理、广告心理等的研究，有了较大的发展。王甦、林仲贤、荆其诚主编的《中国心理科学》[2]一书，在其“工作心理学”、“社会心理学”、“医学心理学”等部分，都较为系统而集中地反映了这些方面的研究成果。为了推动心理学应用与心理技术学的发展，1986年，杭州大学陈立教授创办了专门的《应用心理学》杂志，自1994年起，笔者在江西师范大学接手主编《心理学探新》杂志，每期都辟有心理技术学与应用的专栏，其他心理学杂志，也在发表应用心理学、心理技术学方面的论文与报告。尤其值得指出的是，不少大学还先后开办了应用心理学专业甚至成立应用心理学系。自2002年起，笔者又创办出版《心理技术应用论丛（研究）》，每年出版一辑。现在又出版我国该领域的第一本专著《现代心理技术学》。

第二节　重建心理技术学的必要性

笔者认为，虽然原先的心理技术学已经繁衍为众多的心理学应用分

[1] 朱祖祥主编：《人类工效学》，浙江教育出版社1994年版，第4页。

[2] 王甦、林仲贤、荆其诚主编：《中国心理科学》，吉林教育出版社1997年版。

支，但是随着科学由分化走向新的综合，心理学还是需要一门介于基础研究与具体应用之间的综合技术科学。由于20世纪50年代以后，心理技术学的名称已为应用心理学所取代，这就需要重建。必须重建现代心理技术学，基于下述几点主要理由。

一、从科学学理论看，每门科学都有技术科学层次

钱学森教授在20世纪80年代初期，曾将现代科学技术划分为八大部门，即自然科学、社会科学、数学科学、系统科学、思维科学、人体科学、军事科学和文学艺术的理论科学。并且认为，每个科学技术部门都可分为基础科学、技术科学和工程技术（具体应用）三个层次。“介于基础科学与工程技术之间的技术科学，它一方面是基础科学的应用，一方面又是不只一门工程技术的理论基础，形成得更晚一些，大约在20世纪二三十年代。”[1] 按照钱老关于科学门类和层次的划分，心理学属于人体科学这个大部门，与心理学这门基础科学有关的技术科学是“人机工效学”，工程技术则是“人机工程”。

很显然，这里把心理技术学局限于工业心理学的范畴，是需要商榷的。因为心理学的技术学问题，涉及社会心理学、经济心理学以及个体与群体心理健康等非常广泛的领域，而不只是人机工程的技术应用问题。但是，钱老关于科学技术部门三个层次的划分，则为心理技术学的重建提供了科学学的理论依据。如果没有心理技术学的心理学，就违背了具有普适性的科学层次的划分。

诺贝尔奖获得者杨振宁教授，2001年9月在南京举办的第六届世界华商大会上所作《展望21世纪科技》的讲演中指出：科学技术可以划分为基础研究、发展研究与应用研究三个阶层，这三个阶层又可归为“科”与“技”两个方面。近几十年来，各种基础科学都取得了突破性的进展，取得了重大的科学成果，出现了许许多多梦想不到的新生事物。他说，

[1] 钱学森著：《关于思维科学》，上海人民出版社1987年版，第15页。

预见21世纪的科技发展趋势是很难的事，但就21世纪头三四十年来说，科技发展的重点将不是“科”而是“技”。他说：“一般讲来，基础研究加发展研究是科，是大学与研究所里面的研究；发展研究加应用研究是技，是工业研究所与工厂里面的研究。我认为今后三四十年全球科技发展的重点将继续向技方面倾斜。”[1]对于心理科学来说，我们从中也可以得到一些启示，即从科技发展趋势的预见看，发展心理技术学及其应用，也将是心理学的一个重点。

我国现有心理学科的专业设置归类为三个专业，即基础心理学、发展与教育心理学、应用心理学。如果从科学学的观点考察，这里的基础心理学与发展心理学都属于心理学的基础研究的理论层面；应用心理学（这里包括社会、经济、医学与管理心理学等许多实践领域）与教育心理学，则属于心理学的实际应用层面。心理技术学是介于基础理论与实际应用之间的技术层面（或称中介层面），在这里则已消解在基础研究与实际应用两个层面的专业或学科分支的划分之中。其他科技部门三个层次发展的经验告诉我们，若缺乏技术中介层次的研究，基础研究的成果是较难直接转化为实际应用的。因此，心理学也应重视心理技术学这个层面的发展，应对心理科学发展过程中原先产生的心理技术学进行重建，而不是取消。

二、从理论与应用的关系看，必须发展心理技术学

苏联著名的心理学家维果茨基，早在20世纪20年代出版的《心理学危机的历史内涵》著作中就已指出：“新的心理学种子应植根于心理技术学之中。”[2]将心理技术学看成是当时苏联心理学摆脱危机与困境的重要出路，认为只有发展心理技术学，才能解决好心理学为社会实际部门服

[1] 杨振宁：《展望21世纪科技》（在世界华商大会开幕式上讲演），《扬子晚报》2001年9月17日，A5版。

[2]《维果茨基文集》，俄文版第1卷，第38页。

务的问题。我国著名心理学家潘菽院士（原先称学部委员）在20世纪40年代，对心理学理论与应用的关系也有精辟的论述，认为“从历史发展的过程看来，理论都是以应用为基础，理论是由应用发展而来的（因为应用上有许多问题需要进一层的解决）。故研究心理科学者应把这根植在应用上”[1]。从理论与应用的辩证关系强调了应用是基础的重要作用。美国心理学家J. P. 查普林和T. S. 克拉威克，在20世纪六七十年代出版的《心理学的体系和理论》中也有一段形象的论述：“每一门科学的成长都依赖理论的发展，也如依赖事实资料的累积……没有事实基础的理论是沙堆上的建筑物，而没有理论的事实则是一堆杂乱无章的资料，不能用于建设井然有序的科学大厦。”[2] 以上中外心理学家在不同时期的观点都是相通的，即应用是心理学发展的生命力。要发展应用，就必须有应用技术，也就必须发展心理技术学。

历史和现实昭示：从学派和国别的心理学发展看，只有广泛的应用才可能有心理学的发展与繁荣。现代心理学1879年创立于德国，德国是当时世界心理学的中心。20世纪20年代以后，世界心理学的中心逐渐从德国转到了美国。其重要原因是：在美国本土产生的重视应用的机能主义心理学，战胜和取代了由德国冯特那里承接发展而来的把心理学看成纯粹科学的构造主义，而美国的行为主义心理学更进一步扩展了心理学的广泛应用。现在，美国心理学会（APA）下设的50多个心理学分会中，属于应用方面的分会约占2/3。美国心理学会设立了五种心理科学奖，其中三项为心理学的应用与普及奖项，即应用心理学杰出贡献奖、职业心理学杰出贡献奖和心理学普及杰出贡献奖。他们在重视基础研究的同时，特别重视应用，从而使美国心理学获得了很大的发展。其他心理学发达的欧美国家，也都重视心理学的社会应用。在解决理论到应用的问题中，不论这些国家是否明确提出心理技术学，但事实上在应用中都必定遇到

---

[1] 潘菽著：《潘菽心理学文选》，江苏教育出版社1987年版，第91页。

[2]（美）J. P. 查普林、T. S. 克拉威克著：《心理学的体系和理论》上册，商务印书馆1983年版，第17页。

技术层面的问题需要得到解决，而自觉的研究则有更高的功效。

三、从社会生活需要看，要求提供心理技术的帮助与服务

脱离社会实际生活的心理学，只能是无源之水和无本之木；面向社会生活加强应用，才可使心理学这棵生活之树常青。早在20世纪70年代末，我国就有论者提出，为了实现四个现代化，心理学应当加强应用与普及。[1]四个现代化是社会生活的中心，提高人民群众的文化科学水平，培养足够的科技人员，是一个首要的问题。要做到这一点，就非常需要发展心理学与教育心理学，需要查明儿童、青少年心理发展的潜力和发展规律，进而提供有效的教育和培养人才的理论依据。工业、农业和国防事业的现代化，需要劳动心理学、工程心理学、军事心理学、航空心理学等，以帮助合理解决组织生产劳动和军事活动，解决大规模自动化系统中的人—机关系问题。工业、军事与经济管理等方面选择特殊工种人员，需要使用心理测验方法。文化科学现代化，要求医学心理学、体育运动心理学、文艺心理学等在各自的实践活动领域中发挥作用。甚至解决现实社会生活中存在的社会风气问题、计划生育问题、工资奖金问题、少年犯罪问题等，也需要社会心理学、司法心理学参与研究。心理学要解决现代化建设中迫切需要解决的各种课题，就必须在加强基础理论研究的同时，用更多的精力致力于扩大它的应用与普及方面的工作。

关于心理学的应用与普及，不只是要求人们了解一些心理学知识或只是满足于解释说明生活、工作中的某些心理现象与问题，而是在于人们掌握和运用一些心理技术的知识与技能，来解决生活、工作中的实际问题。诸如解决各种职业的心理选拔、人事心理与管理心理、心理疾病、心理卫生与健康问题，解决运动竞技与心理素质、广告与营销心理问题等等。所有这些方面，都需要心理技术学提供实际的帮助与服务。与此相适应，心理学人才的培养，也已从教学型、研究型转向以应用型为主。

---

[1] 杨鑫辉：《略论心理学的应用与普及》，《江西师范学院学报》1980年第1期。

而作为应用型心理学人才，就必须掌握心理技术的知识与技能。一份对实际工作部门的心理学人员的调查表明，心理测验与心理统计、心理咨询与心理治疗、广告与营销心理学等，是他们最有实际用途的课程。“在应用领域内，心理学正在扩展更大的阵地去为人们的社会福利作出贡献。”[1]

四、从经典心理技术学的局限性看，需要重建与发展

我们将原先的心理技术学称为经典心理技术学，现在要建构新体系的心理技术学称为现代心理技术学。它们之间有什么不同呢？主要差异表现在以下三个方面：

首先，我们坚持以辩证唯物论作为建立心理技术学的哲学方法论基础，并强调为社会广大群众服务。在西方，心理技术学开始用于职业选择，是作为“资产阶级剥削最巧妙的残酷手段”而使其逐步发展起来的。苏联20世纪二三十年代的一份心理技术学提纲，就因为它被认为处于哲学斗争之外而受到了批判。我们重建的现代心理技术学则应坚持正确的方向。

其次，现代心理技术学应当始终首先重视人的因素，而不能像原先那样，只看作是与“技术进步”有关的问题。我们要特别重视现代化生产中和社会生活中，人—机—环境和人—人—环境系统的关系。把对人的心理因素的研究放在最主要的位置上，并且与其他多学科交叉共同解决社会生活中提出的实际问题。

最后，也是很重要的一点，现代心理技术学应是包括已有各种心理技术的综合学科。一方面，它的范围很广。它不局限于职业选择技术，或局限于劳动心理和工程心理技术，或局限于医学心理治疗技术。它应将已有的一切心理测验、测量、调查等技术手段，广泛地用于教育、医疗、

[1] Kurt Pawlik等主编：《新世纪版国际心理学手册》下册，张厚粲主译，华东师范大学出版社2002年版，第820页。

军事、运动、人事、司法、社会经济、工农业生产、交通运输等各个实际工作部门。同时，它强调研究介于基础理论与具体应用之间中介层面的问题，而不像西方国家在20世纪50年代以后将应用心理学代替了心理技术学。过去心理学的技术层面研究是薄弱的，因此，应当重建心理技术学的新体系，克服其不足的方面，发挥它为社会生活实际部门服务的积极作用。

五、从现代与后现代的对立倾向看，必须建立技术中层理论

上面我们从现代科学精神考察了重建心理技术学的必要性，下面将进一步结合后现代心理学的视角作些探讨。

关于心理学理论与应用问题的认识，存在着现代与后现代的两种对立观点[1]。现代心理学以实证主义及理性主义为普遍性基础，将心理学理论与应用两者分裂视为学科发展过程中的暂时现象，并终将随科学的成熟而统一。斯皮尔伯格（Spielberger，C. D.）认为："心理学有意义的应用必须建立在健全的科学基础之上，因此，心理学原理对社会问题的符合道德的应用，必须等到相关的理论发展到经经验研究的检验之后才能进行。"[2]这是典型的自然科学模式，即理论与应用两阶段模式。心理学的发展究竟是应该从理论到应用，还是应该从应用上升到理论，再从理论回到应用；是应该将注意力集中于基础研究，还是应将主要精力放在心理学的应用上，或者是两者应齐头并进上，还存在着不同的看法。但是它们的一个共同点是：都没有否认心理学理论建设对心理科学的发展意义，没有否认心理学理论与应用取得协调发展的可能性，并将这种可能性更多地建立在理论完善发展的基础上。

---

［1］杨鑫辉主编：《心理技术应用论丛》，河海大学出版社2002年版，第1页。

［2］Spielberger，C. D. *Foreword*［A］. In Gale，A. & Chapman，A.J.（EDS）. *Psychology and Problems：An introduction to applied psychology*［C］. 1984，Chichester and New York：John Wiley and Sons.

后现代心理学以后现代哲学为其认识论基础，以非理性或反理性方式展开研究，采取相对主义、视角主义的态度看待上述对立，并表现出反理论倾向。其特征是强调实践经验的重要性，而把理论对心理科学发展的作用降至最低程度，将两者的对立归之于实证主义的影响及限制，而将两者的统一更多地建立在对前者的摒弃以及经验和应用发展的基础上，并主张在研究中，放弃总体化宏观理论的获取，而转向对微观理论的探求。霍雪门德和波尔金浩（Hoshmand，L. T. & Polkinghorne，D. E.）是这方面的代表。他们认为：在心理学研究中，正是实证主义倾向的人为限制，才导致心理学中科学与实践的分离；心理学中的实证主义遗产应该为科学与实践的分离负责；要解决心理学中科学与实践的分离，必须放弃实证主义，转而采用实践知识的哲学认识论；心理学研究必须是由经验驱动的，而不是由理论驱动的。他们号召根据后现代主义思想对心理学理论的地位进行质疑，并呼吁重新定义心理学为一门实践的人文科学，认为心理学中理论与应用的分离只有在以应用为基础而不是以理论检验为基础的科学范畴中，才能得到统一。[1]

面对两种对立倾向，在思考心理学理论与应用关系问题时，应考虑心理学的实际情况，即在未完成科学化及实证化进程而被指为前科学的同时，又遭遇后现代理性及实证主义挑战的双重夹击而产生的心理学研究的再定位问题。笔者认为，正确处理上述问题的适当做法是建立中层理论的心理技术学，而无需在两种对立倾向间作非此即彼的强迫性选择。其主要依据是：第一，随着科学技术的发展和应用，目前心理学研究中难以解决的一些问题，必须而且也能够通过心理技术而得到解决。第二，实证心理学在理论建设方面的确存在问题，即心理学在系统的总体化理论建设方面遇到了障碍，要求心理学研究者在技术方面做出适应的调整。

[1] Hoshmand，L. T. & Polkinghorne，D. E. *Redefining the science-practice relationship and professional training*[J]. American Psychologist，1992，47.

第三，后现代心理学对现代心理学存在的某些问题，如过于强调心理学研究的价值中立和研究的客观性、心理学研究与社会生活需要的脱节等的批评是中肯的。第四，对后现代心理学理论与应用关系的看法，是以相互交替、相互矛盾、并不周全严密、复杂而又值得质询的哲学认识论为基础的。过于强调心理学微观理论，将强化当前心理学知识支离破碎和相互矛盾的境况。第五，后现代主义对现代心理学理论与方法的批判更多地是指出后者存在的问题，并未提出系统的解决方案，对心理学的作用是有限的。

通过发展更接近社会生活、更多考虑心理活动的社会和文化背景的心理技术学中层理论，可以更好地解决心理学理论与应用这两种转换之间存在的主要障碍，使心理学的理论与应用以及心理科学与实践得到更好的结合。心理技术学作为心理学中层理论，具有以下特征：第一，它只涉及有限的心理现象，不像后现代主义心理学者所倡导的那样研究大量的微观的操作性假设，也不是一种现代主义心理学所期盼的用于解释所有心理现象的自成体系的统一理论。第二，中层理论介于宏观理论与微观理论之间，它既在理论上具有一定的概括性和抽象性，又不完全是微观的、可操作性的实践知识。第三，心理学的中层理论既具有概括性，可以进行经验检验，又非常接近现实生活中需要解决的心理学问题，可以更好地指导心理学的实践。

第三节　现代心理技术学的内容体系

笔者将原先的心理技术学称为经典心理技术学，将现在要建构新体系的心理技术学称为现代心理技术学。所谓现代心理技术学，是应用现代心理学原理、方法及心理测验、测量、统计等技术手段，研究社会生活实际部门中个体和群体心理问题的综合的应用理论学科。这个定义涵盖了心理技术学的原理与手段、研究的对象与范围以及它的学科性质三个方面，而且它们是互相关联的。首先，就研究对象与范围来说，它是面向社会生活实际部门的，是研究这些部门存在的实际心理问题，以及这些部门的个体与群体的心理问题，而不是实验室研究的基础心理问题。其次，它应用现代心理学的原理、方法及心理测验、测量、统计等技术手段，跟心理实验室的技术手段既有联系也有区别，是实用技术，而不是极为精确的实验技术。再次，就学科性质来说，它是介于基础研究与实际应用之间的中间层面，一方面是心理学基础科学的应用，一方面又是许多具体应用技术的理论基础，即中层理论。所以，本书将现代心理技术学定位为应用理论学科的性质。它与其他心理学科的关系是，普通心理学和心理测量、心理统计是心理技术学的基础理论学科。相关学科主要有工业心理学、工程心理学、医学心理学、心理卫生学、社会心理学、管理心理学、经济心理学等。

个体和群体在社会实践活动中的心理问题是多样的，因而，心理技术学的内容范围也很广泛。我们可以抓住它的主要方面来建构它的内容体系。就个体来说，有人员心理素质测评技术；就群体来说，有社会心理测查技术；就个体与群体的心理失常来说，有心理咨询与治疗技术；就经济是个体和群体的社会活动中心来说，有经济心理技术。它们构成一个整体而与心理学各种具体应用问题发生联系。由上可知，现代心理技术学研究的内容涵盖了经典心理技术学研究的内容，而且还要广泛得多。它包括了社会诸多领域的所有心理技术问题。

一、人员心理素质测评技术

人员心理素质测评，是运用心理测量、测验的方法对各类人员进行心理过程与特质的测量和评价，它是对人的心理属性的量化研究，以便作出优化的选拔，达到合理地配置人力资源的目的。心理特性的定量化比物理测量更加困难一些，有更大的间接性、多元性和随机性，但是通过一定的途径、手段的建构，是可以直接或间接获得的。人员心理素质测评是人员测评或人才测评的重要组成部分，例如西方的评价中心使用的测评类型包括能力测验、人格问卷、背景情况面谈、案例研究、公文处理、面谈模拟等，其中能力测验和人格问卷是典型的心理素质测评。

心理素质是指人的心理因素的特性，包括知、情、意等心理过程及注意力、智力与能力、气质与人格等方面的特性。综合现有的研究成果，可以建立这样一种心理素质测评体系[1]：

1. 按测评内容，包括：（1）一般素质测评，测评个体跟先天解剖生理特点密切联系的简单反应时，选择反应时，视、听、嗅、触等感知辨别力。（2）智力测评，了解个体认知的一般能力，特别是言语推理、数值推理、记忆、辩证思维等智能。（3）性向测评，又称能力倾向测验，着重于个体对某种职业和活动的特殊潜在能力的测定，用以指导其就学和选择职业。（4）人格测评，主要用于测量个体的性格、气质、兴趣爱好、品德等人格特征。

2. 按测评材料，包括：（1）纸笔测验，又称文字测验，受文化程度影响。（2）形板测验，又称非文字测验，包括图形辨认、图形排列、形板与实物操作等，尤适合应用于不识字的人。（3）仪器测试，使用各种心理学仪器进行心理特性的测试。

3. 按测评应用，包括：（1）教育心理测评，用于学校中对学生进行成就测验和能力测验。（2）职业心理测评，用于各类人员的选拔与培训。（3）临床心理测评，用于心理咨询与医疗部门，诊断人的心理是否健康，存在哪方面的心理问题。

笔者主张，测评要贴近生活实际，将人员心理素质测评纳入人—机—环境系统中，对人进行测评，是与机—环境密切联系的（见图1–1）。

---

［1］杨鑫辉：《论人员心理素质测评》，《江西师范大学学报》（自然版）1993年第3期。

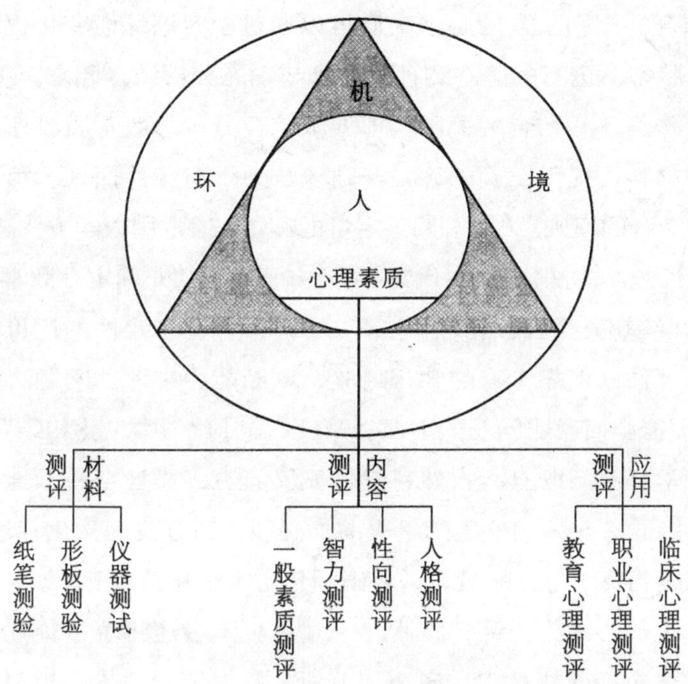

图1–1　人员心理素质测评图示

关于人员心理素质测评，有多种理论假设和模式。在相关的第二章里，将介绍四种模式，即桑代克的经典模式、决策理论、工作适应模式、邓内特的模式。

人员心理素质测评的有效性，在很大程度上取决于遵循一定的工作原则。从我们对汽车驾驶员[1]、射击运动员[2]等的心理素质测评的工作情况以及其他人员功效测验的工作经验看，正确地组织人员心理素质测评，应坚持如下基本原则[3]：第一，评定筛选与训练提高相结合的原则。心理素质测评，只对极少数很不适宜者起筛选作用，对更多的人来说，则重在了解其心理素质状况的基础上进行训练提高。第二，静态测评与动态

[1] 杨鑫辉：《驾驶适性理论若干问题探讨》，《首届中日驾驶适性理论与安全事故对策研讨会论文集》，上海交通大学出版社1992年版。

[2] 杨鑫辉：《射击运动员心理特性测评与反思》，《南京师范大学学报》1997年第2期。

[3] 杨鑫辉：《论人员心理素质测评》，《江西师范大学学报》（自然版）1993年第3期。

分析相结合的原则。人的心理素质可以通过学习训练而变化提高，所以在“某一状态”进行的静态测评，必须与动态分析结合起来。第三，一般测评与特殊测评相结合的原则。即要求综合分析一般素质测评与特殊测评得来的材料，提出正确的评估与建议，力求避免片面性。第四，定量与定性相结合的原则。“测”偏重定量的测量，通常用数学方法进行量化，采用确定性数学方法（算术、代数、微分方程等）和非确定性数学方法（数理统计、概率论、随机判决函数等）。“评”偏重于定性的评价，最典型的是专家评估，依靠专家的知识经验、判断能力来评估问题。定量与定性的结合，能全面说明问题的本质。第五，国际化与本土化相结合的原则。由于心理学是一门既具有自然科学性质又具有人文社会科学性质的二重性学科，因此，在采用外国的量表前，必须作适合我国文化背景的修订，更应提倡编制我国自己的量表，将国际化与本土化结合起来。

在“人员心理素质测评技术”一章里，笔者还将着重论述测评技术问题，主要包括面谈技术、履历表分析、问卷测验技术、投射技术、客观操作测验技术和评价中心技术。

二、群体社会心理测查技术

社会心理，又称社会心理现象、社会行为。关于社会心理的界定有各种观点。概言之，基本上可以归类为两种看法：一种看法是指个体在社会与个体相互作用下的心理活动，另一种看法是指社会群体对社会情境的反应，我们更倾向于后者，但也不排斥前者。由此，可以认为社会心理测查是指对社会中群体的心理倾向进行测量或调查。社会心理（当然也包括社会情绪）倾向主要包括社会需要心理、对人与事的态度、群体人际关系等。以一定样本的测查与调查，了解社会的心理倾向，能够使社会改革的政策举措、思想教育工作等更具有针对性和科学性。

社会心理测查的技术和方法很多，有问卷调查技术、访谈技术、现场观察技术、档案分析技术、测验技术等。测查的工具也很多，以态度测量为例，有瑟斯顿—蔡夫量表（等距法）、利克特量表（总加量表法）、社会距离测查量表、意义测量（语义分析量表法）、行为反应测量（包括距离测量和生理反应测量）等。人际关系测量方面有社会测量法（人际关系矩阵、人际关系图、人际关系靶形图）和参照测量法等。社会心理测查更需要研究者根据研究课题的内容与目标去采取不同的手段与方法。例如，为了对当前我国民众的社会心理与社会情绪进行调查分析，我们曾计划把传统的社会调查与20世纪80年代发展起来的非线性动力学的方法结合起来，在计算机的帮助下，建立起能动态把握社会心理与社会情绪变化的数学模型，并将该模型用于对调查数据的处理与分析。

社会心理测查的范围很广，对一般的社会需要心理、对人与事的态度和人际关系等的测查，在社会心理学著作中都有较多的论述。从广义上说，管理心理学也属于社会心理的范畴。这里着重阐述一般工作社会心理测查和特异境遇社会心理测查两大方面。人们最主要、最普遍的社会活动是工作，这里选取群体工作满意度和工作压力的测查作重点研究。而洪涝灾害和地震等特异境遇下群体的社会心理测查，也是笔者所关注的。

现代社会是一个高度组织化的社会，在我国以经济建设为中心的现代化建设中，企业是最重要、最普遍的组织形式。人们在工作中的满意程度，既是工作勤奋积极的原因，是一种动力，又是结果，即是衡量工作活动效率的一种尺度。斯蒂芬·P. 罗宾斯把工作满意度定义为个人对他所从事的工作的一般态度。工作满意度既是对工作环境的态度，又是对工作的期望与需求。工作满意度是一个动态的多层次性概念。如果新旧需求水平不变，则表现为一种低效率的活动；如果新的活动是旧的需求被满足后产生的对更高层次需求的追求，则表现为一种上升状态的、高效率的活动。因此，研究者们普遍重视工作满意度的研究。关于满意度的结构，各家提法不尽相同。笔者赞同将它分为下述五部分的意见，即对工作本身的满意程度、对工作回报的满意程度、对工作背景的满意程度、对工作群体的满意程度、对所在企业的满意程度。影响工作满意度的因素很多，一般认为，除了涉及性别、年龄、文化、工龄、行业、工种、婚姻等人口变量以外，还涉及组织规模、组织气氛、领导行为、职业声望、工作压力、人格特质等环境和心理因素。国内有关工作满意度的研究，主要以事业单位、大城市的大中型企业为对象。本书第三章则对更具广泛性的中小型企业员工的工作满意度进行了实证性研究，并借此介绍有关的测查技术和方法。

随着改革开放的不断发展，社会环境发生剧烈变化，社会结构、经济体制、管理制度、生活方式、价值观念等也随之发生巨大变革。这些变化的重要机制是竞争。竞争上岗、下岗、转岗的情势和社会保障体系的不够完善，给当今社会各阶层成员的工作和生活都带来了前所未有的巨大压力。从心理学的观点看，维持适度的工作压力有助于提高工作效率，但过高的工作压力也会产生一系列负面影响。因此，工作压力问题引起了社会和研究者们的更多关注。对于工作压力的界定，学者们的看法不尽相同。坎农（Cannon，J.）早在1935年就认为，工作压力是个人焦虑或恐惧等的一种紧张形式。后来，罗宾斯认为，压力是一种动态情境，工作压力是由个人期望与主客观条件的限制引起的，是个人活动结果的不确定性的一种结果。塞莱（Selyer，C.）则把工作压力看作一种适应性症状群,是人对压力因素作出的一种综合性反应。我们同意工作本身、环境、个人因素和个人对威胁的评价和主动调节，是影响员工工作压力的重要因素。因此，在编制工作压力问卷时，既包括工作压力症状描述的调查，也纳入了工作压力来源的调查。考虑到作为弱势群体的外来工的工作压力比一般员工的工作压力大，更需要关注，本书采用了对外来工工作压力的测查研究来介绍有关的技术与方法。

在地震、洪涝灾害的情境下，群体心理比在一般环境下有其特异性。因此，我们也应关注特异境遇社会心理问题，并且以对频率高、范围广、影响大的洪涝灾害下的群体心理的调查研究，介绍有关的技术与方法问题。从心理学的视角看，洪涝灾害实质上是一种破坏性的刺激物，是引起受灾害群体一系列生理、心理及行为变化的极端应激源。由于情绪是观察人的心理活动最好的窗口，灾害中的情绪反应是受灾者心理变化的核心内容，因此，本书选取了洪涝灾害中灾民情绪反应的一项调查研究为案例，来了解特异境遇下社会心理的测查问题。

三、心理咨询与心理治疗技术

不管是个体心理还是群体心理，都有失衡甚至出现严重障碍的时候，这就需要借助心理咨询与心理治疗恢复平衡，使之成为一个心理健康的人，更何况心理咨询的主要对象是正常人（在第四章里有详细说明）。我们不能片面地单从解决一些心理障碍问题来理解心理健康的意义，而应当积极全面地认识心理健康的意义。首先，从健康概念的扩展性看，现代的健康概念是身心健康的概念，不只是指体魄健壮，还包括心理健全。其次，从全民素质的包涵性看，心理素质和心理健康是其重要内容之一。再次，从生活质量的全面性看，人的精神生活、心理状态是非常重要的内容。最后，从思想教育的深层次性看，心理教育、心理咨询、心理辅导是思想教育的重要方面。很显然，心理咨询与心理治疗技术，对于个体和群体都是有重要作用的，应当引起社会更多的关注。

心理咨询是咨询者运用语言、文字等媒介，对求询者在学习、工作、生活、保健等方面出现的心理问题，有针对性地给予帮助和指导，从而使他们更好地适应环境，保持身心健康的过程。心理咨询的理论模式是指导咨询工作的基础。1984年国际心联在《心理学百科全书》中概括为教育模式和发展模式两类。现在则已形成了更多的模式，概括起来主要有八种：即特质指导模式、矫正导向模式、发展导向模式、构造—发展模式、化焦缓冲模式、启发式模式、教育导向模式、社会影响模式。每种模式分别有其侧重点，在咨询实践中，应根据来询者非病理性或病理性心理问题的不同性质与表现形式，来选用不同的心理咨询模式。在第四章第一节里，我们将专门探讨笔者提出的中西融合的“文化—养形调神咨询治疗模式”。

在开展心理咨询中应当掌握若干技术。一是收集资料的技术，包括会谈式收集资料和测评式收集资料。二是分析讨论的技术，包括分析求询者问题的属性、问题存在的程度和陈述的真实性；分析求询者的求治动机；拟订咨询过程中分析、讨论和诊断的提纲；用发散性思维，尽可能多地提出解决求询者心理问题的策略和办法。三是改变求询者的认知结构和行为模式的技术，主要有帮助求询者领悟问题，给予求询者正强化和支持，通过解释疏导，帮助求询者改变认知结构和行为模式。

心理治疗主要是通过语言沟通、心理影响以使对方情绪、人格或行为发生改变，达到消除心理障碍症状、学习新的适应方式的一种治疗方式。19世纪末20世纪初，弗洛伊德开创精神分析治疗方法，建立精神分析学派，开了现代心理治疗之先河，认为人的内心冲突是导致心理障碍的重要原因。后来是行为治疗盛极一时，强调通过控制、改变刺激来改变人的反应。20世纪50年代以后出现的人本主义治疗，则强调促进患者自我成长，发挥其潜能，达到自我实现的目标。中国古代传统的心理治疗理论与技术，是包含在中医学里的，它同中医一样，仍具现代意义，故直接纳入本书内容。"医国—医人—医病"的医学模式跟现代医学的生物—心理—社会模式是暗合的。"病为本，工为标"的医患模式跟"患者中心疗法"也是一致的。中国古代传统的心理治疗方法主要有：开导劝慰法（或称义理开导法，与认知疗法相似）、以情胜情法（又称情志相胜法或七情互治法）、习见习闻法（即系统脱敏法）、以欺制欺法（相当于安慰剂治疗）、消愁怡悦法（与音乐疗法、娱乐疗法相似）、移精变气法、气功导引法等。[1]

现代心理治疗的主要技术有：（1）精神分析技术，包括自由联想技术、梦的分析技术、失误的分析技术。（2）行为治疗技术，包括系统脱敏技术、松弛训练、冲击疗法、厌恶疗法、示范法、认知行为法、生物反馈疗法。（3）认知治疗技术。（4）人本—存在主义疗法，包括格式塔疗法、患者中心疗法、意义疗法、理性情绪疗法。以上治疗技术都是建立在有关心理治疗理论上的，而且理论与技术是相辅相成的，我们在第四

[1] 杨鑫辉著:《中国传统心理治疗探讨》，台湾大学心理学系本土心理学研究室编辑出版《本土心理学研究》1998年第10期，桂冠图书公司印制发行。

章中将详细阐述。

四、经济心理技术

人的一切社会活动的基础是生产劳动，因而经济活动便成为人的社会活动的中心，尤其是在我国现代化建设以经济建设为中心的时期，开展经济心理技术的研究也就显得特别重要。心理学对经济的发展是大有作为的，是可以作出重大贡献的。美国著名心理学家、普林斯顿大学教授丹尼尔·卡尼曼（Daniel Kahneman）“将心理学的前沿研究成果引入经济学研究中，特别侧重于研究人在不确定情况下进行判断和决策的过程”，他由于对这方面所作出的贡献而获得2002年诺贝尔经济学奖。在此以前，著名认知心理学家西蒙也获得了诺贝尔经济学奖。全世界心理学家中只有他们两位获得过诺贝尔奖，而且都是经济学奖，这是很能说明问题的！

早在1902年，法国社会学家塔尔德就重视经济心理在解释经济现象方面的作用，并出版了《经济心理学》一书。后来，卡托纳（Katona，George）更将民意测验的方法引入经济心理学研究，认为民意调查的方法是对经济行为进行心理学分析的基础。1984年，阿尔布（Albou，Paul）在其《经济心理学》一书中，首次提出经济心理学的研究对象是“有意义的经济行为”，经济行为反映个人和群体的愿望，包括购买、销售、储蓄、投资等行为。笔者认为，经济心理是在特定的市场条件和经济背景下，具有某种经济观念的个体和群体，为满足其经济需求而对市场经济活动所产生的心理反应及行为。经济心理的范围和内容，可以从领域和问题两个视角去划分，从实践应用看，以问题为中心，更符合心理生态学的原则。经济心理问题主要有生产心理问题、销售心理问题、消费心理问题、投资心理问题、储蓄心理问题、广告心理问题、就业心理问题、失业心理问题、税收心理问题、地下经济心理问题、通货膨胀和通货紧缩心理问题、家庭经济心理问题、组织经济心理问题、经济发展预测心理问题，等等。按领域分则有经济活动的认知领域、经济行为和经济知识的学习领域、经济活动的预期领域、经济活动的态度领域、经济活动的情感领域、经济需要与动机领域、经济行为的社会化领域、经济活动的满意度领域、经济压力与焦虑领域等。上述经济问题与领域，都可以纳入一定的经济心理的理论模式进行研究。这些理论模式主要有：卡托纳的经济心理学模式、拉扎斯费尔德的经济社会学模式、户川行男的深层心理学模式、范拉伊的结构模式、阿部周造的行为计量模式、尼科沙的消费者意识决定模式、霍华德-谢斯的刺激—反应模型、EKB认知加工模型。关于心理技术问题，本书择其要者，将介绍广告心理技术、消费行为心理技术和企业形象塑造技术。

广告心理技术包括制作、创意和效果评价三个方面。广告制作心理技术有阈下知觉技术、差别感觉阈限技术、注意技术、组块技术、精心制作技术。好的广告首先要有好的创意，这是广告设计者反复精心策划的结果。好的创意需要头脑风暴技术和联想技术。广告效果对于企业极为重要，既有事前的心理效果，也有事后的经济效果和社会效果。广告心理效果，主要依靠眼动技术、电脑技术、速示技术和皮肤电技术。

消费是广告、消费、市场营销三者的中心环节，研究消费者的行为心理，是开展广告和市场营销的基础和关键。消费者行为心理测查技术，有广泛用于研究广告、商标、包装、橱窗陈列、价格等对消费行为影响的观察技术，有测查客户满意度的问卷调查技术，以及消费者态度、动机等的测查技术。对于消费行为的预测非常重要，它能为企业确定生产和经营的战略与策略、制定各类生产和营销计划提供依据。常用的消费行为预测技术有德尔菲法（专家意见法）、时间序列分析技术、线性回归分析技术以及曲线预测技术等。

企业形象是企业给予社会各方面的总体的、抽象的、概括的认识和评价。企业形象包括接触企业实物产生的有形形象和反映企业精神、经营作风和信誉等形成的无形形象。怎样塑造企业形象，是一个可以采用多种方法和途径去做的问题。例如,可以分析影响本企业行当的各个因子，找出首要因子，建立形象因子体系，然后确定营销广告策略。CIS技术是塑造企业形象最重要的一种方法。CIS是英语“Corporate Identity System”

的缩略语，意思为“企业形象设计”或“企业形象识别系统”。理念、行为、视觉是它的三个要素，可图示为：

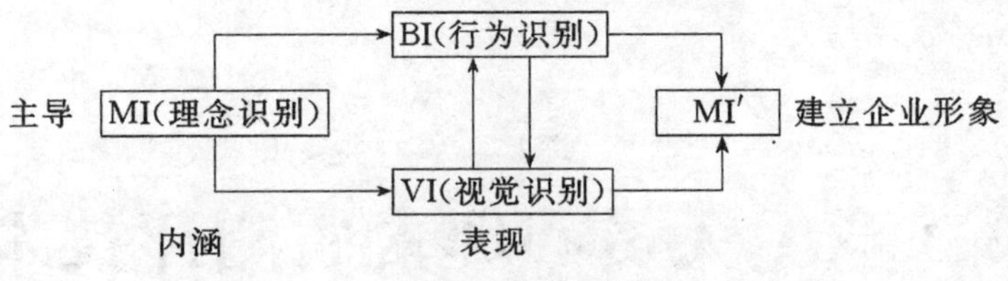

图1-2 企业形象识别系统的三个要素

实际工作中要注意同步塑造企业外部形象与内部形象，注意企业形象的维护，并与时俱进。

第二章 人员心理素质测评技术

如何选拔到合适的人才，并合理地使用人才，在古代就引起了用人者的高度注意。我国古代有着很丰富的人员选拔的思想。现代社会竞争加剧，各行各业的竞争，其焦点已经落在人才的竞争上。为了在竞争中制胜，选拔到合适的人才和合理地使用人才，便成为至关重要的问题，所以在今天，人力资源管理已成为一大热点。而人力资源管理的重要内容之一，是首先如何选拔到合适的人才，然后才能考虑如何合理地使用人才。

第一节 人员心理素质测评的理论模式

一、人员心理素质测评的界说

何谓人员心理素质测评？人员心理素质测评，即运用心理技术（如问卷测验、操作测验、面谈技术、评价中心技术等）对各类人员所必备的、关键的、重要的心理素质进行测量评估，作出优化妥善的选拔，达到合理配置人力资源的目的。人员心理素质测评，是心理技术学必须着重探讨的重要领域之一。

各行各业对人才的心理素质的要求是不尽相同的。例如，美国航空心理学家经过大量的研究，认为飞行员必须具备这样一些心理素质：与驾驶、领航和轰炸训练有关的经验背景、社会和家庭状况；对于飞机、飞行技术、汽车驾驶、机械学、体育运动的兴趣和知识；空间定向能力；观察辨认的速度；选择反应时间；旋转追踪的注意分配；手指动作的灵巧性；舵的控制；复合协调活动；双手追踪；瞄准器操纵；解决实际问题的能力；迅速读出雷达显示器上目标的距离和方向的能力；阅读理解力；阅读仪表及复杂表格的速度与准确度；机械原理的常识和经验；关于机器的构造、工作方面的修理知识；根据飞机仪表来确定飞机方位的能力；简单运算的速度与准确性；判断实际情况的能力。可见，飞行员的心理素质包括经验、知识、能力、技能诸多方面。相应地，心理学家设计了20项测验来测评这些素质。[1] 又如，对管理人员来说，不同行业、不同级别，对其素质的要求，也不尽相同。托诺恩和平托通过因素分析研究指出，作为经理的素质要素表现在以下方面：

1. 产品、营销和财务战略计划；

2. 对其他组织和个人进行协调；

3. 公司内部控制：考察管理人力等资源，监督产品和服务的质量和成本；

4. 公共关系和顾客关系；

5. 行动自主权；

6. 高级磋商：对特殊事物采取专门的技术；

7. 批准财务往来；

8. 事务性工作；

9. 监督、规划、组织、管理别人的工作；

10. 复杂性和压力：在时间和危险的压力下工作；

11. 高级财务职责：保护财产，作出投资决策；

12. 广泛的人事责任。[2]

海菲尔的研究表明：不同的管理层，在关键性工作行为中的素质要

---

[1] 方俐洛、凌文辁著：《劳动心理学》，团结出版社1988年版，第191—194页。

[2] 鲁龚等编译：《评价中心——人才测评的组织与方法》，百家出版社1991年版，第85页。

求也是不同的，见表2–1。[1]

表2–1　十种工作要素所占的比例

要　素	管　理　层		
	高级管理层	中级管理层	初级管理层
事务性工作	0.46	0.54	0.90
监督工作	0.21	0.54	0.62
经营控制	0.71	0.60	0.62
技术产品和市场	0.29	0.54	0.71
人　事	0.55	0.41	0.19
计　划	0.63	0.47	0.43
广泛的权力	0.55	0.35	0.14
商业信誉	0.46	0.39	0.52
个人要求	0.46	0.23	0.19
保护财产	0.42	0.31	0.19

而且，斯托格迪尔对1904年以来的大量文献研究作出总结，以至少10次显示肯定的研究结果，列入品质一栏；以52次因素分析中的5次出现，列入因素分析一栏（见表2–2）。由此可见管理人才的重要素质。[2]

表2–2　斯托格迪尔领导行为研究总结

品质：1904—1947	品质：1948—1970	因素分析
能力：智力、机敏、语言能力、独创性、判断力 成就：学业成绩、知识、运动成就 责任：可靠性、首创精神、韧性、主动性、自信心、好胜心	身体能力：活动、精力 社会背景：文化程度 智力和才能：智力、说话流利程度、知识 个性：调整能力、主见、情绪平衡、独立性、独创性、自信心	技能：社会和人际、技术和智力技能、领导有效性和成就、社会亲近感和友好态度、激励群体任务等群体关系：保持团结的工作群体、协调、行为标准
参与：活动、人际关系、合作、适应性、幽默感 地位：社会经济地位、知名度	与任务有关的特征：成就、魄力、责任、首创精神 社会特征：领导能力、社交能力	个人特征：勇于承担职责、情绪平衡和控制力、合乎职业道德的行为、个人修养、善于交际、语言精练、支配能力、健康、好名声、体力充沛

[1] 鲁龚等编译：《评价中心——人才测评的组织与方法》，百家出版社1991年版，第85页。

[2] 同上，第88页。

各行各业所需要的是不同类型的人才，而要选拔到真正适合本行业的人才，仅仅依靠主观判断是很难奏效的，依靠“日久见人心”的时间考验，也是很不经济的。所以，人员心理素质测评在这方面可以提供可靠、客观、科学的选拔手段，其应用领域和市场在国内外日见扩大。世界各国的情况表明，未经心理选拔的飞行员，其淘汰率为2/3 ~ 4/5，而经过心理选拔的飞行员，淘汰率在美国由65%降到36%；在法国由61%降到36%。这可以减少经费上的浪费，并可以提高安全飞行水准，其效用不小。世界各国汽车交通事故的情况，也说明驾驶员心理选拔的重要。日本就很重视驾驶员的心理选拔，其事故死亡率在降低。以1980年为例，日本的交通事故死亡系数［死亡系数＝死亡人数/SQRT（车辆数量 × 人口数）× 10EXP（4）］为1.28；而我国为5.16，我国在这方面还有很多事情要做。因此，人员心理素质测评有着很广阔的应用前景。

二、人员心理素质测评的发展脉络

在我国古代，就有着丰富的关于人员心理选拔的思想和极富创造性的实践。据《资治通鉴》载，公元前403年，晋国的赵姓家族族长赵鞅（简子）有两个儿子，长子叫赵伯签，幼子叫赵无恤。赵鞅不知道选拔哪一个为继承人好，于是使用了一项测评技术：他在两块竹简上刻下一段普通的训诫的话，交给他们，要他们研读收藏；吩咐说“要切记在心”。三年后，问及此事，赵伯签张口结舌，竹简也早已弄丢；而赵无恤则背诵如流，问他要竹简，立刻从袖中取出。这说明他忠诚可靠，值得信赖。这可以说是最早的人员选拔测验。又如，三国时，曹操的智囊荀彧、郭嘉，曾对如何选拔政治领袖作了相当深入的研究，提出了完整的评估体系，认为这种评估有十项标准，即：1. 领导作风；2. 顺应和掌握社会舆论；3. 管理的能力与水平；4. 用人；5. 谋略和决断力；6. 见识品德；7. 远见抱负；8. 智力；9. 运用惩罚的情况；10. 军事才干。这些丰富的心理学思想，直到今日亦不无借鉴意义。

在西方，最早进行这方面研究的是闵斯特伯格（H. Münsterberg），他在1910年左右在许多工厂作了试验，后写成《心理学和工业效率》一书。书中讨论了如何运用心理学的理论和技术来选拔工人。他的开先河的研究促进了西方应用心理学的发展。

第一次世界大战期间，美军在陆军中设立了心理部门。有几百名心理学家在这一部门提供服务。为了对大量的应征人员作有效的分派，心理学家们使用了测评技术进行心理选拔。开始时他们使用斯坦福—比纳量表，对新兵的一般智力进行测量，以此作为体格检查的补充。后来，编制了"军队甲种测验"（U. S. Army Alpha Test）及"军队乙种测验"（U. S. Army Beta Test），用来对新兵进行选拔、分类、安置，从而使不同能力水平的人分派到相应的合适的工作岗位，起到了有效的作用。

第一次世界大战结束后，心理学家们将战时积累的经验应用于工业、教育等领域，同样取得了丰硕的成果。工业界大量使用了性向测验、智力测验、人格测验等，并开始建立不同职业群体的全国常模，用于人员选拔和职业辅导。在教育界的应用更为广泛，在比纳—西蒙测验的基础上，出现了斯坦福—比纳智力测验。1916年推孟提出智商（IQ）概念，$IQ = \frac{\text{M.A.（智龄）}}{\text{C.A.（实龄）}} \times 100$。此后，教育心理测验不断发展，从智力测验到人格测验，从一般素质测验到性向测验，应用广泛。后来根据测验的功用，将教育测验分为三类，广泛用于教育活动中，即预测测验、成就测验和诊断测验。在军队中，自然更受重视。例如德国，开始建立了挑选军官的多项评价程序。这些心理学家研究了军事组织社会心理学、特殊能力测验、性格学、道德和训练、风纪、宣传、战斗心理学、战争行为等。他们认为，一个好的军事领导者的特征包括：1. 明确的目的。习惯于主动响应上级领导的指令。2. 信心。为实现一个目标而创造各种条件，并真正实现这个目标。3. 有效的想法。计划并实施预先设想的行动。4. 精神上的适应性。为实现目标而适应任何环境的能力。5. 数学头脑。6. 性格。诚实、忘我、理想主义。[1]

第二次世界大战中，因战时对人力资源的迫切需要，这方面的应用研究得到了更大的发展。美军动员了三万名心理学家在军中服务。仅在空军就设有五个研究单位。战争期间，曾对一百多万飞行员作了心理测评，从而使飞行员的淘汰率明显降低。在陆军中，更是要作全面评估，剔除智能、情绪、道德上不合格的人员，然后再进行分类。1940年，美军研制出陆军普通分类测验（Army General Classification Test，AGCT），测量士兵的能力、性向的差异，作为训练和指派职务的依据，有一千万左右的士兵接受了这一测验。此期，美国的一些研究机构也开展了这方面的应用研究，如卡内基—梅隆技术学院聚集了一批心理学家，专门研制适用于人员选拔、培训、职业辅导的测评技术。斯特朗（E. K. Strong）也正在研制他的用于人员选拔、职业辅导的职业兴趣量表。美国中央战略情报局挑选情报破坏人员、宣传专家、秘书、办公室人员时，采取了这样一些测评步骤：1. 分析将要评价的工作；2. 列举成功与失败的个性决定因素，选择这样一些变量，如：从事该工作的动机、精力、首创精神、实际智力、情绪稳定性、社会关系、领导才能、安全感、体能、观察和汇报、宣传技巧等；3. 变量打分的定义；4. 评价员与候选人社会矩阵的变量；5. 系统阐述的个性系统；6. 撰写个性概况，非技术性语言的预测性描述；7. 评价员会议讨论修改概况；8. 经验模型的建立。该测评方案所具有的效度见表2–3。[2]

---

[1] 鲁龚等编译：《评价中心——人才测评的组织与方法》，百家出版社1991年版，第7页。

[2] 陈龙、王登编译：《经济管理心理学》，团结出版社1991年版，第10—15页。

表2–3 美国中央战略情报局评价变量与方法的效度系数

评价方法	精力	实际智力	情绪稳定性	社会关系	领导才能	安全感	宣传
面谈	0.78	0.80	0.90	0.69	0.79	0.62	0.70
小溪练习	0.67	0.39	0.44	0.50	0.68		
建筑练习	0.56			0.39	0.54		
指定的领导问题	0.77	0.48		0.56	0.68		
障碍练习	0.41						
讨论	0.55	0.67		0.52	0.64		0.69
辩论	0.54	0.73		0.56	0.66		0.63
词汇测验		0.63					
紧张面谈			0.46			0.44	
职位压力测验			0.36			0.48	
非语言测验			0.53				
智力快速评分测验			0.61				
Manchuria测验（宣传材料）							0.83

在英国，第二次世界大战期间曾成立陆军部评选委员会，使用面谈、测验、情境模拟等技术作心理选拔。战争结束时，有140 000多人接受了测评，其中60 000人入选参加训练。1945年成立的英国文职人员评选委员会对文职人员的选拔要经过多阶段的测评：1. 撰写论文，客观测验，面谈；2. 在一个居民区进行2—3天的评选；3. 最高评选小组的面谈。使用了八种测评技术：语言和非语言测验、人格投射测验、背景信息、各渠道的反映、面谈、资格考试成绩、个人和小组情境模拟练习。

第二次世界大战结束后，对人员心理测评的技术有了新的发展。不少心理学家投身于这项工作，大量用于心理选拔的测评工具被研制出来。

著名的《一般能力倾向成套测验》(General Aptitude Test Battery，GATB)即美国劳工部耗费巨大的人力、经费研制出来的。该测验测量智力(G)、语言(V)、数字(N)、空间(S)、形状知觉(P)、书写知觉(Q)、运动协调(K)、手指灵活(F)、手工灵活(M)这几种能力，并建立了不同职业群的常模，用于不同职业群的人员选拔。《分辨能力倾向测验》(Differential Aptitude Test Battery，DATB)也是很有名的。此外，《受雇者能力测验》测量受雇者的语言理解能力、数字能力、视觉追踪、视觉速度与准确度、空间想象力、计算推理、语言推理、词汇运用熟练程度、操作速度与准确度、符号推理，并建有52种之多的职业常模，为30多种职业的检验提供了有效的数据，被认为是一个对选拔工商业方面的管理人员十分有用的一种成套测验。到后来，评价中心技术又得到发展，并被认为是对人员选拔效度较高的综合技术。

三、人员心理素质测评的理论模式

关于人员心理素质的测评，有着多种理论假设和模式，下面着重讨论几种：

1. 桑代克的经典模式。桑代克1949年在他的著作《人员选拔》一书中提出了他的理论模式。他认为：人员选拔必须对人员在职务工作中的成功与否进行分析，不断加以检验，否则有可能变成庸医开的处方。这种模式遵循这样一些工作步骤：(1)职务工作分析。找出导致职务工作成败的重要因素。如有人对销售工作的分析，通过对100项关于销售工作的关键事件的分析，总结出13种行为类型：如对用户、订货和市场信息善于探索、追求，善于提前作出工作计划，善于与销售部门的管理人员交流信息等等；然后列出相应的个性心理特质。(2)选择测验。并不是任何一个测验都适合特定的工作。可能有的测验适合，有的不适合；有的部分适合，需要加以组合；在必要的情况下，还要重新构建测验。

（3）预试。准备好了测验后，下一步的工作便是检验这些测评手段的可行性、可用性。通过随机抽取的小样本，来检验这些测评手段的信度、预测效度。（4）统计分析。通过持续一段时间的测量，从多方面收集关于工作绩效的数据。计算二者的关联系数，以此构建测验的预测效度。（5）确定测评手段。根据以上步骤，建立常模，付诸实践。

2. 决策理论。克龙巴赫（L. J. Cronbach）等在《心理测验与人事决策》一书中提出，人事决策有着不同的阶段，心理测验在不同的阶段起着不同的作用。他们认为，决策过程中有两种基本的成分，一是对特定结果的概率的估计，二是对特定结果的效价的估计。在决策中，人们把不同的效价分配给各种可能的结果，并试图用数量化的方式比较各种结果。然而这是很困难的。比如，选拔一位经理，是选工作效率高但容易得罪人，人缘不好的，还是选人缘好但工作效率低的？又比如，是愿意要一位能力强但不甚可靠的财务负责人，还是要一位可靠但能力有限的财务负责人呢？实际上，在人事决策中经常会碰到这类两难问题。而人们常常是根据自己的经验来作出选择的，如此，则难免失之偏颇。借助心理测验，可以弥补这方面的不足。我们可以采用测验来预测各种事件出现的概率，预测一个人达到某种工作的水平的概率。

假设100名求职者接受了某项测评，见图2–1。横轴表示测试得分，纵轴表示绩效标准预测得分。两种得分的临界值将平面划分为四个象限：A、B、C、D。A象限表示求职者心理测验的得分低于临界值，但其绩效标准预测得分却高于临界值；B象限表示这些人两种得分都高于临界值；C象限中的人则两种得分都低于临界值；D象限表示这些求职者绩效标准分低于临界值，但心理测验得分却高于临界值。现在来看看使用心理测评而达到的选拔成功率，选拔成功率为：B/D+B ＝ 72/12+72 ＝ 72/84 ＝86%。而仅用绩效标准划分满意与不满意，其满意的百分比仅为76%。如此看来，使用心理测评，可以提高选拔的成功率。

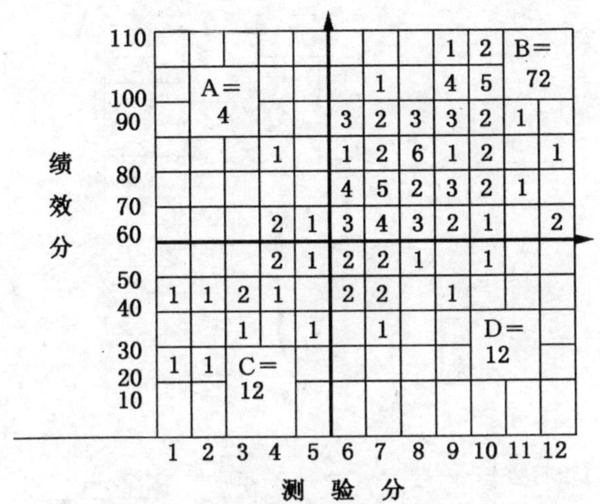

图2-1 100名求职者得分的分布图

3. 工作适应模式。明尼苏达大学的洛奎斯特和戴维斯（Lofquist, L. H. & Dawis，R. V.）认为，在人员选拔中存在两种调适过程。第一个过程是经典模式所强调的，即选拔的标准与绩效标准紧密相连，心理测评的作用在于能够预测绩效。这个过程只起到了满足一个组织机构本身需求的作用。但是，个体是否愿意到这一组织中工作，也是一个值得重视的问题。所以，在他们看来，实际上存在两种调适过程。对个体来说，他具备“能力”，又存在“需要”；对组织来说，一方面对个体有“需求”，另一方面又可以提供各种方式的报酬。所以，个人会衡量自己的需要与组织所提供的报酬的相符程度，如果相符，则导致个人的满足。而组织也会衡量个人的能力与组织对能力的要求的相符程度，如果相符，则导致组织需求的满足。这两种调适过程必须使两方面都达到满足，方可维系一种稳定的关系（见图2–2）。[1]

[1] 陈龙、王登编译：《经济管理心理学》，团结出版社1991年版，第64—77页。

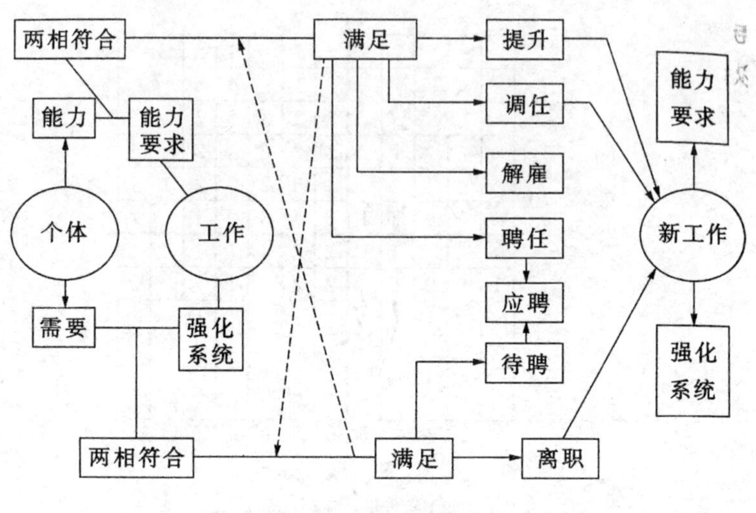

图2-2　工作适应模式

4. 邓内特（M. D. Dunnette）的模式。邓内特的模式强调，测验所采用的预测指标施之于个体，尚需考虑个体与工作行为、情境以及与组织目标有关的结果诸多因素的复杂关系。因此，采用什么样的预测指标，是综合考虑这些方面相互关系的结果。其模式见图2–3。

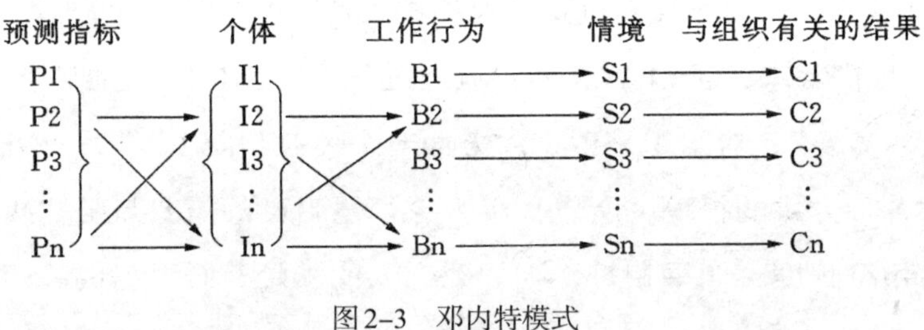

图2–3　邓内特模式

四、人员心理素质测评的工作原则

人员心理素质测评的有效性，在很大程度上取决于遵循一定的工作原则。从我们对汽车驾驶员、射击运动员等的心理素质测评的工作情况以及其他人员功能测评的工作经验看，正确地组织人员心理素质测评应坚持如下基本原则：

1. 评定筛选与训练提高相结合的原则。心理素质测评不能简单地理解为只是为了筛选，例如各类驾驶员、机械工人、射击运动员等的测评。为了人才的合理配置，要作一定的选拔，但是还必须做到，对选拔上岗的人员，通过测评了解其特点特长，合理安排其培训计划，促进其提高和成长。

2. 定量与定性相结合的原则。人员心理素质测评中的“测”与“评”是有联系又有区别的。“测”偏重于定量测量，“评”偏重于定性评价。心理的量化比物理的量化更为复杂，通常采用确定性数学方法（算术、代数、微分方程）和非确定性数学方法（概率论、数理统计），以及模糊数学等。至于定性的分析方法，最典型的是专家评估法，依靠专家的知识经验、直觉、洞察力来分析问题。

3. 国际化与本土化相结合的原则。相当一部分的心理测验是来自国外的，这些测验应经过修订在国内使用，还可以用来进行一些国际比较。但不管如何，这些测验仍有极大的局限性，其文化背景与我们有很大不同。不同的国家民族有不同的文化背景，不同的地区、行业也有不同的具体情况，所以必须走国际化与本土化相结合的道路。

第二节　人员心理素质测评的主要技术

测评技术的主要途径在于获取有关个人的心理资料。按卡特尔的说法，一个人的心理资料主要包括三个方面：1. 生活记录资料（life record data），包括申请表、信件、日记、传记以及他人的评定等；2. 问卷资料（questionnaire data），即通过问卷测验所获取的资料；3. 客观测验资料（objective test data），即通过一些操作性的客观测验所获得的资料。下面讨论获取这些资料的具体的技术和方法。

一、面谈技术

面谈在人事选拔中是一种经常使用的技术。通过面谈，主持者可以了解到对方大量的信息，诸如情绪稳定性、个性、兴趣、价值观、态度等方面的特点。面谈有较大灵活性，而且能够保持一种双向沟通，使双方能作双向选择。但是，面谈有赖于主持者的经验、技巧和水平，以及洞察力；而且，需要耗费比较多的时间；此外，主观性也较大。

一般将面谈分为结构式面谈和非结构式面谈两种类型。非结构式面谈事先没有预定的话题，对回答也没有固定的要求。而结构式面谈对提问与回答都有明确的要求。这种技术的要点在于，在谈话中应有系统地提出一系列特定的问题，但并不要求有死板的次序；回答可以有较大的灵活性。提问者要经过训练，使之能够系统掌握一整套问题，并且能够将每个话题的信息都记录下来，从而使各个提问者之间的误差减少到最低程度。在有的情况下，还需要将这些回答予以评分，进行量化处理。

这种结构式面谈有马斯（J. B. Maas）设计的“期望类型访谈法”、拉撒姆（G. P. Latham）等人的“情境访谈法”、杰兹（T. Janz）的“类型化访谈法”等。下面我们来看看R. L. 桑代克所介绍的一个人事心理学家小组用来训练访谈者的记录表。[1]

表2–4　谈话指南

听	说	问
接受与反应	进行交谈 使问题始终保持开放性	探索：什么？怎么样？为什么？
介绍		
范围：		寻求：
问好		外貌
谈家常		态度
第一个问题		自我表现
主要问题		敏感性

[1] R. L. 桑代克、E. P. 哈根著：《心理与教育的测量和评价》，叶佩华等译，人民教育出版社1987年版，第114—117页。

（续表）

听	说	问
接受与反应	进行交谈 使问题始终保持开放性	探索：什么？怎么样？ 为什么？
工作经历		
范围：	问：	寻求：
最初的职业	做得最好的工作是什么？	关于工作的情况
部分时间的	做得最差的工作是什么？	工作效率
临时性的	最喜欢的工作是什么？	技能和能力
服役情况	最不喜欢的工作是什么？	适应能力
全日性的工作	主要成就是什么？怎样达到？	工作效率
职务	所遇到的最困难的问题是什么？	动机
	如何克服？	与人关系
	与人相处的最有效的方法是什么？	领导能力
	最无效的方法是什么？	成长与发育
	收入水平如何？	
	变换工作的原因是什么？	
	从工作经验中学到了什么？	
	从工作中寻求什么？	
	在事业中寻求什么？	
教育		
范围：	问：	寻求：
小学	学得好的学科是什么？	接受教育的情况
中学	学得最差的学科是什么？	教育是否充分
大学	最喜欢哪一科？最不喜欢哪一科？	智力才能的多面性
专业训练	对教师的反应如何？	知识的深度与广度
最近主修的课程	成绩水平如何？需要作出什么努力？	学业水平
	选择学校的原因何在？主修什么内容？	动机、兴趣
	有无特殊成就？最棘手的问题是什么？	对上级的反应
	在课外活动中起着什么作用？	领导能力
	如何筹措教育费用？	配合能力
	教育与事业的关系如何？	
	是否考虑进一步求学？	

（续表）

听	说	问
接受与反应	进行交谈	探索：什么？怎么样？
	使问题始终保持开放性	为什么？
早年		
范围：	问：	寻求：
	父亲如何维持生活？	社会经济地位
家庭和住处	描述父母的兴趣，他们的个性如何？	父母的榜样
引导和管教		对成就、工作和对人的态度
个人和小组活动	兄弟姐妹的个性如何？	
邻居和社团	与自己有何差别？	感情适应和社会适应
	父母对你的期望如何？	基本价值和目标
	对你的要求严格吗？	自我意象
	时间如何度过？游戏？家务？	
	工作如何安排？	
	如何描述邻居、社团？	
	早期的影响是什么？	
现在的活动和兴趣		
范围：	问：	寻求：
特殊兴趣和癖好	空闲时喜欢做什么？	活力
公务和社团事务	有什么社会活动？	时间、精力、钱财的安排
生活的安排	参加多少社团工作？	成熟程度和判断力
婚姻和家庭	描述家庭和住处。	智力的发展
经济状况	积聚财产的机会如何？	文化广度
健康和活力	健康状况如何？	兴趣的多样性
地理的爱好	对搬迁反应如何？	社交兴趣
		社交技能
		领导能力
		基本价值和目标
		情境因素
总结		
范围：	问：	寻求：
长处	是否适合工作？评价如何？	才能、技能
弱点	最大的才能是什么？	知识
	自己和他人如何评价自己的品质？	精力
	什么可使你对雇主有利？	动机
	缺点是什么？	兴趣
		个人素质

（续表）

听	说	问
接受与反应	进行交谈 使问题始终保持开放性	探索：什么？怎么样？ 为什么？
	什么地方需要改进？ 希望进一步发展的素质是什么？ 其他人给予什么建设性的批评？ 你对雇主可能有的危险是什么？ 你可能需要哪些进一步的训练和提高？	社交能力 性格 情境因素
结束语 范围： 对谈话和求职者的评论 安排进一步的接触 定出行动的步骤 热情的告别		

二、履历表分析

履历表一般是指设计好的用以收集个人信息的表格。根据这一表格，可以了解一个人的简历、教育程度、兴趣爱好、特长、个性特点等等。这也是被经常使用的一种方法。

有人对此做了研究，认为履历表分析有较好的预测效度，并很有发展前途。例如，洛夫米勒等人（1973）的研究表明，根据开业医生的履历材料，对其事业成就作出预测，效度可达0.40左右。麦克拉斯（MeGrath，1960）对购买新车的人的履历材料和购买合同进行抽样研究，发现有24个项目可以区分完全付清车款的人与未能按期付清车款的人。此外，有人据此预测非技术工人、办事员、管理人员的业绩。美国电报电话公司（AT&T）在一项长达20年的追踪研究中发现，大学经历的一些特征与管理潜能有一定的关系，大学中所学的专业、课外活动的类型、毕业后进一步的培训是关键性的变量。雷利等人（Reilly & Chao，1982）研究表明，对不同效标的预测效度是0.35，对特殊管理工作的效度是0.38；亨特（Hunter & Hunter，1984）发现，对不同效标的预测效度是0.26—0.37；施米特

（Schmitt，1984）发现，对不同效标的预测效度是0.24，而对工资的预测效度是0.53；霍夫（Hough，1984）发现，对效标的预测效度是0.25。

要使履历表分析有较高的效度，就要设计好履历表，这是至关重要的。其技术难点是，如何使表中的每一项目都能反映一些实质的问题，并使这些项目与那些标准的行为有较大关联。

三、问卷测验技术

问卷测验是在人员心理素质测评中被广泛采用的一项技术。所谓问卷测验，即一种为调查统计所用的问题测验表格。它是一种用来收集人的心理资料的测量技术。问卷测验一般有两种类型：结构型问卷（structured questionnaire）与无结构型问卷（unstructured questionnaire）。结构型问卷的问题与回答都有所控制，并且加以量化。无结构型问卷则采用自由问答方式，没有很大的控制，也不需要进行量化。

问卷测验显然有着不少的优点。比如，通过大面积的测试，可以在集中的、最经济的时间内获得丰富的资料信息。而且，测题设计控制得好的话，其结果也较为客观。但是，它也有不少局限。在主试方面，主试的训练与熟悉程度如何，与被试的关系处理得是否好，主试的态度、情绪，其一言一行都在影响被试。主试应该能够正确地对待那些不合作的、伪装的、有特殊情况的被试，并很好地控制测验的情境。否则，测试就很难获得客观可靠的结果。此外，被试是否合作，也是至关重要的。被试有可能装好、装坏、随机作答，也有可能因为以前做过这个或同样的测验而有练习效应，因而影响测验的真实性。所有这些误差，都必须得到很好的控制。

在设计问卷之前，有五个问题要先作出决定。（1）决定主要的和次要的收集资料的方法，像邮寄、访问、电话调查等等。（2）决定如何与被试接触，如，说明测验的机构、研究目的、资料保密、不具名等等。（3）决定在问卷中如何安排测题，其顺序如何等等。（4）决定每一变量的顺序。（5）决定是选择预备的答案，还是自由作答。[1]

下面着重讨论几种人格测验：

1. 加利福尼亚心理调查表（California Psychological Inventory，CPI）。这是人员选拔最有潜力的一项人格测验，是主要的经典人格测验之一，也是美国临床心理学博士必须熟悉和掌握的五项人格测验之一。该测验有34种之多的职业群的常模。

作者高夫（H. G. Gough）是美国加利福尼亚伯克利人格评估研究所教授，早年从事MMPI（即明尼苏达多相人格调查表）的研究，从20世纪40年代后期开始，他鉴于MMPI用于正常人的局限，并为克服MMPI早期方法学上的不足，酝酿制订了一套用于正常人的量表。高夫认为，衡量量表价值的标准，在于测验对人的划分与其他人对其划分相符合的程度，以及将测验分数用于预测和验证某些行为的准确性。所以，与特质论的标准不同，特质论将量表的同质性或因素单一性作为衡量量表价值的标准；而CPI强调因素的多元性，认为虽然一些量表与人格特质相同，但不是对特质的定义，而是反映与概念相应的一组复合的心理品质。

该量表有20个分量表：

（1）适意感：确定身心健康，以及相对不受自我怀疑和幻想破灭情绪干扰的程度。

（2）好印象：评估个人创造良好印象的能力，以及关注别人对他的看法和反映的程度。

（3）宽容性：评估个人容纳和接受他人信念和价值的程度。

（4）自我控制：评估自我控制和自我调节以及摆脱冲动性和自我中心的程度。

（5）顺从成就：确定促成成就的兴趣和动机因素，这些成就可在任何将顺从视为积极品质的场合下取得。

[1] A. N. Oppenheim（1966）. *Questionnaire Design and Attitude Measurement.* New York：Basic Books.

（6）责任心：评估认真负责、可靠等品质。

（7）社会化：表明个人所达到的社会成熟水平及其自我整合的程度。

（8）心理感受性：评估个人对内部需求、动机和对别人内心体验的兴趣和反应。

（9）智力效率：确定个人智能得到发挥的程度。

（10）独立成就：确定促成成就的兴趣和动机因素，这些成就可在任何将独立视为积极品质的场合下取得。

（11）同众性：确定个人反应与问卷中所设立的共同模式相一致的程度。

（12）社交能力：评估社交能力。

（13）社交风度：评估镇定自若、坦然自在等因素以及在社会交往方面的自信心和风度。

（14）自我接受：评估自我价值以及自我确定等因素。

（15）支配性：评估领导能力及社会主动性等因素。

（16）通情：评估与他人进行感情沟通的能力。

（17）独立性：评估自信心以及独立思考和行动的能力。

（18）进取能力：作为个人达到某种地位的能力的一种指标。

（19）女性化/男性化：测量兴趣的男性化和女性化程度。

（20）灵活性：表明个人思想和社会行为的灵活性和适应方式。

另外还有三个结构量表，即：内向—外向量表；常规趋向—常规异向量表；自我实现量表。

2. 卡特尔16种人格因素问卷。该测验较早就制定了不同职业的常模，也是被广泛用于人员选拔的人格测验。测验包括16种根源人格特质，即：乐群性、聪慧性、稳定性、恃强性、兴奋性、有恒性、敢为性、敏感性、怀疑性、幻想性、世故性、忧虑性、实验性、独立性、自律性、紧张性。我国也修订了教师、运动员等的职业常模，可用于人员选拔。

3. 大五测验（Big Five）。这是近年来国外流行的一种新的人格理论。这种人格理论发现了五种最基本的人格特质，如：内外向、随和、谨慎、情绪稳定性、开明性。这明显不同于卡特尔认为有16种根源特质的理论。不少心理学家通过因素分析，也得到了同样的结果，并认为基本特质只有五个。据此，编制的大五测验在不同的文化中作了检验。我国也正在修订这一测验。

我们不妨列一简表，将几种主要的量表作一比较（见表2-5）。

值得提出的是，施威德等人（Shweder & Andrade）认为，人格自陈问卷所测的实际上是一种观念而不是实际的行为。他们否认来自靠记忆的人格评价、观念联想判断的人格分类的有效性。他们认为，人格测验数据是一种靠记忆得来的系统偏见。他们进一步分析了人格问卷评价、观念联想评价与现场实际观察结果三者之间的一致性，发现人格问卷评价与观念联想评价之间普遍有0.65—0.90的高相关；而二者与现场实际观察数据间的一致性均比较低。人格测验是有它自身的局限的。

表2–5　几种主要的人格测验的比较

		加利福尼亚心理调查表	明尼苏达多相人格调查表	卡特尔16种人格因素问卷	艾森克人格问卷	大五测验
编制者		高夫	荷泽威麦金利	卡特尔	艾森克	柯斯达荷根
理论范型		通俗概念（因素多元性）	精神病理学的诊断概念	特质与类型	特质与类型	特质
编制策略		实证标准法	实证标准法	因素分析	因素分析	因素分析
适应对象		正常人	病态人群	正常人	正常人	正常人
应用功能	正常人诊断	佳		佳	佳	佳
	心理病理诊断	尚可	佳	尚可	佳	
	人员选拔	佳		佳	尚可	佳
	潜能评估	佳		佳		佳

四、投射技术

投射是知觉与情绪中普遍存在的一种心理现象，是一种“以己之心，度人之腹”的组织、解释经验与信息的心理历程，在这种组织与解释中会表现出一个人的认知和行为的独特方式。所谓投射技术，是指这样一种技术，即通过被试对某些特定刺激（如图形、图画、墨迹等）的直接反应，发现其中投射出的有关被试的人格、情绪、动机等方面的特征。投射技术的最大优点是可以避免像问卷测验那样，可能出现被试有意歪曲、装好或装坏等误差。其局限在于信度不是很高。

投射技术起源于欧洲的“泼墨”游戏。这种游戏将墨水泼到纸上，形成浓淡不一、形状各异的墨迹，让人根据这些墨迹编出故事或诗歌来，以此作为一种游戏。19世纪80年代，有人试图用此作为智力测验（Binet，Henyi，1885，1886）。1891—1917年间，美国有人研究使用墨迹刺激来探索想象和创造性思维。不过，真正对此做出杰出贡献的是罗夏（H. Rorschach），正是他开了投射测验的先河。罗夏以其天才而短暂的一生，形成和发展了著名的“罗夏测验”。以后，罗夏测验发展成很多的系统，例如Bock系统、Klopfer系统、Herz系统、Piotrowski系统、Rapaport系统以及Exner的综合系统。关于投射测验的研究曾经非常热门，达到过顶峰状态。

1. 罗夏测验。这是由瑞士精神病医生罗夏编制的投射测验。罗夏的父亲是一位美术教师，罗夏受父亲的影响，注意到在精神有障碍时会对知觉有所影响。从1920年起，他用过许多图画来测验病人，后来用一种墨迹图来测验。这套测验有10张墨迹图。被试须对这10张墨迹图作出反应，根据被试的这些反应，评价其动机、情绪以及人格倾向。

2. 主题统觉测验（TAT）。摩根和默里（Morgan & Murray）1935年首先使用图画研究幻想，1938年默里用来研究人格。这套测验共有30幅图画和1张空白卡片。要求被试对这些图画说出一个故事来，而后根据他说出的故事，分析其投射出来的动机和人格。

3. 班达完形测验（Bender-Gestalt Test）。该测验的目的在于以视觉的格式塔功能，测量被试心理功能发育不全、退化、丧失以及脑的品质性缺损、人格变异退化。据报道，该项测验的信度、效度较好。科皮兹（Koppitz）对幼儿园到四年级1 104个被试的研究表明，不同评分者的信度达0.96，与智力相关为0.48—0.79，对不同群体有较好的鉴别功能。其操作即让被试模仿画出8张样图。评分系统有多种，如帕斯卡和萨特尔（Pascal & Suttel）的106特质的评分系统、海因（Hain）的15范畴的评分系统以及赫特（Hutt）的17因素的评分系统。

此外，著名的投射测验还有绘人测验、逆境对话测验、句子完成测验等等。

五、客观操作测验技术

莱塞勒德和德赫斯（Nesselroade & Delhees，1966）对客观操作测验作了这样的定义："即在一套明确界定、并更可控制的刺激情境中，对个人行为的客观记录。"[1] 这种技术往往借助仪器设备，让被试在直接操作中表现其心理特质。所以，它与问卷测验有所不同。卡特尔认为，从客观测验表现出来的潜源特质，是人格研究的真正王牌。[1]

这种测验较之于问卷测验，其优点有：（1）通过间接的方式，突破被试由于心理审查而设立的防线，从而取得更客观的资料；（2）通过对刺激情境的直接反应，可以减少被试有意无意地主观的歪曲的自我评价，获得更客观的资料。其缺点是：（1）界定与控制这些刺激情境很困难，能测到的心理因素很有限。（2）实际操作费钱费力。

用于评估人格的客观操作测验有：

1. 联想测验。最早由弗洛伊德、荣格创立发展，后来艾森克、卡特尔也予以使用。一般是给被试以特定的刺激词，让被试作出相关的联想，而后测量其反应时间，并评价其联想的内容。可以测被试的反应速度、情绪特点、心理健康、动机、人格特点等等。

2. 神经症的客观操作测验（艾森克，1952）。艾森克发展的这些测验有这样一些项目：（1）对下跌直接提示作出反应时的身体摇摆量；（2）对自由联想的选答法所作出的不寻常反应量；（3）对暗适应的速度；（4）厌恶食物的种类；（5）屏息呼吸的时间长度，等等。

---

[1] L. A. Pervin：《人格心理学》，郑慧玲译，桂冠图书公司1986年版，第221页。

3. 场依赖性测验（威特金，1962）。场依赖性“指一个人极大地受到周围环境的影响和依赖整个环境现场而作出的知觉方式”[1]。这种知觉方式可反映出一个人的人格特征。例如，如果一个人在这些测验中都未受到周围环境的影响，那就可以说，他在社会交往中是比较自信的，他会有比较巧妙的防御能力和自制方法去疏导其冲动和指导其行动。当他出现人格障碍的时候，就会表现出过度抑制、过于理智化和孤僻等各种现象。这种测验可以测量场依赖性和场独立性这两种人格倾向。

场依赖性测验具体有这样三项测验：（1）倾斜房间和椅子的测验。当房子与姿势矛盾时，被试要调节椅子到垂直位置。（2）棒框测验。当框架与正常垂直倾斜时，被试要调整棍棒为垂直方向。（3）镶嵌图形测验。被试在复杂的图示中找出隐藏的简单图形。

4. 卡特尔的21项客观操作测验（OT）。这是卡特尔从500多种项目作因素分析而来的。包括速度测验、速划字母、运动知觉僵化、将数字与熟悉的字倒写、阅读偏好、联想、说出两个梦等。

用于人员选拔的操作测验有：

1. 一般能力倾向成套测验（General Aptitude Test Battery，GATB）。前已提及，该项测验是美国劳工部耗资几亿美元，历经50年修订而成的。共有十项纸笔测验，测题大多为图形与数字，另有四项器械测验。其最大优点是基本上覆盖了全部职业群，为不同职业建立了常模。例如，选拔计算机程序员、商业人才，须达到以下项目的合格成绩：

智力	115
言语能力	105
数理能力	110
空间判断能力	105

该测验将各种职业分为不同的群，其常模是按职业群来建立的。如：职业模式#1（包括各种工程师、医生等）须达到以下合格成绩：

[1] L. A. Pervin：《人格心理学》，郑慧玲译，桂冠图书公司1986年版，第420页。

智力　　　　　　125

言语能力　　　　115

空间判断能力　　115

又如:职业模式　36(包括速记员、打字员等),须达到以下合格成绩:

智力　　　　　　105

书写知觉　　　　100

运动协调　　　　90

2. 分辨能力倾向成套测验（DAT）。测题都是图形和数字的。主要测八项职业能力:(1)言语推理;(2)数字能力;(3)抽象推理;(4)空间关系;(5)机械推理;(6)书写速度和准确度;(7)语言使用:拼写;(8)语言使用:句子。

3. 笔迹分析。综合有关报道，德、法、意、以色列等国家有50%—80%的公司企业采用笔迹分析进行人员选拔；而美、英只有0.5%—3%的公司企业采用笔迹分析进行人员选拔。在罗伯特逊和马金（Robertson & Makin，1986）对英国108个组织选拔人员的方法的调查中，发现近年来增长的趋势是评价中心、自传分析的应用；而较多采用的则是访谈、介绍信这些方法；笔迹分析的应用在这108个组织中只占7.8%的比例。

内沃（Nevo，1988）认为，笔迹心理分析是一种预测职业成功的有效工具。[1] 萨托和雷克托（Satow & Rector，1995）试图证实格式塔笔迹学家能否用笔迹区分成功的企业家。他们获取了40对笔迹样本，这些样本来自成功的首席执行官（CEO）及控制组（随机选取的个体），由三个笔迹学家区分哪些是企业家的。结果表明，这些笔迹学家能区分成功的企业家，成功的频率分别为31/40，34/40，34/40。[2] 韦林汉（Wellingham，1989，1992）通过心理记录表（The Roman-Staempfli psychogram）分析成

[1] Nevo，Baruch(1988). *Yes，graphology can predict occupational success: Rejoinder to Ben-shakhar, et al.* Perceptual and Motor Skills. Feb.，Vol 66(1)：92—94.

[2] Satow，Roberta & Rector，Jacqueline(1995). *Using Gestalt graphology to identify entrepreneurial leadership.* Perceptual and Motor Skills. Aug.，Vol 81(1)：263—270.

功妇女的个性，根据以前的研究，像自信、常识、创造性、独立性、智力、足智多谋、领导能力及冒险性等特征，成功者将明显高于不成功者。在对70个成功的和42个不成功妇女（19—80岁）的研究中，通过心理记录表分析被试的笔迹，方差分析表明，那些在其他研究中发现的重要人格特征，的确存在于成功妇女的笔迹中。38个指标中24个是预期中的显著不同；14个指标中4个是预期中不同的，没有显著不同。认为可从成功妇女的笔迹中推论其重要的人格特征。[1]本（Ben，1986）等人在两个实验研究中检验了笔迹学家的预测效度。让笔迹学家从自荐表上的笔迹评价80个银行新雇员与工作相关的人格特征，没有笔迹分析经验的临床心理学家也同时作出评价。以这些新雇员的管理者的评价为标准，笔迹学家与临床心理学家之间的相关分别是0.2和0.3。[2]基南等人（Keinan、Barak & Ramati，1984）让6名职业笔迹学家、6名心理学家、6名门外汉评价65个士兵（19—20岁）的笔迹样本，这些士兵是注册参加在以色列的步兵军官训练课程的。使用7点量表,有动机水平、心理稳定性、实践性、心理成熟、智力、操作能力、应付压力能力、调整能力、人际关系能力、独立性、社交性和领导能力。并在9点量表上排列每一学员在训练课程中的成功机会。结果表明：笔迹学家评分组内的和谐系数是0.20—0.37；心理学家为0.17—0.36；而门外汉最低为0.09—0.20。但笔迹学家和心理学家还能明显预期学员的成功，不过笔迹学家没有心理学家的效度高。[3]在早期的一个研究中，库伊格尔根（Kuegelgen，1928）分析了48个学徒工的笔迹，以此推论其特质。与智力、机敏等测验比较，发现其中66%

[1] Satow, Roberta & Rector, Jacqueline (1995). Using Gestalt graphology to identify entrepreneurial leadership. Perceptual and Motor Skills. Aug., Vol 81 (1): 263—270.

[2] Ben Shakhar & Gershon et al (1986). Can graphology predict occupational success? Two empirical studies and some methodological ruminations. Journal of Applied Psychology. Nov., Vol 71 (4): 645—653.

[3] Keinan, Giora & Barak, Azy & Ramati, Tzila (1984). *Reliability and validity of graphological assessment in the selection precess of military officers*. Perceptual and Motor Skills. Jun., Vol 58 (3): 811—821.

完全一致。福勒（Fowler，1991）总结了有关研究，指出笔迹分析的预测效度有较复杂的表现。例如艾莫斯·德诺里（Amos Drory）比较一家公司60名雇员的笔迹分析结果与管理人员的评定，最低在“主动”上相关为0.13，在“责任”上相关为0.55，中值为0.39。而桑尼曼等人（Sonneman & Kernan）比较37名管理者的笔迹分析结果与其高层主管的评定，相关从0.54—0.85。但也有的研究出现了相反的报道。

六、评价中心技术

评价中心（Assessment Center）起源于第二次世界大战期间。当时德、英、美先后采用了模拟测验来选拔军事人员和特工人员。1956年，美国长途电话电报公司首次应用模拟测验大规模地进行管理、发展和职业培训方面的工作，其公司有100 000多人接受这种评价。随后，此种技术得到推广。美国现已有大量的企业组织使用了这种技术，像著名的通用电器公司、西尔斯公司、国际商用机器公司、神特公司等等，也都先后应用了这一技术。如今各国都已普及。

评价中心是一种由多个评价者采用多种评价技术（特别是不同类型的工作情境模拟技术）进行的选拔人才、培训人员的过程。它的目的与作用在于选拔和培训。

评价中心的基本原则有以下几点：

1. 评价应根据明确定义的成功管理行为的特征进行；
2. 须用多种评价技术；
3. 应使用不同类型的工作模拟技术；
4. 评价人员应认识到成功管理的行为是怎样的，也应熟悉评价工作和具体工作行为，如有可能，最好具有该项工作经验；
5. 评价人员应在评价中心受过系统训练；
6. 评价人员应观察记录行为资料，并在评价人员之间进行交流；
7. 评价人员须进行团体讨论，以统一观察的维度等级，并作出预测；
8. 评价过程须分阶段进行，观察、评论，最后作出预测；

9. 评价人员是按照某个非常清楚的、已定的客观标准进行评价的，而不是在被评价人员之间进行比较；

10. 须使每个人员都有机会观察和记录每一被评价人员的行为；

11. 须作出管理成功与否的预测。

评价中心采用的主要技术见表2–6。其中纸笔测验包括：学习能力测验（SCAT）、批判性思维测验（Critical Thinking Test）、当代事态测验（Contemporary Affairs Test）、爱德华爱好测验、吉尔福特—马丁的“顽童”测验、观察问卷、健康问卷、奥替斯自我能力测验、生活态度调查，等等。管理游戏有诸如小溪练习、建筑练习等。所谓小溪练习，即给一组被评价人员滑轮、铁管、木板、绳索，要他们把一粗圆木及较大岩石移到小溪的另一边。大家必须努力协作才行。这一练习可以观察被评价人员的组织水平、智慧、能力、社交等方面的特征。建筑练习则是一位评价者和两位助手要求被评价者使用木料建造一种很大的木头结构的建筑。例如，有两位农场工人A、B（助手），A懒惰被动，若无明确命令则什么事也不干；B则好斗、鲁莽，采用不现实不正确的建筑方法。A、B以各种方式批评干扰被评价者的想法和方案，由此观察其领导能力、情绪稳定能力等。

表2–6　各种评价技术在评价中心的使用频率

评价技术	使用频率（%）
公文处理法	95
无领导小组讨论	85
模拟面谈	75
时间安排	45
案例分析	40
管理游戏	35
背景面谈	10
纸笔测验	5
智力测验	2
阅读测验	1
计算测验	1
人格测验	1
投射测验	1

对不同的心理素质，有相应适合的最佳评价技术，见表2–7。

表2–7　最佳的评价技术

经营管理技巧	公文处理法
人际关系技巧	无领导小组讨论、商业游戏法
智力状况	纸笔测验
工作恒心	公文处理法、无领导小组讨论、商业游戏法
工作动机	投射测验、面试、模拟法
职业发展方向	投射测验、面谈、人格测验
依赖他人程度	投射测验

评价中心一般在两天左右完成，分三阶段：一、确定管理行为成功的特征及评价项目；二、观察、评价和讨论；三、形成报告。研究表明，评价中心有着很好的信度和效度。[1]

第三节　人员心理素质测评的应用研究分析

一、女子步枪和手枪运动员的心理特征及心理选材模式的研究[2]

杨鑫辉、陈传锋等测试了全国重点布局女子步枪、手枪调训调赛运动员130名，以及江西、上海队20名运动员（非调赛运动员），共计150名。测试项目有：认知方式、动作稳定性、深度知觉、水平距离知觉、注意集中力、抗干扰能力、视觉闪光融合频率、神经类型。以曾在全国各大比赛中拿过前15名的运动员（含获得运动健将称号的运动员）以及在调赛中获前三名的运动员作为优秀运动员样本，其他作为普通运动员样本，比较这两组运动员的心理差异，发现在深度知觉上二者差异显著，见表

[1] R. L. 桑代克、E. P. 哈根著：《心理与教育的测量和评价》，叶佩华等译，人民教育出版社1987年版，第229—232页。

[2] 详见《心理学探新》1996年第1期。

2–8。另外，二者在神经类型上无显著差异。

表2–8　优秀射手与普通运动员心理测试结果的比较

		注意集中	抗干扰	动作稳定	认知方式	闪光融合	水平距离	深度知觉
优秀射手	平均数	0.33	0.25	56.9	2.2	34.2	2.26	4.68
	标准差	0.15	1.79	15.2	1.1	5.5	0.96	5.11
普通射手	平均数	0.34	–0.04	50.9	2.3	34.4	2.21	3.19
	标准差	0.10	0.15	21.	1.0	3.8	0.90	2.25
t检验	T值	0.444	1.549	1.577	0.504	0.238	0.283	2.314
	P值	＞0.05	＞0.05	＞0.05	＞0.05	＞0.05	＞0.05	＜0.01

进一步作R型聚类分析，得出8个成分，主成分取6个，反映总信息量的82.982%。根据6个成分作因素分析，再结合教练员的经验判断，确定8个指标的权重，最后求出选材模式如下：

步枪运动员：T=0.15P1X1+0.14P2X2+0.135P3X3+0.134P4X4+0.129P5X5+0.114P6X6+0.108P7X7+0.09P8X8

手枪运动员：T=0.156Q1Y1+0.154Q2Y2+0.148Q3Y3+0.144Q4Y4+0.14Q5Y5+0.135Q6Y6+0.123Q7Y7

式中P、Q为指数，高于平均数一个标准差为国家级选手，低于平均数一个标准差为省级选手。X、Y为测试值。

二、驾驶员的选拔[1]

杨鑫辉等对选自南昌市交警大队的西湖大队、东湖大队、青云谱大队的80名驾驶员（其中40名为优良驾驶员，三年以上未发生任何事故；40名为事故驾驶员，三年内曾发生过一次以上事故）做了研究。研究中使用的测评手段有：

1. 光电速视仪；

[1] 详见《首届中日驾驶适性理论与安全事故对策研讨会论文集》，上海交通大学出版社1992年版。

2. 数字划消仪；

3. 深度知觉阈限量器；

4. 长度估计仪；

5. 简单、选择反应时测定装置。

各种测定的具体规定如下：

1. 光电速视仪的时间控制为1/100秒，从5—10点分别测试四次。

2. 数字划消仪的作业时限为4分钟。

3. 深度知觉按平均误差计算，单位是毫米。

4. 视觉误差是指长度估计的平均误差，单位是毫米。

5. 简单反应时、选择反应时的单位是毫秒。声光各测四次，红蓝绿黄各四次。

结果发现，优良驾驶员与事故驾驶员在一些心理素质方面存在显著差异，详见表2–9。

表2–9　优良驾驶员与事故驾驶员心理素质的比较

项目	注意广度		注意稳定性		深度知觉误差	
类别	优良	事故	优良	事故	优良	事故
M	8.63	7.15	158.89	156.80	0.331	0.386
S	1.43	1.80	33.91	36.56	0.160	0.178
T	4.02		0.26		1.43	
P	0.001		0.8		0.2	
项目	视觉误差		简单反应时		选择反应时	
类别	优良	事故	优良	事故	优良	事故
M	0.176	0.204	351.50	459.48	496.95	586.52
S	0.104	0.131	118.50	161.48	112.92	126.60
T	1.04		3.37		3.30	
P	0.3		0.01		0.01	

三、医药销售人员的选拔[1]

童辉杰等对江中制药厂来自全国的82名医药销售人员的心理选拔作了探索性研究。按照《一般能力倾向成套测验》(GATB)专业技术销售人员的选拔模式，重点考察三项职业能力，即一般智力(G)、数理能力(N)、空间判断(S);同时施以人格测验《加利福尼亚心理调查表》(CPI);并做绘人测验、笔迹投射测验以及自我测验。绘人测验主要考察作业的细致与缺失程度；笔迹投射测验主要考察平常速度、忽略、散乱性等140个变量；自我测验开放性地回答“我是谁”，主要考察流畅性、自尊比率两个变量。一年后收取医药销售人员的销售业绩、是否在职等表现的资料。

由厂方根据销售人员的销售业绩、团队精神等指标，对销售人员的工作进行综合评价，然后根据综合评价，将销售人员分为优秀组和一般组。

将人格测验、职业能力测验、笔迹投射测验等变量一并进行分析，尝试建立判别模型，特征值为4.103，典型相关系数为0.897，威尔克斯Λ(Wilks' Lambda)系数为0.196，P值<0.000 1。将被试重新判别，正确率为98.3%(见表2-10)。该模型的标准化系数模型如下：

$$D=-1.388\ \mathrm{do}+1.499\ \mathrm{sy}+1.954\ \mathrm{in}-1.264\ \mathrm{em}-1.233\ \mathrm{to}+0.164\ \mathrm{v2}$$
$$+1.528\ \mathrm{press}-2.075\ \mathrm{rapress}-0.887\ \mathrm{upbow}+1.156\ \mathrm{sher}-0.762\ \mathrm{sherv}$$
$$+0.629\ \mathrm{anbeh}-0.759\ \text{计算}+1.104\ \text{语言}$$

式中，do为支配性，sy为社交能力，in为独立性，em为通情，to为宽容性，v2为常规趋向，以上均为人格变量；press为笔迹投射测验中的笔压，rapress为笔压的比率，upbow为字行变化的指数，sher为笔锋的综合指数，sherv为笔锋变化的指数，anbeh为笔钩的综合指数；计算与语言则为职业能力测验中的二个变量。

---

[1]童辉杰、杨鑫辉:《优秀医药销售人员的心理选拔》,《人—机—环境系统工程研究进展》(第五卷)，海洋出版社2001年版。

表2–10　使用笔迹、人格、职业能力等变量的判别结果

原始组	预测组		
	一般组	优秀组	总数
一般组	36	0	36
优秀组	1	23	24
未分组	4	0	4
%	100.0	0	100.0
	4.2	95.8	100.0
	100.0	0	100.0

表2–11　费舍判别函数

指　标	组别	
	一般组	优秀组
do	–2.098	–0.855
sy	4.320	2.783
in	4.597	2.525
em	–3.065	–1.776
to	–3.803	–2.329
v2	6.167	5.340
press	42.160	35.099
rapress	–11.072	–8.898
upbow	–9.127	–4.472
sher	33.198	20.891
sherv	8.744	22.019
anbeh	68.043	59.126
计算	–3.399E-02	0.272
语言	1.740	1.276
（Constant）	–284.669	–242.766

如果单独考察笔迹投射测验与人格测验及职业能力测验选拔优秀销售人员的效度，则可发现笔迹投射测验的效度更高。

仅用笔迹投射测验选拔，可建立判别模型，其特征值为1.686，典型相关系数为0.792，威尔克斯Λ系数为0.372，$P<0.000\,1$。将被试重新判别，

正确率为90.8%（见表2–12）。

表2–12　使用笔迹变量的判别结果

原始组	预测组		
	一般组	优秀组	总数
一般组	33	4	37
优秀组	2	26	28
未分组	4	1	5
	89.2	10.8	100.0
%	7.1	92.9	100.0
	80.0	20.0	100.0

仅用人格测验及职业能力测验变量选拔，可建立判别模型如下（见表2–13），其特征值为0.133，典型相关系数为0.343，威尔克斯A系数为0.882，$P<0.006$。将被试重新判别，正确率为63.2%。

表2–13　使用人格、职业能力变量的判别结果

原始组	预测组		
	一般组	优秀组	总数
一般组	27	17	44
优秀组	8	16	24
未分组	8	4	7
	61.4	38.6	100.0
%	33.3	66.7	100.0
	42.9	57.1	100.0

这一研究告诉我们，根据笔迹、人格测验及职业能力测验的变量，可对优秀与一般的销售人员作出判别。这对选拔到真正令企业满意的优秀销售人员来说，是有积极意义的。

四、小学教师人格特征的测评 [1]

李伟、陈益在南京市城区以整群抽样的方法随机抽取了七所小学（可分为三种类型）的325名教师，年龄为19—58岁之间。其中女教师282人，

[1] 杨鑫辉主编:《心理学探新论丛》(2000)，南京师范大学出版社2000年版，第234—331页。

占总数的86.77%，男教师43人，占总数的13.23%。采用的研究工具是戴忠恒、祝蓓里修订的卡特尔16种人格因素量表，用此量表测量得出教师的16种人格特质及8种次级人格因素得分，然后用Spss8.0统计软件对测得的所有有效数据进行统计处理及分析。

结果一：小学教师的人格特征存在一定的性别差异，女教师的乐群性、敏感性、幻想性、世故性、忧虑性、新环境成长诸因素显著高于男教师；男教师的好强性、兴奋性显著高于女教师，男教师比女教师更外向，见表2–14。

表2–14　全体教师和男女教师的人格特征

人格特质	全体教师		男教师		女教师		男女教师差异
	平均数	标准差	平均数	标准差	平均数	标准差	比较t检验
乐群性	6.23	1.92	10.81	4.01	12.24	3.84	–2.23*
智慧性	6.21	1.60	9.52	1.58	9.13	1.76	1.38
稳定性	5.86	1.73	15.71	3.72	14.67	3.83	1.65
好强性	5.83	1.82	13.74	4.23	12.01	3.53	2.88**
兴奋性	6.22	1.91	15.71	3.73	14.04	4.85	2.15*
有恒性	5.70	1.88	12.69	3.01	12.87	3.53	–0.32
敢为性	6.00	1.80	12.98	4.44	11.63	4.50	1.81
敏感性	6.23	1.80	10.21	3.64	11.82	2.78	–3.35**
怀疑性	5.08	1.81	9.93	3.63	9.52	3.03	0.78
幻想性	6.20	1.81	12.14	3.39	13.86	3.38	–3.07**
世故性	6.08	1.45	9.67	3.05	10.84	2.94	–2.41*
忧虑性	5.46	1.83	8.24	3.97	10.08	3.89	–2.85**
实验性	5.48	1.62	11.76	3.03	11.17	2.40	1.28
独立性	5.49	1.72	12.19	3.33	11.53	3.35	1.20
控制性	5.99	1.43	12.38	3.50	13.34	3.01	–1.88
紧张性	5.13	1.80	19.40	4.47	10.38	4.04	0.39
适应与焦虑	5.07	1.65	5.19	1.19	5.05	1.62	0.50
内外向	6.32	2.06	6.91	2.02	6.23	2.05	2.03*
感情与机警	5.14	1.61	5.53	1.72	5.08	1.59	1.74
怯懦与果敢	5.63	1.75	5.74	1.72	5.61	1.75	0.47
心理健康	28.95	3.66	29.30	3.35	28.90	3.71	0.68
专业成就	57.86	8.87	56.05	9.37	58.13	8.77	–1.44
创造力	83.22	8.88	82.67	8.23	83.30	8.98	–0.43
新环境成长	22.61	3.91	21.49	3.70	22.78	3.91	–2.02*

注：全体教师的分数为标准分，男、女教师的分数为原始分。

结果二：小学教师的人格特征存在着一定的年龄差异。中老年教师之间的人格特征差异不大，而青年教师和中、老年教师差异较大，见下表2–15。

表2–15　不同年龄教师的人格特征及其比较

人格特质	青年教师		中年教师		老年教师		F检验	t检验		
	平均数	标准差	平均数	标准差	平均数	标准差		青-中	青-老	中-老
稳定性	5.52	1.71	6.28	1.56	6.65	1.99	9.97**	–3.86**	–2.95**	1.00
兴奋性	6.49	1.91	5.84	1.81	5.74	2.05	5.05**	2.94**	–2.90**	0.60
有恒性	5.14	1.86	6.53	1.64	6.30	1.52	23.35**	–6.56**	1.78	–0.24
敏感性	6.55	1.77	5.95	1.72	4.96	1.47	10.80**	2.91**	4.10**	–2.50*
幻想性	6.66	1.83	5.57	1.53	5.43	1.80	16.26**	5.53**	3.03**	–0.38
控制性	5.71	1.37	6.40	1.47	6.26	1.21	9.10**	–4.11**	–1.84	–0.43
感情与机警	4.86	1.48	5.40	1.74	6.17	1.40	9.59**	–2.88**	–4.04**	2.00*
怯懦与果敢	5.89	1.83	5.32	1.52	4.91	1.73	6.04**	2.93**	2.45*	–1.10
专业成就	55.49	8.45	61.23	8.47	60.96	8.18	18.00**	–5.70**	–2.94**	–0.14
新环境成长	21.54	3.71	24.08	3.78	24.26	3.24	19.07**	–5.71**	–3.37**	0.21

结果三：不同学历的小学教师的人格特征存在一定的差异。如具有高等学历比具有中等学历的小学教师更富创造力，也更果敢，同时幻想性也更高，见表2–16。

表2–16　不同学历教师的人格特征

人格特质	高中学历		中师学历		大专学历		本科学历		F检验
	平均数	标准差	平均数	标准差	平均数	标准差	平均数	标准差	
有恒性	6.56	2.03	5.80	1.85	5.57	1.86	4.43	2.15	2.61*
敏感性	6.50	1.93	5.92	1.78	6.45	1.78	7.43	1.40	3.47*
幻想性	5.13	1.45	6.11	1.91	6.37	1.73	6.71	1.38	2.70*
怯懦与果敢	5.25	1.44	5.37	1.71	5.92	1.74	5.71	2.63	2.76*
创造力	82.88	9.84	81.54	8.08	84.68	9.19	87.86	10.76	3.90**

综上所述，人员心理素质测评技术作为心理技术学中的一个重要领域与范畴，有着十分广阔的应用前景。随着我国市场经济的进一步发展，在人员选拔、员工培训、绩效评定等方面，对人员心理素质测评技术的需求将更多，人员心理素质测评会有更大的市场。同时我们也应看到，

人员心理素质测评技术本身也在不断完善和发展，一个重要的发展趋势就是，它在向着综合的方向发展。量化与质化必须很好地结合起来，多种测评技术也必须很好地结合起来。评价中心技术的发展就明显地表明了这样一个趋势。

第三章　群体社会心理测查技术

第一节　社会心理概述

一、社会心理的界说

社会心理，又称社会心理现象、社会行为。在社会心理学的学术著作中，社会心理学的定义非常多，但社会心理的明确界定却非常少。众多的社会心理学教科书给人们一种印象，似乎社会心理是一种不言自明的心理现象，无需作过多的解释，然而，实际情况刚好相反。在现实生活中，“社会心理”一词更像一种通俗的说法，而不是一个科学的概念。

沙连香的《社会心理学》对什么是社会心理做了说明和解释。“所谓社会心理，是人们在社会生活中自发产生的，并互有影响的主体反映。”[1]在该书作者看来，社会心理是主体对社会客体的一种反映，它不能独立于作为社会心理主体的人。其次，社会心理在社会成员中是相互影响、相互作用的，只有在社会成员中间起作用的心理才是社会心理，否则，

[1] 沙连香著:《社会心理学》，中国人民大学出版社1987年版，第34页。

就叫个体心理。这种相互影响包括自己的心理对他人心理的影响和他人心理对自己心理的影响。最后，社会心理是在社会生活中自发形成的。社会生活是社会心理形成与发展的根源，是社会心理的物质基础，社会心理是在社会生活中产生的一种普遍的社会精神现象，有别于意识形态和科学意识。社会心理有三个特点：（1）既是一种内部心理过程，又是一种社会现象；（2）在社会成员中相互影响；（3）具有实用性和迎合性。

我们将社会心理定义为社会群体对社会情境的反应。社会心理是群体的心理倾向性。社会心理并不是指个人对社会生活或事件的反应，而是指群体在特定生活条件下的心理活动。在社会心理术语中，"社会"包含两方面的意思：一是反映的客体是社会生活条件，它们包括物质资料生产方式、经济地位和经济状况、政治法律制度、社会规范、社会价值体系等；二是反映的主体是社会群体，是结成一定社会关系的人。它既包括比较松散的、组织性较差的人群，也包括严密的正式组织中的人群。

需要指出，将社会心理定义为社会群体对社会事件的反映，并不排斥社会心理学研究个体在特定生活条件下的心理活动。要系统地研究社会心理，就有必要对个体对社会情境的心理活动进行研究。然而，社会心理并不是个体对社会生活反映的简单总和。社会心理有其特殊的形成机制。人与人之间的相互影响和相互作用是社会心理形成的独特途径。将个体心理与群体心理适当区分开来，有助于心理学的发展。

二、社会心理的内容范围

对于社会心理的内容范围，著者在别处已经做过初步说明。"人不是孤立的个体，总是生活在一定的群体之中，因此还必须测查群体心理、组织领导心理、社会心理的倾向性等等。""社会心理测查是对社会群体的心理倾向性进行测量与调查。心理倾向性包括：社会需要心理，对人与事的态度，群体人际关系等。"[1] 在此，我们将对之做进一步的解释。

---

[1] 杨鑫辉：《心理学的历史 · 理论 · 技术》，暨南大学出版社2001年版，第287页。

由于社会心理是群体对社会生活的反映，而社会生活极为丰富多彩，因此，对社会心理的内容与范围进行描述非常困难。从群体角度出发，社会心理包括以下内容：

1. 民族心理

民族心理是社会心理研究的一个传统领域。开始研究时，它涉及民族的风俗习惯、民族的语言、民族的道德等民族文化的内容。以后，对民族心理的研究，主要集中在民族性格的研究上。民族性格是一个民族大多数成员共有的经常出现的心理特质和性格特点的总和。民族性格是在民族风俗、传统和习惯长期影响下形成的，民族性格是一种历史的产物，代表了一个民族的深层意识。在社会心理发展变化过程中，民族心理一方面起中介作用，通过它的过滤和加工，人们对社会生活变化作出反映；另一方面，民族性格对社会心理的发展起整合作用，从而形成一种特有的群体精神，影响特定条件下的群体行为。

2. 社会性格

社会性格概念由弗洛姆（Fromm，E.）最早提出。他将社会性格概念表述为“一个集团的大多数成员性格结构的核心，是这个集团共同的基本经验和生活方式发展的结果”。由此可见，社会性格是指某一社会阶层所具有的社会性格特点。按照社会性格概念的这一表述，家庭、企业、国家机关、阶层、不同性别的人群、不同年龄的人群都可构成特定的集团或群体，都有独特的性格和心理。如：青年人有青年人的社会性格、军人有军人的社会性格、知识分子有知识分子的社会性格。

3. 群体心理

群体心理包括群体成员、群体与个体之间、群体与群体之间的相互作用和静态与动态的动力学原理。群体心理具体包括人际互动、人际交往与人际关系的模式与结构、群体凝聚力、群体行为、竞争与合作、流行、流言、社会越轨行为、社会暴力行为、经济恐慌等。

为了适应社会的发展和需要，近几年社会心理的内容范围不断被拓宽。不同群体的思想状况、老年人的需要、家庭心理、离退休干部的心理状态、职工对改革开放的看法、下岗工人的心理特点与干预、社会审美心理等不断被纳入社会心理的研究范围当中。

第二节　社会心理测查技术

一、人际关系测查技术

（一）社会测量技术

1. 社会测量技术的理论基础

社会测量法，又称团体成员关系分析法，20世纪40年代由美国社会心理学家莫雷诺（Moreno，J. L.）提出。莫雷诺将这种方法定义为：一种确定和测量个人对社会生活中的其他人作出社会反应的方法，是一种用来描述个人希望与其伙伴结成何种程度和何种形式的亲密关系的手段。社会测量法涉及群体心理特征的数学研究，是一种比较实用的分析小型群体心理结构的方法。

社会测量法以莫雷诺的社会原子和心理社会网络理论为基础。在其理论中，所谓社会原子，指人与人之间因为吸引和排斥而产生的模式。莫雷诺认为，社会原子组成了一个人的全部人际结构，包含社会关系的最小单元，如两个人之间的互动关系。相互联结的几个原子组成的分子，就是社会的网络结构。

社会测量理论认为，人与人之间的相互选择，反映着他们之间的心理联系，肯定的选择意味着接纳，否定的选择意味着排斥。如果人与人之间的吸引力大，他们之间的心理距离就小。相反，他们之间的心理距离就大。这样的心理距离，反映人们之间的人际关系。因此，通过确定人与人之间的肯定性或否定性的选择，就可以定量地测量其人际关系和这个人在社会关系中的地位。

2. 社会测量技术的基本步骤

一是确定测量指标。要进行社会测量，就需要提出一系列问题去了解群体中个人的自发性选择倾向，了解哪些人是他可以接受的，哪些人是他不能接受的，以及他选择的动机。测量个人自发性选择倾向的指标主要有三类：第一，角色指标；第二，感受指标；第三，功能指标。在测量时，选择什么指标和多少种指标，主要视测量的目的和情境而定。如果群体人数少，则指标可以多一些；如果群体人数多，则指标就可以少一些。

二是选择测量方法。社会测量技术可供选择的方法有两种：第一，顺序选择法。它要求被调查者在某种维度上按照一种顺序进行选择，如“在单位中我最喜欢的人中，第一个是谁；第二个是谁；第三个是谁；第四个是谁……”它也可以是“在单位中我最不喜欢的人中，第一个是谁；第二个是谁；第三个是谁；第四个是谁……”在这种方法中，选择的人数一般为三至五名。第二，非顺序选择法。非顺序选择法不要求被调查者依据某种指标对被选择者进行排序，只要求被调查者从群体中选择出几个自己喜欢或不喜欢的人。如“在你单位中，请你列出五名你最喜欢的人的名字”。

无论是顺序选择法还是非顺序选择法，在实际应用中都可以进行适当的调整。调查者究竟使用何种方法，需要根据测量群体的大小来确定。

三是编制问卷和调查表格。根据确定的测量方法，编制出相应的调查问卷和表格。

四是测量，并对测量结果进行统计分析，得出测量结果。对于调查得到的结果，可以用两种方法进行处理，即列N×N社会测量矩阵的方法与社会测量图法。

用社会测量矩阵法对顺序选择法得到的结果进行处理时，对于被调查者所做的选择，可以按照排列的顺序以递增或递减的方式依次进行记分。如可对被调查者第一喜欢的人记5分，第二喜欢的人记4分，第三喜欢的人记3分，第四喜欢的人记2分，第五喜欢的人记1分。也可对被调查者第一喜欢的人记1分，第二喜欢的人记2分，第三喜欢的人记3分，第四喜欢的人记4分，第五喜欢的人记5分。

对于非顺序法得到的结果，对于被调查者做的选择，可以用+和–的形式进行统计汇总。如对被调查者选择为喜欢的人记+，对其不喜欢的人记–。

运用社会测量矩阵法，可以分别计算出群体的人际关系指数、群体的内聚力指数、群体的参照性指数和群体的离散性指数等。

（二）参照测量技术

1. 参照测量技术的理论基础

参照测量技术是苏联心理学家彼得罗夫斯基提出的一种方法，是莫里诺社会测量法的发展。与莫里诺的观点有所不同，彼得罗夫斯基认为，在群体中最能发挥作用和最有威信的人，并不一定是最有吸引力的人。

2. 参照测量技术的具体步骤

第一步，群体成员之间相互进行书面评价，并写上评价者的姓名。测量者把成员的书面评价收集起来。

第二步，询问被调查者，如果让他们有选择地看到他人对自己的评价，他们最愿意选择看到哪些人的评价。要求被调查者把这些人的名字写下来。根据群体的大小，每个人可以选择五至十人。

第三步，对被调查者所写的人名进行分析，运用社会测量矩阵法或图示法了解群体成员之间的人际关系。

这种方法的最大优点是隐去了测量的真实目的，让被调查者在不知不觉中反映自己的真实想法，从而对群体人际关系进行测查。

二、群体解决问题效率测查技术

（一）群体解决问题效率测查技术的原理

在群体中，解决问题的效率会因群体成员之间的相互作用而受到不同程度的影响。群体解决问题效率的测查，就是用于解决这一问题的。群体解决问题效率测查主要是调查在非结构性群体中，在解决问题的每一个阶段，群体成员的相互作用、个体的自主性以及这种相互作用和自主性对解决问题效率的影响。通过测查，达到加强个体间的协作、提高解决问题的质量和创造性的目的。

群体解决问题效率测查技术以一般的解决问题模型为基础。在心理学中，解决问题模型把实际解决问题的过程分为六个阶段：

第一，问题的确定。这个阶段的主要任务是说明问题、提供信息、澄清问题并确定问题。

第二，解决问题方案的产生。群体成员集体设想各种可供选择的解决问题的方案，并对方案进行审查、修正，形成解决问题的方案。

第三，从意见到行动。对各种可供选择的方案进行评价，考虑可能造成的后果，并与期望的结果进行比较。从各种可供选择的方案中选择一个进行试验。

第四，制定解决问题方案的行动计划。拟定行动的步骤，指定行动的负责人，拟定行动的具体计划。

第五，解决问题方案的评价。确定检查解决问题效果的方法，制定出监控计划和应变计划，明确在解决问题中每个人的职责。

第六，对解决问题的结果与过程进行评价。确定行动的效果以及群体解决问题的效能。

（二）群体解决问题效率测查技术的操作步骤

1. 问题性质的诊断

影响群体解决问题的因素是多方面的。其中重要的一个方面就是问题的性质。在现实生活中，有些问题适合个人单独解决，有些问题则需要群策群力去解决。如果适合个人解决的问题，通过群体的方式去解决，或者适宜于用群体的方式去解决的问题，通过个人努力的方式去解决，就会出现事倍功半的效果，有时甚至劳而无功，白白浪费时间和物力、财力。

2. 编制调查问卷

根据问题解决的模型，编制调查问卷，通过系统地了解群体成员和外部观察者的感知，诊断和评估群体在解决问题过程中的内部关系，进而为改善群体解决问题的工作效能提供基础。

3. 调查问卷的主要内容

调查问卷的内容包括两个方面：一是群体成员是如何执行任务的；二是群体成员是怎样参加解决问题活动的。

4. 测评并得出结果

利用问卷集中对群体成员在解决问题过程中如何完成任务以及在解决问题的过程中各阶段的表现进行调查，最后对群体在解决问题中的工作效能进行诊断和评价，得出结果。

三、群体士气测查技术

（一）群体士气测查技术的原理

群体士气，指群体成员对所属群体环境的看法及工作作风的共同趋势力。群体士气是在群体领导方式、管理方法、群体成员间的关系以及社会环境等诸因素相互作用下形成的。群体士气作为一种心理环境，对群体成员的行为产生直接的影响。群体士气对群体成员创造力、工作效率的发挥、群体目标的实现具有明显的影响。

（二）群体士气测查的基本步骤

1. 确定指标体系

为使群体士气的测查更加有效，首先必须确定群体士气测量的维度和指标。目前，人们主要从八个维度对群体士气进行测量：（1）结构，群体成员在组织中感到拘束的程度，如法规、程度的限制；（2）责任，个人在组织中感到自己有自主权而不必事事请示的程度；（3）奖酬，个人感觉待遇、升迁、奖励是否满意和公平的程度；（4）风险，个人在群体工作上所担负的风险性及挑战性的程度；（5）热情，个人在组织中感受到的成员之间和睦融洽的程度；（6）支持，个人在组织中感受到的上级和同事在工作上所给予的协助与帮助的程度；（7）冲突，个人在组织中感受到的上级和同事听取他所提出的不同意见的程度；（8）绩效，个人对组织目标及所要求的绩效标准所具重要性的重视程度。

2. 编制问卷

根据以上指标体系，编制出相应的调查问卷。

3. 实地测查

在组织和群体中，选择一定的对象进行测查。

4. 统计分析，得出结果

社会心理测查技术和方法还有很多，除以上介绍的几种之外，还有访谈技术、现场观察技术、档案分析技术等。

第三节　社会心理测查应用技术

一、大学生批判性思维倾向测查

（一）理论基础

批判性思维是一种有目的性的，对产生知识的过程、理论、方法、背景、证据和评价知识的标准等正确与否作出自我调节性判断的思维过程。批判性思维除了包括认知技能之外，还包括批判性思维倾向。

加利福尼亚批判性思维倾向问卷（CCTDI）将批判性思维分为寻求真理性（Truth-Seeking）、思想开放性（Open-Mindedness）、分析性（Analyticity）、系统性（Systematicity）、自信性（Self-Confidence）、好询问性（Inquisitiveness）和成熟性（Maturity）七个维度。

寻求真理性包括的倾向有：乐于寻求真理；勇于提问；即便结果不支持个人的利益或个人先前相信的观点，也追求质询的忠实性和客观性。寻求真理性以"当忠实的反省认为要进行改变时，乐于考虑和修改自己的观点"、"合理地选择标准和应用标准"和"灵活地考虑替代方案和观点"为特征。

思想开放性主要测量敏感地意识到个人自己偏见、思想开放和容忍有分歧观点的倾向。思想开放者尊重其他人具有不同观点的权利，以理解其他人的观点、对有分歧的世界观思想开放为特征。

分析性是指对潜在的有问题的情境保持警觉；预测可能的结果；即使手边的问题非常困难或具有挑战性，也欣赏运用理由和证据的倾向。它以对使用批判性思维的机会保持警觉、信任理性质询过程、清晰地陈述问题、遇到困难能坚持为特征。

系统性指有组织地、专心地、有序地、勤奋地质询的倾向。系统性强的人努力有序地去处理特殊的问题。它以有序地处理复杂的问题、勤奋地收集有关信息、集中精力关注手边的问题为特征。

自信性指个人对处理个人推理过程的信任度水平。自信心强的人相信自己能作出健全的判断并相信其他人会信任他的这种做法。以相信自己的推理能力为特征。

好询问性测量一个人智力上的好奇心。好奇心强的人乐于知道事物是如何进行的、对有充分的信心高度评价、高度评价学习。

成熟性指向一个人如何进行反省的倾向，它涉及认知成熟度和哲学认识论的成熟度，它包括公正、愿意悬置判断等。

（二）加利福尼亚批判性思维倾向问卷（CCTDI）中文版[1]的修订

1. CCTDI的翻译与试测

笔者在向加利福尼亚学术出版社购买CCTDI英文版时，出版社同时提供了它的繁体中文版。繁体中文版存在比较明显的不足：用语习惯不同于中国大陆；翻译存在不简洁的地方；有些项目的陈述一时较难理解；有些项目不适应国情等，如，“考虑所有的选择是我所不能负担的奢侈”；“对于一个念头的最好主张，即是当下的感觉”；“其他人佩服我有知性的好奇与追根究底”；“银行、邮局等应把账户做得令人懂些”；“对不同的世界观持平，不若人们的思维重要”；“我知道我在想什么，所以为何我假装去沉思我的选择”；“类推的效用有如路上行舟”等，并且，它没有以中国大学生为对象的具体测试数据。为避免CCTDI繁体中文版翻译中

[1] 罗清旭、杨鑫辉：《〈加利福尼亚批判性思维倾向问卷〉中文版的初步修订》，《心理发展与教育》2001年第3期。

存在的问题，这里以英文版为基础，本着忠实原意、项目简洁、易于理解的原则，并参考繁体中文版的翻译，对CCTDI英文版进行了重译（下称CCTDI中文版）。

为了发现翻译后CCTDI的中文版可能存在的问题，为修订提供基础，先用CCTDI中文版进行了试测。试测对象为大专和本科在校学生,共173名。

统计结果表明，整个问卷的克龙巴赫 α 系数（Cronbach α）为0.64，七个子量表T、O、A、S、C、I、M的克龙巴赫信度系数依次为0.49、0.39、0.60、0.43、0.60、0.65和0.45。从总体上看，CCTDI有较好的信度，但是，其中一些子量表的 α 系数低于0.60，内部一致性显得略低一些。

2. CCTDI简体中文版的修订与重测

（1）修订

修订参照了两方面的信息：一是试测过程中被试反映的情况。在试测结束后，笔者向被试发了一份问卷，听取他们对测题的意见。二是测量后对项目做的统计分析。在试测的基础上，笔者对每一项目与所属子量表的相关及与非所属子量表的相关进行了统计和分析，对于与所属子量表相关较低、与非所属子量表有较高相关的项目进行重点分析，看它们在翻译时是否有误，翻译是否忠实于原意，是否易于理解等。

从上述两方面的信息看，CCTDI中文版的一些项目的翻译和表述依然值得推敲。有的项目的意义还是不很明确，一些项目还存在不适应国情的问题。如，对于“银行、邮局等应把账单做得通俗易懂些”，试测后有被试反映，极少见过银行和邮局的账单，这是文化不同所致。修订时，把该项目改为“上市公司应把年度报表做得通俗易懂些”；把直译“忠告的价值完全在于你愿意付出多大的代价”修订为“当不听忠告而付出巨大代价，你才知道它的价值”等。对其他一些项目，也在试测基础上，调整了措辞，使之更简洁易懂。

（2）重测方法

在一所综合性大学里，按学生实际人数的不同，从每一个年级随机抽取1—2个班级的学生进行测试。在大专生中，1—3年级每个年级随机抽取一个班作为测试对象；在本科学生中，1—4年级每个年级随机抽取2个班作为测试对象。总共抽取了11个班382名大学生作为测试对象。测试对象的年龄范围为18—24岁，其中男性为181人，女性为201人。测试按CCTDI手册的规定进行。测试结果用SPSSl0进行统计分析。

（3）重测结果与分析

CCTDI经修订后，重测的结果表明，问卷的信度有所提高。整个问卷的克龙巴赫 α 系数是0.86，分半信度的相关系数为0.79，七个子量表的 α 系数见表3–1：

表3–1　各子量表的内部一致性信度系数

量表名称	克龙巴赫 α 系数
寻求真理性（T量表）	0.608 4
思想开放性（O量表）	0.461 4
分析性（A量表）	0.774 4
系统性（S量表）	0.547 0
自信性（C量表）	0.602 4
好询问性（I量表）	0.832 8
成熟性（M量表）	0.803 8

CCTDI 7个子维度之间的相关系数见表3–2：

表3–2　七个子维度相互间的相关系数及P值

	T量表	O量表	A量表	S量表	C量表	I量表	M量表
T	1.00						
	0.00						
O	0.14	1.00					
	0.06	0.00					
A	–0.06	0.16	1.00				
	0.57	0.05	0.00				
S	0.12	–0.17	0.15	1.00			
	0.24	0.09	0.05	0.00			
C	–0.03	0.24	0.17	0.13	1.00		
	0.77	0.04	0.05	0.21	0.00		
I	0.10	0.16	0.17	0.08	0.14	1.00	
	0.77	0.06	0.05	0.42	0.08	0.00	
M	0.16	0.12	0.14	0.15	0.16	0.12	1.00
	0.05	0.12	0.06	0.05	0.05	0.27	0.00

各维度与总分的相关见表3–3。

表3–3　各维度与总分的相关

	T	O	A	S	C	I	M
总分	0.516 6	0.490 3	0.675 1	0.475 3	0.617 1	0.639 7	0.575 8

以上数据表明，经修订后，CCTDI中文版和各子量表的克龙巴赫 α 系数有所提高，每一维度均有其独立性，可以如实地测出每一维度的特征。修订后的CCTDI简体中文版和各子量表有较好的内部一致性，信度较好。

因专用于测量批判性思维倾向的工具非常少，要考查CCTDI的相容效度就存在很大困难。据CCTDI手册介绍，CCTDI与人格大五因素中的开放性存在相关，因此在重测对象中选择了87人实施了NEO-PI-R问卷调查。统计结果表明，O、C、I三个维度与人格大五因素的开放性在5%的意义层级上有显著相关，其相关系数分别为0.35、0.30、0.40。它说明CCTDI中文修订版有较好的相容效度。

（4）382名大学生批判性思维偏向的测试结果

382名大学生批判性思维测试结果见表3–4：

表3–4　382名大学生CCTDI简体中文版的测试结果

量表名称	平均分（M）	标准差（SD）	最低分	最高分
T	33.31	5.74	20	47
O	36.76	5.30	23	50
A	38.24	5.59	21	54
S	39.91	6.55	24	52
C	40.79	6.60	23	58
I	42.16	6.34	24	58
M	45.69	6.12	26	52

将测验结果与在美国几所大学（样组人数为267）得到的结果相比较（对比资料来自CCTDI测验手册），结果见表3–5：

表3–5　与美国部分大学生测试结果的比较

量表名称	得分小于40		得分大于50	
	中国	美国	中国	美国
T	88.5%	60%	0.0%	2%
O	71.9%	15%	1.0%	28%
A	53.0%	23%	4.5%	16%
S	66.3%	24%	1.0%	19%
C	39.4%	25%	16.3%	19%
I	22.1%	14%	22.1%	41%
M	43.3%	17%	3.0%	29%
	总分低于280		总分高于350	
中国	52.9%		0.0%	
美国	22.0%		6.0%	

（三）讨论与结论

与CCTDI英文版测验手册提供的数据相对照，CCTDI中文版的克龙巴赫 α 系数略低。CCTDI英文版整个问卷的克龙巴赫 α 系数为0.91，7个子量表的克龙巴赫 α 系数最低的为0.71，最高的为0.80。从CCTDI的设计看，只根据被试对9至12项测题的不同回答，就要对他们的批判性思维倾向的某一个方面做出比较精确的区分，在理论和实际操作上都具有一定的困难。它可能导致用CCTDI测验不同的被试时，其内在一致性会发生一定的变化。尽管如此，我们认为CCTDI中文版作为一种人格倾向测验工具，虽然有两个维度的 α 系数略低于0.60，它的内在一致性还是可以接受的。

在CCTDI的七个维度中，思维开放性的一致性最低。分析CCTDI的七个维度，人们可以看到，该维度体现的文化特征最为明显。思维开放性维度的内在一致较低，可能与中国大学生在这方面有不同的理解，存在文化差异有关。

从表3-5的数据看，无论是在总分还是七个子量表上，所调查的中国大学生的得分明显比对照组的美国大学生低。另外，CCTDI测试手册建议，分量表得分低于30或总分低于210，为批判性思维倾向很弱；分量表分高于50或总量表分高于350，表示批判性思维很强。按照这种标准，从总体上看，被调查的中国大学生的批判性思维倾向偏于消极。如果这种情况在更广泛的范围内得到进一步证实，就说明我们需要采取措施加强包括大学生、中小学生在内的广大青少年的批判性思维人格倾向的培养，提高我国青少年的批判性精神。

对《加利福尼亚批判性思维倾向问卷》（CCTDI）进行修订，做了信度和效度检验，得到以下结果：

其一，CCTDI中文修订版的克龙巴赫 α 系数、各分量表的克龙巴赫 α 系数在0.46以上，问卷有较好的内部一致性，信度较好；

其二，CCTDI中文修订版测题具有较好的同质性，七个维度与总分的相关达到心理测量学的要求，各维度有其独立性；

其三，修订后的CCTDI中文版有较好的效度；

其四，与美国部分大学生得出的数据相比，本测试样组在CCTDI上的得分存在明显的差异，表明测试样组的批判性思维倾向偏于消极。

二、一般工作社会心理测查应用技术

（一）企业员工工作满意度测查

1.理论基础

（1）工作满意度的概念

工作满意度的研究已有近60年的历史，是组织管理和社会心理学中非常重要的研究内容。对于工作满意度的概念，国内外研究人士给予了不同的表述。

斯蒂芬·P. 罗宾斯把工作满意度定义为个人对他所从事的工作的一般态度。

崔凤垣等在《北京城区在业人口工作活动的心理质量分析》中认为：作为动态概念，工作满意度最初主要指企业劳动者的工作环境、福利待遇等。概括地说，应从以下两个方面理解工作满意度的概念：

第一，工作满意度是一种对工作环境的态度。社会心理学主要探讨员工对工作环境的满意度，如收入、工作态度、人际关系等。

第二，工作满意度是对工作的期望与需求。工作满意度表现个人需求与其被满足的程度之间的一种关系。人所做的一切努力都与他的利益有关,具有目的性。人活动的直接目的是满足人的需求。人如果没有需求，就会失去活动的动力。人的活动是力求实现需求的过程。一般说来，在正常情况下，人的需求与对需求的满足之间存在着动态差距，并且需求总是相对地高于满足。一旦需求与满足处于等高线上，或者满足已超过需求，人的活动就趋于停滞。然而，如果满足与需求的差距太大，人就会感到极度不满或失望。人在不满时，假如采取积极的态度，可能激发出一种向上的力量来努力改变现状，尽量实现对需求的满足。反之，失望则往往是一种消极的情绪，人会因此而被动地降低乃至放弃对满足的需求，削弱人活动的主动性和能动性。因此，工作满意度是劳动者对自身价值、能力、发展机会等的一种主观评价，反映了工作环境与个人之间的协调性。

由此可见，工作满意度既是一种原因，又是一种结果。作为结果，工作满意度是衡量工作活动效率的尺度，反映了工作需求是否实现以及在多大程度上实现。作为原因，工作满意度，表示当人的工作需求没有被充分实现，需要与满足之间存在差异时而产生的一种新动力，它会激励人们为实现新的目标开始新的活动。因此，它存在多层次性。如果新的需求与旧的需求处于同一层次上，新的活动只是旧的活动的一种时间上的延续，则表现为一种低效率的活动。如果新的活动是旧的需求被满足后产生的对更高层次需求的追求，则表现为一种上升状态的、高效率的活动。

（2）工作满意度的理论

在工作满意度研究的60多年历史中，形成了不同的理论。被研究者引用较多的是需要理论（need theory）和双因素理论（two-factor theory）。

需要理论认为，员工的工作满意度取决于个人需要与工作特性之间的匹配程度,如果匹配程度高,则导致工作满意,反之,则导致工作不满意。

双因素理论认为，工作满意与不满意并非一个连续体的两极，两者有本质的区别。影响工作满意的因素称为“激励”因素，包括成就感、晋升机会、工作的挑战性、担负重要责任、受人赏识等。当这些因素不足时，导致员工不能得到满意的体验，但并不导致对工作的不满意。影响工作不满意的因素称为“保健”因素，包括工资、工作条件、工作地位与安全、人际关系等。当这些因素不足时，员工产生不满意，并且这些因素充足时，也并不会导致满意。

（3）工作满意度的结构

对于工作满意度的结构，不同的研究概括出的因素不尽相同，但其涉及的项目内容基本相似。除了前面提到的双因素以外，弗鲁姆（Vroom, D.）在总结大量因素分析结果的基础上提出工作满意度的主要构成因素，包括管理、晋升、工作性质、上司、工资报酬、工作条件、同事等七个方面；弗利达伦达（Friedlander, B.）则通过因素分析，抽出三个因素：社会及技术环境因素（包括上司、人际关系、工作条件等方面）、自我实现因素（个人能力得到发挥）、被人承认因素（工作的挑战性、责任、工资、晋升等）；斯密斯（Smith, C.）等人提出工作本身、工资、晋升、上司、同事五个影响因素。

王大生在《关注员工工作满意度》中，对员工工作满意度的构成进行了比较详细的分析，他认为，员工工作满意度分为以下五个部分：

第一，对工作本身的满意程度，包括:①工作合适度:工作适合自己、符合自己期望、扬长避短、有兴趣、提供学习的机会、成功机遇、可实现的目标、合适的工作量、可解决的困难等；②责权匹配度：合适、明确和匹配的责任、权利；③工作挑战性：适度挑战；④工作胜任度：拥有工作要求的技能、素质、能力等，拥有足够自信。

第二，对工作回报的满意程度，包括：①工作认可度：受到适度表扬与批评，对所做工作的称赞等；②事业成就感：工作能激发成就感，满足自己成就需要；③薪酬公平感：与自己付出相比，或与企业内外部相关人员相比，薪酬数量或制定报酬的根据具有公平性；④晋升机会：充分、公正的晋升机会。

第三，对工作背景的满意程度，包括：① 工作空间质量：对工作场所的温度、通风等物理条件以及企业所处地区环境的满意程度；② 工作时间制度：合适的工作小时、上下班时间、休息时间、合理的加班制度等；③ 工作配备齐全：工作必需的工具、条件、设备以及其他资源是否配备齐全、够用；④ 福利待遇满意度：对福利退休金、医疗和医疗保险计划、每年的假期、休假的满意程度。

第四，对工作群体的满意程度，包括：① 合作和谐度：上级的信任、支持、关心、指导，同事之间合适的心理距离、相互了解和理解、友好的界面、开诚布公，以及下属领会意图、完成任务情况；② 信息开放度：信息渠道畅通，信息的传播准确、高效等。

第五，对企业的满意程度，包括：① 对企业的了解度：对企业的历史、文化、战略、政策制度的理解和认同程度；② 组织参与感：意见和建议得到重视，参与决策等。

（4）影响工作满意度的因素

影响工作满意度的因素很多，除了性别、年龄、文化、工龄、行业、工种、婚姻等人口变量以外，还涉及组织规模、组织气氛、领导行为、职业声望、工作压力、人格特质等环境及心理因素。

① 性别。对于性别因素，研究结论很不一致，有的认为女性比男性对工作更满意，有的则得到相反的结论，还有的认为性别与工作满意度之间没有关联。更深入的研究发现，性别因素在不同行业和工作满意的不同维度上的影响力是有差别的。对于教师的工作满意度研究显示，女教师比男教师工作本身的满意程度高（陈云英，1994）；对于新闻工作者的研究则表明，性别在工作满意的多数项目上无显著差异，只在“晋升”方面存在差异（华英惠等，1992）。

② 年龄。年龄因素同样存在上述矛盾状况，不过在一些研究中，年龄越大、工作满意程度越高的结论似乎多些。至于文化、工龄等因素的影响结论更加不一致。

③ 职业。职业声望对工作满意的影响结论基本上是一致的。几个以

工人为被试的研究表明，如果以亲属或周围人为参照，自己的职业比他人职业层次高时，其工作满意度较高，反之则满意度较低。其中以父母、兄弟、配偶作为参照时这种倾向更明显（Hodson，R.，1985）。

④ 工作压力。工作压力与工作满意的关系说起来并不那么简单，但前者对后者的影响是肯定的。罗伯逊（Roberson，I. T.，1990）等人提出：工作压力可以预言身心健康，但不能直接预言工作满意，工作压力与工作满意的关系受个体A型性格影响，A型性格分数越低，工作压力与工作满意的负相关倾向越明显。迈克考麦克（McCormick，J.，1992）等人的研究显示：使用笼统的测量（总的来说，工作压力如何，总体而言，工作满意度如何），两者的相关难以发现，而对压力的各个维度与工作满意的各个维度进行典型相关分析，证明了两者有显著关系。

⑤ 领导行为。研究发现，领导对下属的体恤程度与下属的工作满意度呈正相关，而领导的结构因素与下属的工作满意度呈倒U型关系（徐联仓，1986）。

⑥ 户籍身份的影响。在非物质满足感上，农村户籍员工的满足感略低一点。在物质满足感上，户籍身份的差别较为明显，城市户籍员工的满足感低于农村户籍员工（蔡禾、张应祥，2000）。

综上所述，工作满意度的定义虽然表述不同，但概括起来说，是指员工希望得到的报酬与他们实际得到的报酬之间的差距，表达着人们对工作现状的自我感受。决定工作满意度的重要因素是工作本身、报酬、工作环境、同事关系和人格与工作的匹配等，而影响工作满意度的主要因素有性别、年龄、职业、工作压力、领导行为、户籍身份等等。也就是说，人们对工作的满意或不满意主要取决于一个人的需要与他的实际所得之间的比较，个体心目中的需要标准与实际工作所得之间的差异越小，工作满意度越高，反之越低。一般地说，工作待遇越高，工作中的人际关系越好，工作中的个人价值实现机会越多，该工作获得的主观评价就会越高。工作满意度高，人们会维持现有的工作状态；反之，工作满意度低，人们就会表达出强烈的改善工作状态的要求，如果要求得不到满足，人们就会通过工作变动，即职业变动、社会流动来改变目前的状况。

2. 测查的对象与方法

（1）测查的对象

研究中调查了江门市中小型企业员工456人。被调查对象的职务、职称、文化程度、年龄、工龄、婚姻状况、性别、居住地、户籍身份等分布情况分别见表3–6、表3–7、表3–8、表3–9、表3–10、表3–11、表3–12、表3–13、表3–14：

表3–6　被调查对象的职务情况

职务	人数	百分比	有效百分比	累积百分比
遗漏人数	6	1.3	1.3	1.3
高层管理干部	4	0.9	0.9	2.2
中层管理干部	14	3.1	3.1	5.3
一般干部	43	9.4	9.4	14.7
固定工	82	18.0	18.0	32.7
合同工	220	48.0	48.0	80.9
临时工	87	19.1	19.1	100
总计	456	100	100	

表3–7　被调查对象的职称情况

职称	人数	百分比	有效百分比	累积百分比
遗漏人数	27	5.9	5.9	5.9
高级	4	0.9	0.9	6.8
副高级	3	0.7	0.7	7.5
中级	72	15.8	15.8	23.2
初级	79	17.3	17.3	40.6
无职称	271	59.4	59.4	100
总计	456	100	100	

表3-8　被调查对象的文化程度情况

文化水平	人数	百分比	有效百分比	累积百分比
遗漏人数	20	4.4	4.4	4.1
研究生	4	0.9	0.9	5.3
本科	29	6.4	6.4	11.6
专科	42	9.2	9.2	20.8
中专、技校	136	29.8	29.8	50.7
高中、职高	129	28.3	28.3	78.9
初小及以下	96	21.1	21.1	100
总计	456	100	100	

表3-9　被调查对象的年龄分布

年龄（岁）	人数	百分比	有效百分比	累积百分比
遗漏人数	14	3.1	3.1	3.1
20以下	26	5.7	5.7	8.8
20—29	224	49.1	49.1	57.9
30—39	108	23.7	23.7	81.6
40—49	49	10.7	10.7	92.3
50—59	33	7.2	7.2	99.6
60以上	2	0.4	0.4	100
总计	456	100	100	

表3-10　被调查对象的工龄分布

工龄	人数	百分比	有效百分比	累积百分比
遗漏人数	18	3.9	3.9	3.9
5年以下	223	48.9	48.9	52.9
6—9年	68	14.9	14.9	67.8
10—19年	71	15.6	15.6	83.3
20—29年	33	7.2	7.2	90.6
30—39年	40	8.8	8.8	99.3
40年以上	3	0.7	0.7	100
总计	456	100	100	

表 3–11　被调查对象的婚姻状况

婚姻状况	人数	百分比	有效百分比	累积百分比
遗漏人数	13	2.9	2.9	2.9
未婚	213	46.7	46.7	49.6
已婚	230	50.4	50.4	100
总计	456	100	100	

表 3–12　被调查对象的性别分布情况

性别	人数	百分比	有效百分比	累积百分比
遗漏人数	28	6.1	6.1	6.1
男	278	60.0	60.0	67.1
女	150	32.9	32.9	100
总计	456	100	100	

表 3–13　被调查对象的居住地情况

户籍	人数	百分比	有效百分比	累积百分比
遗漏人数	23	5.0	5.0	5.0
广东珠三角内	260	57.0	57.0	62.1
广东珠三角外	66	14.5	14.5	76.5
广东省外地区	107	23.5	23.5	100
总计	456	100	100	

表 3–14　被调查对象的户籍身份情况

户籍身份	人数	百分比	有效百分比	累积百分比
遗漏人数	51	11.2	11.2	11.2
城市	285	62.5	62.5	73.7
农村	120	26.9	26.9	100
总计	456	100	100	

（2）取样方法

研究中选择江门市 A、B、C、D、E 五家公司作为典型案例，就五家企业员工工作满意度进行调查，试图对企业员工工作满意度的现状、基本构成、主要影响因素等进行研究和探讨。所选的企业在企业性质上有一定的代表性。A、B两公司为两家国内的上市公司；C、D为两家民营企业；E为中外合资企业。

在某一企业中进行具体抽样时，采用分层抽样法，按照职务分成六个抽样层次。在每一个层次中，根据该层次员工在企业总人数中所占的比例，随机抽取一定数量的样本。

（3）问卷设计

① 编制预测问卷

在综合考察一些工作满意度理论的基础上，参考有关资料编制了一份《企业员工工作满意度调查问卷》（初表）。由于工作满意度是对问题的态度与意见，所以这份问卷采取利克特式5点量表法。

② 预测对象

在江门市某厂用分层随机抽样的方式，抽取195名企业员工，利用《企业员工工作满意度调查问卷》（初表）进行调查，以测试研究所使用的调查工具的效度与信度。

③ 预测结果分析及调查问卷的形成

对预测所得到的数据进行项目分析、因素分析和信度分析。在此基础上，对《企业员工工作满意度调查问卷》（初表）当中的一些题目进行删减，形成《企业员工工作满意度调查问卷》。

a. 问卷的因素分析

对用《企业员工工作满意度调查问卷》（初表）进行调查得到的结果共作了三次因素分析。

第一次作因素分析时，特征值大于1的因素共有11个，将因素负荷量小于0.5的题目删去，考虑到第8、9、10、11个因素只包含两个题目，层面所涵盖的题目太少，因此将相关题目删除。共删除17个题目。在此基础上，以相同方法做第二次因素分析。在进行第二次因素分析时，同样将因素负荷小于0.5和层面涵盖的题目太少的因素删去，共删除5个题目，选取余下的23个题目做第三次因素分析。结果见表3–15、表3–16、表3–17、

表3–18、表3–19及图3–1：

表3–15 因素分析的（KMO）和巴特莱特球形检验结果

样本适当性的卡色-梅野-奥利金测量 （Kaiser-Meyer-Olkin Measure of Sampling Adequacy，KMO）	0.761
巴特莱特球形检验（Bartlett's test of Sphericity）	
近似的卡方值（Approx. Chi-Squar）	2 030.970
自由度（df）	253
意义水平（Sig）	0.000

表3-15中数据表明，KMO值为0.761，适合因素分析。

表3–16 因素分析主成分共同性分析

	Initial	Extraction
VAR00010	1.000	.667
VAR00011	1.000	.496
VAR00012	1.000	.761
VAR00018	1.000	.431
VAR00023	1.000	.529
VAR00024	1.000	.756
VAR00025	1.000	.771
VAR00026	1.000	.535
VAR00027	1.000	.842
VAR00028	1.000	.839
VAR00029	1.000	.792
VAR00030	1.000	.565
VAR00033	1.000	.595
VAR00034	1.000	.690
VAR00035	1.000	.821
VAR00036	1.000	.661
VAR00037	1.000	.625
VAR00038	1.000	.711
VAR00039	1.000	.733
VAR00041	1.000	.543
VAR00042	1.000	.609
VAR00051	1.000	.547
VAR00054	1.000	.640

提取方法：主成分分析

表3-17 因素分析整体解释的变异数

Component	Initial Eigenvalues			Extraction Sums of Squared Loadings			Rotation Sums of Squared Loadings		
	Total	% of Variance	Cumulative %	Total	% of Variance	Cumulative %	Total	% of Variance	Cumulative %
1	5.528	24.036	24.036	5.528	24.036	24.036	3.232	14.051	14.051
2	3.277	14.248	38.284	3.277	14.248	38.284	2.963	12.885	26.936
3	2.064	8.974	47.258	2.064	8.974	47.258	2.474	10.758	37.693
4	1.690	7.347	54.605	1.690	7.347	54.605	2.467	10.728	48.421
5	1.416	6.159	60.764	1.416	6.159	60.764	2.147	9.334	57.755
6	1.183	5.143	65.907	1.183	5.143	65.907	1.875	8.152	65.907
7	.852	3.705	69.612						
8	.832	3.619	73.231						
9	.764	3.324	76.554						
10	.683	2.968	79.523						
11	.655	2.847	82.370						
12	.580	2.520	84.890						
13	.537	2.333	87.223						
14	.473	2.056	89.279						
15	.405	1.759	91.038						
16	.378	1.643	92.681						
17	.356	1.547	94.227						
18	.324	1.408	95.635						
19	.318	1.384	97.020						
20	.233	1.013	98.032						
21	.177	.770	98.803						
22	.151	.659	99.461						
23	.124	.539	100.000						

提取方法：主成分分析

表3–17中数据表明特征值大于1者共有六个,因素分析共抽出六个因素。

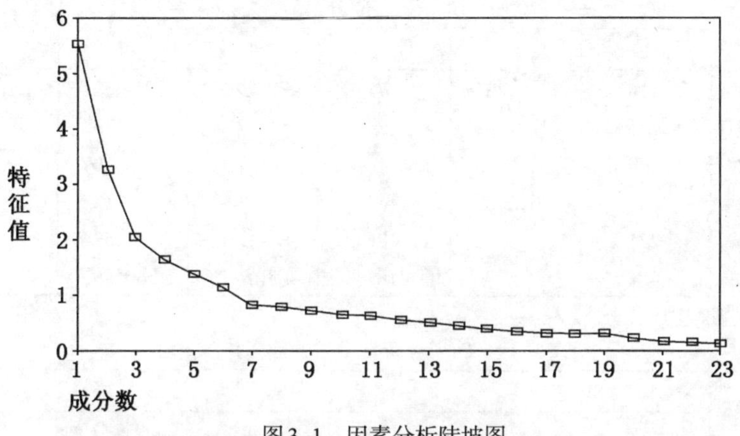

图3–1　因素分析陡坡图

从图3–1中可见，保留六到七个因素比较合适。

表3–18　因素分析未转轴的因素矩阵

	成分/因素					
	1	2	3	4	5	6
VAR00033	.708	–.190	–0.112	.134	–8.43E-02	.145
VAR00030	.694	–.170	.194	–6.64E-02	7.900E-02	7.908E-02
VAR00028	.680	–.261	.468	–.253	.151	4.338E-02
VAR00023	.664	–7.33E-02	6.037E-02	.276	2.342E-02	5.300E-02
VAR00027	.655	–.306	.474	–5.21	.178	–6.83E-03
VAR00025	.645	–9.78E-02	–.203	.531	.147	3.291E-02
VAR00029	.596	–.256	.502	–.339	6.550E-02	–1.55E-02
VAR00026	.570	–.140	–.162	.249	.237	.214
VAR00038	.554	.167	–.300	–.175	.126	–.490
VAR00035	.515	.384	–.406	–.350	–.127	.324
VAR00036	.496	.260	–.228	–.492	–8.74E-02	.212
VAR00037	.481	.435	–.364	–8.21E-02	.203	–.154
VAR00051	.193	.594	.191	.161	–.197	–.235
VAR00010	–.246	.557	.102	–.101	.523	4.116E-02
VAR00042	.148	.553	.260	.148	–.352	.261
VAR00034	.441	.553	–.306	–.191	–.174	.172
VAR00011	-.340	.488	.106	1.976E-02	.355	6.850E-02

（续表）

	成分/因素					
	1	2	3	4	5	6
VAR00018	.115	.482	.278	4.782E-02	–.324	–1.76E-02
VAR00041	.165	.459	.424	.124	–.330	4.491E-02
VAR00054	.149	.473	.514	.284	.107	–.196
VAR00024	.537	2.060E-02	–.162	.637	.122	.141
VAR00012	–.225	.531	.126	–4.34E-02	.594	.242
VAR00039	.484	.240	.161	–4.70E-02	5.260E-03	–.642

提取方法：主成分分析

表3–19　因素分析转轴后的因素矩阵

	成分/因素					
	1	2	3	4	5	6
VAR00027	.896	.161	8.351E-03	–1.01E-02	–8.13E-02	7.889E-02
VAR00028	.891	.178	6.562E-02	3.110E-02	–7.62E-02	5.338E-02
VAR00029	.875	2.819E-02	5.137E-02	5.976E-02	–.124	6.269E-02
VAR00030	.615	.363	.167	3.512E-02	–.130	9.377E-02
VAR00024	–1.78E-02	.859	7.265E-03	.113	–2.90E-02	6.855E-02
VAR00025	9.793E-02	.842	2.753E-02	–4.48E-03	–.116	.193
VAR00026	.230	.657	.170	–.143	–8.12E-03	3.181E-02
VAR00023	.339	.591	7.903E-02	.142	–.151	.124
VAR00033	.329	.558	.265	–1.19E-03	–.315	7.619E-02
VAR00035	5.586E-02	.157	.880	8.173E-02	4.198E-04	.112
VAR00036	.252	–1.40E-03	.758	3.676E-02	–1.67E-02	.144
VAR00034	–5.36E-02	.147	.728	.299	5.597E-02	.208
VAR00041	.102	–3.18E-03	4.768E-02	.727	2.367E-02	–4.42E-02
VAR00042	–4.33E-02	7.920E-02	.240	.713	6.885E-02	–.174
VAR00051	–6.16E-02	4.329E-02	5.729E-02	.653	.113	.315
VAR00018	5.541E-03	–7.06E-02	.117	.640	2.087E-02	4.400E-02
VAR00054	.164	.124	–.258	.614	.348	.184
VAR00012	–5.84E-02	–3.31E-02	7.761E-02	6.461E-02	.858	–9.72E-02
VAR00010	–9.26E-02	–.147	4.600E-02	9.163E-02	.788	7.447E-02
VAR00011	–.206	–.143	–4.03E-02	.147	.639	–3.46E-02
VAR00039	.106	.113	9.941E-02	.149	–9.32E-02	.817
VAR00038	.164	.161	.276	–5.39E-02	–4.49E-02	.760
VAR00037	–5.81E-03	.277	.465	5.258E-02	.215	.533

提取方法：主成分分析

旋转方法：Varimax with Kaiser Normalization

表3–19中的数据表明，每一因素层面中的题目的因素负荷量均在0.5以上，每一因素层面中的题目数量都达到三个以上，都达到了设计要求。以上23个题目可形成《企业员工工作满意度调查问卷》。

b. 问卷的信度分析

利克特量表法中常用的信度检验方法为克龙巴赫 α 系数。研究中用该方法对《企业员工工作满意度调查问卷》的信度进行分析。根据以上因素分析的结果，共抽取六个共同因素，每一个因素层面形成一个子量表。

根据每一个子量表的内容，分别将它们命名为：劳动保障、工作条件与收入、员工民主参与、人际关系与人文关怀、事业成就、领导民主管理。

劳动保障子量表包括的题目是：① 养老保险有保障；② 医疗保险有保障；③ 失业保险有保障；④ 住房分配有保障。

工作条件与收入子量表包括的题目是：① 工作条件（仪器、设备、环境保护措施等）较好；② 收入与其他企业相比较不算低；③收入与其他行业相比较不算低；④ 收入令人满意；⑤ 集体的其他福利令人满意。

员工民主参与子量表包括的题目是：① 对工人不参加企业的经营管理可以接受；② 对工人不参加分配制度的制定可以接受；③ 对工人不参加福利制度的制定可以接受。

人际关系与人文关怀子量表包括的题目是：① 总有干不完的事，连假日都难得休息；② 除了工作上的事情以外，很难与领导交往；③ 领导不体谅、不关心、不理解员工；④ 企业中能与自己讲真话的人很少；⑤ 企业中能理解自己的人不多。

事业成就子量表包括的题目是：① 工作是为了挣更多的钱；② 工作是希望在经济上独立；③ 工作是为了维持家庭和自己的生活。

领导民主管理子量表包括的题目是：① 对管理干部的产生不需要听取工人的意见可以接受；② 对管理干部个人有权奖励和惩罚下级可以接受；③ 对管理干部个人有权聘用和解聘下级可以接受。

信度分析的结果表明，总量表和六个子量表的克龙巴赫 α 系数分别为0.820 5、0.882 0、0.817 1、0.799 7、0.723 0、0.718 0、0.729 6，α 系数

均在0.70以上，表明《企业员工工作满意度调查问卷》的内在一致性颇佳。

（4）问卷调查

选择江门A、B、C、D、E五个企业当中的456名员工，利用编制的《企业员工工作满意度调查问卷》进行问卷调查。

3. 调查结果及其分析

（1）被调查对象工作满意度的描述性统计结果（见表3–20）

表3–20 被调查对象工作满意度的描述性统计结果

	人数	平均数	标准差
总量表	456	69.98	12.36
劳动保障子量表	456	12.77	4.35
工作条件与收入子量表	456	16.32	4.63
员工民主参与子量表	456	10.85	3.03
人际关系与人文关怀子量表	456	14.12	4.19
事业成就子量表	456	5.22	2.57
领导民主管理子量表	456	10.76	3.11

（2）被调查对象工作满意度的分布

以平均数加减1个标准差为衡量工作满意度高和低的分界线，把所调查对象的工作满意度分为高、中、低三类，每一类所占的比例见表3–21：

表3–21 被调查对象工作满意度的分布

	工作满意度低（%）	工作满意度中（%）	工作满意度高（%）
总量表	11.0	75.0	14.0
劳动保障子量表	18.5	64.6	16.9
工作条件与收入子量表	21.5	62.2	15.3
员工民主参与子量表	18.6	53.9	27.5
人际关系与人文关怀子量表	17.4	72.5	10.1
事业成就子量表	32.5	59.2	8.3
领导民主管理子量表	12.5	67.9	19.6

（3）工作满意度总量表与职务等的相关（见表3–22）

表3–22 工作满意度总量表与职务等的相关

	职务	文化水平	婚姻状况	户籍身份	职称	年龄	工龄	性别	户籍
总量表分皮尔	.149**	.112*	.063	–.013	.194**	.100*	.026	–.063	.041
逊相关的意义水平（双尾）	.001	.017	.180	.783	.000	.033	.576	.182	.384
人数	455	455	455	455	455	455	455	455	455

（**代表相关在0.01水平上具有显著意义，*代表相关在0.05水平上具有显著意义，两尾检验。）

表3–22的数据表明，工作满意度总分与被调查者职务、文化水平、职称、年龄分呈显著正相关。工作满意度总得分与婚姻状况、户籍身份、工龄、性别、户籍因素无显著相关。

（4）劳动保障子量表与职务等的相关（见表3–23）

表3–23 劳动保障子量表与职务等的相关

	职务	文化水平	婚姻状况	户籍身份	职称	年龄	工龄	性别	户籍
子量表分皮尔	.148*	.043	.013	–.021	.176**	.002	–.068	–.063	.053
逊相关的意义水平（双尾）	.002	.356	.782	.656	.000	.960	.149	.182	.260
人数	455	455	455	455	455	455	455	455	455

（**代表相关在0.01水平上具有显著意义，*代表相关在0.05水平上具有显著意义，两尾检验。以下相同）

表3–23中的数据表明，劳动保障子量表得分与职务、职称分有显著正相关。职务和职称越高，在该量表上得分越低，反之，则越高。该子量表得分与其他因素无显著相关。

（5）工作条件与收入子量表与职务等的相关（见表3–24）

表3–24 工作条件与收入子量表与职务等的相关

	职务	文化水平	婚姻状况	户籍身份	职称	年龄	工龄	性别	户籍
子量表分皮尔	.062	.059	.187**	.137*	.082	.180**	.200**	.013	.123*
逊相关的意义水平（双尾）	.188	.207	.000	.003	.080	.000	.000	.781	.008
人数	455	455	455	455	455	455	455	455	455

表3–24中的数据表明：工作条件与收入子量表得分与婚姻状况、年龄、工龄、户籍身份和户籍分有显著正相关，与职务、职称、文化水平、

性别无显著相关。

（6）员工民主参与子量表与职务等的相关（见表3–25）

表3–25　员工民主参与子量表与职务等的相关

	职务	文化水平	婚姻状况	户籍身份	职称	年龄	工龄	性别	户籍
子量表分皮尔	.099*	.040	.022	.056	.155**	.065	.005	–.021	.101*
逊相关的意义水平（双尾）	.034	.396	.636	.230	.001	.065	.917	.917	.031
人数	456	456	456	456	456	456	456	456	456

表3–25中的数据表明：员工民主参与子量表得分与职务、职称、户籍分有显著正相关。该子量表得分与其他因素无显著相关。

（7）人际关系与人文关怀子量表与职务等的相关（见表3–26）

表3–26　人际关系与人文关怀与职务等的相关

	职务	文化水平	婚姻状况	户籍身份	职称	年龄	工龄	性别	户籍
子量表分皮尔	.041	.066	.009	.070	.074	.049	–.057	–.053	–.003
逊相关的意义水平（双尾）	.378	.162	.852	.136	.115	.292	.225	.256	.957
人数	456	456	456	456	456	456	456	456	456

表3–26中的数据表明：人际关系与人文关怀子量表得分与职务等因素无显著相关。数据提示，所有参与调查的员工对休息、与领导交往、领导关心体谅理解员工、工作中有自己的朋友的评价不存在差别。不同职称、年龄、文化程度等在此方面的需求都是一致的。

（8）事业成就子量表与职务等的相关（见表3–27）

表3–27　事业成就子量表与职务等的相关

	职务	文化水平	婚姻状况	户籍身份	职称	年龄	工龄	性别	户籍
子量表分皮尔	–.063	.001	–.065	–.042	.010	.004	.000	.142**	–.175**
逊相关的意义水平（双尾）	.177	.916	.168	.370	.829	.940	.998	.002	.000
人数	456	456	456	456	456	456	456	456	456

表3–27中的数据表明：事业成就子量表得分与性别分有显著正相关，与户籍分有显著负相关。

（9）领导民主管理子量表与职务等的相关（见表3–28）

表3–28 领导民主管理子量表与职务等的相关

	职务	文化水平	婚姻状况	户籍身份	职称	年龄	工龄	性别	户籍
子量表分皮尔	.195**	.169**	–.026	.069	.143*	–.008	–.026	.028	.033
逊相关的意义水平（双尾）	.000	.001	.577	.144	.002	.808	.575	.549	.486
人数	456	456	456	456	456	456	456	456	456

表3–28中的数据表明：领导民主管理子量表得分与职务、文化水平、职称分有显著正相关，而与其他因素无显著相关。

4. 分析与讨论

（1）工作满意度的结构

在工作满意度的结构方面，存在着两种主要的理论：一是减法理论，二是乘法理论。两者的主要区别在于前者强调工作的实现在获得工作满意感中的作用，而后者强调的则是工作满意感是由工作的实现在个人价值系统中的地位以及个人对工作的主观重视程度决定的，是个人对工作的一种价值判断和重要性判断。目前，研究者对这两种理论谁优谁劣还存在不同的看法。

这里主要从乘法理论角度出发，研究企业员工工作满意度的结构，即从个人对工作的主观重视程度和从工作对自己的作用角度，研究工作满意度。

参照黄天中有关的工作满意度量表，并结合我国企业的实际和文化特点，我们设计了45个不同的题目，要求被调查者在五点量表上做出反应。通过对195名企业员工工作满意度的初步调查，运用因素分析的方法在同一因素层面上选取因素负荷最大的题目，删除了22个因素负荷量小的题目，得出了一个由六个不同因素层面组成，包括23个测题的工作满意度调查表。工作满意度的六个因素结构分别是：劳动保障、工作条件与收入、员工民主参与、人际关系与人文关怀、事业成就、领导民主管理。

得出的工作满意度结构的六个因素层面符合工作满意度的一般理论架构，也与多数研究者提到的研究结果相一致。

对《企业员工工作满意度调查问卷》所做的信度检验表明，总量表和六个子量表的克龙巴赫 α 系数均在0.70以上，都达到了问卷可接受的最小信度值（吴明隆，2001）。因素分析结果表明，工作满意度的六个层面具有较高的相对独立性，可以分别作为六个独立的量表对工作满意度进行分析。

（2）被调查对象的工作满意度

调查结果表明，从总体上分析，所调查企业员工的工作满意度是比较高的。89%的被调查者认为对自己的工作是满意的。这一研究结果与有关报道基本上是一致的。国外的有关研究认为，美国有70%~80%的工人报告他们对工作是满意的（斯蒂芬·P. 罗宾斯，1997）。

表3–29　国外工人工作满意维度上的反应

维度	表示满意的员工的百分比（1999年）
工作类型	79
同事	76
福利	71
受尊重的公平待遇	58
工作安全感	58
提出建议的机会	54
报酬	46
工作绩效的认可	39
晋升的机会	27

（以上数据引自斯蒂芬·P. 罗宾斯著《组织行为学》，中国人民大学出版社1997年版，第152页）。

将表3–21所得数据与表3–29数据相比较，可以看到该研究的结果与国外的调查结果有相同的一面：即，工作满意度都比较高，对感到满意的各方面的排序基本相近。但是，两调查结果也存在一定的差异，主要的差异是中国工人的工作满意度总体上好于美国工人。

需要进一步讨论的一个问题是，如何解释中国企业工人的工作满意度比国外工人高。凭一般的常识，人们通常会认为国外工人的工作满意度应该比国内的工人更高才对，因为国外工人的工资待遇、工作环境、劳动保障、企业管理等都要比国内企业好。

在此利用罗宾斯的观点来解释这一结果。罗宾斯认为，大部分人在青年时期形成的对待生活的态度是影响其后工作满意度的重要因素。就此认为，导致中国工人工作满意度普遍高于国外工人的原因，是由于中国人对待生活的态度较外国人更乐观些。与工资待遇、工作环境、劳动保障、企业管理相比，员工的生活态度对他们的工作满意度影响更大，中国工人吃苦耐劳、任劳任怨，对工作中存在的不足与困难有较强的心理承受能力。由于研究的对象大多是年轻、文化程度较低的工人，其中有相当一部分人是国内欠发达地区的外来工，他们对工资待遇、工作环境、劳动保障、企业管理的要求，相对说来并不高，也由于他们对工作的期望值相对较低，因此，他们对工作更容易有满意感。

此观点得到本调查结果和其他一些研究的支持。在本调查中，从工作满意度的总得分上可以看出，职务、文化水平、职称越高的人，年龄越低，满意度也越低。相反，职务、文化水平、职称越低的人，年龄越大，工作满意度越高。李凌江等人的研究也发现，客观生活质量较好的职业群体，工作满意度要低一些，而客观生活质量较差的职业群体，其工作满意度要高一些。

（3）影响工作满意度的因素

从研究的调查结果看，职务、性别、年龄、文化程度等人口学变量与工作满意度的关系不能一概而论。在工作满意度的不同维度上，职务、性别、年龄等人口学变量具有不同的影响。

第一，职务、职称低者对劳动保障的评价较高，他们更重视有养老、医疗、失业、住房保障在获得工作满意感中的作用，职务、职称高者，则对相关内容的评价相对较低些。工作中的劳动保障维度与其他因素无显著相关。

第二，已婚者、农村户籍身份者、广东省外地区者以及年龄越大、工龄越长者，越重视良好的工作条件、收入比其他企业和行业高、收入满意、福利好在获得工作满意感中的作用，而未婚者、城市户籍身份者、广东省内地区者以及年轻、工龄短者对以上方面的评价则较低。工作条件和收入与职务、职称、文化水平、性别无显著相关。

第三，职务、职称越低、户籍为广东省外地区者，更强调工人参与企业的经营管理、分配制度和福利制度的制定在获得工作满意感中的作用，而职务、职称越高、广东省户籍者对以上内容在获得工作满意感中的评价相对更低。员工民主参与与其他人口学因素无显著相关。

第四，人际关系与人文关怀子量表得分与职务等人口学因素无显著相关。所有参与调查的员工对休息、与领导交往、领导关心体谅理解员工、工作中有自己的朋友的评价不存在差别。不同职称、年龄和文化程度的人对于人际关系和人文关怀的需求都是一样的。

第五，事业成就子量表得分与性别、户籍有显著相关，而与其他人口学特征无显著相关。女性、广东省内户籍者更强调经济收入在获得工作满意方面的作用，对工作是为了挣更多的钱、保持经济独立、维持家庭和自己生活评价更高，而广东省外户籍者和男性员工对以上方面评价更低。

第六，领导民主管理子量表得分与职务、文化水平、职称有显著相关，而与其他因素无显著相关。说明职务、职称、文化水平低者更重视民主管理的作用，强调企业干部的产生、企业的奖惩、员工的聘用与解聘需要听取工人意见，而职务、职称、文化水平高者对相关内容的满足需求更低些。

对于第一点和第四点，我们可以用马斯洛的需要层次理论来进行解释。这是因为，高职务者的劳动保障、生理和安全需要已经得到基本满意，劳动保障对他们的激励作用已经很小；而对于无职务、无职称的普通工人，劳动保障是他们最希望得到的，改善劳动保障将增加普通工人的工作满意度。对于所有的员工，人际交往都是一种比较高层次的需要。人们从事某项工作，并不只是为了挣钱和获得可见的成就。对于绝大多数员工来说，工作是他们进行社会交往的一种重要手段。如果工作当中能获得同事的理解和支持，能够得到领导者的关心和关怀，则员工的满意度将会增加。管理科学中人际关系学派理论的发展，支持这种观点。

上面的第三点和第六点结果，表面上看似乎有些矛盾，人们通常可能会认为，高职务、高职称、高文化水平者会对工人参与企业的经营管理、分配制度和福利制度的制定、企业的民主管理有更高的评价和要求，然而，调查却得出相反的结果。在职务、职称、文化水平高的员工身上，相关内容在他们心目中的地位相对较低，而职务、职称、文化水平低者对企业民主参与和民主管理有着更强烈的要求。

研究中借用和发展霍兰德的人格与工作匹配理论来解释这一结果。霍兰德提出，员工的人格与职业的高度匹配，将给个体带来更多的满意感。在此，笔者认为，不仅人格与职业的高度匹配是影响员工满意度的重要方面，而且，职业能否保证自我的完整性，也是影响个体工作满意感的重要内容。保持自我的完整，使自我不受伤害是行为的一个基本动因。以上调查结果均与此有关。从现实工作环境看，企业领导者很少真正喜欢民主管理，从内心说他们并不喜欢自己的权力受到来自下属的挑战，民主往往是迫不得已的事。专制领导是无条件的，而民主领导和管理则是有条件的。从保持自我的完整性看，领导者对专制领导应有更高的评价。而对被领导者——一般的基层的员工来说，他们希望发挥自己的才能，尊重自己的意愿，参与企业的民主管理是自己个人的能动性得以表现的重要条件，是自身价值和自我得到体现的重要保证。如果这种需要能得到满足，就会增加他们的工作满意感。相反，其工作满意度就会下降。

从研究的调查结果看，低职称、低职务、低文化水平者的生活环境较高职务、职称、文化水平者的客观生活质量要低，他们尚处于满足基本的生理和安全需要的阶段，但是，在基本的生理和安全需要还没有得到完全满足的情况下，他们依然存在强烈的追求更高层次的民主参与的需要。就研究的被调查者而言，追求民主管理与领导，其本质是一种尊重与被尊重的需要。这进一步支持了爱尔德弗的ERG激励理论，即多种需要可以同时共存。本调查结果的意义是明显的:生活在温饱线上的工人，也有更高的需求，他们开始追求更充实的生活、更有意义的工作，希望为社会多做贡献。这一点正是当今国外许多企业管理者所普遍忽视的问题。充分认识到普通员工对更高层次需要的追求，并采取措施去满足他们的需要，应引起企业管理者的高度重视。

对于本调查得到的第二点和第五点结果，部分已经得到其他研究的证实。如年龄越大，工作满意度会越高等。对于已婚者、农村户籍身份者、广东省外地区者、年龄越大者、工龄越长者，越重视良好的工作条件、收入比其他企业和行业高、收入满意、福利好在获得工作满意感中的作用；而未婚者、城市户籍身份者、广东省内地区者、年轻者、工龄短者，对以上方面的评价则较低。工作条件与收入与职务、职称、文化水平、性别无显著相关。女性、广东省内户籍者对工作是为了挣更多的钱、保持经济独立、维持家庭和自己生活评价更高，而广东省外户籍者和男性员工对以上方面评价更低的现象，笔者则认为它们与员工的生活境地和文化有密切关系。

已婚者、年龄越大者受家庭所累和年龄的限制，选择新工作的余地往往变得更小，这时，选择一种工作条件、收入和福利相对较好的职业稳定下来是他们普遍的愿望。而年轻人、未婚者、广东省内地区者工作选择的余地更大，他们往往不计较工作中的暂时得失，不愿安于现状，希望寻找到更多的机会去实现自己的价值，这是他们的特点之一。在这种情况下，工作条件、收入、福利对他们的吸引力就不像已婚者、年长者那么大。

女性、广东省内户籍者对工作是为挣更多的钱、保持经济独立、维护家庭和自己的生活评价更高，这可能与中国文化有一定关系。在中国传统文化中，女主内、男主外的思想根深蒂固，受这种思想影响，女性更倾向于认同工作是为获得一定的经济收入，男性更倾向于工作是为成就一番事业。广东省内户籍者受岭南文化影响，工作的目的是为“一日三餐”的思想更多些。广东省外户籍者受中原文化的影响更多些，相对于工作条件、收入、福利而言，可能事业感对他们的吸引力更大一些。

（4）企业所有制形式与工作满意度

从研究的调查结果看，不同的企业员工的工作满意度存在一定的差异。但是，员工的工作满意度与所有制形式并没有必然联系，调查结果并没有出现外资、合资、民资企业员工工作满意度高于国有股份制企业的研究预期。与有的研究者得出的所有制是影响员工工作满意度的一个独立变量的结论也不一致。

笔者认为，蔡禾等人通过比较两家国有企业和两家外资企业就得出所有制是影响员工工作满意度的一个独立变量的结论值得商榷。从研究的调查结果和其他大量有关工作满意度的研究看，员工的工作满意度与员工的人口学变量、人格与工作的匹配、心理挑战性的工作、公平的报酬、支持性的工作环境等存在明显的关联。不同所有制形式的企业都可以在员工人格与工作的匹配、公平的报酬、良好的工作环境等方面做得好一些或者差一些。关键是企业的领导者和企业文化是否重视员工的工作满意度，是否重视员工的激励，并采取积极有效的措施去实现它们。

在一些研究中，外资企业可能受国外企业文化的影响，注意运用组织行为学知识加强企业的管理。但是，这里需要指出，并非就此可以得出外资（合资）企业员工工作满意度好于国有（股份制）企业的结论。外资、合资和国内的民营企业也很可能在系统的管理、员工激励，特别是在精神激励方面比国有企业逊色。企业如果只考虑了物质的激励，而忽视员工民主参与、民主管理、人际交往的需要，也会损害员工的工作满意度。

著者认为，在任何所有制形式的企业中，员工都可能有高的工作满意度，也可能有低的工作满意度，其中的关键因素是企业能否根据员工的不同特点和心理需求进行管理和激励。

5. 结论

（1）工作满意度的结构

通过因素分析，本研究得出了一种由劳动保障、工作条件与收入、员工民主参与、人际关系与人文关怀、事业成就、领导民主管理六个因素组成的工作满意度结构，工作满意度是此六个因素的代数和。

（2）被调查企业员工工作满意度总体趋势良好

从总体上看，被调查企业员工的工作满意度是好的，其工作满意度有好于国外企业员工的倾向。在被调查者中，客观生活质量较好的人群的工作满意度比客观生活质量较差的人群低，同时存在职务、职称越高，总体工作满意度越低的趋势。

（3）职务、性别、年龄、文化程度等人口学统计变量与工作满意度的关系不能一概而论。在工作满意度的不同维度上，职务、性别、年龄等人口学统计变量具有不同的影响。

① 职务、职称低者对劳动保障的评价较高，他们更重视养老、医疗、失业、住房保障在获得工作满意感中的作用。职务、职称高者对相关内容的评价相对较低。

② 已婚者、农村户籍身份者、广东省外地区者以及年龄大者、工龄越长者，越重视良好的工作条件、收入比其他企业和行业高、收入满意、福利好在获得工作满意感中的作用，而未婚者、城市户籍身份者、广东省内地区者以及年轻、工龄短者对以上方面的评价则较低。

③ 职务、职称越低、户籍为广东省外地区者更强调工人参与企业的经营管理、分配制度和福利制度的制定在获得工作满意感中的作用，而职务、职称越高以及广东省户籍者对以上内容在获得工作满意感的评价相对更低。

④ 人际关系与人文关怀子量表得分与职务等人口学因素无显著相关。所有参与调查的员工对休息、与领导交往、领导关心体谅理解员工、工作中有自己的朋友的评价不存在差别。不同职称、年龄、文化程度等者对人际关系和人文关怀的需求都是一样的。

⑤ 女性、广东省内户籍者更强调经济收入在获得工作满意方面的作用，对工作是为了挣更多的钱、保持经济独立、维持家庭和自己生活评价更高，而广东省外户籍者和男性员工对以上方面评价较低。

⑥ 职务、职称、文化水平低者更重视民主管理的作用，强调企业干部的产生、企业的奖惩、员工的聘用与解聘需要听取工人意见，而职务、职称、文化水平高者对相关内容的满足需求更低些。

⑦ 员工工作满意度与企业所有制形式没有必然联系。

6. 建议

（1）企业激励员工、提高员工的工作满意度，工作重心应集中在劳动保障、工作条件与收入、员工民主参与、人际关系与人文关怀、事业成就以及领导民主管理上。

（2）企业提高员工的工作满意度应分层次进行。

（3）人际关系与人文关怀是所有员工的普遍追求。人际关系与人文关怀是个体建立友好和亲密的人际关系的欲望，它是一种合群的需要。在企业中，被其他人喜欢和接受，努力寻求友爱和合作，渴望在工作环境中建立相互理解的关系，是所有被调查员工的普遍愿望。为此，笔者建议企业采取有力措施去满足员工的这种需要。企业的管理者必须认识到与员工沟通的重要性，采取措施保证双向沟通；重视管理者与被管理者、员工与员工面对面沟通的实现。此外，适当地引进团体训练、交友小组等方法，增加员工间的交往机会、提高他们的交往技能，也有助于提高员工的工作满意度。

（4）对不同层面的员工，采取有针对性的激励措施，提高他们的工作满意度。对于低职务、低职称、低文化水平者，重视改善他们的劳动保障，创造机会让他们参与企业民主管理。企业领导改善领导方式将有助于提高他们的工作满意感。对于已婚者，工龄长和年龄大者，可适当提高其工资和福利待遇，以利于改善他们的工作满意度。而对于未婚者、年轻的员工，除工资待遇之外，企业应为他们提供成长、学习的机会，形成良好的人际环境，这样对他们会有更大的吸引力。对于外省户籍者、来自农村的员工和女性员工，企业应注意通过提高工资、待遇、福利对他们进行激励，提高他们的工作满意度。对于职务、职称高和文化水平高者，由于他们的劳动保障程度、福利待遇、收入已经达到一定水平，温饱对他们来说已经不再是主要关心的问题；要改善他们的工作满意度，除了帮助他们改善人际关系、增加对他们的人文关怀之外，应创造条件，帮助他们挖掘自己的潜能，发挥自己的才干，实现其人生价值，这方面显得更为重要。

（二）工作压力测查

1. 理论基础

（1）工作压力的概念

对于工作压力，国内外的不同学者有不同的认识。坎农（Cannon，J.）1935年从人类学的角度对工作压力作了分析，并认为工作压力是个人焦虑或恐惧等的一种紧张形式。在他看来，工作压力与人类在远古时期受到其他动物攻击时产生的紧张反应是一样的，在文明社会里，社会和工作环境同样会给人的生存产生这样或那样的威胁，工作压力就是人以恐惧、焦虑等紧张方式对这种威胁所做出的心理反应。

罗宾斯认为，压力是一种动态情境，在这种情境中，个体要面对与自己所期望的目标相关的机会、限制及要求，在这种动态情境里产生的结果是重要而又不确定的。在罗宾斯的定义中，工作压力概念的一个重要特点是，它总是与各种限制和要求相联系。在他看来，工作压力是个人期望与主客观条件的限制引起的，是由个人活动结果的不确定性导致的一种结果。

塞莱（Selyer，C.）把工作压力看作是一种适应性症状群，是人对压力因素做出的一种综合性反应。他认为工作压力反应分三个阶段：一是警觉阶段，个人调动身体和心理的潜能反抗压力；二是抵抗阶段，对压力的反抗逐步达到极限；三是消耗阶段，身心开始出现衰竭。

国内的心理学家更多地把工作压力看作是一种应激状况，认为过高的工作压力会击溃一个人的身心保护机制，使人的抵抗力下降，更容易受疾病的侵袭。

综合有关研究看来，工作压力更多地指个体对外界影响的反应过程，这种反应包括身心两个方面。当个体感觉到外界影响，就会产生身心的紧张。然而，这种紧张并不完全是消极的。适度的紧张程度有助于发挥个体的潜能，提高工作效率。当紧张程度超过个体身心所能承担的范围，就会产生消极后果，如自我评价降低、产生挫折感、肌体紧张、消化系统出现程度不同的不良变化等，导致个人工作绩效下降，严重时导致个人失去工作能力，特别严重时还有可能出现生理的衰竭，出现所谓的“过劳死”现象。

（2）工作压力的症状

对于工作压力的症状，研究者基本上取得了一致性的意见。其中，罗宾斯的分类具有一定的代表性。他将工作压力的症状分为三类：一为生理症状，包括新陈代谢出现紊乱，心率、呼吸率增加，血压升高，头痛，易患心脏病等。二是心理症状，包括压力所导致的不满意感、紧张、焦虑、易怒、情绪低落等。三是行为症状，包括生产率降低、缺勤、饮食习惯变化、过量服用烟酒、出现睡眠问题等。

从目前的研究看，研究者在对工作压力进行研究中，特别是对工作压力进行测量时，重点是放在心理症状和行为症状方面的。

（3）工作压力的来源

对工作压力的来源，有三种相近但又存在一定差异的说法。

① 工作压力和生活压力说　美国精神健康国家研究机构根据工作压力的来源分为工作压力因素和非工作压力因素，一部分研究者又把工作压力源分为工作压力和生活压力两大类。工作压力包括：工作负担过重；时间限制太紧；督导的质量差；不安全的政治气氛；工作任务模糊和矛盾；工作环境恶劣；工作关系差；员工的价值观、时间观；组织的作用等。生活压力包括个人生活中发生的重大变化；家庭成员、朋友的期望和生活习惯；生活方式的变化；经济收入等。

② 环境因素、组织因素和个人因素说　另一部分研究者把工作压力分为三大类。如罗宾斯就将工作压力的来源分为：环境因素、组织因素和个人因素三大类。环境因素包括政治环境、经济环境、技术变革的不确定性等。组织因素包括工作意愿、工作负担过重、同事关系、与主管的关系、组织的生命周期、组织结构、角色要求、任务要求等。个人因素包括家庭关系、婚姻、家庭开支、个性等。

③ 环境因素、组织因素、个人因素和认知相互作用说　前两种理论在分析工作压力的来源时，更多地强调的是工作压力的外来源。它们认为工作压力的外来源主要有：a. 工作本身，工作本身过于复杂、时间压力

大等；b. 担任的角色，个人负有的责任过大；c. 职业发展，个人对职业发展不满意；d. 组织结构与气氛，工作限制太多；e. 家庭、个人因素等。作为对前两种理论的补充，相互作用理论认为，工作压力是环境因素、组织因素、个人因素与个人对上述因素的认知相互作用的结果。

与前两种理论相比，相互作用理论更能反映工作压力来源的构成要素。照此理论，工作压力的产生必须有压力源的存在，但是，有压力源并不一定产生压力反应，在这个过程中，个人对压力源的认知、评价和处理起重要作用。

综上所述，对于工作压力的来源，研究者主要认为有四个方面：工作本身、环境、个人因素和个人对威胁的评价和主动调节能力。

（4）工作压力与工作绩效的关系

概括起来，研究者们对工作压力与工作绩效关系的认识分为三种。一是认为适度的工作压力可提高工作绩效，集中注意力，增强机体活力，减少工作错误。二是认为工作压力过度会引起紧张症，导致生理、心理、行为发生变异，影响工作绩效。三是认为工作压力随个人和环境的变化而变化，工作压力本身以及它对工作绩效的影响难以控制，维持较低的工作压力是适宜的。

由此可见，工作压力与工作绩效的关系是戏剧性的。工作压力可能导致高绩效，也可能导致低绩效。一方面，无压力，员工会感到无挑战性，导致低绩效；另一方面，高压力不仅不能成为行为的动力，相反，它会使人失去处理压力的能力，导致行为的不稳定。因此，对于企业管理者来说，如何保持员工有适当的工作压力，具有重要的意义。

（5）工作压力管理

有研究者认为，为了缓解员工的工作压力，管理者需要做三方面的工作：

一是进行组织管理。包括强化员工间的交流与沟通、设置适当的工作目标、工作再设计、工作轮换、工作丰富化、参与管理、制定身心健康方案等，通过这些工作控制不适当的工作压力在员工身上出现。

二是让员工学会应对工作压力的策略。包括鼓励员工参与适当的体育运动、主动寻求社会支持、放松训练等。

三是进行教育，让个体学习改变认知应对环境变化的能力。

2. 问卷编制

（1）工作压力调查问卷编制的总体构想

调查问卷由两部分组成，一为工作压力调查；二为工作压力来源调查。在工作压力调查方面，研究参照豪斯等人（House，R，& Rizzo，J. R.，1972）的工作压力量表以及罗宾斯等人对工作压力症状的描述，主要从心理方面设计了10个项目，对工作压力进行测量。其中，心理方面又分为工作压力的心理体验和压力的情绪反应两个方面。

在工作压力来源方面，参照工作压力源和生活压力源理论设计问卷，工作压力源设计了11个题目；生活压力源则参照霍尔姆斯（Holmes，D.）等人的生活改变表的内容进行设计，共设计了16个题目。以上所有的测验项目全部以利克特五点量表计分。

（2）问卷因素分析和信度分析

为确定量表的构想效度和内部一致性效度，保证问卷的编制质量，选择了132名外来工（其中男性57名，女性75名）进行试测，根据试测所得到的数据，通过社会科学统计软件包（SPSS 11.0）作因素分析和信度分析，在此基础上形成正式的调查问卷。

① 因素分析结果

通过第一次因素分析，将因素负荷小于0.50的两个题目删去，然后作第二次因素分析，得到以下结果：

第一，KMO值为0.877，表明数据适合因素分析。

第二，未转轴前的整体解释的变异数，因素分析陡坡图表明，抽取两个因素比较适宜；转轴后的因素矩阵（最大变异法）给出了分别属于两个因素层面的题目。因素层面一的题目为：在工作中，我常有一种紧张感；工作给我的精神造成很重的负担；工作繁重，影响了我的健康；我常因工作中的一些问题休息不好；我常因工作而心情压抑和不快；我常常感到疲劳。因素层面二的题目为：我常对周围的事感到恼火；有时我很急躁；我的情绪低落。

根据工作压力理论和语义分析，研究中将上述两个因素层面分别命名为工作压力的心理体验、工作压力的情绪体验。

② 信度分析结果

整个量表的内在一致性信度系数为0.851 4；工作压力的心理体验子量表的内在一致性系数为0.825 7；工作压力的情绪体验子量表的内在一致性信度系数为0.749 7，表明研究设计的工作压力量表具有较好的内在一致性和较好的信度。

3. 调查对象及其结果

研究中采取典型抽样的方式，在江门市选择了三家企业中的352名员工（其中男性191人，女性161人），利用所编制的工作压力调查问卷进行调查。此三家企业具有一定的代表性，它们都是劳动密集型企业；目前，大部分外来工都是在同类企业中工作。

研究中将28名非外来工和34名在“是否是外来工”一项中没有进行选择的被调查者的数据删除，选择290名外来工的数据进行统计分析，得出以下结果：

（1）外来工的工作压力描述性统计结果

① 外来工工作压力总分描述性统计结果，见表3–30：

表3–30 外来工工作压力总分描述性统计结果

	人数	最小值	最大值	平均数	标准差
总分	290	9.0	55.00	28.83	9.89
有效人数	290				

② 外来工工作压力心理体验分描述性统计结果，见表3–31：

表3–31 外来工工作压力心理体验分描述性统计结果

	人数	最小值	最大值	平均数	标准差
心理体验分	290	6.0	40.00	19.47	7.09
有效人数	290				

③ 外来工工作压力情绪体验分描述性统计结果，见表3–32：

表3–32 外来工工作压力情绪体验分描述性统计结果

	人数	最小值	最大值	平均数	标准差
情绪体验分	290	3.0	23.00	9.36	3.84
有效人数	290				

（2）外来工的工作压力总分与工作压力源的关系（见表3–33）

表3–33　外来工的工作压力总分与工作压力源的关系

题　　目		工作压力总分
1. 工作负担过重。	皮尔逊相关系数	0.344*
	两尾意义水平	0.000
	人数	290
2. 工作时间限制太紧。	皮尔逊相关系数	0.435*
	两尾意义水平	0.000
	人数	290
3. 单位的领导水平差。	皮尔逊相关系数	0.496*
	两尾意义水平	0.000
	人数	290
4. 单位工作安排经常出现矛盾和冲突。	皮尔逊相关系数	0.328*
	两尾意义水平	0.000
	人数	290
5. 工作任务经常模糊不清。	皮尔逊相关系数	0.401*
	两尾意义水平	0.000
	人数	290
6. 自己的价值观念与单位的价值观念不同。	皮尔逊相关系数	0.459*
	两尾意义水平	0.000
	人数	290
7. 工作任务和工作方式经常改变。	皮尔逊相关系数	0.388*
	两尾意义水平	0.000
	人数	290
8. 领导和同事对自己的工作评估不公平。	皮尔逊相关系数	0.483*
	两尾意义水平	0.000
	人数	290
9. 工作中的提升机会不多。	皮尔逊相关系数	0.428*
	两尾意义水平	0.000
	人数	290
10. 工作缺乏有效的激励。	皮尔逊相关系数	0.477*
	两尾意义水平	0.000
	人数	290
11. 我常为如何完成工作而忧心忡忡。	皮尔逊相关系数	0.614*
	两尾意义水平	0.000
	人数	290

（注：*为 $P < 0.05$）

表中数据表明，外来工的工作压力与研究的11项工作压力源有显著的正相关。

（3）外来工的工作压力总分与生活压力源的关系

按霍尔姆斯对生活压力源的价值等级，调查问卷中16项生活压力源的赋值如下：

1. 亲人亡故。 100
2. 离婚。 73
3. 夫妻分居。 65
4. 个人受伤。 53
5. 被解雇。 47
6. 家庭成员健康状况出现问题。 44
7. 怀孕。 40
8. 生育子女。 39
9. 所在企业进行大的调整。 38
10. 有较大数量的借款。 31
11. 改换不同行业的工作。 29
12. 出现婚姻纠纷。 29
13. 夫妻一方失业。 26
14. 与主管领导发生纠纷。 26
15. 子女需要上学。 23
16. 工作时间或地点。 20

将被调查者在以上16个方面的得分进行累加，求其与工作压力总分的相关，相关系数见表3–34：

表3–34　工作压力总分与生活压力源的相关

		总分	生活压力源
总分	皮尔逊相关	1.00	0.097
	意义水平（双尾）		0.099
	人数	290	287
生活压力源	皮尔逊相关	0.097	1.00
	意义水平（双尾）	0.099	
	人数	287	287

表3–34中的数据表明，外来工工作压力与生活压力源无显著相关。

（4）外来工工作压力与其人口统计学特征的关系

相关分析结果表明：除工作压力具有显著的性别差异，男性的工作压力大于女性，工作压力总分与工作性质呈显著的负相关，一线工人的工作压力显著大于企业的高层管理者之外，工作压力与年龄、文化水平、婚姻状况、家庭经济状况、户口性质、居住地无显著相关。

4. 分析与讨论

（1）外来工的工作压力相对不高

以工作压力总分的平均数正负一个标准差为界线，对员工的工作压力情况进行分析，低于18.94分的员工占总人数的21%，高于38.71%分的员工占总人数的15%。结果表明，约有21%的外来工的工作压力偏低，约有15%的外来工的工作压力偏高。

与美国对600名工人进行的抽样调查得出的46%的员工认为他们的工作是高度紧张的，34%的员工认为他们的工作压力太大以致他们想辞职的结果相比（罗宾斯，1997），在中国的外来工当中，工作压力偏高的比率还是比较低的。

出现上述情况，可能与两个方面的原因有关：一是员工对工作压力的评价，中国城市的外来工更能吃苦耐劳；二是与外来工的工作性质有关。他们大多从事的是机械性、重复性的工作。尽管他们从事的工作的劳动强度大，但是其工作的技术含量、复杂性和主动性要求均比较低，工作压力相对就小一些。

尽管外来工的工作压力相对于国外的工作压力要小一些，但是，依然有15%的员工认为工作压力比较大，这需要引起企业及其管理者的重视。

（2）外来工工作压力与重大生活事件无关

根据调查结果可知，外来工的工作压力与他们的生活压力无显著关系。

该调查结果进一步支持了有关工作压力与工作关系的理论，说明组织因素是影响外来工工作压力的重要因素，但也表明，外来工的工作压力与他们的生活事件无关。对于后者，笔者认为，只能说生活事件与外来工的工作压力无关，并不能得出工作压力与生活事件无关的结论。

从理论上分析，工作任务的性质和生活的困境是两个与工作压力密切相关的因素。工作压力不只与工作任务的性质有关，而且与生活的境遇有密切联系。对于相同的工作任务性质，不同的人会有不同的工作压力感，这除了与不同的人抵抗工作压力的能力有高低不同之外，还与他们的家庭生活环境有密切联系。生活事件是影响员工工作压力的一个重要中介变量。有的人不能承受巨大的工作压力，与他们缺乏家庭支持或与他们家庭出现重大生活变化，同时引发巨大的生活压力有关。工作压力和生活压力同时出现，会导致个人抵抗压力的心理系统出现问题。

外来工工作压力与生活事件无关，笔者认为主要是与外来工这一特定工作群体的特点紧密联系在一起的。研究的调查对象，78%为30岁以下者，近60%为未婚者。而霍尔姆斯生活压力源涉及的生活事件大多与家庭有关。由于该调查中的调查对象多为年轻员工和未婚员工，对他们来说，家庭负担、婚姻和子女教育的压力相对较轻，生活事件对他们的工作压力的影响较小也就在情理之中。

（3）男性外来工的工作压力明显高于女性

从调查结果看，在外来工当中，男性员工的工作压力大于女性具有性别差异。从实际情况看，企业中男性的缺席、流动、酗酒、嗜烟现象明显要比女性员工高，而这些现象都与工作压力有一定的关联，这一结果是否具有普遍意义，还需要做进一步的研究。

（4）工作压力与不同职能岗位的关系

在企业中，不同职能岗位的员工由于其工作特征、面临的问题、所处的业务环境等方面的不同，从理论上说，在工作中承受的压力也就有不同。在研究中，显示一线工人的工作压力大于管理者。由于在调查中，调查样本的绝大多数人为一线工人，担任其他职能岗位工作的人数很少，因此有关结论，还需要做进一步的验证。

（5）建议

① 企业必须重视通过组织途径调控外来工的工作压力

从国外的资料看，美国每年用于处理与工作事件相关的总成本约320亿美元，至少四分之三的工业事故因员工情绪抑郁引起。因工作压力大使组织受到的损失每年为1 500亿美元，超过60%的长期病人与压力带来的身心问题有关（罗宾斯，1997）。

尽管我国对于工作压力给企业和社会造成的影响还没有系统的统计数据，但是，工作压力过大会引起员工的不安和增加企业的生产成本则是肯定的。研究中调查的外来工是我国社会中一个相对弱势的群体，他们所处的生产环境比较差，工作报酬也相对偏低。尽管调查结果表明只有约15%的外来工工作压力偏高。他们的工作压力状况比我们预期的低，但是，关注他们的工作压力仍然是企业必须要做的事。

从研究的调查结果看，影响外来工工作压力的重要因素是工作本身带来的。因此，调节外来员工的工作压力，主要应该通过组织途径来进行，如合理安排工作、设置适当的工作任务、明确工作任务的性质、提高外来工的参与程度、加强组织内的沟通、提高企业的管理水平、增加对员工的激励等，这类组织措施都有助于调节外来工的工作压力。

② 有必要让外来工学习应对工作压力的策略

教给员工一些应对工作压力的方法，提高他们个人应对工作压力的技能，对于改善组织气氛是有帮助的。企业有必要帮助外来员工提高管理自己时间的能力，提高他们进行人际交往和人际沟通的能力。对于外来工，企业可提供组织支持的身心健康方案，帮助他们控制饮食、控制嗜烟和酗酒，形成锻炼的习惯。从企业的长远发展看，这是有必要的。

三、特异境遇社会心理测查应用技术[1]

（一）问卷的编制与测查

研究采用问卷法，根据国外灾害心理研究文献和有关情绪评定量表，参考国内有关洪涝灾害的报道，草拟了一份情绪反应问卷，在江西丰城市等地作了初步调查；在此基础上，整理编制了《洪涝灾害中的情绪反应调查表》。

1. 调查对象

研究对象取自1991年安徽省的两个特重灾县的四个重灾区：颍上县王岗区的溜孜口村、杨湖区的鲁口村和沙河魏村、凤台县刘集乡的山口村。调查共发出问卷380份，收回有效问卷调查表340份，然后从中随机抽取160份进行研究。

2. 调查方法

受灾者根据自己灾期的真实感受和想法在调查表上作答，同时还组织了部分受灾者座谈和采访，研究分析了洪灾的实况录像《淮堤战歌》。

3. 记分办法

问卷第二部分，调查受灾者在洪涝灾害期间的感受和心情，如“我感到焦急不安”，“我感到多痛多病”等，共20题，每题的选项中，“无”记1分，“轻度”记2分，“中度”记3分，“重度”记4分，“极度”记5分，分值范围为20—100分。

第三部分，调查受灾者在灾害过程中的适应能力、人际关系、个性特征、智力活动、利他行为等五大项。每一项目由六个问题组成，每一问题有五个备选答案，均采用五级记分制。除智力活动外，其他各项都是分值越高越好。各个项目的分值范围为5—30分。

第四部分，调查受灾者对灾害和有关问题的看法与意见。每题选“是”记2分，选“不清楚”记1分，选“否”记0分。分值范围为0—40分。

---

[1]这里采用杨鑫辉教授指导的胡秋良的硕士学位论文：《洪涝灾害中情绪反应的调查与研究》，《心理学探新》1994年第1期。

（二）数据与结果

1. 情绪类型

从表3–35可以看到，洪涝灾害中受灾者的情绪类型按大小比例排序依次是焦虑、不安、紧张、恐慌、惧怕、悲伤、憎恨、失望、愤怒和冷漠，都属消极性的情绪。相比较而言，行洪区的受灾者比内涝区的受灾者感到更加悲伤和冷漠，但后者感到更加惧怕。同时发现，男性惧怕、不安的比例明显低于女性，但显得格外冷漠。

表3–35　情绪类型与灾型、性别的关系（单位：%）

情绪类型		焦虑	不安	忧虑	紧张	恐慌	惧怕	烦躁	悲伤	失望	愤怒	憎恨	冷漠
灾区	行洪区	76	64	60	44	36	21	24	37**	12	15	20	12*
类型	内涝区	69	61	54	38	35	34*	26	16	13	9	12	4
性别	男	72	58	58	40	32	24	26	27	11	13	16	10*
	女	73	73*	53	42	44	38*	22	24	16	9	16	2

注：“*”表示$P < 0.05$；“**”表示$P < 0.01$。

2. 影响情绪反应强度的因素

（1）灾害类型

表3–36说明，不同灾型的受害者在情绪反应强度上存在显著差异。行洪区的受灾者比内涝区的受灾者的情绪反应更加强烈。

表3–36　不同灾型的情绪反应强度比较表

行洪区（75人）		内涝区（85人）		Z值
平均数	标准差	平均数	标准差	2.12
48.33	14.06	44.35	8.55	

（2）灾前准备

从表3–37可见，三种不同准备状态的受灾者的情绪反应，其强度有非常明显的差异，随着准备水平的提高，情绪反应强度逐渐减弱。

表3–37　不同灾前准备状态的情绪反应强度比较

准备状态	有	稍许	无	F值
人数	17	54	89	
平均数	34.29	43.52	50.23	19.46
标准差	8.93	10.45	10.53	

（3）灾害经历

表3–38表明，具有不同灾害经历的受害者的情绪反应强度差异非常明显。情绪反应强度随灾害经历次数的增加而减弱。

表3–38　不同灾害经历的情绪反应强度比较

经历次数	无	一次	二次	三次	F值
人数	65	37	27	31	
平均数	49.31	47.68	43.11	41.07	4.40
标准差	12.32	11.05	11.14	10.72	

（4）性格特点

从表3–39可看到，不同性格的受灾者在情绪反应强度上有非常显著的差异。平时性格欢乐愉快的受灾者的情绪反应最弱，而抑郁低沉的受灾者的情绪反应最强烈。两者兼有的受灾者的情绪反应强度居中。

表3–39　不同性格受灾者的情绪反应强度比较

性格特点	欢乐愉快	抑郁低沉	两者兼有	F值
人数	56	27	77	
平均数	41.25	54.56	47.10	14.32
标准差	7.77	15.29	10.47	

（5）房屋结构

表3–40的数据表明，两种房屋结构的受灾者的情绪反应强度有显著差异。土墙草房的受灾者比砖石瓦房的受灾者的情绪反应更加强烈。

表3–40　不同房屋结构受灾者的情绪反应强度比较

房屋类型	土墙草房（86人）	砖石瓦房（74人）	F值
平均数	48.12	44.13	2.21
标准差	11.71	10.09	

（6）灾害情况

表3–41说明，受不同损失的受灾者的情绪反应强度有显著差异。随着受灾者损失程度的增大，情绪反应逐渐增强。

表3–41　不同受灾程度者的情绪反应强度比较

损失（元）	1 000—2 000	2 000—3 000	3 000—4 000	4 000—5 000	5 000以上	F值
人数	18	16	20	17	21	
平均数	38.06	42.69	44.50	46.06	49.67	4.02
标准差	9.97	9.35	7.00	9.01	9.81	

（7）灾害意识

研究表明，受灾者的灾害意识平均分数是28.05，标准差为4.96，这说明整体的灾害意识并不强，受灾者的情绪反应强度与灾害意识的相关系数为–0.44，说明灾害意识分数越大，情绪反应分数越小。同时发现，有国家财产保险的受灾者的情绪反应强度明显低于未参加保险的受灾者。保险组与非保险组的平均数差异有显著差异。具体数据见表3–42：

表3–42　保险组与非保险组的情绪反应比较

组别	保险组（87人）	非保险组（74人）	Z值
平均数	42.69	50.42	4.42
标准差	10.05	11.79	

3. 情绪反应强度的相关研究

从表3–43可见：

（1）智力活动水平与情绪反应强度呈正相关，即情绪反应强度越大，智力活动所受的负性影响也越大，智力活动水平就越低。

（2）适应能力与情绪反应强度呈负相关，说明情绪反应强度越大，受灾者的适应能力越差。

（3）人际关系与情绪反应强度呈负相关。人际关系越好，受灾害的情绪反应强度越小。

（4）利他行为与情绪反应强度呈负相关，说明强烈的情绪反应会减弱受灾者的利他行为倾向；反过来，利他行为也能减弱受灾者的情绪反应强度。

（5）个性特征与情绪反应强度呈负相关，受灾者的个性越稳定和良好，其情绪反应越弱。

表3-43　各项平均数和相关系数

项目	智力活动	适应能力	人际关系	利他行为	个性特征
平均数	15.83	16.86	24.85	25.34	22.39
标准差	0.58	–0.31	–0.19	–0.27	–0.29

同时，研究还发现，男性在灾期的适应能力比女性强，女性的人际关系则更好，利他倾向也更强。其中男女在人际关系方面有显著差异（$Z = 2.08$，$P<0.05$）。

（三）分析与讨论

1. 灾害情绪与强度

受灾者在洪涝灾害中的情绪反应是多种多样的，焦虑、不安、忧虑、紧张是最普遍的情绪类型，由于它们是交互作用且难于识别的四合一体，故称为灾害情绪。灾害情绪是指因受灾者在适应过程中的需要与能力之间失衡而引起的伴有一系列非特异性生理心理反应的心身状态，实质上是一种灾害性应激反应。由于灾害具有突发性、难以预测性、极大破坏性等特征，因此受灾者在灾期总感到难以自控并无法承受，且常处于消极的或负性的情绪状态。概括起来，灾害情绪产生的主要原因有：第一，洪涝灾害破坏了受灾者的生活环境，使他们不能正常地获取维持生存的条件；第二，洪涝灾害引起了生活关系的剧变，给他们造成了巨大的物质损失、人员伤亡、职业不稳定和人际关系失调等；第三，洪涝灾害摧毁了受灾者的文化环境，包括生活方式、习惯、风俗、信仰等；第四，灾期的恶劣环境影响了受灾者的神经系统功能和心理能力等。

法国心理学家查德塞（Chandessais，B.）的研究表明，火灾中的情绪反应是由不安（49%）、焦虑（56%）、睡眠困难（27%）构成的三合一体。这就说明，不同的灾害具有相似的情绪反应。夸兰特利（Quarantelli，E.）认为，尽管在许多情况下，受灾者感到或多或少的惧怕，但恐慌还是很少发现的。德雷耶（Draver，C.）也指出，恐慌并不是受灾者的主要情绪反应。但研究表明，恐慌（36%）、惧怕（28%）、悲伤（26%）、烦躁（25%）都是比较主要的情绪类型。笔者认为，惧怕是因为洪水来势过猛过急，悲伤是因为受损惨重，而恐慌的原因除水位高、水速快外，还因为：（1）撤离时限太短，如邱家湖炸坝，通知传到第一线时，只余下两个多小时，要在如此紧张的时间内把七万多人和一万头大牲畜转移到庄台上，实难想象当时"圩内一片慌乱"的景象；（2）不确定性，当受灾者被洪水围困在"孤岛"时，由于交通阻断、通讯破坏，大约有三分之一的"三无户"陷入生活绝境，长达一个星期，而当时对社会的支持和洪水势态却毫无把握。因此，在一定程度上说，恐慌是焦虑、惧怕、忧虑交互作用的产物。

2. 影响情绪反应强度的因素

（1）与受灾者本身有关的特点

① 灾害经历。由于淮河流域素有"二年一大水"之说，故该灾区受灾者经历的受灾次数明显高于其他地区。事实表明，灾害经历必将影响受灾者的应付策略，而应付策略又是通过强化形成的，也就是说，每临洪涝灾害，受灾者都会把现有的信息与先前解决问题的图式进行整合，慎重地选择被实践证明有效的应付策略去解决问题。这就大大地提高了他们应付策略的针对性和有效性，从而使受灾者相对顺利地适应灾害性环境。韦勒（Weller，J.）和温格（Wenger，D.）等人认为，由于某些地区重复地发生特定灾害，该地区就极易形成一种特有的灾害副文化，即经历若干次灾害后形成的独特的应付策略，包括灾前与灾后所采取的行为规范、辨别灾害征象的知识和减灾或避灾的应急措施等。

② 灾前准备。灾前准备包括物质准备、人员准备、心理准备等。它是减弱灾害情绪强度的有效途径。充分的灾前准备能使受灾者在危急中做到临阵不慌和有备无患。波林（Po1in，D.）等人认为，除非灾害的影响和破坏程度极大，如果受灾者在灾前对灾害的危险性有正确的评价并提前警觉起来，那么他们在紧急反应中就会很少出现问题，一般也不会有明显的心理错乱。从调查情况看，受灾者的准备水平还是很低的。在三河地区就出现这种情况，"三河的浩劫到了，可悲的是三河人民对它并无多少心理准备，尽管三天前全镇已组织转移，但直到水漫山河，镇内

仍有七八千人”。究其原因，一是灾害副文化在某种程度拒绝或否认了有关信息；二是受灾者不愿花如此大的代价去应付概率极小的灾害；三是受灾者缺乏真正有效的准备策略。无论如何，灾前准备是影响灾害情绪反应强度的决定性因素

③ 性格特点。性格是在后天环境中形成的相对稳定的个体行为模式。它决定受灾者对灾害刺激的反应模式。消沉抑郁的受灾者比欢乐愉快的受灾者的情绪反应更加强烈，是因为前者常会对灾害刺激做出一些不适当的反应，故易产生负性情绪并使其应付策略越来越无效；同时，负性情绪和无效策略又使受灾者难以发展和利用重要的社会支持，从而持久地陷入过度的应激状态，最后形成恶性循环。国内外的研究表明，易感性格者比非易感性格者对生活事件的负性体验更加强烈，A型性格者比B型性格者在高危时期更加感到焦虑和抑郁。这些结果与笔者研究的结论基本一致。

④ 房屋结构。房屋结构在一定程度上反映了受灾者的经济水平。房屋结构质量较差者比较好者情绪反应更加强烈，其原因可能是：第一，在抗洪阶段，大量的土墙草房已经被拆除用于填补大堤，部分受灾者处于悲伤或愤怒状态；第二，在洪水围困时期，留下的土墙草房又最易倒塌和冲坏，使受灾者感到焦虑、紧张；第三，在洪水退后，眼看惨状使受灾者感到忧虑、痛苦，甚至陷入绝望。

⑤ 灾害意识。灾害意识是指对灾害的认识及其态度，是影响灾害情绪反应强度的关键因素。现代认知行为主义认为，认知是个体对外界信息的选择和评价，并构成反映现实的关键性心理活动过程。只有当个体把情境评价为紧急危险时，才会出现焦虑和惧怕等负性情绪。由于认知水平不同，个体对同一刺激会有不同的反应。因此，灾害情绪产生的基础是认知评价。一般说来，有强烈灾害意识的受害者能正确地理解灾害、评价损失、预测灾情，在灾前作好充分准备，在灾期主动抗灾，在灾后积极重建家园，表现出较强的适应能力。灾害意识是灾害副文化的重要组成部分。事实证明，随着灾害意识的增强，受灾者的情绪反应强度和心理影响就会逐渐减小。

（2）与灾害本身有关的特点

① 灾害类型。洪涝灾害可分为洪灾和涝灾。行洪区的受灾者比内涝区的受灾者的情绪反应更加强烈，与以下因素有关：一是行洪区的灾害损失（户均6 000元）明显大于内涝区（户均4 000元）；二是行洪区的洪灾具有人为性，如掘堤行洪、炸坝泄洪。国外的资料表明，由于人为因素本可以控制，因此，对受灾者的心理冲击较大；三是灾害初期行洪区受灾者的生计极端艰苦；四是行洪区受灾者的冲击是突发性的，而且有关决策也具有不可预测性。尽管国家在后期对行洪区的救济政策有所不同，但与其实际损失相比，只是杯水车薪。

② 灾害损失。灾害损失包括房屋倒塌、田地受淹、家禽死亡、人员伤亡等方面，是影响受灾者情绪反应强度的一个重要因素。灾害损失越大，受灾者的生活条件越差，则对未来重建家园就越丧失信心，对自救能力的评价也就越低，从而长久地处于忧虑、抑郁、不安、悲伤等情绪状态中，生理心理反应也就更加强烈。当然，灾害损失还必须与受灾者原来的经济情况、社会保险等因素联系起来分析。因为，同等的损失，对经济状况不同的受灾者的影响会有较大的差异。

（四）结论与建议

该研究得出以下结论：

1. 灾害情绪是由焦虑、不安、忧虑和紧张构成的综合体。

2. 影响洪涝灾害中情绪反应强度的主要因素是灾害经历、灾前准备、性格特点、房屋结构、灾害意识、灾害类型、灾害损失等，性别、婚姻、文化程度等对灾害情绪反应强度的影响均未达到显著性水平。

根据灾害情绪反应的过程和规律，结合实际情况，笔者提出五种有效的干预策略：

1. 认知干预，提高灾害意识，加强灾害教育；

2. 行为干预，矫正受灾者的不良行为习惯，调整紧急应付方式；

3. 情绪干预，提供心理咨询服务；

4. 生理干预，加强疾病的预防与治疗；

5. 社会干预，包括家庭和灾区的自救、社会各界团体的救灾和减灾等。

第四章　心理咨询与心理治疗技术

第一节　中西融合的心理咨询、治疗理论与实践探讨

心理咨询与心理治疗属于健康心理学的范围。心理咨询与治疗的意义、作用、理论模式、技术方法，都与心理健康、心理咨询、心理治疗所持的基本观点密切联系，因此本节将先阐述我们在这方面的基本观点。人的心理，特别是心理咨询与治疗，还与人所处的文化背景和所具有的精神状态密切联系，因此，本节还将阐述一些中西融合的心理咨询、心理治疗的理论原则，而不完全局限于阐述西方心理咨询、治疗的理论技术。“正像中医能跟西医并立一样，中国传统心理治疗理论也能跟西方现代心理治疗各派理论并称。”[1]

一、全面的心理咨询、治疗观

庄子说：“哀莫大于心死，而身死次之。”这句话充分肯定了人的精神、意识和心理因素对人的身体健康和生命发展的重要作用。当前心理

[1] 杨鑫辉:《中国传统心理治疗的科学性》,《中国临床心理学》1997年第2期。

健康问题，不仅为知识阶层所重视，而且也受到社会其他阶层人群越来越普遍的关注，人们都更加看重心理卫生、心理咨询和心理治疗。但是，在认识上仍有不少人存在着片面性甚至是错误的观念，为此，我们必须具有一种比较全面的观点和认识。

（一）积极意义的心理健康教育观[1]

不少人往往只是由当前心理问题的严重性才引起对心理健康的重视。例如，儿童与青少年的心理健康状况越来越严重，精神病患者趋向低龄化等等，这固然需要采取有针对性的治疗措施，但这毕竟属于消极应对。还有更深层的方面需要引起重视和作出积极应对。从全民素质的包涵性来说，心理健康和心理素质是其重要内容之一。所谓心理素质，是指人的心理因素的特性品质，包括知、情、意和人格诸方面的心理特性品质。心理健康是发展良好心理素质的前提与基础，有了良好的心理素质，人的心理健康水平也就会提高。从生活质量的全面性看，人的精神生活、心理状态也是非常重要的内容。随着科学技术的飞跃和经济的发展，人们的生活水平尤其是物质生活水平有了很大的提高。与此同时，人们也日益感到，只有物质享受的生活并不是完全的高质量生活；充实的精神生活、良好的心理状态以至达到一种完美的人格，是更高生活质量不可或缺的。

（二）广义概念的健康、心理卫生观

从健康概念的扩展性看，人的健康不只是指体魄健壮，还包括心理健全，即现代的健康概念应当是身心健康的概念。世界卫生组织早就明确指出："健康乃是一种在身体上、精神上和社会上的完善状态，而不仅仅是没有疾病和衰弱现象。"即将身体健康扩展为身心健康概念，而身心健康涵盖生理健康和心理健康两个方面,并且是和谐统一的。与此相联系，现代医学模式也发生了转变，从单纯的生物医学模式转变为"生理—心理—社会"医学模式，心理因素及心理治疗被提到非常重要的位置。但

[1] 杨鑫辉:《全面认识心理健康的意义》,《家庭医生报》2000年3月6日第11版。

是必须指出，中国古代医学家和思想家的著作里，早已经有了身心健康的概念以及与现代医学模式相暗合的思想。三国时期的医书《青囊秘录》中说："昏疲之身心，即疾病之媒介，是以善医者，先医其心，而后医其身，其次则医未病。"这里"身心"概念是非常明确的。唐代大医学家孙思邈在《千金要方》卷一《序例》中说："古之善为医者，上医医国，中医医人，下医医病。""医国"指的是社会因素，"医人"指的是心理因素，"医病"指的是生物因素。"医国—医人—医病"，就是从社会、心理、生物的整体医学模式的角度来诊治疾病的。

（三）本土文化的心理咨询辅导观

不同的国家、民族各有不同的文化形态、文化背景，这就决定了不可能有全世界完全按一种范式建立起来的"统一的"心理学，故而产生了心理学的本土化和本土心理学的问题。从西方现代心理学看，心理咨询是完全有别于思想教育的。从中国的国情看，心理咨询既区别于思想教育，又与思想教育有一定联系。从思想教育的深层性看，心理教育、心理咨询、心理辅导是思想教育工作的重要方面。思想教育工作有三个层次，即政治观点教育、伦理道德教育和心理品质教育。过去对其深层的心理品质教育认识不足，重视不够。再者，心理咨询、心理教育与思想教育工作，都是为了达到培养人的健全人格、消除心理障碍、促进人生的积极发展的目的。心理咨询、辅导要达到身心健康的要求，也是教育的目标之一。

（四）中西结合的心理咨询、治疗观

心理学的本土化（中国化）与国际化和科学化是相辅相成、辩证统一的，心理咨询和心理治疗工作也是如此。现代心理科学所包含的现代心理咨询、心理治疗是诞生在西方的，我们应当充分学习、吸收西方心理咨询、治疗的理论模式和技术方法。例如，心理咨询方面有收集资料的技术、分析讨论的技术、改变求询者的认识结构和行为模式的技术，心理治疗方面有精神分析的理论技术、行为治疗的理论技术、认知治疗理论技术、人本—存在主义治疗理论技术等。这些理论技术，都是在西方文化形态背景下，以西方人为对象的研究成果。用之于中国，则必须经过中国化（本土化），以适合中国人的心理行为特性的实际，同时，还必须继承中医传统心理治疗理论技术里仍具科学性和实效性的精华。只有中西结合，才能符合我国心理咨询与心理治疗实践活动中存在普遍性与特殊性的实际。在躯体疾病医疗里，实行中西医结合的高疗效就是有力的佐证。因此，下面将先简要介绍作者于20世纪90年代初提出的“文化—养形调神咨询治疗模式”。

二、文化—养形调神咨询治疗模式的机理、原则与案例

人既是自然实体，具有生物特性，又是社会实体，具有社会特性，还是独立主体，具有心理特性。换言之，人是既具生物特性，又有社会特性，还具心理特性的实体。当人的生物性与社会性和谐平衡时，心理处于健康状态；而当人的生物性与社会性冲突失衡时，则出现心理失常现象，严重时则成为心理疾病。我们的心理咨询与心理治疗工作，就在于帮助求询者或求治者从心理冲突、失衡状态转入、恢复到心理和谐、平衡状态。人是社会的生物体，生活在一定的文化形态、文化背景中，人的心理行为特性受文化的影响最大，而人的形体（身、形）与精神（心、神）又是紧密联系不可分的，因此，笔者在20世纪90年代初正式提出的“文化—养形调神咨询治疗模式”，在理论上是合理的。从已进行的一些咨询治疗实践案例来看，也支持其有效性。

（一）咨询治疗的机理

在中国传统文化思想里，可以用阴阳理论解释天地万物人事。《老子》说：“万物负阴而抱阳。”肯定了阴阳的矛盾势力是事物本身所固有的。《易传》作者更进一步提出了“一阴一阳之谓道”的学说。据此，我们可以将文化—养形调神咨询治疗模式的机理表示为图4–1。这里的圆形代表人，它由“S”的左部分生物特性（阴）和右部分社会特性（阳）所组成。其中虚线包围部分，是在人的生物性和社会性基础上产生的心理特性。斜线部分表示生物性与社会性和谐平衡，呈现心理平衡状态。“×”号部分

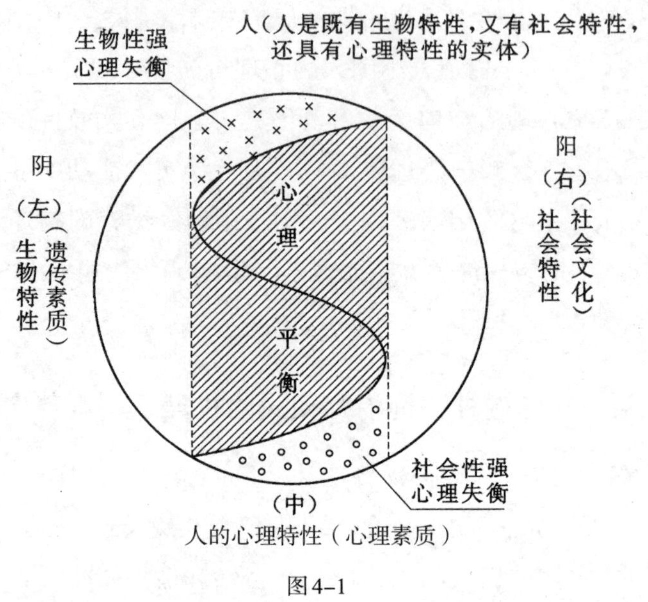

图4–1

表示生物性强而产生心理失衡状态，“○”部分表示社会性强而产生心理失衡状态。咨询与治疗就在于帮助求询者与求治者将其心理调整到平衡状态。至于文化对心理行为发生重要影响的机理可用下面的图4–2表示：

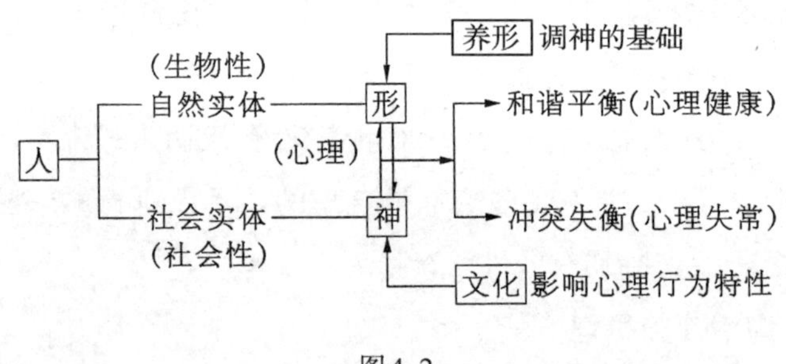

图4–2

（二）咨询治疗原则

根据上述模式机理，在心理咨询、心理治疗实践中，应当遵循下列基本原则：第一，文化指导原则，即在一定文化背景下给予求询者或求治者以指导，端正他们的认知，调节他们的情绪，启发他们自我教育，发展自我。第二，养形调神原则，即根据身心两方面相互影响发展的规律，做到调养形体与调养精神并重，在心理咨询中形神共养，在心理治疗中形神共治。第三，辨证论治原则，即要根据求询者或求治者的具体心理问题的特殊性，心理问题发展的不同阶段，各人不同的性格、气质等心理素质以及身体状况等情况，区别对待。第四，中西结合原则，即从咨询与治疗的实效需要出发，将西方现代心理咨询、心理治疗的理论技术，与中国传统的咨询、治疗理论技术结合起来。第五，心疗与食疗、体疗、药疗结合原则。“心病还需心药治”，在解决来询者、来治者的实践中，给予心理疏导、治疗当然是主要的，但也需要食物、体育锻炼和药物的结合使用。

（三）咨询、治疗案例实效

下面是作者本人的几个案例，运用上述模式机理和原则在心理咨询、治疗实践中，都取得了可喜的效果。这也可见“文化—养形调神咨询治疗模式”实效之一斑。

案例一：用典故义理疏导法，答一对南京老教授夫妇因两个子女都出国深造，思念心切而产生疑病症的咨询。（1999年9月）在江苏省第十一届科普宣传周的专家咨询活动日，南京某著名大学一对年过六旬的老教授夫妇带着忧闷心情来访。诉说平时非常喜爱自己的两个子女，一年前他们都出国深造去了——攻读博士学位或做高级访问学者搞合作研究。这对教授夫妇日夜思念子女，以至饮食减少，坐卧不安，进而觉得自己患了躯体疾病，有头痛、胸闷、肢冷、冒汗等症状，到医院检查，又诊断无相关躯体疾病。其实这是两位老人由于既希望子女出国发展又舍不得他们远离自己产生的心理障碍，存在认知偏差和情绪波动所致。心理障碍较严重时则可能出现躯体性症状。我跟他们一起回顾《战国策》里“触詟说赵太后”的历史故事，既以情动情，又领悟“父母之爱子，则为之计深远”，纠正其认知偏差。后又用“亡斧者言”的寓言，释其疑病症。通过半个多小时的交谈后，他们脸上渐现笑容，说原来如此，身体并未患病，思子心切的复杂情绪也释疑团，哑然失笑而去。

案例二：用义理疏导法、示范法和系统脱敏法，治疗河南焦作 × 中学一个14岁初中男生许 × 的神经性厌食症。（1998年12月8日）该生在父母陪同下来南京求治。从事前他父母电话的诉说和当面本人的诉说得知，该生14岁，身高1.69米，原先体重130多斤。因嫌胖不好看，有意少食减肥，每餐由两碗饭减为一碗饭，稍多吃即呕吐，已有一年不能吃肉、鱼了，渐渐瘦下来，至今只有94斤了。到郑州、新乡的综合性大医院求治无效。我诊断为认知偏差引起的神经性厌食症。连续两天来都引他到书房交谈，事前将有关美学和美育心理学书籍集中到书柜显眼处，这样就自然地讨论了什么是健康，什么是健康美，什么是内在美和外在美，唐代杨贵妃一类美女的绘画和戏剧化妆是较胖还是很瘦，怎样对待胖瘦，怎样对待吃饭……他自己得出结论说："应当要健康美，应当比现在多吃一些食物，从营养上看也应该吃一些鱼肉。"他说来南京吃的大米饭很香，我就跟他父母一起鼓励其逐渐多吃一些，并单独指导他的父母学会创设家庭欢乐吃饭气氛的示范法，和从他最喜爱吃的食物入手逐步增量的系统脱敏法。要求他们按我提出的一些措施去办，经常与我电话联系以得到及时指导，并且适时用电话或贺年卡强化其治疗效果。出乎我的意料，经过七个月家庭治疗，便取得了显著实效。1999年6月13日许×的妈妈来信说："最近许×基本恢复正常。可以吃肉了，小脸也吃胖了，体质也健壮了，情绪也好多了，学习比以前进步多了。体重已达到130斤，我们全家都从心里非常感激您。"

案例三：用移精变气法和权威效应，治疗南昌市×中学一个高中应届毕业男生的意识强迫症。这是20世纪80年代末或90年代初的事情。离高考只有不到一个月的一天上午，我照例第二节课后去系（院）办公室取信报，刚进门，管收发信报的女同志就向一位陌生的学生模样的青年介绍说："这位就是你要找的杨教授。"那学生说："您有单独的办公室吗？"我略有所悟地把他引到心理技术应用研究所。他进去后的第一句话是："杨教授，您要救我。我是经多人推荐介绍多方打听才找到您的。"我让他坐下慢慢说。原来该生初中毕业后只考上一般高中，高二时父母出钱设法让他转学到一所省市最出名的重点高中。转学后尽管很努力，但是测验考试成绩还是从在原先学校的上等变成了下等。于是上课时在头脑里逐步出现了“我考不上大学了，我考不取了”的思想困扰。尤其在考试时，似乎有一个小人在脑子里说此话。一年多来弄得他精神不振，经常失眠，学习注意力不集中。虽然主观上在努力学习，成绩却上不去，甚至下降，心理压力很大。到医院作神经衰弱治疗也无甚效果。最后还告诉我，最近他读到过一本心理咨询治疗的书，觉得自己患了意识强迫症，按照书上介绍的森田疗法去治又未取得成效。他还不时说：“报上和电视台都介绍了您是心理学权威专家，要帮助我，救我啊！”我非常犯难，只有三周就要参加高考，怎能在短时间内治好他的意识强迫症呢？最后只好唱一出我平生只使用过一次的“空城计”。利用权威效应和移精变气法（用良好的精神自守，移易精气，变利气血，发挥人体自身的治疗作用），断然否定他有意识强迫症，说只是学校水平不同，转学后因思想认识不够而产生的状况而已。看书对号入座就自诊为意识强迫症，是知其一不知其二，知其然不知其所以然，不要天下本无事，庸人自扰之。希望他放下思想包袱，适度参加自己非常喜爱的体育活动，抓紧最后三周时间备考。如还有什么问题，考试后再来找我。他边听边散去愁云，最后如释重负地说：“早知如此，何必自带精神枷锁。我抓紧时间复习去。”当年9月下旬，该生给我写信致谢并告知：“考取了一所全国性重点中专（注：当时是大学和重点中专同时招收高中生），总算考上了学校有书读了……现在完全没有以前的那种心理状态了。”必须指出，这只是一个非常情况下的特殊案例，采用此种治疗法要慎之又慎。

第二节　心理咨询的理论模式

一、心理咨询及其对象辨析

在心理咨询受到社会普遍关注的今天，许多人却还总是把心理咨询与"心理失常的人"联系在一起,认为心理咨询是那些心理失常的人的事。这种错误认识,在一部分心理学工作者中也存在,如在谈到"什么是心理咨询"时,有的心理学工作者给的定义是:"对心理失常的人,通过心理商谈的程序和方法,使其对自己与环境有一个正确的认识,以改变其态度和行为,并对社会生活有良好的适应……"[1]这种把心理咨询的对象只指向于"心理失常的人"的观念是不妥当的。那么,究竟怎样理解心理咨询及其对象呢?

(一)心理咨询的界定

关于心理咨询(psychological counseling)这一概念,应从不同角度去认识和理解。

第一,心理咨询是一个过程。"心理咨询,就是在心理方面给咨询对象以帮助、劝告、教导的过程","是通过语言、文字等媒介,给咨询对象以帮助、启发和教育的过程"[2]。

第二,心理咨询是一种手段。"心理咨询是解决人们生活中各种心理问题的重要手段。"[3]"心理咨询作为帮助人们缓解心理冲突、适应环境变化的手段,正日益受到社会的重视与承认。"[4]

第三,心理咨询是一种活动。心理学家黎奥尼 · E. 泰勒(Leone E. Tyler)认为:"咨询是一种从心理上进行帮助的活动,它集中于自我同一感的成长以及按照个人意愿进行选择和作出行动的问题。"[5]

第四,心理咨询是一种人际关系。心理学家什希尔·H. 帕特森(Cecil H. Patterson)认为:"咨询是一种人际关系,在这种关系中,咨询人员提供一定的心理气氛或条件,使咨询对象发生变化,作出选择,解决自己的问题,并且形成一个有责任感的独立个性,从而成为更好的人和更好

[1] 朱智贤主编:《心理学大词典》,北京师范大学出版社1989年版,第773页。

[2] 张人骏等:《咨询心理学》,知识出版社1987年版,第1页、第3页。

[3] 邓明星等主编:《咨询心理学》,中国科技出版社1992年版,第3页。

[4] 张小乔主编:《心理咨询治疗与测验》,中国人民大学出版社1993年版,第172页。

[5] 泰勒:《咨询过程中的理论原则》,载[美]《咨询心理学杂志》,5,No.1958。

的社会成员。”[1]

第五，心理咨询是一门专业，也是一门产业。笔者认为，心理咨询有自身系统的理论体系，有一整套全面而科学的方法，有符合人道的专门的技巧，还有专门的服务机构和正在健全、完善的管理体系等。它不仅是一门专业，还将成为一门产业。因此，咨询者必须要受过严格的业务学习和专业训练，才能掌握仲裁心理危机的本领和解除心理负荷、改善认知结构的技能，才能使求询者解决心理问题，恢复心理平衡与健康，享受美满人生。

总之，心理咨询是通过语言、文字等媒介，针对求询者在学习、工作、生活、疾病和保健等方面出现的心理矛盾、心理冲突、心理负荷和心理危机问题，咨询者运用全面而科学的方法，符合人道的专门技巧，给求询者以帮助、启发和教育的过程。通过心理咨询，可以使求询者的认识、情感和态度有所变化，解决其在学习、工作、生活、疾病和康复等方面出现的心理问题，从而更好地适应环境，保持身心健康，享受美好人生。

（二）心理咨询的对象

通过上述关于心理咨询界定的认识，心理咨询的对象主要是正常人，已显而易见了，再也不应该把“心理失常的人”作为其主要对象了。正如美国《哲学百科全书》所指出的，心理咨询有以下几个方面的重要特征:第一，主要着重于正常人。第二，对人的一生提供有效的帮助。第三，强调个人的力量与价值。第四，强调认知因素，尤其是理性在选择和决定中的作用。第五，研究个人在制定总目标、计划以及扮演社会角色方面的个性差异。第六，充分考虑情景和环境的因素，强调人对于环境资源的利用以及在必要时改变环境。

心理咨询的对象主要是正常人，但也有能够接受咨询帮助的轻微精神病患者、幼儿以及不能合作或无法自诉、交谈的精神病患者。对于不能直接接受心理咨询的对象，可以通过其父母、家属或亲友、同事，给予间接的心理咨询指导意见。

---

[1] Patterson：*The Counselor in the School*：*Selected Readings*, New York, 1967, P. 223.

二、心理咨询的理论模式及其评价

心理咨询的理论模式是指导咨询工作的基础。它的形成和发展直接影响到心理咨询产业的形成和发展，直接影响到心理咨询活动的有效进行。1984年，在美国出版的国际心理学联合会编辑的《心理学百科全书》中，肯定了心理咨询的两种定义模式[1]，即教育模式（educational model）和发展模式（development model）。纵览各国心理咨询的理论与实践，心理咨询领域中已发展形成了八种基本的理论模式。

（一）特质指导模式

1. 含义

特质指导模式是指咨询者在全面了解求询者的素质、特长、兴趣、性格和其他人格特质的基础上，对求询者所提出的有关生活、学习、适应、升学、就业、做人等多方面问题进行的综合性指导。

2. 特征

特质指导模式的基本特征是，强调对咨询对象特质的了解，力图充分发挥咨询者对求询者成长的理性导向功能。其特征主要有以下四点：

第一，重当前。咨询者关注的是求询者自身业已形成的遗传素质、智能、经验、人格特质、行为习惯等方面的稳定特征及外部动态因素对当前行为的影响。

第二，重结果。咨询者关注的是咨询的结果。其工作重点放在指导作用的发挥上，试图通过自己的知识、经验和专业技能，帮助求询者思考问题，作出抉择。

第三，重信息。咨询者关注的是社会存在、当前变化和社会变迁及未来预测等多方面信息对求询者的影响。

第四，重训练。咨询者关注的是求询者解决问题和采取决定的技能训练，希望通过指导，能提高求询者解决问题的本领，使求询者按指导

---

[1] Raymond J. Corsini (1984). *Encyclopedia of psychology*, John Wiley & Sons, Vol. 1. P. 301—302.

要求进行自我训练，并把这种训练（技能）灵活运用到日后的学习、工作和生活中去，促进其社会适应能力的提高。

3. 理论依据

特质指导模式的理论依据主要来源于特质理论。特质理论是流行于美国和英国的一种人格理论。在特质论者看来，特质乃是一个人稳定的、能够反映其人格特点的行为倾向。特质理论的代表人物有奥尔波特（G. W. Allport）、卡特尔（R. B. Cattell）、吉尔福特（J. P. Guilford）、艾森克（H. J. Eysenck）等人。

（二）矫正导向模式

1. 含义

矫正导向模式是指咨询者站在心理门诊或精神科治疗的立场，以心理医生的身份对求询者的心理偏离给予严格的心理诊断和科学的心理治疗。旨在帮助求询者减轻心理压力和精神痛苦，促进其心理功能的恢复和协调。

2. 特征

矫正导向模式的基本特征是，把咨询看作一种特殊的医患关系、治疗与被治疗的关系，采用各种临床心理手段解决求询者的心理偏离问题，它强调咨询者应以耐心而友善的态度与求询者展开积极而理性的配合。其特征主要有以下四点：

第一，重临床。咨询者从临床心理矫治观出发，更多地考虑临床心理学方法和现代心理矫治技术的选择和使用。

第二，重表征。咨询者重视求询者的心理偏离的表现症状。这种症状或被其自身觉察，或已被他人发现，并愿意接受矫治。

第三，重矫治。由于求询者的心理偏离的行为定势及其复杂性，因此需要对求询者进行心理矫治和行为训练。

第四，重坚持。由于心理矫治过程的复杂性和矫治期间求询者可能出现的失信、中断和反复，因此要达到较好的矫治效果，需要咨询者与求询者坚持较长时间的配合。

3. 理论依据

矫正导向模式的理论依据来源甚广，精神分析、行为主义、人本主义、机能主义、格式塔心理学等都对矫正导向模式产生影响。弗洛伊德（Sigmund Freud）精神分析理论中的潜意识理论、人格结构理论和心理病理学理论，行为学习理论中巴甫洛夫的经典条件反射学说，斯金纳（B. F. Skinner）的操作条件反射原理和班杜拉（A. Bandura）的社会学习理论，人本主义心理学家罗杰斯所强调的个人独特思想、价值标准、知觉以及对事物态度的自我理论等心理学理论流派，都对心理咨询的矫正导向模式产生影响。

（三）发展导向模式

1. 含义

发展导向模式是指咨询者遵循个体心理发展的一般规律，针对求询者在不同发展阶段所面临的任务、矛盾和个别差异，促使其心理矛盾得到妥善解决，心理潜能获得有效发挥，个性品质实现和谐发展，发展任务得以顺利完成。

2. 特征

发展导向模式的基本特征是，注重对求询者发展阶段和过程、发展矛盾和障碍、发展结构和规律的了解，强调咨询者对求询者及相关人员的发展导向作用。其特征主要有以下四点：

第一，着眼未来。咨询者强调从长远着眼来看待求询者的发展问题，旨在对人的一生提供有效的帮助和指导。

第二，关注全程。咨询者不仅关注求询者当前发展障碍的排除和发展任务的解决过程，而且还特别关注他们下一阶段发展过程的衔接及发展任务的准备。

第三，重视早期。咨询者注意对求询者发展障碍的早期发现和预防，尤其重视心理危机的早期觉察和干预。

第四，强调主体。咨询者立足于求询者发展的具体情境，力求创设有利于其发展的环境,但更强调发展主体（即求询者）的自我力量和作用，咨询者只作科学的辅导和帮助，起“导航”作用，其作用是间接的。

3. 理论依据

发展导向模式的理论依据主要有皮亚杰（J. Piaget）的智力结构发展理论、科尔伯格（L. Kohlberg）的道德发展阶段理论、埃里克森（E. H. Erikson）的心理社会发展理论、哈维格斯特（R. J. Havighurst）的综合适应发展理论。

（四）构造—发展模式

1. 含义

构造—发展模式是指咨询者在咨询过程中，重视情感与认知因素对求询者的影响，注重求询者心理活动与发展的个性特点，尊重其个体心理发展的不平衡性，强调在个体的新认知结构中会有许多原有认知结构的成分，从而达到对求询者当前心理状态的认同、理解和尊重，为求询者建立新的认知结构提供信念保证。

2. 特征

构造—发展模式的特征在于，使求询者认清其认知结构中的不平衡因素及其表现形式，并通过咨询双方积极的分析，来实现求询者对其原有认知结构的分化与整合。其特征主要有以下四点：

第一，阶段性。咨询者将求询者的心理冲突与缓解分为原认知结构阶段、发展平衡阶段和新认知结构阶段三个阶段，并将求询者与环境的辩证关系作为推动求询者认知结构不断变化、发展的动力。

第二，辩证性。咨询过程中所有的认知活动都取决于并包涵于情感状态；所有的情感体验都受制于认知活动。

第三，独特性。咨询者对求询者心理发展的影响有其独特的心理历程，这不是任何一种心理学理论体系所能充分解释的，因为个体的心理发展因人而异，无统一模式可循。

第四，螺旋式发展。求询者的认知结构发展是螺旋式上升的，每一个新认知结构的建立都是对其原有结构的进一步发展。求询者的心理冲突过程往往孕育着求询者心理结构的某种发展需要。咨询者应积极帮助来询者领悟这一发展需要的性质及其表现形式，以促进其发展。

3. 理论依据

构造—发展模式的理论依据是吉根（Robert Kegan）的构造—发展心理学，这是新皮亚杰主义的一个流派。

（五）化焦缓冲模式

1. 含义

化焦缓冲模式是指咨询者运用精神分析方法，弄清求询者的心理疙瘩、心理矛盾、心理焦虑的根源、表征及其本质，追求使人全面、深刻地领悟其当前心理冲突的内驱力，从而帮助求询者缓解心理冲突，加强自我认识与自我锻炼，以适应环境的变化。

2. 特征

化焦缓冲模式的基本特征是，从弄清个体精神受到干扰时的防御机制入手，指导求询者去领悟其心理焦虑（矛盾与疙瘩）的因果，以完善求询者的自我认识，增强其自控能力，提高其对环境的适应能力作为其首要目标。其特征主要有以下四点：

第一，重领悟。咨询者重视引导求询者充分领悟其当前心理焦虑的原因、表现形式以及这种焦虑与其早年生活经历之间的联系。强调通过深入了解求询者行为的动机、需要与童年生活的经历之间的关系，来促使求询者对其行为产生积极的领悟。

第二，重本能。咨询者重视求询者潜在动机的产生及其动机重现之后的紧张反应的本能性，注重心理冲突的自我防护机制。

第三，重能动。咨询者强调人的心理是与行为长期积极、能动的心理能量相互作用的结果。强调在咨询者外力的作用下，求询者个体对环境变化所作出的自我调整，借以解除其精神干扰，改变行为方式。

第四，重化解。咨询者重视求询者的自我认识，注重缓解冲突，解除矛盾，化解焦虑，消除疙瘩，以实现其自我觉醒，自我改变。

3. 理论依据

化焦缓冲模式的理论依据主要有，弗洛伊德精神分析理论中的心理动力理论、人格理论与精神防御理论，马伦（David H. Malan）的心理冲突理论、新心理动力理论。马伦将人的心理冲突分解为精神防御、潜在动机和焦虑三个组成部分，并将认清这三者之间的潜在联系作为心理咨询的目标。

（六）启发式模式

1. 含义

启发式模式是指咨询者在咨询过程中遵循“助人自助”的心理咨询原则，积极鼓励求询者进行自我探求与领悟，强化其（主体）自我力量、自主精神和自助能力，注重启发求询者的积极思考与咨询者的适当指导相结合。其指导意义在于，引导并强化求询者的独立思考，而不是对咨询者作用的过分而被动的依赖。

2. 特征

启发式模式的特征是，注重民族文化、民族心理的特点，强调处理好咨询者与求询者之间的关系，把心理咨询过程当作一个咨询者积极引导与求询者独立思考的相互促进、相互提高、相互作用的过程。其特征主要有以下四点：

第一，指导性。强调咨询者热情而科学的指导与求询者积极而独立的思考相结合。

第二，引导性。强调咨询者循循善诱的引导与求询者自尊自信的态度相结合。

第三，辅导性。强调咨询者有针对性的辅导与求询者主动性的配合相结合。

第四，开导性。咨询者不将求询者的问题看作某种心理与行为障碍的表现，而是将其看作个人成长与人格完善过程中的暂时现象，这种非病理学的认识方法，对增强求询者对健康人格重要性和自信心的认识具有重要的意义。

3. 理论依据

启发式模式的理论依据是，我国古代教育家孔子启发思维的教育思想。孔子启发式教育思想中关于鼓励学生独立思考的精神与心理咨询力求强化人的自主和自助能力的主导思想是一致的。它强调有效的学习是"启"与"发"的结合，注重调动学生学习过程中的灵活性与积极性，使之学会举一反三，触类旁通，做到"心有灵犀一点通"等思想，都是心理咨询可借鉴的宝贵经验。

（七）教育导向模式

1. 含义

教育导向模式是指咨询者根据咨询过程中的教育性原则，针对求询者的具体情况提出积极的分析意见，鼓励其培养积极进取的精神，树立正确的世界观、人生观、价值观和批评态度。

2. 特征

教育导向模式的基本特征是，指咨询者不是盲目地附和求询者的观点和思想感情，也不是随便地表示同情，而是实事求是地对问题进行分析，明辨其心理问题和心理要求，帮助求询者改变认知角度，调整情感取向，建立新的思维模式。其特征主要有以下四点：

第一，重理智。咨询者对求询者由于一时的挫折或长期的不安所产生的消极厌世甚至盲目敌对的情绪，表现出极大的关心、关注和克制。尊重求询者的合理要求。

第二，重情感。咨询者重视热情待人，创造一种和谐的交往互动气氛，相互之间建立一种信任感，使求询者的紧张心情松弛下来，由观望变为信任，产生亲切并乐意交往的心理。

第三，重开导。咨询者绝不是简单说教，更不是指责和板起面孔训人，而是循循善诱，解开求询者的思想疙瘩，找出问题的症结所在，对于一时难以改变的观念也不操之过急，而是逐次逐步地加以开导。

第四，重教育。咨询过程中的时时处处，各个环节都应体现教育性，教育性原则应贯穿心理咨询过程的始终。

3. 理论依据

国际心理学联合会编辑的《心理学百科全书》（1984）所肯定的心理

咨询模式之一是教育模式。其指导思想为“咨询心理学始终遵循着教育的而不是临床的、治疗的或医学的模式。咨询对象（不是患者）被认为是在应付日常生活中的压力和任务方面需要帮助的正常人。咨询心理学家的任务就是教会他们模仿某些策略和新的行为，从而能够最大限度地发挥其已经存在的能力，或者形成更为适当的应变能力”。

（八）社会影响模式

1. 含义

社会影响模式是指咨询者依据社会心理学关于人际交往和社会影响的原理，注意与求询者的社会文化心理沟通，重视咨询双方的价值观念、社会角色、社会风俗、经济背景和性别差异等多种社会因素的影响，注重社会环境、文化氛围对咨询效果的影响。

2. 特征

社会影响模式的基本特征是，从人际交往和社会因素方面探讨有效咨询的条件和途径，以便更好地提高咨询的成效，巩固咨询的结果。其特征主要有以下四点：

第一，重社会文化。咨询者重视社会文化背景对咨询过程的影响，强调文化因素对求询者的积极影响，尽可能避免消极因素对咨询过程的干扰。

第二，重个体社会化。咨询者特别重视求询者在社会化过程中已经形成的价值观念、文化素养、性别差异、个性倾向、角色心理和行为方式等因素对咨询过程的影响。

第三，重心理沟通。咨询者非常重视与求询者的心理沟通，在相容的心理氛围中，双方能建立信任而良好的交往关系。

第四，重合力作用。咨询者重视各种社会因素、环境因素和个人因素所形成的综合作用力对咨询结果的影响，切实帮助求询者巩固咨询成效，更好地适应生活、适应社会。

3. 理论依据

社会影响模式的理论依据以米德（G. H. Mead）的符号交流理论、蒂博特（J. Thibaut）和捷纳德（H. Gerard）的人际互动理论、沙宾（T. R. Sarbin）等人的角色理论较有特色，影响也最为直接。

（九）对上述八种模式的评价

心理咨询旨在使人“更积极、更明智地接受生活的挑战，并从中获得更多的社会承认与自我满足”。由此，它的重要目标之一是排除那些影响个人心理平衡与发展的不利因素。这些不利因素可能采取精神防御的形式，或非理性认识的形式，它们对人的正常心理、行为表现产生直接或间接的干扰。而认清这些因素的性质，并加以有效地控制与克服，是心理咨询的首要任务。本节介绍了八种心理咨询的模式，这些模式有各自的理论依据和表现特征，它们对人的心理矛盾和冲突过程有着不同的解释，也有其各自的利弊。

——特质指导模式重视对求询者特质的了解，注意发挥咨询者对求询者成长的理性导向功能，这是符合咨询过程的一般规律的。因为咨询过程作为一种特定的双向交往活动，咨询者在其中起着主导作用，因而咨询者的主导功能不能忽略。然而，从特质指导模式的理论依据来看，特质理论固有的静态性局限和肢解性偏颇，对特质指导模式也有影响，这些显然构成了特质指导模式的不足之处。

——矫正导向模式是在对求询者的心理偏离的咨询、矫治过程中逐步形成的。从矫正导向模式的理论依据来看，精神分析学说为这一模式奠定了最初的理论基石；行为学习理论对于矫治心理偏离者的当前表现和症状开辟了一个独特的领域；人本主义心理学则为矫正导向关系的改善和矫治对象积极性的发挥起了积极的作用。然而，我们必须明确：任何一种单一的理论都不可能对矫治过程的本质作出全面的说明，任何一种有权威的理论流派也不足以构成矫正导向模式的完整框架。

——发展导向模式是在国际心理学联合会1984年编辑的《心理学百科全书》中肯定了的模式之一。该书指出：“咨询心理学强调发展的模式，它试图帮助咨询对象得到充分的发展，扫除其正常成长过程中的障碍。”

——构造—发展模式注重个体心理发展、变化的个性及其与环境的辩证关系，即弥补了化焦缓冲模式中只重视内驱力，不重视环境影响的问题。它从吉根的构造—发展心理学的角度认识人的心理矛盾和冲突过程，旨在强调人的心理结构是一个连续不断的组织、再组织的过程。此外，它以辩证法原则来认识人的心理过程，既避免了以某一心理学理论解释人类复杂心理活动的不足，也肯定了个人心理矛盾和冲突的发展性与辩证性。矛盾（冲突）推动着发展，发展孕育着矛盾（冲突），两者的对立统一推动人的心理结构不断向前发展。然而，这个模式的缺陷在于它不能充分解释人的潜意识对心理活动的影响。

——化焦缓冲模式旨在探求求询者当前心理矛盾（焦虑）的内驱力及其与个人以往生活经历的潜在联系，并以精神防御、潜在动机和焦虑的三角关系表现人的心理矛盾和冲突过程，积极发展了弗洛伊德的精神分析学说，也增强了人们对于精神防御在日常生活中表现的了解。然而，这个模式只强调内驱力（领悟、本能、能动），而忽视了环境的影响。

——启发式模式旨在将中国文化、特别是孔子的启发思维结合到西方非指示性心理咨询中去，并对其不适合中国人行为方式的部分（如社会化特点与人际交流方式的矛盾）加以适当的调和与修改。它要求咨询者在谈话过程中，既充分尊重求询者的自主能力，也对其自我探索予以必要的指导。其目的不在于为求询者出谋划策，而在于启发求询者进一步地独立思考，在于强化求询者的独立性，完善其人格。

——教育导向模式是国际心理学联合会（1984）所肯定的模式之一。心理咨询工作是社会精神文明建设的一个组成部分，它自然应当体现社会精神文化的特征——社会上的任何精神文明都具有教育性。换言之，不存在无教育性的社会精神文明。因此，心理咨询的教育导向模式应充分体现个体的发展性和时代的进步性。

——社会影响模式是咨询者借助社会心理学的研究成果促进有效咨询的一个理论上的结晶。该模式注重各种社会因素对咨询过程及其结果的影响，尤其重视社会角色、价值观念、语言、文化差异等社会因素在咨询交往中的作用，这对于深化人们对各类心理咨询特点和规律的认识是十分重要的，对于更好地解决咨询者在咨询实践中所遇到的问题也具有很现实的指导意义。柯里格（J. Corrigan）和德尔（D. Dell）在《心理学百科全书》（1984年第一卷）中指出："社会影响模式是当前咨询过程中最富有影响的理论模式之一。"

总之，每个咨询者都应在心理咨询的实践中，根据求询者非病理性或病理性的心理问题的不同性质与表现形式，采用不同的心理咨询模式。但无论采用哪一种心理咨询模式，在整个咨询过程中都应积极启发、帮助来询者自己认识其心理问题的性质与表现形式，并加以克服。

三、心理咨询的若干技术

（一）收集资料的技术

收集资料是心理咨询的基本前提。咨询者对每一个求询者都要做这步工作，这既是心理咨询的前提，也是心理治疗的前奏。收集资料可以通过会谈的方式进行，也可以通过测量（测验）的方式进行，就此意义而言，收集资料也是在测量基础上作出心理诊断（判断）的基础。

收集求询者的哪些资料呢？

1. 了解求询者有哪些需要帮助的问题；

2. 这些问题对求询者产生了哪些影响；

3. 求询者自己怎样看待这些问题；

4. 与这些问题有关的各种人物、条件、环境因素都有哪些；

5. 了解求询者的性格、个人生活环境、经历等基本情况；

6. 了解求询者需要帮助的这些问题与求询者个性、情感经历的关系如何。

上述这些都是咨询者需要了解的内容。

在心理咨询过程中，收集资料，用所收集的资料为心理咨询和心理治疗提供帮助和指引非常重要。俗话说得好：良好的开头便是成功的一半。收集好完整、系统、相关性强的资料，是心理咨询和治疗不可或缺的。

收集资料有哪些方法呢？

第一，会谈式收集资料。这种收集资料的形式通常在咨询者与求询者的第一次会谈中进行（当然随着问题的深入，不仅限于第一次会谈收集资料，以后各次会谈亦可收集和补充），一般占用一次会谈即可，也可能只占一次会谈中一半的时间，但也有时咨询者需要更多的时间来了解求询者。这种会谈式收集资料方式的目的性十分明确，就是要收集与求询者问题有关的资料和信息。美国心理咨询专家博布（Pope）曾经指出："会谈是发生在两个个体之间的对话式交流。"[1]会谈不仅是收集资料的方式，会谈本身也是心理咨询和心理治疗的过程和重要手段。会谈式收集资料，咨询者除了要耐心倾听外，还要细心询问，要积极而自然地利用反馈，引导求询者的交谈方向沿着一定的轨道进行。

第二，测评式收集资料。收集资料可以通过会谈方式，也可以通过测验（测量或评价）方式。测评式收集资料，即借助心理测验或问卷收集求询者的资料，这种方式首先是针对某些深层次的问题，或者是会谈式所不易或不便收集的问题，或者是为了验证某个问题而采用。其次，要注意区分求询者是否适合进行某些方面的咨询，或是要分清求询者的问题到底出在哪里，哪些是当事人的主要问题。

在收集资料阶段，咨询者形成了对求询者的第一印象，取得了大量感性材料，对其存在的心理问题也有了初步认识。为了进一步检验这些第一印象和初步认识，对求询者的心理问题得出明确结论，此时就可以对所收集的材料进行整理，必要时还可以向求询者本人或其家属、亲友、同事、同学等有关人员进一步询问详情。这里面有非常深奥的技术与技巧，只有在实践中才能逐步掌握、领悟和运用。

（二）分析讨论的技术

分析、讨论和诊断是心理咨询过程在了解问题、收集资料的基础上的新阶段。从求询者踏入咨询室，到求询者主诉自己的问题，咨询者了解情况，收集资料的过程也在同时进行分析、讨论和诊断。

---

[1] Pope, B.(1979). *The Mental Health Interview: Research and Application*, New York, Pergamon Press.

分析、讨论和诊断的取向：

1. 求询者问题的属性

（1）学习工作中的问题；

（2）生活中的人际关系问题；

（3）青春期发育问题；

（4）恋爱婚姻与性生理、性心理问题；

（5）其他问题。

2. 求询者问题的程度

（1）正常人的情绪不安；

（2）正常人的心理失衡；

（3）人格障碍；

（4）神经症、精神病等精神疾病；

（5）其他情形。

3. 求询者陈述的真实性分析

（1）当其言语与行为出现不协调时，非言语行为所传递的信息可能更为真实。

（2）如果我们的咨询者既掌握了观察非言语行为（如身体语言）的技术，又能对求询者的陈述进行敏锐的分析，那么，对于求询者问题的判断肯定更为准确。

（3）心理测验是分析、讨论和诊断求询者心理问题的重要手段之一。它不仅可以检验咨询者的初步判断是否正确，还可以帮助咨询者进一步地深入分析、讨论和诊断求询者的心理问题。例如，除了运用一般的智力和人格测验外，还可运用关于言语、记忆、思维以及专门能力如音乐、绘画等方面的测验。

4. 咨询过程中分析、讨论和诊断的提纲

（1）求询者的发展状况。

① 年龄、教育水平以及本人提出的问题；

② 分析与求询者的年龄组有关的任务、角色和问题；

③ 当前的物质和社会文化环境。

（2）求询者的心理状况。

① 求询者的一般情况，包括人生观、需求观、成熟水平、生活中不利因素的情况、生活方式等；

② 求询者的自我认识，包括对于自我的看法，认为别人怎样看待他（她），理想的自我，对于成就的看法（如学术上的，工作上的）等等；

③ 求询者的独立性，包括应付现实的能力，作出决定的能力，自我控制的程度；控制的方法，应付生活变化和变迁的能力。

（3）求询者的工作状况。

这里包括求询者的工作种类（如果是学生，准备选择什么职业?），如果没有工作，为什么？如果是家庭妇女，主要活动是什么？对待工作的情感和态度、工作中的人际关系情况（上司、下属和同事）、工作本身的优缺点、未来的打算、业余活动等。

（4）求询者的人际关系。

这里包括求询者与家庭成员（如配偶、子女）的关系，与父母、兄弟姊妹的关系，对配偶、父母的描述，对于家庭的一般感觉，问题与冲突；解决冲突的方式，其他方面的重要关系。

（5）求询者的健康状况。

① 求询者对于其健康状况的总看法；

② 健康状况对于求询者生活的影响；

③ 求询者的健康习惯；

④ 求询者过去或现在受过心理咨询和治疗的情况。

5. 分析求询者的求治动机

在心理咨询中，一些咨询心理学家或心理咨询师、心理治疗师往往忽视对求询者动机的判定。出于职业的习惯，他们往往认为，求询者的求治心理非常迫切，其实不然。例如：有的求询者认为自己的行为表现是正常的，只是其他人不理解，他们想通过心理咨询来证明自己的正确；有的求询者对心理咨询半信半疑,抱着“试试看”的态度来进行心理咨询；

有的求询者是迫于社会和家庭的压力，或者被亲属送来咨询的，他们可能会觉得自己受到屈辱，对心理咨询抱有敌视态度；有的求询者只想通过理疗和药物治疗解决问题，不相信心理咨询和心理行为训练。

仔细分析上述种种求治动机，是为了减少或避免影响心理咨询的效果。在心理咨询中，如果求询者的求治动机不明确，那么咨询方案设计得再完整，也无济于事。因此，咨询心理学家对求询者的动机要认真分析：无求治动机者，要进行引导；求治动机不强烈者，要进行强化；求治动机正确者，要给予肯定。

在全面、准确地分析了求询者存在问题的实质后，就必须对解决其问题的办法进行探讨，找出可能的解决途径。这个阶段一般提倡发散性思维，尽可能多地提出解决求询者心理问题的策略和办法。

（三）改变求询者的认知结构和行为模式的技术

从以上阐述可知，在咨询过程中采用何种方法，求询者会产生何种变化，完全与求询者及其问题有关。与此同时，咨询者还会面临一些求询者的认知或行为改造问题，因此，咨询者需要掌握改变求询者的认知结构和行为模式的技术。此类技术很多，这里仅介绍以下几种：

1. 领悟

在咨询过程中，咨询者可以帮助求询者重新审视自己内心与问题有关的内容，并帮助对方达到某种程度的领悟。这种领悟的第一个作用，是可以达到使其问题的严重程度降低，使对方心理强健起来趋向心理平衡。此时，也许求询者的问题仍然存在，但他已开始有所改变了。领悟的第二个作用是可以为他改变其外显行为提供心理依据。这两点都有利于求询者心理的健康成长。

例如，一位求询者总认为自己只要一看书，一用脑子，身体的某个部位就会产生一种难受的感觉，这种感觉影响着他以致不能看书学习。在咨询过程中，咨询者帮助他达到了这样一种认识，即他做过许多医学方面的检查，证明自己怀疑有病是无根据的，那么这种情况更可能是由心理因素引起的生理反应。求询者很快达到这样一种领悟，即从自己看书时起，潜意识当中，就开始怕这种难受的感觉出现，就在等待着这种感觉的出现，意念集中在此，结果可能一出现微小的生理反应即引起自己过分关注，形成条件反射并固定下来。求询者自己进一步认识到，在生活无规律等情况下，这种问题更易于出现。这样，咨询者与求询者又一起讨论了有关外显行为的改变问题。以后这位求询者又将前面的领悟扩展到睡眠方面，从而在其心理健康的轨道上又向前迈进了一大步。此时，他的问题虽未根本解决，但他已进入成长阶段，并可逐步成为自己问题的解决者。在这样的情况下，他的问题的改变，最终可以得到较为令人满意的成效。

2. 支持

在咨询过程中，咨询者通过给求询者以正强化，通过给对方指明在某一事件或情境中采取某种积极、有益的方式，通过真诚地给予对方的好行为以表扬、鼓励和支持等方式来减轻对方的焦虑，促进对方积极行为的增长。支持的方式在咨询过程中作用重大，但这又是一个必须慎重涉足的技术领域。

当咨询者对求询者作保证或鼓励时，其基本的出发点应当是立足于现实的，而不能像是一张空头支票。有些咨询者出于好心，对求询者作出“这件事情一定会变好的”，或“我能肯定你可以做得很好”等保证式的鼓励，这实际上反而对咨询不利。较好的方式应采用这类话语：“让我们一起尽自己的最大努力试一试，万一发生什么事情，我们可以一起来想办法对付它。”这种方式比前一种方式更为现实可靠，是以咨询关系作为现实基础的，而不是把某件事直接与成败联系在一起。相比之下，前一种保证方式内容空泛，无说服力，而且如果事情不是像咨询者所说的那样发生的话，则求询者以后对咨询者所说的话也会打几分折扣了。

正强化的应用同样必须慎重。咨询者一定要注意自己奖励对方时，是奖励对方的什么事情，什么方面。比如，有位求询者很得意地告诉咨询者他自己主动去承担了一项原来他很怕承担的任务。咨询者很高兴地表扬了他为战胜自己的自卑心理采取了这样的行动。但进一步追问，却发现对方承担此项工作是为了逃避另一项更困难的工作，此时咨询者的表扬就成了对其逃避行为的鼓励了。这是咨询者在使用正强化时应注意的问题。

有时，当求询者很自豪地说出自己进步的情景时，咨询者常面临一种进退两难的境地。这种进步的证据成了对咨询者本人的一种压力，似乎他必须对求询者作出表扬、鼓励、赞赏的反应。此时，咨询者如果一定要仔细考察对方所说的进步的情况时，会显得很不合时宜。但不这样做又可能会给予对方错误的奖励，因为“闪光的东西并不都是金子”，所以咨询者仍需以婉转的方式探查对方所述进步的具体情况。

采用正强化还有一点需要引起咨询者的充分注意，就是这种强化可能会使得求询者为了赢得咨询者的表扬而表现自己。在这种情况下，对于这位求询者说来，咨询是不能结束的，因为一旦谈到咨询的结束问题时，对方的进步就又会消失。好像没有咨询者的鼓励，这一切就毫无意义了一样。在咨询过程中，求询者最理想的进步是其自己奖励自己，而减少对咨询者的奖励的需求。但咨询者在咨询开始，当求询者尚未达到自己能奖励自己进步的状况时，咨询者的奖励却又是必不可少的。在大多数情况下，正强化的采用应适度。而且当求询者某一新行为已稳定地出现时，就不再需要对其表扬。

3. 解释

在所有改变求询者的认知结构和行为模式的技术中，解释是咨询者在咨询过程中最常用的最有用“武器”之一。解释就是为求询者提供对于现实世界的另一种认知。解释作为一项技术，根据不同学派的理论，其技术要点有所差异。例如，精神分析学派的解释，更偏重于压抑在无意识中的东西，而认知学派则注重理性地、现实地认识世界。

在进行解释时，咨询者首先应知道向对方解释的内容是什么；其次，要注意何时应用解释以及怎样应用解释。像所有的影响技巧那样，只有适时适当地应用解释，才可收到良好的效果。

在咨询的帮助及改变阶段，前述所有影响技巧都是十分有用的。此外，不同的学派还有许多常用的具体矫正行为、改变认知、挖掘无意识中内容的方法，这些我们在理论模式部分已有介绍。咨询者可根据自己的理论倾向作出选择。帮助和改变的阶段，是心理咨询工作中最重要的阶段，是咨询者任务最重的阶段。但这一阶段又是咨询者最能发挥其创造性的阶段。在此阶段，咨询者可以开动脑筋，采用一切可能的科学方式和方法，创造出一些新的技术，来帮助求询者产生某种改变，以达到咨询的目标。这对咨询者说来，又可认为是最富于挑战性的阶段。

总之，咨询是一个过程，是由不同的步骤、阶段形成的。各阶段之间相互重叠，相互关联，形成一完整的统一体。每一阶段各有侧重点，但它们又在咨询的目标之下统一起来，形成和谐的奏鸣曲。咨询者正是这奏鸣曲的指挥，当他掌握了更多的咨询技术和方法、更深刻地理解求询者及咨询过程之后，就会获得更大的自由度，就能挥洒自如了。

第三节　心理治疗的理论与技术

一、心理治疗概述

（一）什么是心理治疗

心理治疗（psychotherapy）指的是不同于药物治疗、手术治疗、放射治疗，主要通过言语沟通、心理影响达到消除心理障碍症状、学习新的适应方式的一种治疗方式。中国自古以来就有“心病还需心药治”的说法，说明心理治疗有着悠久的历史。在古代，祈祷、符咒、烧香求神有时偶有疗效，其主要原因在于产生了心理影响。在古代的医家中，尤其是中医中，也有不少心理治疗的思想与技术。但是，现代专业的、科学的心理治疗的历史却并不久远。

按照弗兰克（Jerome Frank）的定义，心理治疗有以下三个本质特征：

第一，一个患者（sufferer）从治疗者那里寻求解脱，减轻痛苦，解决问题；

第二，一个训练有素、社会认可的治疗者，他的治疗的力量被患者和他的群体，或者群体的重要部分接受；

第三，在医患关系中，有一系列结构化的接触，通过治疗者，经常由于群体的帮助，试图使患者的情绪状态、态度和行为产生确定的变化。[1]

可见，求助的患者，训练有素的治疗者，以及医患之间一系列使患者得到改善的结构化的疗程，是现代心理治疗的三个要素。

国内学者左成业、钟友彬、张亚林则概括了现代心理治疗的六大要素[2]：

（1）疗效是通过心理途径来取得，而不是经由特异性的化学或物理手段的引入而获得的。这里所说的特异性，是指治疗手段对于致病因子具有特色性的对抗作用，例如抗生素这类的药物能制服病菌。

（2）要有作为治疗理论基础专门学说或假说，治疗者就是用这样的假说来解释病患的成因，来说明心理治疗为什么能获得疗效的。

（3）要有根据这种基本理论设计出来的内容和步骤相对固定的治疗技术。这里说的固定，是指治疗技术的原则应为一切治疗人员所共同遵守，大家都按照同样的技术原则去开展治疗，而不是“一个师傅一道符”地各搞一套。

（4）不同心理治疗流派之间，无论其理论取向与治疗技术如何千差万别，但有一条是共同的，那就是都强调治疗者与就诊者之间必须建立良好的医患关系，都把医患关系当作取得疗效的基础。

（5）治疗人员应受过有关本门治疗的专门理论与技术训练，质量合格，而不是张三、李四共之所至，随便都能挂牌营业的。

（6）要有相对固定的治疗范围即适应症，而不是包医百病的万应灵

---

[1] Frank, J. D, (1973). *Persuasion and healing* (Rer. ed.). Baltimore : Johns Hopking. P. 2—37.

[2] 左成业、钟友彬、张亚林著：《心理冲突与解脱》，湖南科技出版社1993年版，第2—3页。

药。

概括起来，我们可以看到，现代专业性质的心理治疗，其主要因素包括受过专门训练、具备专门理论与技术的治疗者，良好的医患关系，以及治疗的目的（减轻、消除症状，改变不良行为，学会新的适应方式等等）。

（二）心理治疗的发展脉络

18世纪后半叶奥地利医生麦斯麦（F. A. Mesmer）曾发起“动物磁力疗法”，此乃今日催眠疗法之开端。在19世纪末叶，奥地利医生布洛伊尔（Joseph Breuer）用谈话法治愈女病人安娜·欧（Anna O）的歇斯底里症状。此后，奥地利精神病学家弗洛伊德（Sigmund Freud）在19世纪末20世纪初开创精神分析治疗方法，建立精神分析学派，真正开了现代心理治疗的先河。

弗洛伊德开始时使用催眠技术，后来改用自由联想技术、梦的分析技术以及失语分析技术，借此洞察人的潜意识，找到潜意识中冲突的症结，从而缓解、消除患者的症状，成为一种重要的心理治疗学派，并成为心理卫生发展史上的一个重要的里程碑。继弗洛伊德之后，阿德勒（Alfred Adler）、荣格（Carl G. Jung）对弗洛伊德的学说作了修正，随后，新弗洛伊德学派（以霍妮、弗洛姆为代表）、自我心理学派（以安娜·弗洛伊德、哈特曼、埃里克森等为代表）出现。一直到今天，精神分析学派仍在发展（如以拉康等人为代表的后弗洛伊德学派）。

继精神分析学派后，行为治疗曾盛极一时。行为治疗认为，无论正常行为或异常行为，都是学习的结果，是适应环境的结果。而精神分析学派的观点则认为，内心冲突是导致心理障碍的重要原因。与精神分析疗法不同，行为治疗强调通过控制、改变刺激，来改变人的反应。自20世纪20年代以来，行为治疗的确在恐惧性神经症、强迫性神经症、焦虑性神经症等方面的治疗获得较好效果，成为重要的一支心理治疗学派。

罗杰斯所倡导的患者中心疗法，标志着人本主义取向的心理治疗流派的出现。人本主义心理学家们批判行为主义将人当作老鼠、鸽子，甚至是当作一个数据库中的符号、数字，使人失去了人的全部的丰富的意义，失去了人的尊严、价值，提倡以人为本，关心人，尊重人。从患者中心疗法到格式塔疗法、意义治疗、交流分析到理性情绪治疗等等，都是旨在将患者当作一个完整的人看待，充分尊重其人格、价值、尊严；强调医患双方的平等地位，进而促进患者的自我成长，发挥其潜在的潜能，达到自我实现的目标。

按照卡墨（R. J. Comer）的看法，全世界存在250种不同的心理治疗模式。但全部心理治疗模式，可归纳为两大类：即整体治疗（global therapies）和特殊治疗（specific therapies）。整体治疗主要是精神动力学和人本—存在主义治疗模式，强调帮助个体认识和改变其人格整体特征；特殊治疗集中注意于症状，强调特别的解释而不是广泛的人格问题。[1]

（三）中国古代的心理治疗思想及技术[2]

曾有一种认识偏向，认为心理学是“舶来品”，那么心理治疗自然更只是属于西方医学心理学的范畴。诚然，现代心理学与现代心理治疗理论是产生于西方的，但是中国古代也有关于心理治疗的理论与方法的思想。“古之神圣之医，能疗人之心，预使不致于有病。今之医者，惟知疗人之疾，而不知疗人之心，是犹舍本逐末，不穷其源而攻其流，欲求疾愈，不亦愚乎？虽一时侥幸而安之，此则世俗之庸医，不足取也。”（《东医宝鉴》）在中国古代医典里，蕴涵着丰富而较系统的心理治疗思想，可以称之为中国传统心理治疗理论。正像中医能与西医并称一样，中国传统心理治疗理论也可以与现代西方心理治疗各派理论并称。采用古今中外比较法对之进行研讨，就会发现这些理论思想，对于今天的心理治疗理论与实践仍具指导与借鉴作用，并有本土化心理学的意义。

从中国古代医典里，已经初步收集了六百多个心理治疗的案例，具

---

[1] Comer, Ronald J.(1992). *Abnormal Psychology*. New York.W.H.Freeman and company. P. 134.

[2] 杨鑫辉:《中国传统心理治疗探讨》，台湾大学心理学系本土心理学研究室编辑出版《本土心理学研究》1998年12月，第10期，桂冠图书公司印制发行。

体记述了传统心理治疗的方法。不仅如此，古代医学家还论述了传统心理治疗的理论基础，以及医者应具备的素质与行为规范。由有关的中医理论、心理治疗方法和医者素质三个方面，构成了中国传统心理治疗较系统化的理论思想。

1. 传统心理治疗的理论基础

考察古代丰富的心理治疗案例，不能只是孤立地把它们看成一个个的医案，一个个的具体治疗方法，而应看到它们是建立在一定的医疗理论之上的。此种传统心理治疗的理论基础，可以从古代医典的医学理论论述得到证实。归纳起来就是内外统一的整体观、神形相即的身心观、“医国—医人—医病”的医学模式以及“标本相得”的医患模式。各种具体的心理治疗方法，都是在上述两种观点和两个模式的理论基础上发展出来的；反过来说，古代许许多多的心理治疗案例的实践和中医的其他医疗实践，则形成和丰富了上述理论模式。

（1）内外统一的整体观。中医学认为，人与天地相参，人身乃一小天地，十二脏腑相使而不得相失，人体是一个统一的整体。人体由五脏六腑、四肢百骸、五官九窍等组成，人体以五脏为中心，通过经络的沟通、气血的运行，而成为有机的整体。脏腑结合为表里关系，脏腑和形体的各组织器官又密切联系，如心主脉、主舌，肝主筋、主目，脾主肉、主口，肺主皮毛、主鼻，肾主骨、主耳，这说明人体有表里关系，因此诊断和治疗疾病时，常有治胃病兼治脾脏、治肺病从治脾胃着手的，而不是简单地孤立地针对某一脏器治病。尤其要指出的是，中医学认为，人体的整体性除了生理活动的统一以外，还包括心理活动与生理活动的协调。人的精神、情态等心理活动与心密切相关。《素问·六节脏象论》说：“心者，生之本，神之变（处）也。”《素问·云兰秘典论》更指出，心藏神而统五脏六腑，“心者，君主之官也，神明出焉”。这种整体观，就为疾病治疗应涵盖心理治疗提供了理论基础。

不仅人体内部具有统一性，人体和外界环境也是密不可分的。人是自然实体，又是社会实体，他接受自然环境和社会环境的影响。四时变化，水土方宜，人事关系、社会状况等对人的健康与疾病会产生积极或消极的作用。所以《素问·疏五过论》说："圣人之治病也，必知天地阴阳，四时经纪，五脏六腑，雌雄表里，刺灸砭石，毒药所主；从容人事，以明经道，贵贱贫富，各异品理，问年少长，勇怯之理；审于分部，知病本始，八症九候，诊必副矣。"就四时经纪说，中医认为，致病外因以外感六淫为主，即风、寒、暑、湿、燥、火。当人体内外环境失调时，或受六湿后即能发病。春主风、夏主暑、长夏主湿、秋主燥、冬主寒，是五种正常气候，风、寒、暑、湿、燥在一定条件下能化火，故以上又称为六气。是其时而有其气为"正气"，非其时而有其气为"邪气"。治病的"扶正祛邪"也体现了这种整体观，将人体与气候环境联系起来，将正气与邪气区别开来，将增强病人的抵抗力与去除病邪结合起来。

整体观的思想里，还包括重视药物治疗和心理治疗在治病中的整体效应，对某些疾病，甚至将心理治疗置于首位。三国时期的华佗在《青囊秘箓》中说："善医者先医其心……若夫以树木之枝皮，花草之根蘖，医人疾病，斯为下矣。"金元时期的朱丹溪在《丹溪心法》中也强调心理疗法："五志之火，因七情而生……宜以人事制之，非药石能疗，须诊察由以平之。"

总之，内外统一的整体观，强调人体内部的统一性，人体和外界环境的统一性，也重视药物治疗和心理治疗的统一性。

（2）神形相即的身心观。早在先秦，荀子就提出"形俱而神生"的观点；到南北朝时期，范缜已发展一种完善的"形神相即"、"形质神用"的身心观。中国古代医家的身心观（亦即形神观）跟思想家们的形神观是互为影响的，并具有一致性。《灵枢 · 天年》指出："五脏已成，神气舍心，魂魄毕具，乃成为人。"认为人的形成是先有五脏形体而后有精神藏于心，是形与神具乃成为人。又说："人有五脏化五气，以生喜怒悲忧恐。"这与同时期的荀子所提出的"形俱而神生，好恶喜怒哀乐藏焉"的思想，是一致的。唐代医学家孙思邈主张精神魂魄意是藏于五脏的，心主神、肾主精、肝主魂、肺主魄、脾主意。金元四大医家刘完素、张子和、李东垣、朱丹溪也都继承了以上的传统。例如，刘完素从精、气、神、形四者的关系阐发了形神相即的思想，他在《素问·玄机原病式·六气为病》里说："是以精中生气，气中生神，神能御其形也，由是精为神气之本。形体之充固，则众邪难伤。"即指出了形体充固之重要，又注重了"神能御形"的功能。明清的医学家在形神、身心观问题上更是有了突破，即以脑髓说取代了五脏藏神说和主心说。明代李时珍在《本草纲目》（辛夷条）中指出"脑为元神之府"，清代王清任则明确提出了"脑髓说"，在《医林改错》中说"灵机记性不在心在脑"，并且指出了耳、目等感觉器官与脑之间的联系。

特别要强调的是，中国古代医家从形神密不可分的观点出发，认为治疗疾病不仅要治其身，更要治其心。三国名医华佗在《青囊秘箓》中说："夫形者神之舍也，而精者气之宅也。舍坏则神荡，宅功则气败。神荡则昏，气散则疲。昏疲之身心，即疾病之媒介，是以善医者先医其心，而后医其身，其次则医其未病。若夫以树木之枝皮，花草之根蘖，医人疾病，斯为下矣。"他在中国医学史上第一个明确提出了"身心"健康的概念，比现代西方医学的身心健康概念要早一千七百年，真是难能可贵。尽管一般认为《青囊秘录》是后人托名华佗所著的伪书，但毕竟在中国医学史上产生了这方面的心理学思想，是值得特别肯定的。这里还有两个观点值得特别注意，即"善医者先医其心，而后医其身"，将治心、调节心理状态放在首位，实施治疗中以心理治疗为上，药物治疗为下。这些都为心理治疗提供了理论的依据。所以后来金元时期的朱丹溪在《丹溪心法》里也强调心理疗法说："五志之火，因七情而生……宜以人事制之，非药石能疗，须诊察由以平之。"

（3）"医国—医人—医病"的医学模式。长期以来，在西方医学中形成了一种生物医学模式的概念。近半个世纪来，高血压、冠心病、溃疡病、慢性疼痛和神经症、精神病发病率的增加，使医者单从理化刺激与生物刺激因素探讨致病和治病以及治病的作用显得不够了。心理学和社会学的研究，促进形成了另一种新的医学模式，即生物—心理—社会医学模式。它是恩格尔（G. L. Engel）于1977年正式提出的。

值得注意的是，中国古代医学里很早就重视五脏六腑、情志变化、人事关系等多种因素对疾病的影响，涵盖着生物、心理、社会三方面的因素，甚至似乎可以说已形成一种近似现代的生物—心理—社会医学模式。孙思邈在《千金要方》卷一《序例》中说："古之善为医者，上医医国，中医医人，下医医病。""医国"指的是社会因素，"医人"指的是心理因素，"医病"指的是生物因素。"医国—医人—医病"就是从社会、心理、生物的整体医学模式的角度来诊治疾病的。这与现代的生物—心理—社会医学模式何其吻合，又多么难得。正是这种"医国一医人一医病"的整体医学模式思想，重视心理、社会因素的作用，使得中国传统心理治疗的理论基础更为坚实完备。

（4）"标本相得"的医患模式。中国古代医学还论述了医生与患者的关系对治病的作用，这一点对于心理治疗比药物治疗更为重要。据《素问·汤液醪醴论》记载："帝曰：'……今良工皆称曰：病成名曰逆，则针石不能治，良药不能及也。今良工皆得其法，守其数，亲戚兄弟远近音声日闻于耳，五色日见于目，而病不能愈者，亦何暇不早乎？'岐伯曰：'病为本，工为标，标本不得，邪气不服，此之谓也。'"这里的"工"是指医生，"病"是指病人。认为医生与患者的关系应当是"病为本，工为标"，邪气不除，疾病不愈，往往跟医生与病人不能很好配合有关，因而强调一种"标本相得"的医患模式思想。要求临床治疗必须依据病人的心身特点去辨证施治，以制伏疾病。《黄帝内经》还认为，患者的心理状态对治疗有积极和消极两方面的作用："精神进，志意治，故病可愈。今精坏神去，荣卫不复收。……精所弛坏，荣泣卫除，故神去之而病不愈也。"因而在治疗疾病中，以"病为本"调节病人的心理状态，进行心理治疗，就特别重要了。现代心理治疗中，人本主义心理学家罗杰斯（C. Rogers）主张"患者中心疗法"，也是以病患者为本的。可见，中国古代的《黄帝内经》与西方现代的人本主义在这个方面是暗合的。

2. 传统心理治疗的主要技术

在上述两种观点和两个模式构成的理论基础指导下，中国古代传统的心理治疗产生了许多具体方法。《黄帝内经》对心理疗法已有较系统的论述，后来历代医家又有所补充和发展。例如，金元四大家的医学著作中，生动地记述了许多心理治疗的案例，并且广为流传。中国古代的传统心理治疗方法，若以现代医学心理学原理去评价，仍富有科学性，而且较之西方的心理治疗具有独特性，概括古代心理治疗的方法，主要有如下七种：

（1）开导劝慰法，或称义理开导法。它是通过言语开导、劝告与安慰以调节患者心理的方法。《灵枢·师传》中的一段话对此作了很好的概括："人之情，莫不恶死而乐生，告之以其败，语之以其善，导之以其所便，开之以其所苦，虽有无道之人，恶有不听者乎？"这里既指出了开导劝慰法是以人"恶死乐生"的心理本能倾向为理论基础，又提出了此疗法的要则是"告"、"语"、"导"、"开"。即告诉病人不遵医嘱的危害，讲清遵从医嘱的好处，引导病人创造治愈疾病所需的条件，指出不从医理将会带来更大的痛苦。总之，此种疗法着重转变患者对医治疾病的认识和态度，以取得治疗效果。金元时期朱丹溪在《格致馀论·养老论》中也有这方面的论述："好生恶死，好安恶病，人之常情。为子为孙，必先开之以义理，晓之以物性，旁譬曲喻，陈说利害，意诚辞确，一切以敬慎行之，又次以身先之，必将有所感悟而扞格之逆矣。"所以，开导劝慰法也可称义理开导法。西汉著名作家枚乘在《七发》一文中，论述吴客用"要言妙道"医治楚太子疾病的故事，使用的就是开导劝慰法。"今太子之病，可无药石针刺灸疗而治，可以要言妙道说而去也。"用精深的道理劝导太子放弃骄奢淫逸的生活方式，端正思想认识，身体自会健康。由上观之，开导劝慰法与现代的心理疏导和支持性疗法是相近似的。

（2）以情胜情法，又称情志相胜法或七情互治法。它是一种利用情志相互制约的关系来进行治疗的心理疗法，即运用一种情志纠正相应的另一种失常情志，很具独特性。《黄帝内经·素问·阴阳应象大论》最早提出此种疗法的原理是："怒伤肝，悲胜怒。……喜伤心，恐胜喜。……思伤脾，怒胜思。……忧伤肺，喜胜忧。……恐伤肾，思胜恐。"金元时期的《丹溪心法要诀》进一步发展了此法："悲可以治怒，以恻怆苦楚之言感之。喜可以治悲，以欢乐诚谑之言娱之。恐可以治喜，以祸起仓卒之言怖之。思可以治恐，以虑此忘彼之言夺之。怒可以治思，以污辱欺罔之言触之。"这种七情互治的案例颇多。例如，《后汉书·方术传》记载，华佗曾写信怒骂一位思虑过度而病的郡守，使其大怒呕出"恶血"而愈。据《冷庐医话》所载，清代名医徐洄溪曾经以死诈状元，江南一考生得中状元过喜而狂，徐告以逾十天将亡，书生受恐吓而病愈。又通晓医学的书法家傅青主，曾教一位使妻子郁闷病倒的青年，用文火加水煨软石头做药引，青年烧火几天几晚无倦意，妻子见状受感动，最后化恨为爱而疾愈。

（3）习见习闻法。这是一种通过反复、习惯的方式，使受惊敏感的患者恢复常态的心理治疗方法。它源于《黄帝内经》"以平为期"的治疗思想，即平心火的治疗原则。金元时期的张子和在其所撰《儒门事亲》医书中，将它发展成为"习见习闻"的心理疗法。他写道："岐伯曰：以平为期，亦谓休息之也，惟习可以治惊。经曰：惊者平之，平谓平常也。夫惊以其忽然而遇也，使习见习闻则不惊矣。"即对于突然闻见而易受惊的刺激事物，使之在平常状态下反复出现而习惯于它，这样有关刺激或事物的突然出现也就不会受惊了。张子和在《儒门事亲·九气感疾更相为治术》中，专门论述了此心理治疗方法，并有典型案例：有一个叫卫德新的人的妻子，在旅舍遇强人抢烧而惊倒不省人事，后惊恐不安。张子和就以木击茶几，慢慢让其习惯而得以平复。这种"惊者平之"的"习见习闻"治疗方法，实为现代医学心理学的系统脱敏法（systematic desensitization）。

（4）以欺制欺法。这是对诈病和疑病症者，以欺骗方法制伏其欺骗行为而取得疗效的心理治疗方法。此法系由明代医学家张景岳提出，他在《景岳全书》中说："夫病非人所好，而何以有诈病？盖或以争讼，或以斗殴，或以妻妾相妒，或以名利相关，则人情作为诈伪，出乎其间，使之有烛照之明，则未有不为之欺者，其治之之法，亦唯借其欺而反欺之，则真情自露，而假病自瘳矣。”在现代医疗中，对疑病症者用注射蒸馏水等安慰剂而有疗效，也可视为一种以欺制欺方法的变式。

（5）消愁怡悦法。这是通过怡情移志帮助患者调节消极情绪的一种心理治疗方法。清代吴师机在《理论骈文》中说：“七情之病，看书解闷，听曲消愁，有胜于服药者矣。”此法的机理是，通过山水花草的赏玩，以及文艺、清谈、琴棋书画的爱好，茶酒的适当品用，使环境变幻多端，令人赏心悦目，怡情移志，从而达到对抑郁、焦虑、紧张等情志疾病的调治。消愁怡悦法跟现代医学心理学中的音乐疗法、娱乐疗法等很相似。

（6）移精变气法。这是一种古代祝由形式的心理疗法。即通过语言、行为、舞蹈等祝由形式，调动病人的积极因素，转移患者对局部痛苦的注意，形成良好的精神自守状态，移易精气，变利血气，发挥人体自身的治疗作用。《黄帝内经》对此古老的心理疗法作了论述。《素问·移精变气论》写道：“古之治病，惟其移精变气，可祝由而已。”《灵枢·贼风》说：“黄帝曰：‘其祝而已者，其故何也？’岐伯曰：‘先巫者，因知百病之胜，先知其病之所从生者，可祝而已也。’”所谓移精变气，就是通过一定的方法，转移病人的精神，以改变气机的紊乱。祝由是对患者祝说疾病的来由，用以改变病人的精神状态。祝由虽然由巫医而起，要剔除迷信，但从历史发展来看，却是含有心理治疗成分的古老的疗法。

（7）气功导引法。这是通过气功导引的调心养神对生理发生调节作用的心理疗法。气功是中国医学的一份宝贵文化遗产，许多医学典籍都有所阐述。《素问》说：“精中生气，气中生神。”精、气、神的统一是气功的基本理论依据。《庄子·刻意》成玄英疏：“导引神气，以养形魄，延年之道，驻形之术。”古代气功与导引术是密切联系的，“导气令和，引体令柔。”隋代医学家巢元方的《诸病源候论·养生导引》对气功导引术记述颇详。提出导引时要“安心定意，调和气息，莫思余事，专意令气，徐徐漱醴泉。……徐徐以口吐气，鼻引气入喉，须微微缓作，不可卒急强作。待好调和引气吐气，勿令自闻出入之声。……大饱食后，喜怒忧患，悉不得辄行气。惟须向晓清静时，行气大佳，能瘉万病。”据统计，该书载有导引治疗法二百六十多种。考古学还提供了更早的导引图。

例如1974年初在长沙马王堆三号西汉墓出土的导引图，绘有四十多种导引姿态图像。如果上溯到《黄帝内经》，其《素问·异法方宜论》则说："其病多痿厥寒热，其治宜导引按蹺。"自摩自捏，伸缩手足，摇动筋骨肢节，除劳去烦却病。可见，气功导引法兼备心理治疗和运动治疗。气功疗法至今仍很流行，是值得进行科学总结和推行的。

此外，还有突然刺激法，利用突然刺激，特别是精神刺激，来治疗人体生理机能失调。针灸刺疗法，运用针刺和艾灸以达到疏利经脉气血，从而有利于平复心理状态。它们都与心理疗法有一定关联，这里就不赘述了。

3. 传统心理治疗的医者素质

前面我们已经论述了中国医学的整体观，不仅涉及天人观与神形观，还包括生物、心理、社会诸因素，而且包括医患关系。尽管主张"病为本，工为标"，但作为医患这对关系中的一方，医者在治疗中毕竟有其特殊的地位，医者的素质对治疗将发生重要的作用。中国古代医学对此有过许多的论述。其中唐代大医学家孙思邈对医生的素质特别是心理素质的要求，阐述得最为全面具体。现将他在《千金要方·序例》中的有关论述归纳如下，以见中国传统医学该方面思想之一斑。

（1）"普救舍灵之苦"的精神。医者要有"普救舍灵之苦"的医德。孙思邈要求每个行医者要"先发大慈恻隐之心，誓普救舍灵之苦。若有疾厄来求救者，不得问其贵贱贫富，长幼妍媸，怨亲善友，华夷愚智，普同一等，皆如至亲之想。"梁代阳泉曾在《论医》一文中指出："夫医者，非仁爱之士，不可托也；非聪明理达，不可任也；非廉洁淳良，不可信也。"这些都是中国医学一贯倡导的救死扶伤的优良传统，只有具有这种大慈普救的仁爱精神和不论贵贱贫富普同一等的态度，才能在治疗中真正做到救死扶伤，还人健康。尤其在心理治疗中，医者的医德也将作为一种治疗因素起作用。

（2）"医国"、"听声"、"医未病"的能力。医者应具有行医的专业能力。《黄帝内经·素问》指出："圣人不治已病治未病。"孙思邈将医疗能力分为上中下三个层次，强调"医国"、"听声"和"医未病"的能力。他说：

“古之善为医者，上医医国，中医医人，下医医病。又曰上医听声，中医察色，下医诊脉。又曰上医医未病之病，中医医欲病之病，下医医已病之病。若不加意用心，于事混淆，即病者难以救矣。”从“医国”、“医人”、“医病”的提法，可以发现它与现代医学中的社会、心理、生物的整体医学模式相暗合。“听声”、“察色”和“诊脉”是具体的医疗专业能力。“医未病”则强调了预防医学的思想。总之，为医者必须具备上述医学知识和能力才可称为良医。

（3）“三要五不得”的规范。医者要具备良好的医疗行为规范。孙思邈《千金要方》的有关阐述，可以概括为“三要五不得”的医疗行为规范。“三要”即：一要“安神定志，无欲无求”；二要“至意深心，详察形候”；三要“临事不惑，审谛覃思”。“五不得”即：一不得“瞻前顾后，自虑吉凶”；二不得“自逞俊快，邀射名誉”；三不得“多语调笑，道说是非”；四不得“安然欢娱，傲然自得”；五不得“玄耀声名，訾毁诸医”。历代医家对医者的行为规范多有论述，例如，明代李中梓在《医宗必读》中指出，医者应匡正言行，不得“或巧言诳人，或甘言悦听，或强辩相欺，或危言相恐……或延医众多，互相观望，或利害攸系，彼此避嫌”。清人顾铭照要求医者“凡书方案，字期清爽，药期共晓”（见《吴医汇讲》）。现在制定医生的医疗行为规范，应当吸取其中仍然有价值的东西。

综上所述，中国传统心理治疗的理论和方法是丰富而系统的，在这份传统文化遗产中饱含着科学因素和科学精神。1941年著名科学家竺可桢就在《科学之方法与精神》一文中指出：科学方法可以随时随地来改换，但科学精神是永远不能改变的。我们为建立有中国特色的本土化心理学理论，不仅要借鉴外国的心理学，更应当弘扬中国优秀传统文化中的科学因素和科学精神。

（四）治疗的效果

据报道，美国人约有50%的人忍受着焦虑、抑郁和人格障碍。其中有25%的人因婚姻、家庭、工作、同伴、学校或共同关系而接受治疗。

一般说，治疗时间各不相同。多数情况是在15个疗程左右。一个对

2 400名患者的研究发现，有50%的人在8个疗程后得以显著改变；75%的人在26个疗程后得到改善。[1]治疗时间愈长，疗效自然更显著。

关于治疗效果的研究，以英国心理学家艾森克（Hans Eysenck）1957年的研究为最早。他综述了1920年到1950年30年间有关心理治疗对神经症病人的疗效的24份研究报告。这些研究包括了8 000多名神经症病人，其中单纯接受心理分析治疗的人经过两年治疗后的治愈率和好转率为44%，接受综合性心理治疗的人两年后的治愈率和好转率为64%，而未接受心理治疗的病人两年后的自发缓解率为72%。因此，艾森克认为，心理治疗对神经症的疗效赶不上自愈率。这一研究否定了心理治疗的疗效。

但是，现在更多的研究不同意这种观点。有研究认为，治疗比没治疗更有效。[2]一个广泛的综述研究考察了375个控制效果研究，涉及总数近25 000名患者。发现经过治疗者比未治疗者情况更好。见图4–3。[3]

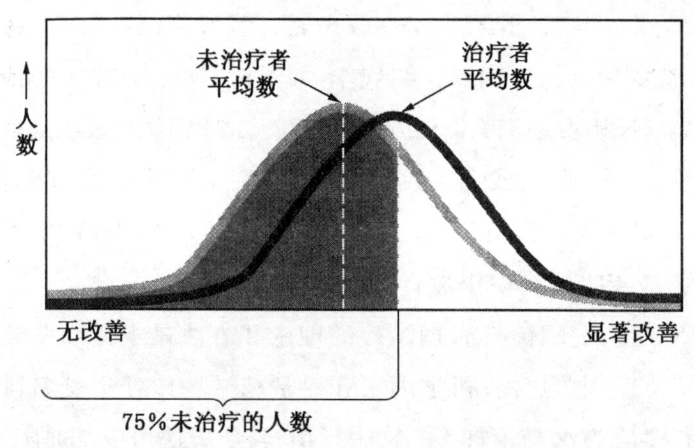

图4–3　治疗者与未治疗者的比较

对各种模式的治疗技术疗效的大量研究，表明疗效优于非治疗组和

[1] Howard，K. L. & Kopta，S. M. & Krause，M. S. & Orlinsty，D. E.（1986）. *The dose-effect relationship in psychotherapy*, American Psychologist，41，159—164.

[2] Meltzoff & Kornreich（1970）. *Research in psychotherapy*. New York. Atherton.

[3] Smith，M. L. & Glass，G. V. & Miller，T. I.（1980）. *The benefits of Psychotherapy.* Baltimore：Johns Hopking Univ.

安慰剂组。例如，拉伯斯基等人（Luborsky et al，1975）的研究发现，患者中心疗法和心理动力治疗在5个研究中4个具有同样疗效；行为治疗在19个研究中13个比心理动力治疗更有效；个人治疗与小组治疗在13个研究中9个表明同样有效。[1] 另一个研究中，94个患者患有焦虑、抑郁、人格障碍，被安排到三种治疗条件中：（1）短期心理动力治疗；（2）行为治疗；（3）预约控制组。年龄性别症状匹配。由6个经验丰富的治疗家提供治疗。4个月后，患者无论得到何种治疗，都在一定程度上得到改善，明显优于控制组。大约80%的患者得到改善，而预约组只有48%的患者得到改善。8个月后的追踪研究发现，预约控制组明显改善，但此期间很多控制组的患者已进入治疗。[2]

一般认为，行为治疗对恐惧症更有效，认知行为治疗与药物治疗同样对抑郁有效。在有些情况下，综合疗法比单独疗法更有效。总的看来，成功的治疗一般都具有这样一些因素：提供一种对个人的关注；对问题作出可信的评价；成功和控制的体验；对改善的期望的提高；建立了一个治疗者与患者之间的治疗的合同契约。这些因素，都使患者的症状得到改善。

二、精神分析的理论与技术

精神分析家认为，患者今天的心理障碍是旧日情绪挫折的结果。精神分析治疗的共同目标均为帮助患者揭露旧日挫折事件和内在矛盾，以求克服之，调整之。治疗者须引导患者自己去发现潜在问题，而不能只是简单告之，因为这样做患者会拒绝接受。

（一）弗洛伊德精神分析的理论观点

弗洛伊德的学说对心理学、哲学、文学等领域产生了很大的影响，

---

[1] Luborsky, L. & Singer, B.（1975）. *Comparative studies of psychotherapies*. Is it true that "every has won and all must have prizes？" Arch. Gen. Psychiat., 32（8），995—1008.

[2] Sloan, B. B. & Staples, F. R., et a1.（1975）. *Psychotherapy versus behavior therapy*. Cambridge, MA：Havard univ.

但同时他的学说又是颇有争议的。下面，我们对弗洛伊德的学说作一个简要的评述。

1. 潜意识说

弗洛伊德在他的临床实践中，发现了潜意识的现象。1885年，弗洛伊德在法国学习时，看到沙可用催眠暗示消除歇斯底里病人原有的症状，还可以引出新的症状，但病人在清醒后并不知道症状产生的根源。弗洛伊德的病例中，安娜的情况也是这样，她在催眠状态中所讲出的那些引起症状的精神创伤经历，在清醒状态却一无所知。这些使弗洛伊德认识到，一个人在清醒的意识下面，可能还存在一个潜意识过程。

弗洛伊德认为，意识是和直接感知有关的心理活动，前意识是潜意识中随时可以成为意识的部分。前意识与意识之间没有难以逾越的鸿沟。潜意识则是由原始的性本能构成。弗洛伊德关于性的观点，是最有争议的。他所指的性是广义的，即一切快感，不仅仅是生殖器的快感。在潜意识中，本能欲望不断寻求表现和发泄的机会。与现实的社会风俗、道德、法律相冲突，因此，这些本能欲望只能被排挤在意识界限之下。它们要想通过前意识进入意识，必须通过前意识和意识两道关口的检查。

2. 本能论

弗洛伊德认为，心理的动力就是本能，本能“代表了所有生于身体内部并且被传送到心理器官的力”。[1] 本能的目的在于寻求满足，从而减轻或消除人体需要状态下的紧张。在早期，弗洛伊德认为，在潜意识里，主要存有性本能，称为利比多（libido）。它是人的心理活动的根本动力，遵循快乐原则，千方百计寻求满足。后期，弗洛伊德修正了他的观点，认为在生命中同时存在着生的本能与死的本能两种相互对立的力量。生的本能中的性本能投射于内，形成自恋；投射于外，则会爱外在对象。死的本能投射于内，形成自杀倾向以及自我谴责、自我惩罚等，投射于外，表现为破坏、剥削、竞争、征服等。

[1] 弗洛伊德著：《弗洛伊德后期著作选》，上海译文出版社1986年版，第36页。

3. 人格结构说

弗洛伊德提出了他的人格结构说。他认为人格由伊底、自我和超我三部分组成。伊底是最原始的、与生俱来的，存在于潜意识中，包括遗传的本能、欲望，是"一大锅沸腾汹涌的兴奋"，非理性、无善恶是非判断，遵循着快乐原则，追求发泄本能冲动，不断要求满足欲望。自我是个体在成长过程中，伊底与环境交互作用的结果，自我是从伊底中分化出来的。自我遵循现实原则，其根本目的在于为满足伊底的本能服务，它是理性的，考虑外部现实和超我的要求，审时度势，审慎地满足伊底的本能。个体在成长中，从自我中又分化出超我。超我是人格结构中的第三部分。超我包括自我理想和良心。自我理想通过父母的奖励而形成；良心则是通过奖惩形成的。超我遵循至善原则，促使自我控制、管理本能的冲动，使其符合社会道德规范。

4. 自我防御机制

在弗洛伊德看来，一个人为了减轻焦虑，有可能采取理性的、正视现实的方法来应付；也有可能采用非理性的，歪曲现实的方法来应付，这后一种方法就是自我防御。自我防御机制主要有以下几种：

（1）压抑：指的是将不为社会习俗伦理所容的本能冲动被挡在意识之外，压抑于潜意识中；或者将意识中的痛苦经验逐出意识，使之压抑于潜意识中。这是一种最基本的防御机制。

（2）反向作用：指用一种相反的方法来替代受压抑的欲望，以对立来掩藏某种本能冲动在潜意识之中。

（3）投射：将自己的不良动机与愿望投射在别人身上，认为别人有这种动机与愿望，从而免除自责的痛苦。

（4）否认：指个人拒绝承认引起自己痛苦的事件是实际存在。

（5）移置：把对事物的强烈感情不自觉地转移到另一事物上。

（6）升华：将本能冲动转移到为社会所赞许的具有社会意义的对象与活动上。升华，既符合超我的要求，又满足了本能欲望。

（7）自居作用：指个体模拟他人的行为，把他人当作自己。个体正是通过对父母的自居作用才克服恋母情绪恋父情绪的，从而习得社会道德规范，使超我发展。

（8）倒退：人体在受挫折时，返回到幼稚的、早年的发展阶段。以幼稚的早年行为方式来应付现在的困境，从而可博得他人同情，减轻焦虑。

5. 释梦

对梦的分析是精神分析中非常重要的内容。弗洛伊德在自己的临床实践中，发现梦并不是荒诞不经的，梦具有深刻的临床价值。通过对梦的分析，可以发掘被压抑的潜意识。在弗洛伊德看来，梦是欲望的满足。

梦有两种类型，即显梦与隐梦。具体的梦境为显梦，隐藏在梦境背后的为隐梦。梦的分析，就是通过分析显梦来发现梦境所代表的真正的潜意识，也就是隐梦。

而这种了解隐梦变为显梦的过程，也即梦的工作，包括四种：凝缩、移置、戏剧化、润饰。

（1）凝缩：显梦就像隐梦的缩写体，有三种凝缩：隐梦的成分完全消失；隐梦只有一些片断在显梦中；隐梦与显梦性质相同，混为一体。

（2）移置：一个隐梦的元素不以自区的一部分为代表，却以无关的其他事物作代替；或者隐梦的一个重要元素移置于另一个不重要的元素之上。这样，隐梦中极为重要的内容在显梦中显得不重要，而隐梦中不重要的却在显梦中变得很重要。

（3）戏剧化：将隐梦中抽象的内容变成具体的现象。

（4）润饰：在梦醒后，将梦中混乱、无条理的材料予以条理化，变成一个连贯的整体。但在此过程中，梦的内容可能变得与隐梦大相径庭，从而掩饰了真相。

弗洛伊德关于梦的学说似乎过于玄乎，但有一点是值得重视的，这就是梦并非荒诞不经，毫无意义。如今出现了不少梦的新理论。例如，1977年，霍伯逊等人（J. Allan Hobson & Robert Mccarleg）提出“综合活动”（activition-synthesis）梦的模式，认为在快速眼动睡眠（REM）期间，记忆由大脑脑干的随机信号引出。在进化的脑干中，有一个非常古老的区域，发出这些随机信号。大脑皮质高级认知功能所在的位置，意在感觉到这些随机轰炸的电流活动，其结果便是梦。后来霍伯逊修改其理论，认为梦的起因，非恣意所为，乃受影响于做梦者之动机、情绪、抱负。梦反映着人的思想情绪。

1990年，神经科学家温森（Jonathan Winsor）提出，梦是"一个哺乳动物的基本历程的晚间记录，这意味着动物由此形成生存策略和在这些策略下当前经验的演化。"由记录未成熟的哺乳动物的睡眠和清醒时的大脑神经电的活动，他发现，脑波测量在动物梦中是小于清醒时的。这一发现与以前用猫做的研究相吻合。梦被认为是动物为了生存而奋斗所需信息的再现，梦再现白天的活动，并准备好为下一天的生存而斗争。

（二）精神分析的基本技术

精神分析的主要任务与目的，在于洞察与揭露患者潜意识中的冲突与压抑。其技术在于透过患者的防御机制，使患者看到其潜在的压抑、冲突、情绪。当潜意识中的这些压抑、冲突、情绪被表面化而上升到意识层面时，患者了解到症状的真正意义，症状也就失去了存在的意义而消失。其基本的技术有：

1. 自由联想技术

弗洛伊德在早期使用催眠技术探寻患者的潜意识，但是不久他发现催眠技术有诸多局限性，于是他发明了自由联想技术。

自由联想要在安静的环境中进行，身边不能有家属以及其他人，甚至包括其他医生在场。只允许有人旁听，排除一切外在的干扰。病人斜卧在躺椅上，分析者坐在患者的侧后方。分析者要求患者遵守治疗规则，要求在治疗过程中暂时不考虑事业、爱情、婚姻等大事。全身放松，随时把浮现于脑中的任何东西，无论这些东西如何微不足道、荒唐可笑，也无论是符合社会道德的，还是不愿向别人暴露的，自己感到羞耻、自责、害怕、厌恶的内容都说出来。分析者在适当的时机向患者发问，患者须打破任何顾虑与约束，让思想自由涌现。此时，分析者对患者的报告作出分析与解释，一直到双方认为找到发病的症结原因为止。在自由联想时，分析者尽量少说话，在必要时插入问话和作出解释。须让患者懂得潜意识心理活动的特点，懂得自己采用了什么防御手段。当患者对分析者的解释有不同看法时，不必反驳他，也不必试图说服他，可让他继续自由联想。有时患者的自由联想是不顺利的，可能会谈话中断、吞吞吐吐，甚至表示没什么可以再说，或者故意回避问题;有时患者会与分析者辩论，以及故意迟到或记错治疗时间等等。这是一种对精神分析的“阻抗”，患者只希望把潜意识中的内容暴露出来。然而，患者并没有意识到他们在抵制治疗。这是一种潜意识的动机。对分析者来说，如何消除阻抗，是一件不容易的事。有时，患者还会变得渐渐不太注意自己的症状，不再多谈自己的病情，症状减轻不少甚至消失，但患者对分析者发生特殊兴趣,产生移情现象。这也是分析者头痛的一件事。如果不能及时正确解决，则患者的症状会反复而再现。

2. 梦的分析技术

梦的分析也是精神分析的重要技术。弗洛伊德本人曾患过抑郁症，他以两年时间，坚持每天用半小时记录自己的梦，据说通过这种对梦的自我分析，使其抑郁症得到痊愈。在前面关于梦的理论观点的评述中，我们也已经看到，弗洛伊德对梦是很有研究的。而且，今天的研究者基本上也同意弗洛伊德的观点，认为梦是有意义的，并非荒诞不经，梦能反映一个人的思想情绪。通过对梦的分析，可以揭露一个人的潜意识的心理活动。这就是弗洛伊德重视梦的分析的根本原因。

在分析中，可以让患者谈谈自己做过的梦，也可以让患者对梦的内容作自由联想。分析者所要做的是通过对显梦的分析，发现隐梦的内容，这是直达潜意识的捷径。

3. 失误的分析技术

弗洛伊德发现，一个人有时出现的失误现象，如口误、笔误、遗忘等等,与其潜意识中的情绪有关。例如,一个公司老板在他的竞争对手——另一家公司举行的庆典仪式上，将祝酒词不小心说成祝这家公司早日垮台，这并不是偶然的，表明其潜意识中是希望这家公司破产的。又如，一位新娘在结婚典礼前找不到结婚戒指，虽然她自已不承认不爱那位新郎。但这种遗忘表现了潜意识的动机，她实际上并不愿意与这位新郎结婚，只是她并不承认这一点。这也是潜意识压抑的结果。

所以，失误的分析技术也是精神分析的重要技术之一。

三、行为治疗的理论与技术

要了解行为疗法的基本原理，我们可以从这样一个实验说起：将鸽子关在笼子里，笼子里有一些机关，使鸽子在偶然碰到这些机关时，得到食物的奖赏。由于一碰到机关就可得到食物，鸽子便学会去碰这些机关。这一实验最早由斯金纳发明，斯金纳因此而成为美国赫赫有名的心理学家。

有人可能认为，这个实验太简单了，其实不然，这其中有着深刻的道理。这深刻的道理叫强化原理，意思是：我们的行为往往因得到奖赏而巩固，因得到惩罚而消退。我们的行为是靠学习而来的，而学习是靠强化进行的。不仅我们外在的行为是因为得到奖赏或惩罚而巩固或消退，就连我们的内脏活动也会因为奖赏或惩罚而发生变化，这就是米勒等人的“内脏学习”理论所证实的道理。

行为疗法有很多种具体的治疗技术。例如，行为矫正法就是很有名气的。这种方法主要就是运用强化原理来改变问题行为和不良行为。先观察这些需要改变的行为，并予以客观记录，设立观测的基线；然后进行行为校正，对需改变的行为按计划进行惩罚，而每当出现些微进步，也给以奖赏。这样几个疗程下来，便可看到行为的变化。

厌恶疗法也是有名的。这种疗法的基本原理是给问题行为建立一种负向的条件反射。例如有人戒烟，每当想吸烟时就吃一种很苦的槟榔，目的在于建立一种条件反射，使人一想到吸烟就厌恶。例如，对酒瘾、窥伺癖、露阴癖等，常可用到这一疗法。使用的厌恶刺激可以是电击；注射阿扑吗啡；剥夺睡眠、食物以及其他对特定的人所具有重要意义的事物。

系统脱敏法使用渐进的程序，让患者学会逐渐适应刺激。例如，一个人不吃猪肉，可以在他最喜欢吃的菜中先放一点点肉屑，然后逐渐放多肉片，直到他吃猪肉为止。这一技术被广泛应用于焦虑障碍、神经性厌食、失眠、阳痿、早泄、性感缺失、阴道痉挛等症的治疗。

生物反馈法的基本原理在于：认为人们的紧张行为总会伴随相应的生理变化，例如心脏、血压、呼吸、脑电波、肌电等的变化，如果将这些变化的信号反馈给人们，人们便会自动调节自己，改善自己的内脏活动和行为。通过一些电子仪器提供这种反馈信息，可以起到治疗作用。如通过肌电仪告知肌肉收缩与松弛的信息，可以训练人们学会控制自己的肌肉，以达到对抗焦虑、紧张的目的。又由于在焦虑紧张的情况下，皮肤的汗腺分泌增加，皮肤汗液的多少与导电性成正比，心情越紧张、皮肤汗液越多、皮肤导电性越高，所以皮电仪提供的反馈信息有助于学会控制自己的情绪。行为治疗的基本原理，基于巴甫洛夫的经典条件反射学说，斯金纳的操作条件作用学说以及班杜拉的观察学习理论。

（一）行为治疗的基本原理

1. 操作条件作用

斯金纳认为，反射的类型不止一种，除了巴甫洛夫式的条件反射之外，还有另一种类型，即操作条件作用。前者可以找到明显可见的刺激物，正是该刺激物的作用，引发了有机体的行为，例如在巴甫洛夫的经典条件反射实验中，食物或灯光使狗产生了流唾液的反应，两者之间有特定的、明确的刺激—反应的关联；后者找不到明确可见的外部刺激，有机体的有关行为似乎是自发的。在斯金纳的条件作用实验中，白鼠自发按压杠杆的行为发生时，似乎难以找到与之有特定关联的刺激物。经典条件作用行为因为是对刺激物的回答，因而可以称为应答行为，它是被动的，受刺激物的控制；操作条件作用行为是有机体自发的操作，因而可以称为操作行为，它是主动的，代表着有机体对环境的主动适应，与行为的结果有特定的关联。

2. 观察学习说

班杜拉把观察学习的基本涵义界定为："一个人通过观察他人的行为及其强化结果而习得某些新的反应，或使他已经具有的某种行为反应特征得到矫正。同时，在这一过程中，观察者并没有对示范反应做出实际的外显操作。"[1]在观察学习过程中，被观察的对象称为榜样，观察主体称为观察者，榜样通过观察者的观察活动而影响观察者的过程，称为示范作用。所以，观察学习过程也可称为示范作用过程。

观察学习的榜样不限于现实社会中的个人，也包括各种负载行为规则信息的环境刺激，不管是人性的还是非人性的，甚至包括纯粹自然的物理事件。班杜拉指出："示范作用的主要功能之一，是向观察者传递如何将各种行为技能综合成新的行为反应模式的信息。这种信息传递过程既可以通过现实个体的行为演示，也可以通过（对有关行为的）形象表现（pictorial representation）或语言描述而实现。"[2]由这些形象表现或语言描述引起的示范作用，统称为符号性示范作用。

榜样以及示范作用方式的多样性，决定了不同情境中的观察学习过程具有不同程度的复杂性。因此，班杜拉除了对观察学习现象进行一般性论述外，还特别考察了两种特殊形态的观察学习，即抽象的观察学习和创造性观察学习。

所谓抽象的观察学习，指观察者在观察过程中获得有关示范行为的抽象规则或原理。抽象的观察学习往往需要观察者观察大量不同榜样对同一行为的具体表现，并进行认知加工。创造性观察学习是人类行为的创造性特征的理论说明。也就是说，观察学习并非仅仅是被动的模仿，它同时也表现出创造性。观察学习在几个方面促进个体创造性的发展。其一，作为创造活动基础的知识和技能，可以从观察学习中获得。其二，个体在观察经验的基础上会对大量不同榜样的不同特征进行综合，从而

[1] 班杜拉著：《替代过程：非尝试学习》，载伯克威茨主编的《实验社会心理学的新进展》1995年英文版，第2卷，第3页。

[2] 班杜拉著：《思想与行动的社会基础》，1986年英文版，第70页。

表现出与所观察到的全部榜样都有不同的新特征。其三，个体在观察创造性榜样的过程中，可能会受到榜样创造活动的启发而产生灵感，从而在自己的活动领域激发出创造性；同时，对榜样创造活动的观察，也有助于观察者领悟人的创造潜能，从而培养并开发自己的创造性。

观察学习包括以下几个过程。

（1）注意过程。注意过程是指观察者将心理资源投入示范事件的过程，是示范事件影响观察者而产生学习的入口。它受以下四个因素制约：第一，示范活动的特征。如果示范活动与背景事件形成鲜明对照而从背景中突出显示出来，便易于引起观察者的注意。第二，观察者的特征。观察活动中的注意不是一个简单的信息接收过程，而是包含着观察者对环境事件的主动探索及其对示范事件的意义的主体建构。因此，观察者的经验背景、认知能力、知觉定势、价值取向等特征，将决定他有选择地注意一定的示范事件而忽视其他的示范事件。第三，榜样的特征。榜样的年龄、性别、职业、地位、声望、权力等特征，也影响着观察者对榜样的注意程序。一般而言，榜样与观察者的相似性越大，越容易受到观察者的注意。第四，社会结构因素。社会结构因素是影响个体注意选择性的一个方面，是个体因居住地、职业等条件所决定的交际网络。交际网络的范围决定了个体能反复观察到的榜样及其行为方式的种类，从而影响他的观察学习。

（2）保持过程。保持过程是指观察者将在观察活动中获得的有关示范行为的信息以符号表征的方式储存在记忆之中，以备后用的过程。它涉及三种内部机制。一，示范信息的符号转换。示范行为在于它向观察者显现示范行为的结构关系及其与行为结果之间的关系。但是，示范行为是一个有时间性的变化过程，如果示范信息只能负载在示范行为上，那么当示范行为结束之后，示范信息就不存在了。这就要求观察者具有某种非时间性的、相对稳定的工具作为负载示范信息的载体。这载体就是人类所共同拥有的符号系统。二，示范信息的认知表征。班杜拉接受信息加工心理学关于知识表征的研究结果，认为示范行为的符号信息在观察者认知结构中有两种表征系统，即心象表征和语义概念表征。某些类型的行为信息主要是以心象形式编码和表征的，而且，行为的心象表征与物理操作具有类似的空间特性。但这并不是说，心象表征是对示范行为的简单模写。相反，它是观察者主动建构的，是对大量具体的示范行为的抽象的结果，从而形成这一行为的综合性的一般特征。这种原型与任何一种具体榜样的示范操作都不完全相同，不仅包含了所有榜样示范操作的共同特征，而且，观察者对这一原型的记忆远远优于对任何一个具体榜样的示范操作的记忆。三,演习与保持。示范信息的编码和表征,只是将示范事件的感知或短时记忆转化成长时记忆。但长时记忆的内容并不是稳定不变的，它的保持必须要演习作辅助。演习有两种形式。一种是对示范行为的物理操作演习。这种演习以在观察时跟随榜样进行最为有效。但相比之下，班杜拉更强调认知演习。认知演习，就是指观察者在认知中想象示范行为的操作系列，并辅之以言语描述，或对科学实验的整个行为过程以科学的符号形式进行严密的科学演算。在许多情况下，示范行为是被禁止的，如犯罪行为，或者由于资源、时间等缘故而必须保证万无一失，如核电站的建立、宇宙飞船的发射等。因而，认知演习起着不可替代的作用。

（3）再造过程。观察学习的第三个阶段是行为的再造，就是将以符号形式编码的示范信息转化为适当行动的过程。学习者可以有效地形成和保持示范行为的符号表征物，并在认知上正确地演习示范行为，但在再造示范行为的初始阶段，还是可能发生错误的，如那些要求熟练程度较高的活动，驾驶汽车、溜冰、钢琴演奏等，就是如此。班杜拉把行为的再造分成几个不同的过程，包括反应模式的认知组织，以中枢概念为指导发动行为，行为反应的监控和通过调整操作使行为符合中枢概念等几个方面。在行为再造的初始阶段，反应在认知水平的基础上得以筛选和组织，示范行为的中枢表征物使学习者在最初的阶段，可以将自己的反应粗略地接近示范活动。班杜拉认为，中枢的表征物给反应的再造提供内部模型，同时也为反应的纠正提供了标准。行为再造被看作概念—

匹配的过程，在于输入的感觉反馈信息同存在于中枢的概念模型相比较，并以这种比较为基础纠正匹配行为，使概念和活动逐渐相对应。在概念—匹配过程中，学习者的行为可能产生错误，原因可能有这样几种：一是学习者在观察过程中没有获得正确的符号表象，或者仅获得示范行为的一些片断的表象，以这种中枢的概念为指导，匹配行为必然是不适当的；二是学习者缺乏必要的技能成分，在这种情况下，即使学习者获得了精确的内部表象，也还不能完成示范行为，而概念—匹配过程也不可能顺利进行。

实验证实，初次尝试匹配行为时常会发生错误，熟练的操作不仅受到中枢概念的调节，也受到来自活动本身的感觉信息反馈的调节。因此，一个正确的匹配行为，必须在反应的信息反馈的基础上得到纠正和调节才能获得，中枢概念与行为反馈信息的差异，给行为调整提供了方向和范围，使匹配行为逐渐接近理想的操作。在再造示范行为的最初阶段，学习者需要密切注意信息。某些信息反馈来自行为本身，如视觉信息、听觉信息，人们可通过看、听等感觉来完善其行为操作；另外一些信息是外在行为的，如反应结果的信息、社会评价的反应等。外在信息可以加强内在信息的作用。随着活动的熟练，学习者的操作行为将可以逐渐达到自动化的程度。

（二）行为治疗的技术

行为治疗有着很多可操作性的治疗技术，下面讨论几种常见的技术。

1. 系统脱敏技术

系统脱敏的基本原理是：将一些可以引起轻微焦虑的刺激暴露在全身处于松弛状态的患者面前，使患者学会适应刺激，进而学会适应更能引起焦虑的刺激，最后达到完全适应这些刺激的治疗目的。系统脱敏包括以下几个过程。

（1）评定焦虑等级。首先要求患者学会评估自己焦虑的严重程度。可以用5分或10分的等级为单位来评价自己焦虑情绪的程度。

（2）松弛训练。要求在一间环境安静的房间里进行。受训者可以躺靠在沙发上，双臂自由垂落在宽大的沙发护手上，全身处于最舒适的位置。自我松弛训练的最初阶段，最好在心理治疗者的指导下进行。心理治疗者常用的指导语是：

“现在我们开始肌肉放松训练。首先，你要知道什么是肌肉紧张，什么是肌肉放松。现在请用右手握紧沙发的扶手，注意手掌、前臂与上臂有什么感觉？请注意，不同部位的感觉是有区别的。手掌部有触觉和压觉，前臂内侧有肌肉紧张的感觉，请特别注意体会这种肌紧张的感觉。现在请握住我的手腕，用力往外推，然后往内拉，体验上臂外侧和内侧股紧张的感觉。请你照样试试左手……现在练习头颈部肌肉，请把眉毛往上抬，注意前额肌肉紧张的感觉。请皱起眉头，记住，这是烦躁苦恼的表情，请注意此时面部肌肉紧张的感觉。好，我们再体会一下什么是放松。请均匀地吸满一口气，然后慢慢把这口气均匀地呼出去，同时注意呼吸肌放松的感觉，好像把沉重的包袱放下来了一样。请把额部肌肉放松（可对着镜子观看额部肌肉的紧张与放松）。现在咬紧牙关，体验一下嚼肌紧张的感觉，咬紧，使劲咬，再放松，完全放松后下巴是会下垂的。请将舌头轻轻抵住上颚，体验舌肌紧张的感觉，然后放松，再放松，完全放松的舌头有变大了一样的感觉。现在训练颈部肌肉，请不要靠背，笔直坐着，注意背部和颈部的紧张感觉。现在放松背部肌肉，靠在沙发上。再放松颈部肌肉，让头部随重量自然下垂，任其前倾或后仰。现在练习抬肩、举臂，体验肩肌紧张的感觉，然后完全放松，让肩、臂自然下垂。现在收缩腹肌，想象前面有人向你的肚皮猛击一拳，然后放松肚皮，使你有内脏下坠的感觉。请再来一次。最后，我们练习下肢，请将双腿的脚趾往上翘起，然后把双腿伸直，用劲伸直，双腿抬起来。我将用手在你的膝部加压，你必须对抗这个压力将双腿上抬，体验下肢前面肌肉紧张的感觉。现在放松双腿。再将脚趾往下勾起来，脚掌下压，把膝关节屈起来，使劲弯屈，体验下肢后面肌肉紧张的感觉。现在放松下肢、完全放松。现在停止片刻，仔细回忆一下头、颈部，腰、腹、背、上下肢紧张和松弛时的感觉。现在同时握拳、咬牙、皱眉头，使劲，再坚持。好！

同时放松、完全放松……好啦，现在您已经明白什么是紧张，什么是松弛了。我们正式练习松弛。”

“先放松双手，再放松双腿，接着是腰、腹、肩、背，现在该放松颈、面部了。呼吸要自然、均匀、缓慢，设想您的鼻子下面有只兔子，您的呼吸千万别吹动了兔毛。头脑要保持清静，不考虑任何问题。如果做不到这一点，可让您处于一个旁观者的地位，看看您的脑子里想些什么，随其飘浮，任其自然；或设想您躺在温暖的河边沙滩上、温柔的乡村草地上，阳光明媚、春风和煦……完全松弛时，可达到思维停滞、万籁俱寂、似睡而未眠的状态。”

每次训练20—30分钟，每天2—3次。放松完毕，可做做展臂伸腰的运动，即可恢复正常生活或工作。开始可在安静舒适的环境中练习。

（3）设计焦虑层次。将那些能引起患者焦虑的各种刺激，按其主观评定焦虑分的高低，分成若干层次，并依次排列成表。这一系列表可以由单一的不同程度的刺激因素构成。如一个对考试焦虑的学生，其焦虑层次可依据考期的远近排成系列表如下：

刺激	主观焦虑分（10分制）
平时	0分
考试前两周	1分
考试前一周	3分
考试前三天	4分
考试前两天	5分
考试前一天	7分
进入考场	10分

（4）系统脱敏。按照设计的焦虑层次，从最小的刺激开始。先让患者接触最小刺激，使患者出现极轻微的焦虑。然后停止刺激，让患者运用已经学会的肌肉松弛技术。之后，紧张便消失了。然后重复实施，即“刺激—松弛—再刺激—再松弛……”，直到患者接触这一刺激已不再有任何焦虑为止。此为一级脱敏。实验证明，当完成一级脱敏后，不仅原

可引起微弱焦虑（原为1分）的刺激已不再引起患者有任何焦虑（现为0分），而且各层次的焦虑程度也都相应降下一个阶梯，即原系列表中的最大刺激（原可引起10分焦虑）现在只能引起9分的焦虑了。其余依次类推，原可引起2分焦虑的刺激现在排行最小，只能引起极轻微的焦虑（1分）。于是，又从这最小的刺激开始，通过"刺激—松弛—再刺激—再松弛……"进行脱敏。如此拾级而上，逐级脱敏，直到最后一个层次。

用于脱敏的刺激物最好是实际的，如实物或实际环境，也可以是录音、录像或图片，甚至可以是患者脑中想象出的人物或情景。

2. 冲击疗法

冲击疗法是托玛斯等人1975年首倡的。冲击疗法又称暴露疗法，它是从系统脱敏疗法发展而来的，有人称它为系统脱敏疗法的简化变式。其基本原理是：将引起患者焦虑反应的刺激反复重现，或让患者反复想象、反复回忆，让患者连续地充分地重温那种极不愉快的情绪体验。没有任何强化措施，不使用任何对抗办法，只是反复呈现这种恶性刺激，使原来引起症状的内部动因逐渐减弱，导致症状的减弱或消失。

冲击疗法省去了系统脱敏疗法繁琐的程序，既不需要进行肌肉松弛训练，也不需要主观评定和设计焦虑层次。总之，它几乎摒弃一切程序，只将患者置于他所惧怕的环境之中，不让其回避退让，不给予任何支持帮助，置于恐怖至极的情境下，以求物极必反。

每次治疗时间不限，以病人感到精疲力竭、无可奈何以至于听之任之为度。一般在两小时左右。治疗初期可安排每日1—2次，不让患者有更多反思、动摇的机会。如果患者的焦虑逐渐减弱，可逐步延长治疗间隔时间，可每日1次或每2日一次……总疗程在一周左右。

冲击疗法简单，疗程短，收效快，这一点是其他行为疗法所不及的。但是，冲击疗法完全忽视了患者的心理承受能力，患者必须体验极大的痛苦与紧张。因而并非所有的患者都愿意接受这种治疗，而且并非所有接受治疗的患者都能坚持到底。而一旦半途而废，病情还可能加重，而且还可能为实施其他的行为疗法增加难度。为了避免这些后果，治疗之前务必让患者及其家属充分了解这一治疗方法的利弊。只有当患者充分信赖治疗者并提出强烈要求之后，才能考虑施用此疗法。

在得到患者及其家属的充分合作之后，治疗成败的关键就在于治疗者对治疗程序的设置和安排。最好借助患者最恐惧的某种人、物或场合，和盘托出，猛打猛冲。治疗要安排得紧凑一些，治疗过程中切不要因怜悯患者的处境而"高抬贵手"。治疗者对患者的任何妥协退让都直接妨碍超限抑制过程的形成，也就是说，直接影响治疗效果。在治疗的最初阶段，几乎所有的患者都感到坚持不下去，此时治疗者不仅要给予说服、督促，必要时还要强制进行。当然，这些强制措施早在治疗前便已征得患者同意。

3. 厌恶疗法

厌恶疗法是使一种令人厌恶的、惩罚性的刺激与患者的某种适应不良行为联系起来，建立一种新的条件反射，即一旦出现这种适应不良行为，患者就会重现被惩罚的体验。患者为了避免痛苦的、令人厌恶的体验，从而就减少或消除原有的适应不良行为。

厌恶疗法也可理解为患者在消除了适应不良行为的时候便可以得到"不被惩罚"的奖励，这种奖励强化了患者的正常行为。

运用此法，应首先确定靶症状。所谓靶症状，又称目标症状，是指由病人和医生共同认定的、给病人带来的烦恼或疾苦最大的某种或某类症状。例如，酒瘾、窥阴癖、露阴癖或者某些强迫行为。确定了靶症状，才能有的放矢。

其次，要与病人共同商讨惩罚性刺激的设计。常用的厌恶性、惩罚性刺激有：

（1）疼痛。可以借助某些器械如电刺激、针刺；或在手臂上套上橡皮圈，使劲绷开再弹回去造成疼痛；也可以不用器具，如咬嘴唇、掐捏虎口或身体某部。

（2）难受、恶心。可在皮下注射阿扑吗啡一次2毫克；或静注吐酒石50—100毫克，注射时应以葡萄糖溶液20毫升稀释，缓缓注入；也可以主动地停止呼吸，通过憋气造成胸闷、恶心等难受的体验。

（3）恐惧。通过想象呈现可怕的景象和后果。如性变态患者，当出现病态欲望和冲动时，可立即闭上眼睛，想象威严的法官、冷面的警察、阴森的监狱、冰凉的镣铐，也可想象被亲人唾弃、被熟人嘲笑、被生人怒斥的场面。戒烟者旧病复发时可想象令人恶心的带血脓痰、熏得发黑的萎缩的已经癌变的一对肺叶。

（4）剥夺需要。每个人都有许多欲望。食欲、性欲、睡眠、消遣，这些是较低级的生理需求。理想、追求、学习、工作、友谊、爱情、自由、自我实现等等，这些是较高级的精神需求。每个人都有自己的价值观念。依据不同的价值观念，上述种种需求在每个人心里都可排列出一张轻重次主的序列表。拜金主义者总是把金钱放在第一位；爱情至上者自然将爱情作为第一追求；美食家兴许将美味佳肴视为最大欲望；寻花问柳的浪荡公子必然以发泄性欲为最大欢乐；无政府主义者憧憬的是无拘无束的极乐世界；在事业征途上长年跋涉的追求者，成功则是他的最高期望。剥夺一个人最强烈的需求，不管这种需求是物质的还是精神的，是低级的还是高级的，都是一种严厉的惩罚。

在病人的靶症状即将出现时便施用厌恶刺激，直到症状被控制后再停止。若症状再出现，便再刺激，一次都不能放过。疗程视病情而定。

4. 示范法

源于观察学习理论，认为人不仅可以通过做来学习，更可以通过看来学习。示范法特别适用于集体治疗。首先要明确需要解决的行为问题，然后将有同类行为问题的人集中起来，予以示范。示范法可以是纯粹的观察，比如看一部有关的电影、录像，或由治疗者、特邀人员现身说法。例如在治疗一群怕狗的儿童时，可让他们隔窗观察一个不怕狗的儿童与狗戏玩；还可让这位儿童牵着狗缓缓接近这群怕狗的儿童。这样，孩子们怕狗的情况可能会有所缓解。示范法也可以是参与式的，即被治疗者不仅仅是临海观潮，还要去下水弄潮。比如让这些怕狗的儿童，模仿示范者去抚弄一条玩具狗，进而又随着示范者抚摸一条丝毛狗。这样言传身教，儿童们对狗的恐惧情绪也可能很快消失。示范法也可以用表演剧的形式。比如让一部分小朋友扮演小狗，另一部分小朋友学着示范者的样子如何不逃跑，如何镇定下来，如何接近“小狗”。让儿童们交替扮演不同角色，反复表演。这样训练之后，一旦碰上真狗，儿童们也会从容得多。

每个人时时刻刻都在观察，每个人时时刻刻都在受周围事物的影响。但究竟容易接受、学习和模仿哪些行为，而不容易接受、学习和模仿哪些行为，受着多种因素的影响，这一点我们必须十分注意。较重要的影响因素有：

榜样的社会地位越高，感召力越大，其行为越易被模仿。人们倾向于愿意把那些人格高尚、成就显著、年龄较大的人作为自己的榜样，因而容易接受和模仿他们的行为。

榜样与观察者的价值观念越一致，其行为越易被观察者学习、模仿。

越接近现实生活的榜样，越易被模仿。

3—7岁（指智力年龄而不一定是实足年龄）是儿童模仿能力最强的时候。此后随着智力年龄的增长，模仿行为将逐渐减少。

5. 认知行为疗法

传统的行为疗法只着眼于外显的行为，治疗者往往刻意去消除个体的那些适应不良行为，精心去塑造他们健康正常的行为，至于促使这些行为变化的个体的内部动机常常不予顾及。但事实上，许多适应不良行为都与情绪的变化有关，而任何行为或情绪归根结底都受思维过程的控制，这样不良认知导致不良情绪，不良认知和不良情绪又导致不良行为。与其扬汤止沸，不如釜底抽薪。要消除不良行为，只有矫正错误认知，才能正本清源。于是认知行为疗法在20年前就步入行为疗法的行列，并很快发展为一支学派。

基于这种观点，各种适应不良行为、情绪障碍甚至某些精神病都有其特殊的认知和思维。而这些认知是不合理的、不现实的或不恰当的，应当予以矫正，重建其合理的认知。常用的认知行为疗法有很多具体方法，其核心部分都在于矫正错误认知——错误的理解、错误的评价、错误的信念，从而消除适应不良行为。

首先要向病人说明认知行为疗法的原理。认知行为疗法有别于其他的行为疗法，它似乎不直接干预病人的适应不良行为或情绪障碍，而是追溯病人并不关注的“认知”活动，因而病人常常颇费理解，所以，必须使病人对认知行为治疗的原理有所认识，相信行为受情绪和认知的影响，而认知又能调节情绪和行为。

其次是发现病人歪曲的认知活动。帮助病人对自己的行为、尤其是适应不良行为，进行全面的分析。回忆这些适应不良行为最初起于何时、何地、何种环境，当时自己处于何种心理状态，受何种思想的支配。找到这种思维活动之后，进一步分析其谬误之所在。

最后是帮助病人重建认知。重建认知的过程，就是纠正病人歪曲认知的过程。可根据不同情况进行解释分析，帮助病人重新认识主观世界和客观世界。

6. 生物反馈疗法

生物反馈疗法是通过现代电子仪器，将病人体内的生理功能记录下来，并同时转换为声、光或屏幕图像等直观的反馈信号。病人根据不断显现的反馈信号学习调节自己体内的生理功能，使生理功能恢复到或保持在一个适合的水平，从而达到防治疾病的目的。医学利用这种仪器进行自我体内功能监测和生物反馈治疗。下面依次简介几种常用的生物反馈疗法：

（1）肌电反馈疗法。肌电反馈疗法是最常用的生物反馈疗法。研究发现，肌肉的紧张程度常常与人的整体生理警觉水平有关。当一个人突然身陷险境时，不仅全身肌肉紧张，而且会呼吸急促、心跳加快、机体的警觉性增高。因此有人认为，精神紧张与肌肉紧张是相关的。根据这一原理，可以通过松弛肌肉的训练以达到缓解精神紧张的目的。肌电反馈仪是一个肌肉电活动的记录显示装置。它通过电极将测得的肌电活动信号输入反馈仪，然后放大，整合成声、光或数字显示在荧光屏上，使我们能监测到自己的肌肉活动及其细微的变化。这些变化通常是正常感觉意识不到的。通过反复体验和学习之后，我们就能逐步知道在什么情况下肌电活动可能增高，在什么情况下肌电活动可能降低。于是掌握了调节肌肉紧张程度的方法。一旦具有了这种控制能力，我们就能够自主地进入肌肉松弛状态或肌肉紧张状态。肌肉松弛可以有效地对抗紧张、焦虑、烦恼。肌电反馈更多的是用于肌肉松弛的训练。最常使用的训练部位是额部肌肉，因为此处是头部、颈部及肩部肌肉紧张时可能累及的部位。同时额部肌电的高低还与人的焦虑、紧张及注意力不集中等症状有关。两个电极分别放在左右眉弓的上方，一个无关电极，置于印堂穴。肌电反馈疗法主要用于治疗焦虑症、恐惧症、紧张性头痛、神经衰弱、更年期综合征、各种应激过度反应和某些心身疾病。

（2）皮温反馈疗法。当人的情绪发生变化的时候，皮肤血管也出现相应的运动变化。如当交感神经兴奋时，皮肤血管收缩，导致皮肤温度下降；当副交感神经兴奋时，则皮肤血管扩张，皮肤温度上升。做皮温反馈治疗时，我们通常将电极安放在右（利）手的手指掌面。正常情况下此处皮温为89 ℃—90 ℃。根据病人的不同情况进行学习训练，直到能自我控制在正常值的范围内。皮温反馈疗法主要用于治疗血管性偏头痛、雷诺氏病。

（3）皮电反馈疗法。在紧张、恐惧或焦虑的情况下，皮肤的汗腺分泌增加。皮肤汗液的多少与其导电性呈正比。因此，心情越紧张，皮肤汗液越多，皮肤导电性越高。皮电反馈仪就是利用这一原理，测量皮肤两点之间的导电性，反映受测者的情绪状态。皮电反馈仪有两个电极，分别安置于右（利）手的食指与无名指的掌面。一般情况下皮肤电导为5—10微欧姆。可根据病人的不同情况，训练增加或者降低其皮肤导电性。我们在大量的对照研究中发现，皮肤导电是反映情绪变化的最有意义的生理指标。学习自我调节皮电活动比学习自我调节肌电活动要难一些，但是一旦学会，效果将更加稳定。皮电反馈主要用于治疗焦虑症、恐惧症及与精神紧张相关的一些心身疾病。

（4）脑电反馈疗法。当人在积极思索时，脑电图会显示出β波成分增加。当人处于轻松状态时，α波便明显增加，如θ波成分增多时，通常已是昏昏欲睡了。安置在头部的若干个电极随时将这些脑电信号输送到反馈仪，让被试根据需要学习调节自己的脑电活动。

运用生物反馈疗法时，需注意以下几点：

（1）治疗室应光线柔和、恬静、恒温（22 ℃—26 ℃）。病人躺靠在呈45° 角的沙发椅上，双手自然搁放在宽大的沙发扶手上。解松紧束的领口、腰带，穿舒适的拖鞋，双腿自然落地，要使体位舒服自然。

（2）安装电极，打开仪器，测量患者的基本数据。讲解反馈信号，制定学习指标。第一次治疗时学习指标不要定得太高。

（3）训练病人收缩和放松肌肉，让病人体会寻找那种感觉，并注意这些感觉与反馈仪上指标变化的微妙关系。告诉病人，一旦抓住这种感觉，便要反复实施、验证，直到能控制仪器指标的变化为止。

（4）进行全身松弛训练（见系统脱敏疗法）。

（5）一次治疗完毕后，让病人谈谈体会，以强化学习效果。并嘱其回家后在没有仪器监测下亦如此练习。

（6）完成第一次预定指标后再制定新的学习指标。总的治疗目标可根据患者的学习能力分3到5次逐步达到。

（7）每个疗程为10—15次，每次30分钟。最初可安排每周2—3次，而后渐延长至每周一次、半月一次。[1]

四、认知治疗技术

认知治疗，旨在帮助人们认识和改变他们错误的思维历程。在这一派的治疗者看来，不同形式的障碍涉及不同种类的认知失能。主要有以下几种认知治疗技术：

（一）理性情绪治疗技术（rational-emotive therapy）

艾利斯认为，非理性的假定造成了心理障碍的不正常功能，所以应

[1] 左成业、钟友彬、张亚林著:《心理冲突与解脱》，湖南科技出版社1993年版，第186—188页。

帮助患者发现非理性的假定并改变这些假定，用理性方式看待自己与世界。

（二）简单认知治疗（simply cognitive therapy）

贝克（Aaron Beck）发展了这一技术。这一技术在抑郁治疗方面被广泛应用。它帮助患者认识否定的思维、偏见的解释和逻辑错误如何侵入他们的思维，从而导致他们感到抑郁；也引导患者挑战自己失能的思维，尝试新解释；最后将调整的思维方式应用到每天的生活中。这种技术可使抑郁有显著改善。

（三）认知行为疗法（cognitive-behavioral therapy）

梅钦鲍姆（Donald Meichenbaum）发展了一种认知行为技术，称为自我指导训练（self-instruction training），以帮助人们解决问题和应付压力。这种技术使用一步一步的程序（step-by-step procedure），治疗家教会患者如何使用对自己有帮助的陈述，如何在困难的情境中应用自我陈述。开始时是解释与示范有效的自我陈述，接着让患者实习，并应用于有压力的情境中。

梅钦鲍姆教焦虑患者如下自我陈述，用于应付引起焦虑的情境：

想想你能对它做些什么，这比焦虑更好。

你能应付这个挑战。

你能驾驭这个情境。

放松；你能控制住。作一个深呼吸。

五、人本—存在主义取向和疗法

（一）格式塔疗法

20世纪50年代，皮尔斯（Fredrick Perls）提出他的主张，认为生活是一系列的人影—大地的关系（figure-ground relationships），坚信健康者对当前的需要能清楚地感知，有如人影能从一段距离的大地感知一样。当这些需要获得了满足，它们消失于大地。当新的需要出现，它们也出现，不断反复。皮尔斯相信，心理障碍表现了人影—大地关系中的困扰，人们被意识到他们的需要，或在不情愿接受或表现它们时回避了他们真正的内在自我。他们缺乏自我意识和自我接受，害怕他人的评价，行为变得更注重防卫，其行为只是在保护自己，而很少实现自己的潜能。

格式塔疗法像患者中心疗法一样，试图转移患者的意识，使之朝向自我再认和自我接受。不同的是，格式塔疗法试图达到的目标是由挫折（frustration）开始和挑战患者，而且疗程更短。

技能性挫折（skillful frustration）。例如，拒绝达到患者的期望，乃至他们的要求。这样的挫折旨在帮助患者看到他们如何试图控制他们去达到他们的要求。皮尔斯写道："开始六星期的治疗，一半以上时间花在给他以挫折，因为他孤注一掷企图操纵就告诉他什么。他悲哀、好与人争吵、沉默、绝望，他使用各种点子。他一次花费时间阻碍我，试图让我为他没有进步而负责。如果我达到他的要求，无疑他破坏我的努力的阴谋就实现了。"

精神分析是让患者对付过去的事件与情绪，而格式塔使患者关注在此和现在（here and now），虽然原因在过去，但努力在现在。患者有现在的需要。所以，治疗家往往强调现在："你对那人现在有何感想？""你现在干什么？"

角色扮演（ role-play）技术。此技术用以促进自我意识。扮演由治疗家设计的各种角色。往往被告知扮演另一人，物体，或身体的一部分。

规则表（list of rules）技术。例如，患者必须使用"I"而不是"It"，必须说，"我害怕"，而不是"这场面真吓人"。

练习与游戏技术。在夸张的游戏中，患者必须重复一些夸张的角色或语言行为。这种游戏帮助患者认识其感情的深度，特别是行为的意义，行为的努力程度等等。

（二）患者中心疗法

患者中心疗法由罗杰斯创立。罗杰斯认为，人人都有积极向上的自然倾向。人人都希望，而且都能够不断成长、发展。儿童总是要长大的，这是不可阻挡的；即使是癌症患者，也有自愈的能力和可能性。这种潜能和倾向是一种很伟大的人性力量，在患者那里必须能看到这种潜在能量。所以，对治疗者来说，他不必摆出一副专家的架子，对患者作什么说教指导，他最重要的任务是激发患者这种潜能，达到“听其自然、无为而治”的最高境界。对患者说，他认为他们的自我形象是值得关注的。罗杰斯原来并不重视自我形象的作用，由于在临床中发现患者之所以发生障碍，与其自我形象的歪曲有关，也就是说，患者的自我形象往往与其经验不一致。治疗者必须帮助患者端正自我形象。像罗杰斯一样，不少临床心理学家都重视自我的作用。

患者中心疗法强调创造一种能够促使患者自愈的气氛。治疗者与患者平等相处，以患者为中心，在这种相互信任、坦率真诚的关系中，患者得以无所顾忌地表达自我。治疗者在无条件关心患者的前提下，因势利导，帮助患者端正自我形象，促进其人格的成长。要达到这种效果，罗杰斯认为，必须做到这样三点：（1）真诚与协调。要求治疗者表现真实的自我，开放、坦诚、不戴假面具，自由地与患者分享交流自己的感受，甚至连不好的感觉也表达出来，不必假作感兴趣、喜欢、关心的样子。（2）无条件的关怀。给患者以无条件的关怀，使他们没有威胁感，从而能够去探索内在的自我。（3）设身处地的关怀。治疗者要能够设身处地为患者着想，能够真正理解患者。

这种疗法有三阶段的技术。在第一阶段，强调治疗者使用情感反应的技巧，“资料由患者提出，治疗者的功能便是帮助他认清他的情绪”。在第二阶段，“治疗者的功能是尽可能去推测患者的内在参考架构，以他的方式去看世界，以他看他自己的方式去看他……并将一种设身处地的了解沟通给患者”。在第三阶段，治疗者要投入治疗情境。他要表达感受，融入与患者的关系之中。通过共同创造治疗气氛，促进患者人格的改变。

（三）意义疗法

意义疗法（logotherapy）是一种很有特色的存在主义取向的疗法。意义疗法的创始人是维克多·弗兰克尔，原籍德国，犹太人。第二次世界大战时被纳粹关进集中营，他亲眼目睹了人间最大的惨剧。他看到有的人经不住这种挫折和打击，还没等到纳粹执行死刑，就很快死去；然而也有些人却能坚强地活下来。他发现这两种难友之间有一种重要差别，这就是后一种难友心存希望，相信总有一天他们会重见天日，还有很多事等待他们去做。也就是说，他们还有生活目标，还感到生活有意义。正是这些使他们在最绝望的时候仍然有精神支撑，不至于在心理上垮下去。弗兰克尔本人也属于后一种人。他下定决心要向世人揭露这一人间惨剧，所以他要活下去。终于，他盼到了这一天。出狱后，他致力于心理治疗，创立了这一疗法。

这种治疗方法重视生存意义的寻求和确立。这一门派的治疗家认为，在心理咨询室中，患者心理问题的重要原因在于生存意义的缺失。一方面，患者由于失去或找不到生活目标和生存意义，陷入空虚、迷惘、焦虑的困境。相当一部分患者患的就是所谓“迷失意义性神经症”；另一方面，患者放弃了自己自由选择的权力，他本可以对自己的思想和行为作出选择，却把这一权力交给了社会和他人，从而丧失了个性，被动机械地、毫无生气地顺从他人的要求，难免产生种种孤独、恐惧、绝望和痛苦的病态情绪。所以，治疗的根本目的在于帮助患者发现和寻找人生的价值以及生存意义，彻底摆脱困境。

早在青年时代的弗兰克尔就开始与精神分析学大师弗洛伊德交往，他曾应弗洛伊德之邀请，在《国际精神分析学杂志》上发表文章。在维也纳大学医学院读书时，弗兰克尔又成为已背叛弗洛伊德的阿德勒圈内的成员。但是，在他自己以后的临床实践中，弗兰克尔发现了他们学说中各自的缺点。弗洛伊德的正统精神分析学只看到了人们追求快乐的意志（快乐原则），阿德勒的个体心理学只看到了人们追求权力的意志（权力原则），他们都没有看到人们追求意义的意志，而往往正是意义的意志才是决定人们行为的根本因素。例如，在上世纪30年代的经济萧条时期，很多失业的青年人，即使做一些没有报酬的工作，也会感觉良好。因为对于失业者来说，生活的空虚远比没有工作报酬更严重。主张人追求生存的意义，正是存在主义哲学的基础。于是，弗兰克尔就把存在主义哲学与精神分析学结合起来，提出了他的意义治疗学。他自称是“心理治疗的第三维也纳学派”，以与弗洛伊德学派和阿德勒学派相区别。弗兰克尔的意义治疗学既是一种心理治疗的理论，又是一种心理治疗的方法。其理论基础包括相互联系的三个方面，即意志自由、意义的意志（will to meaning）和生活的意义（meaning of life）。

弗兰克尔主张，人具有意志自由。意志自由是人类的一个基本特征，它是属于人的经验直接给予的东西。他认为，有两种人认为他们的意志是不自由的：幻想自己的意志和思想被别人操纵、控制的精神分裂症患者和宿命论哲学家。自由又是有限的自由。人在生理上、心理上与社会环境上都是不自由的。人不能自由地控制他的条件，个人的自由也受命运的限制。尽管如此，由于人是唯一能反省自己和拒绝自己的存在物，人可以成为自己行为的裁判者，最终能够超越自己，达到弗兰克尔所谓的“精神理智”（ noological）的人类特殊境界。在这样的境界中，人超越一切限制和约束，达到他的意志自由。

弗兰克尔认为，完整的人包括生理、心理和精神理智三个方面，其中精神理智就是人追求意义意志。人缺少生理需要就会导致身体疾病，缺少心理需要就会导致人格障碍。但如果人缺少意义意志，不理解他存在的意义，就会产生存在挫折（existential frustration）和存在神经症（existential neurosis），其主要特征就是人在精神上脱离自由和责任。他认为，意义治疗就是帮助病人找回他的特殊意义。人最终要面临意义，一旦意义的意志变成面临意义，即达到成熟和发展的时期，人就要实现他的责任，人就有完成他个人生命之特殊的意义。自由和责任是人的两个本质特征。追求意义的意志是人的基本动机，它表现在人对生活意义的理解上。

弗兰克尔认为，意义包含在个人的生活经验之中。因此，任何生活，包括难以忍受的苦难中度过的生活（如弗兰克尔在纳粹集中营中的生活）都是可以理解的。寻求生活中的意义是每个人的责任。弗兰克尔在纳粹集中营里就曾秘密成立攀登阿尔卑斯山爱好小组，以帮助狱友们看到生活的意义。有这样几种寻求意义的方法：

其一，做出一定的有绩效的行为，如工作、爱好体育运动等。每一种活动都蕴含一定的意义。一个电梯管理员能在清洁而有秩序的电梯中找到其工作的意义。相反，一位画家画画若只是为了赚钱，他就不会创造出多少美来。要使一个人的日常活动变成有意义的绩效行为，他必须指向这一活动并超越自己。只要是考虑了他人需要的行为，都会成为自我超越的有意义行为。

其二，体验一种价值，这些价值能够丰富和提高人类经验。如表现美的艺术，包括自然美和人性美。爱是具有最高价值的人类体验。弗兰克尔说："爱极大地提高了价值完满的感受性。如果这样，整个价值宇宙之门就会打开。"[1]

其三，经历痛苦。虽然痛苦不是人所追求的，但在每个人生活中都存在着痛苦。叔本华就认为，人生来就是一出悲剧。人生来就是痛苦的。弗兰克尔认为，人的生活不仅通过创造和欢乐来实现，也通过痛苦来完成。伟大的艺术家尽管经历痛苦，却在描绘内心的完满。痛苦、罪恶和死亡是人生的三大悲剧。英雄人物的视死如归行为就是一种有意义的行为，相反，看不见生活中的意义、体验着"存在空虚"（existential vaccum）的人，往往会产生自杀行为。

在具体治疗技术上，意义疗法也有不少独到之处。例如，"矛盾意向"技术就是要让患者处在一种自相矛盾的情境，从而逐渐认识到自己的焦虑和恐惧是没有根据、没有理由、十分荒唐的。如果一个患者一小时洗十次手，治疗者不是叫他不要洗那么多次数，相反要他洗二十次、三十次；如果一个患者总放心不下他的几千元存折而总要检查它，治疗者不是劝患者不要老是检查，而是劝他存到更保险的地方去，例如存到外国去。患者会感到很吃惊，因为真正要他这样去做的话，他会认识到这样很荒唐。又如，另一种技术是要求患者将注意力转向外部事务，避免过分的自我

[1] 弗兰克尔著：《对意义的无声呼唤：心理治疗与人道主义》，1978年英文版，第66页。

关注，从而减轻焦虑与痛苦，并通过参与活动学会发现和寻找人生价值和意义。

意义治疗把人看做具有内在意义的精神存在物，对每一个人来说，都必须在生活中发现这种意义。因此，意义治疗方法强调在治疗过程中发挥患者的主动性，对患者提出的“我怎么办”问题，不要给出一种权威性答案，而是帮助患者自己发现个人存在的意义，并鼓励他去充分实现这一意义。这一点与传统的精神分析治疗方法有明显的不同。有人问弗兰克尔意义治疗与精神分析治疗有何本质上的不同，他则要对方先回答什么是精神分析的本质。对方回答说：“在接受精神分析治疗时，病人必须躺在椅子上向你诉说那些有时是非常讨厌讲的事情。”弗兰克尔则马上补充道：“在实施意义治疗时，患者可以一直坐着，但必须聆听有时是非常讨厌听的事情。”[1]意义治疗方法设法帮助患者发现生活中的意义，以促进患者的意义系统的变化，这种变化既可以表现在思想中，也可以表现在行为中。弗兰克尔在长期的临床治疗实践中，总结了一套行之有效的意义治疗方法和技术。去反思（de-reflection）、矛盾意向（paradoxical intention）和态度改变是三种常用的意义治疗方法。

1. 去反思技术

弗兰克尔在1955年提出，它“使我们能够‘忘记’自己指向一种治疗的注意中心,即使注意力从问题转向他人或自己思想中的积极方面”[2]。许多人都反思（hyper-reflect）自己的问题和自己的消极情感与体验。去反思的目的就在于系统地改变患者注意的焦点。在治疗过程中，治疗专家的任务就是鼓励患者去想或做他们问题以外的事情。如帮助癌症患者集中注意帮助他人而不去想自己的身体，帮助退休人员找到自己有益的爱好活动。环境固然是不可改变的，疾病、衰老、孤独也不会构成积极的因素，但治疗专家能做的是帮助患者找到他们集中注意力的事物。注

[1] 弗兰克尔著：《人对意义的寻求：意义治疗学导论》，1984年英文版，第3页。

[2] 伊维利著：《咨询与心理治疗》，1993年英文版，第293页。

意力的改变会导致生活中的核心意义的变化，患者会发现新的生活意义，确立新的生活目标。去反思疗法是一种简单的治疗方法，但它的应用却是广泛的。弗兰克尔的学生路卡丝曾把它应用到不同的治疗领域,对失眠、性机能障碍等的治疗都取得了显著的效果。

2. 矛盾意向技术

弗兰克尔早在1993年提出。他曾遇到一位患者，患有严重的广场恐惧症（ agoraphobia), 他运用传统的精神分析方法和其他方法都没有疗效；最后他建议患者想象害怕在广场上昏厥——希望发生冠心病，结果患者一周就被治愈。患者告诉他说：大夫，我正是按照你的建议，我尽量尝试着昏厥，但我尝试的次数越多，昏厥的程序就越减轻，最后昏厥恐惧就彻底消失了。弗兰克尔把矛盾意向疗法定义为“鼓励患者去做，希望发生正是他害怕的事情，尽管不是诚心要这样做”。他认为，矛盾意向疗法之所以能取得较短疗程的治疗效果，是因为在治疗过程中，患者一旦超越了自我和现实，达到精神理智的境界，他的意向就会发生逆转，使患者看到新的意义。矛盾意向疗法包含一定的幽默成分，弗兰克尔把幽默视为人的一种特殊的潜能，即所谓的自我隔离（ self-distancing ）能力。

3. 态度改变技术

患者往往对自己和生活抱着消极悲观的态度，如一个人看起来很有魅力和惹人喜爱，但却对生活异常失望。对此，意义治疗的任务就是要改变这个人思考生活的方式，以积极乐观的生活态度代替消极悲观的生活态度，而最终是帮助患者提高对生活意义的认识，确立新的生活目标。

（四）理性情绪疗法

你相信通过改变你的想法，可以改变你的情绪吗？据美国心理学家艾伯特·艾利斯所言，尽管不少人相信这一点，但仍有25%的人觉得不可思议。

艾利斯倡导的理性情绪治疗，就是通过改变一个人的不合理的想法，来改变一个人的情绪。这种疗法的一个基本概念就是：一个人的快乐与烦恼，都是由自己造成的。

艾利斯提出情绪ABC理论，认为情绪的产生有ABC三种因素。A指某种情境和事件，B指一个人的认知和评价，C指情绪结果。一般人都认为是某种情境与事件引起了情绪，其实，情绪结果并非由情境和事件直接引起，而是一个人对这一情境与事件的看法和想法所致。例如，张先生和王先生的职业、家产等均相同，同样炒股赔了二万，对此，张先生痛苦不堪，沮丧至极；王先生却仍然谈笑风生、超脱得很。是什么造成二者如此不同呢？张先生脑子里想到的是："这二万元是我的血本，这次可要了我的老命了！"而王先生想到的是："炒股就是要冒风险的，这次我虽然赔了，下次说不准我赚得更多！"这些想法是他们产生如此不同情绪的重要原因。

为了弄清这一道理，我们不妨再来看看心理学家沙赫特做过的这样一个实验：将参加实验的被试分为几组：甲组注射肾上腺素，但不告知会有什么反应；乙组也注射肾上腺素，但告知会有药物反应，如心跳加快、手心发热等；丙组则不注射肾上腺素。然后将这些被试带到一间大教室，只见大教室中早有许多人在那里：不是乱踢球就是乱嚷嚷，显得很激动。这些被试会如何受到大教室这种情境的刺激和影响呢？结果是，甲组的人由于注射了肾上腺素，生理上有些反应，但并不知道这是药物反应，以为是受到大教室激动的情境的刺激，是大教室令人激动，所以一个个也激动起来。而乙组由于知道自己生理上有所反应是因为药物作用，因此到了大教室，不会将自己身体上的反应归因于大教室的刺激，所以一个个都显得很安静。这说明认知和想法是决定一个人情绪产生的重要因素。

艾利斯认为，人有三种不同的思维：非理性思维、合理化思维、理性思维。非理性思维歪曲了某情境和事件中的真实情况，夸大了其灾难性的意义。像张先生那样，认为赔了二万元是"要命"的事。非理性思维会造成过分的愤怒、焦虑、痛苦和忧伤，与实际情况往往是不相符的。合理化思维是虚幻、夸张的，是与非理性思维相反的一种思维。比如有的人明明心里很在乎，表面上却装得满不在乎。理性思维则是一种恰如其分、符合实际情况的思维，它允许适度的愤怒、痛苦的产生，不过分压抑情绪反应，但注意避免强烈的、有伤身体的过分的情绪反应。

理性情绪治疗一般分四个阶段：

第一，解说阶段。对当事人说明其情绪问题是由非理性思维所致。

第二，证明阶段。对当事人说明其情绪困扰之所以一直存在，是因为存在着不合理的思考，并帮助找出这些不合理的想法。

第三，放弃阶段。驳斥不合理的想法，并向它们挑战，达到修正和放弃这些不合理的想法的目的。

第四，重建阶段。鼓励和指导当事人建立更合理的生活哲学。

心理治疗中几乎自始至终都离不开技术。心理治疗是一门技术性特强的学科，这一点应当毫无疑问。我们在上面的讨论仅仅是一种概论性的阐述，并没有将所有的心理治疗技术都作一概括，深入讨论。每一学派有每一学派的核心技术，更有其复杂的技术操作系统。而且，治疗技术的发展更是日新月异。

我们所应看到的是，任何治疗理论，都必须是靠相应的技术系统来付诸实施的。我们应当重视理论的发展，也应当同时重视其相应的技术的发展。二者应当相辅相成，相得益彰。

第五章　经济心理技术

第一节　经济心理概述

一、经济心理界说

（一）已有的界说

经济心理很早就受到人们的注意。中外古代的许多思想家们在论述劳动、生产、经营、消费时都经常使用一些心理学的概念。然而，经济心理作为一门特定学科的研究对象，迄今只有一百年的历史。在这一百年里，许多著名的学者对于什么是经济心理提出了不同的观点。

1902年，法国法学家和社会学家塔尔德（Tarde，G.）在其出版的《经济心理学》一书中从比较科学和公正的角度，突出了经济心理在解释经济现象方面的作用，首次将经济心理作为经济心理学的研究对象。塔尔德从个人关系心理学出发研究经济活动，重视主观心理方面对经济活动的影响，认为经济心理是解释经济现象的主要方面。他认为过去经济学家从外部和物质方面研究经济现象是错误的，因为他们忽视了经济现象的心理特性。在他看来，经济心理是内在的和精神方面的，经济现象完全是由心理方面决定的。塔尔德主要用模仿、适应等心理学概念解释经济现象。

法国学者雷诺（Reynaud，P. L.）是经济心理学发展历程中的另一位关键人物。从1946年开始，他就试图用心理学术语去理解宏观经济现象。与传统“理性的人”的经济理论不同，雷诺认为人是理性与非理性的结合，人的行为并不完全是以逻辑方式进行的，它还包括非理性的成分在内，由此，他希望形成一种“非理性的人”的经济理论，强调内部心理因素对人的经济活动的影响。

如果说塔尔德的工作促进了经济心理学的诞生，那么卡托纳（Katona，G.）则使经济心理学的发展上了一个新台阶。正因为如此，卡托纳被誉为美国经济心理学之父。由于他具有教育心理学和格式塔心理学知识背景，加上对经济学感兴趣，因此他试图将心理学知识和经济学知识结合起来说明经济现象。

卡托纳认为，从严格的经济学理论出发难于考察生活中的许多经济现象。要对经济现象做出科学的解释，必须借鉴心理学的研究，必须从对立的欲望的相互冲突和集体的心理和文化的冲突中求得解释。他将民意测验的方法引入经济心理学研究，认为民意调查的方法是对经济行为进行心理学分析的基础。

受格式塔心理学影响，卡托纳认为，个人的经济行为取决于个体与环境的相互作用。一方面环境影响个体在经济生活中的态度、动机、期望和需求，另一方面个体已经形成的关于经济的态度、动机、期望和需要，也影响着他当前的经济活动。在富裕社会中，经济增长在很大程度上受制于消费者，购买行为主要受到消费者购买倾向的影响，而购买倾向是消费者动机、期望等的反映。从本章后面的内容中读者将进一步看到，卡托纳强调消费者态度和期望对其经济活动的影响。他从可能条件、态度和市场促进条件三个变量群去把握消费行为，认为只有通过对此三种变量的综合分析，才能对消费行为进行全面的预测。在这三个变量群中，态度是典型的心理学变量。在研究过程中，卡托纳制定了一种消费者情感指标，用它去衡量特定社会中消费者的态度、期望等的程度。实践证明，对于预测人们的短期经济活动，消费者情感指标具有很好的效度。

阿尔布（Albou，P.）在其《经济心理学》（1984）一书中第一次对经济心理做了比较系统的界定。他将经济心理等同于经济行为，认为经济心理学的研究对象是经济行为，而且是“有意义的经济行为”[1]。所谓有意义的经济行为，实际上是指不同于行为主义心理学所指的行为，它不简单地等同于一系列的条件反射和习惯。在阿尔布看来，经济行为是相互联系的，是在同一社会整体内相互说明、相互制约的，是一种动力系统。经济行为反映个人和群体的愿望，包括购买、销售、储蓄、投资等行为。有意义的经济行为包含意识和行为两部分内容。

阿尔布认为，经济行为是一种社会行为。经济行为并不只是一种单纯的个人行为。经济行为根植于文化当中，在某个方面是同社会相联系的，是一种文化积淀的产物。经济行为表现在社会群体当中，是经济结构的组成部分。经济行为不同于一般行为之处在于，它受经济行为人之间相互作用的影响。总之，阿尔布认为经济行为是个人和组织为了在一个以物质匮乏为特点的背景中生活得更好而展开的所有的物质性和象征性的活动。

阿尔布依照十个不同的标准对经济行为进行分类。根据数量，将经济行为分为个人经济行为和集体经济行为；依据质量，将经济行为分为理性经济行为和非理性经济行为；依据性质，将经济行为分为物质行为、象征行为和混合行为；依据时段，将经济行为分为历时性长的行为和历时性短的行为；依据节奏，将经济行为分为重复行为和偶然行为；依据功能，将经济行为分为生产行为、投资行为、交换行为、消费行为；依据方向，将经济行为分为前瞻行为和顾后行为，或传统行为与创新行为；依据组织的特点，将经济行为分为有条理行为和狂热行为；从相容性角度，将经济行为分为补充行为、相容行为和不相容行为，或合用行为与对抗

[1] 保罗·阿尔布著：《经济心理学》，上海译文出版社1992年版（中译本），第47页。

行为；依据社会要求，将经济行为分为正常行为和病态行为，或合法行为与非法行为。

韦尔纳利德在1978年奥格斯堡的讨论会上，提出经济行为是人们所做出的、能带来经济后果的选择，也就是说，人们为了利用少量的力量来满足一些需求而作出的选择。

日本学者富永建一则认为，人类行为作为经济学研究的对象，其欲望的物质极受局限，仅限于能够在市场上与货币或相当于货币的商品进行交换而得到的欲望满足。他把具有这种性质的欲望满足行为叫作经济行为。

（二）新的界定

经济心理学的两位创始人塔尔德和卡托纳并没有给什么是经济心理下一个定义。塔尔德、卡托纳主要是列举出了经济心理的一些形式，如消费、对短期经济动荡的预测、投资决策、偷税漏税等。雷诺也没有清楚地说明什么是经济心理。他们对影响经济活动的一些主要的心理参数作了大致的分析与说明。

在对经济心理的界定中，阿尔布的观点是比较系统和全面的。首先，他的定义强调了经济行为是由环境和心理因素共同决定的。从勒温的“生活空间”概念出发，阿尔布认为，经济行为是一个人与他周围的人相互作用的结果。其次，这种定义突出了经济背景对经济行为的影响，突出了市场对经济行为的决定作用。再次，该定义强调了经济行为的主动性和创造性。经济行为并不是一种被动的、适应性行为，它还具有创造性，具有改造经济的作用。它不只是可以改造社会经济环境，而且可以改造个人和组织自身的性质，发挥个人和组织自身的潜能。然而，这一定义也有它的不足。从关系理论出发定义经济行为，具有较浓厚的政治经济学色彩，它倾向于从总体的角度去把握和理解经济行为。因此，阿尔布的经济行为概念更偏向于社会心理学的概念。

综观对经济心理的已有解释，人们可以看到它们具有一些共同的特点。一是它们强调经济行为的目的性，经济行为是“为了生活得更好”，是为了满足人们的物质与精神需要。二是强调经济行为的市场背景和经济背景。此外，还有不少的对经济行为的界定，都突出了它的决策和选择功能。

根据已有的研究成果，我们认为经济心理是在特定的市场条件和经济背景下，具有某种经济观念的个体和群体，为满足其经济需求而对市场经济活动所产生的心理反应及行为。

这样定义经济心理或经济行为，对于经济心理学的发展具有重要意义。

第一，有助于建立经济行为学研究的系统理论模式，增加对经济心理和经济行为的真正理解，促进经济心理学的研究和应用。

任何一门学科体系的建立，都是它的研究对象内在逻辑的发展。我们将经济心理学的研究对象经济心理定义为个人和群体对市场经济活动的心理反应和行为，就表明经济心理学是心理学的一个重要分支学科，它吸收经济学、社会学、文化学的知识对经济心理进行跨学科的研究。经济心理是人脑对社会经济现象和活动的一种特殊反映形式。人们通常所说的心理现象与经济心理现象的关系是一般与特殊的关系。普通心理学、实验心理学、社会心理学的理论和研究成果可以增进人们对经济心理的认识。对经济心理的进一步研究也会增强人们对一般心理现象的理解。因此，经济心理学不是普通心理学、实验心理学等知识在经济领域中的一般性应用。经济心理学研究的经济行为有它的特殊性。经济心理学的系统理论模式应该以这种特殊性为基础。

第二，有利于说明经济心理和经济行为并不只是与一系列的心理变量有关，而且涉及社会学、文化学和经济学等变量。只有同时考虑到特定的经济条件和市场背景、文化学因素、社会学因素和心理学因素，才能明确个人和群体的经济行为。以经济条件和市场背景为例，人们在研究某种经济行为时，不只需要考虑到区域经济环境对经济心理的影响，也需要考虑经济全球化对经济心理的影响。

第三，表明经济心理是一种与市场运作互动的行为。社会有组织、有意义的市场和经济运作，如投资、生产、税收等对个人和群体的经济心理产生影响；反过来，个人和群体的经济心理和经济行为又对社会的市场活动和经济活动起到制约作用。

第四，有利于说明具有某种经济心理的个体、群体之间是相互作用的。一种经济心理会影响另一种经济心理。个人与个人、群体与群体、个人与群体之间不同经济心理之间的互动会产生新的经济心理。

第五，有助于区分经济心理或经济行为与心理经济或行为经济两个不同但又具有一定联系的概念。在经济心理学的发展早期，研究者主要是使用经济心理这个概念。但是，随着经济心理学的进一步发展，心理经济的概念出现了。如卡托纳早期的兴趣是研究经济心理对宏观经济的影响，他主要以经济心理学为主要研究方向。1975年之后，他就不再提经济心理学，而改称心理经济学。近年，在学术领域当中，心理经济、心理行为、心理经济学或行为经济学的出现频率越来越高。将经济心理定义为个人和群体对市场活动产生的心理反应和行为，有利于明确经济心理与心理经济的关系。经济心理是心理科学的研究对象，心理经济主要是经济科学的研究对象。

二、经济心理研究的范围与内容

研究者在论述经济心理研究的范围与内容时，采用的方法有两种：一是按领域进行描述；二是按问题进行描述。

按领域和按问题对经济心理的范围和内容进行描述各有所长，也各有所短。按领域描述经济心理的内容，一方面有助于人们按照一定的顺序与结构描述经济心理，另一方面有助于资料和数据的积累。此外，它也可使经济心理的研究比较集中。但是，按领域描述也有它的缺点。有时人们对领域的划分具有很大的主观性和人为性。当人们将经济心理分成一个个领域去研究时，由于经济心理并不是它各个部分的简单相加，因此，在一定程度上往往就失去了它本来的总体面目。

按问题描述经济心理的范围与内容，有利于从整体的角度，结合多种学科的知识对经济心理进行研究，从而保持研究的生态效度。然而，它的一个明显缺点是，一个经济心理问题涉及的范围往往太大，涉及的学科知识和变量过多，只能对它进行解释而难于对它做实证性的研究，由此也就降低了研究的数量化水平。另外，按问题描述经济心理的范围与内容，由于现实生活中的经济问题太多，因而导致经济心理研究的名目太多，形式各异，难以对它们一一罗列。

尽管在经济心理研究当中，存在用经济心理问题去代替经济心理领域描述经济心理的范围和内容的趋势，但是我们认为，并没有必要就此完全抛弃从领域的角度去描述经济心理的范围和内容。因为在一定程度上，两者的方法和途径在描述经济心理的范围与内容时是相互补充的。

（一）以问题为中心，经济心理主要包括以下主题

1. 生产心理

尽管随着社会从生产时代转向消费时代，生产心理已经不如它在经济心理学发展早期那样受到研究者的关注，不过，目前相关的一些问题依然是经济心理研究的一个重要方面。生产心理主要包括新产品设计、产品的生命周期、产品质量意识、产品品牌、产品的命名、商标设计、产品包装等心理问题。

2. 销售心理

销售心理有时也被称为营销心理。销售心理研究主要集中在市场细分、产品定位、产品定价、售后服务、商店设计、橱窗设计、商品摆设等与消费者心理的关系以及营销人员的心理素质上。

3. 消费心理

消费心理是经济心理学中研究最多的一个问题。消费者心理、消费者行为已成为经济心理学中研究最多的一个方面。自1901年斯科特率先提出“消费者心理学”这一术语之后，研究者围绕消费这一核心问题对消费需要、消费动机、消费知觉、消费学习、消费态度、消费决策、消费与人格的关系、社会文化对消费的影响、参照群体对消费的影响、市场特点对消费行为的影响、消费者权益保护对消费行为的影响等做了大量的研究，积极地推动了经济心理学的发展。

4. 投资心理

在过去的很长一段时间内，人们把有价证券、劳务、不动产、知识产权等看作是广义的商品，把对它们的购买看作消费的一个部分。随着时间的发展，人们日益认识到投资与购买一般的商品有所不同。在市场经济条件下，投资是一种资金的运动。为了从事生产和流通，社会经济中的组织和个人，必须集中一定数量的资金并以适当的形式将它转换为物质生产要素，在其流通结束后，再将它还原为货币资金形态。投资行为是一种以获得未来资产增值为目的的经济行为，具有联系的广泛性、规模的扩充性、过程的连续性和劳动的多耗性等特点。投资行为对于一个地区、一个国家甚至全球的经济发展都起着极为重要的作用。

投资的内容极为丰富，从投资主体出发，可分为国家投资、企业投资、个人投资、联合投资；从投资资金的来源出发，可分为自有资金投资、借贷投资；从投资的性质出发，可分为固定资产投资、流动资金投资；从时间的长短出发，可分为长期投资、中期投资和短期投资；从投资方向出发，可分为工业投资、农业投资、公共事业投资、服务业投资等。投资内容不同，投资心理也就有所不同。加上投资是一种风险行为，风险与回报、机会与风险同存，投资是投资者在风险与收益之间的一种选择。投资活动涉及丰富的心理内容。由于投资心理对具体的投资活动具有重要的影响，长期以来，投资心理一直受到人们的高度重视。如塔德尔在20世纪初就开展过对证券投资的研究。当前，人们对投资心理的研究主要集中在投资动机、投资偏好、投资决策、对投资风险和收益的认知和评价、情感因素对投资活动的影响、个性对投资者投资活动的影响、投资中的从众行为、投机心理等方面。

5. 储蓄心理

储蓄是银行通过信用形式吸收个人和单位待用或节余的货币资金的一种业务，是信贷资金的重要来源。储蓄是积累建设资金、回笼货币、调节商品供求、稳定物价、稳定市场的重要手段。很显然，在社会生活中不能没有储蓄。但是，也不是说储蓄越多越好。由于储蓄与货币的流通量有关，两者此长彼消，为了使市场和社会经济获得健康发展，政府要经常通过调节利率来调节储蓄。

然而，问题往往是当政府希望增加储蓄，减少货币的流通量来保持社会经济健康发展时，居民的储蓄量很低；当政府希望减少储蓄，增加货币流通量来保持社会经济健康发展时，居民的储蓄量又居高不下。尽管社会成员的储蓄行为受到多种客观因素的影响，如商品的市场价格、通货膨胀、通货紧缩、利率等，但是，储蓄行为往往又不是单纯由客观经济决定的。它还受到人们主观心理的影响，这就是储蓄心理。

在20世纪70年代末，荷兰学者范拉伊（Van Raiil，W. F.）等就结合方法论和人们对经济的信心问题，在储蓄心理方面做过有特色的研究。储蓄心理包括储蓄动机、储蓄宣传的心理效应、储蓄的时间偏好、储蓄预期、风险偏好对储蓄的影响、主观利息率、储蓄的历史文化传统对储蓄行为的影响、社会保障制度与储蓄心理、不同社会阶层者的储蓄心理特点、家庭生命周期与储蓄心理等。

6. 广告心理

传统上，广告心理经常与销售心理结合在一起研究。不少研究者将广告心理看作营销心理的一个部分。近期，广告心理成为经济心理研究的一个部分独立进行研究的趋势非常明显。

广告是现代社会别具一格的一种文化现象。在信息传播技术高度发达的今天，人们时时刻刻处于广告的包围之中。广告是人们再熟悉不过的一种现象。人们无论身处何处，只要打开电视机、收音机，翻开报纸、杂志，就能看到、听到广告。广告不但与经济活动有关，而且与科学技术的发展紧密相连。它不但影响人的消费观念、生活方式，而且影响着人的自然观、社会观、价值观、世界观，波及人的社会生活和文化生活。广告集经济功能、社会功能和文化功能于一身。

广告是一门综合性的艺术，它既涉及经济学、新闻学、市场学、营销学、心理学、社会学、文化学等学科，也涉及绘画、摄影、音乐、体育和文学等领域。今天，广告往往是现代科学技术和文化研究成果综合应用的结果。其中，广告与心理学研究的关系尤为密切。广告从策划、设计、制作一直到传播和宣传，任何一个环节都离不开心理学的研究成果。

心理学研究在广告活动中起重要作用，主要是由于广告的对象是人，是广大的消费者，广告做的是说服与劝说消费者的工作，目的是想影响人的消费行为决定。由此，广告只有满足人的心理活动的特点与需要，运用心理学研究成果，才能取得好的效果。在广告营销过程各个环节中广泛进行广告心理研究，有利于实现广告满足消费者的需要，符合消费者的行为特点，诱发和引导消费者行为的中心目标。

广告心理涉及面很宽，主要有增强广告效果的心理学方法、广告心理效果的测定、广告过程中情感因素和认知因素的相互作用、广告对人们情感、认知态度的影响过程、广告的信任度等。

7. 就业心理

就业是每个劳动者走上工作岗位的必经之路。就业不仅意味着参加实际的劳动过程，获得一份稳定的收入，保持一定的生活水平，而且还是实现个人自身价值和创造性的一条重要途径。工作使人的生活过得更有意义，增加了生活的目的性。它不只是使人更容易得到社会的承认和认同，而且为人际交往和人际关系的形成提供了稳定的平台。

社会要稳定发展，就需要求得劳动力供求的大体平衡。然而，社会经常出现的问题是一方面有众多的工作岗位，但缺乏相应的劳动力；另一方面工作岗位有限，但是劳动力供大于求。前者导致开工不足，后者导致失业。导致社会在一定时期劳动力供求不平衡的原因是多方面的。它受到人口出生率、教育培训、产业结构的调整、科学技术和生产技术发展等的影响。比如说，随着科学技术和生产手段的现代化，工作岗位对劳动者提出了越来越高的要求。劳动者必须接受过较高层次的教育和培训，才能适应它们。如果教育和培训不能及时跟上，就会出现劳动力供不应求的现象。劳动力的供求不平衡还受到劳动者就业心理的影响。因此，研究劳动者的就业心理，就成为解决劳动力供求不平衡的一个重要途径。职业定向、个人职业生涯设计、职业心理的结构、理想职业与现实职业的矛盾冲突、职业倾向调查、择业前的心理引导等，是就业心理研究的重要内容。

8. 失业心理

市场经济是以大量的失业与就业的激烈运动为前提条件的。失业一方面为市场经济提供了大量的后备劳动力，另一方面也导致失业者的经济条件、生活条件和社会地位下降，从而产生一系列的社会问题。伴随着失业者经济条件和社会地位的下降，他们的心理也会发生某种程度的变化。如果不加以引导，这种变化不只影响到他们对生活的信心，对工作和社会的看法，而且会影响他们的心理健康水平、家庭生活，甚至导致犯罪率上升。

从当前的研究看，对失业心理的研究主要集中在失业后的心理体验、失业后的心理压力、失业与消费心理、失业与犯罪心理、失业与家庭关系、失业与药物成瘾、失业与酗酒成瘾、再就业的心理特点等方面。

失业问题原本是西方市场经济不可回避的一个现实问题。然而，随着改革开放和社会主义市场经济的逐步建立，我国的失业（有时又称为下岗、待业）问题也变得日益明显。帮助失业者正确认识失业现象，重树人生和事业希望，为失业者提供培训条件，创造再就业机会，一直是我国各级政府共同努力的一个方向。失业心理研究大有可为。

9. 税收心理

税收心理是经济心理学研究的一个重要问题。在西方国家，长期以来政府的税收变化对于社会成员和企业组织来说都是一个敏感的问题。在国外，20世纪七八十年代，刘易斯（Lewis，A.）等人曾经对税收心理做过有特色的研究。在我国长期的计划经济时代，企业组织和个人对政府税收政策的变化相对来说并不敏感。随着改革开放和社会主义市场经济的发展，“纳税人”的概念变得越来越清晰，税收也日益成为国家执行经济调控职能和实现经济发展目标的重要手段。政府越来越多地通过改变税率来影响社会的需求和收入，调节社会财富的分配和控制国民经济的运行。税收心理主要包括政府税收对消费行为的影响、纳税心理、逃税和漏税心理、纳税公平心理、税收优惠政策心理、税收优惠与投资行为等方面。

10. 地下经济心理

地下经济是指没有经过工商、税务登记，脱离政府机构管制的经济活动，如走私、建立地下工厂制造假冒伪劣产品等。地下经济活动是一个全球性的问题。这种现象不只是在资本主义国家存在，在我国也变得日益猖獗。地下经济活动的隐蔽性，导致这方面的研究存在极大的困难。地下经济活动者对地下经济活动的错误认知，对正常经济活动的评价，地下经济活动者的价值观念，地下经济活动对公民遵纪守法观念的不良影响等，均值得深入研究。

11. 通货膨胀和通货紧缩心理

周期性的经济危机一直是资本主义国家挥之不去的恶魔。第一次世界大战之后，经济心理学的创始人之一卡托纳就对西方的经济危机进行过研究，他试图从心理学角度对其进行解释，认为经济危机可以通过对相互对立的欲望冲突、集体心理和文化冲突中找到解释。随着我国向社会主义市场经济迈进，通货膨胀和通货紧缩也将周期性地出现。

通货膨胀的典型表现是供不应求；通货紧缩的典型表现则是供大于求。通货膨胀和通货紧缩既与货币的流通和发行量有关，也与人们对商品价格变动的预期有关。当预期商品价格将会大幅上涨时，人们往往会大量购买以对付通货膨胀，保护自己的利益，其结果是进一步加剧社会的通货膨胀。当预期商品价格将进一步大幅下降时，人们往往又会持币待购或停止购买，导致消费不足，使通货紧缩更加严重。个人和组织对通货膨胀和通货紧缩的知觉、预期；通货膨胀和通货紧缩与个人和组织的消费行为、储蓄行为、投资行为的关系；对经济冷热知觉和预期心理的调节等，是通货膨胀和通货紧缩心理研究的重要内容。

12. 家庭经济心理

它包括家庭生育经济心理、家庭婚姻经济心理、家庭储蓄心理、家庭遗产继承心理等。部分学者将家庭抽象为“经济人”，认为它是自利性的、理性的、追求个人利益最大化的，并且在追求个人利益最大化时，最终不会与社会整体利益长久相悖，对家庭经济研究取得了重要成果。

13. 组织经济心理

所谓组织，指在一定的社会文化背景中具有某种目标、一定内部结构和分工的社会技术系统。它是指正式组织，即为社会需要而产生的，在法律及道义上存在的合理性的组织，从事一般个体无法承担的社会活动，或者从事因组织的形成而在社会中发挥比个人更大作用的活动，如企业、工厂和政府机构等。不同的组织具有一系列共同的特点。它们都由一定的社会成员组成，具有一定的目标，具有一定的分工，具有一定的结构，受到所处的社会文化环境的影响，并反作用于社会。在现代社会中，组织与个人、家庭一样，也从事大量诸如消费、投资、储蓄等经济活动。由于组织是个人的总和，组织的经济活动对整个社会的经济活动将产生巨大的影响。不同的组织虽有相同的方面，但它们之间也存在巨大的差异。处于不同地区和国家中的组织，所受到的文化因素、传统观念的影响不同，特别是社会主义国家与资本主义国家的组织，经常在所有制形式方面存在巨大差异。它们导致不同组织在基本相同的问题前面往往有不同的经济行为。有的重经济效益；有的重社会效益；有的将经济效益与社会效益对立起来；有的盲目投资，不计成本；有的则精打细算。组织经济心理是人们长期以来忽略的一个问题，在消费心理学中往往只讲个人和家庭消费，而不讲组织消费。今后需要大力加强这方面的研究。

14. 经济发展预测心理

预测心理学由法国学者保罗·阿尔布于1955年首创。以后，经济发展预测心理学问题不断受到研究者的关注。所谓经济发展预测心理学，主要是依据社会、经济、科学技术、教育、人口等方面的数据、资料，特别是依据人们对社会经济的发展变化、前景和趋势的主观评价、判断和心理反应规律，对社会经济活动的发展做出预测，从而为宏观经济决策提供信息和依据的。经济发展预测心理研究主要集中在以下方面：一是研究预测的基本种类、预测与历史的关系、预测的方法；二是将经济发展预测心理得出的结果应用到预测经济和社会发展的变化上，如用于预测若干年后的汽车消费等。由于科学技术，特别是计算机技术和互联网技术的发展，人们在经济心理预测方法和模型的研究方面已经取得了巨大进步。

正如本章已经指出的那样，按问题区分，经济心理的内容往往层出不穷。其他一些不断受到人们关注的经济心理还有：（1）信用心理；（2）分配心理；（3）财政心理；（4）价格心理；（5）服务心理；（6）信贷心理；（7）企业家心理；（8）国际经济关系心理。囿于篇幅，在此不一一介绍。

（二）按领域分，经济心理主要包括以下内容

1. 经济活动的认知

认知过程又称为认识过程，传统上包括感觉、知觉、注意、记忆、理解、思维等，在现代认知心理学中主要指人们接受外部信息，理解信息，并贮存在大脑中，在需要的时候输出信息的过程。认知活动可以分为感觉与知觉，注意与记忆，理解与思维几个不同的模块。

感觉是指人脑对客观事物个别属性的直接反映；知觉是指人脑对客观事物整体属性的直接反映。感觉与知觉是人们认识社会经济活动的基础。任何经济心理的产生都离不开人们的感觉和知觉。在参与社会经济活动中，经济活动的主体通过感觉和知觉将外界经济信息转化成经验，并贮存在记忆当中。只有理解了感觉和知觉，人们才可能进一步理解作为经济活动主体的个人和组织是如何获得经济信息和利用经济信息去满足他们的特定需要的。

经济心理学对感觉和知觉的研究主要集中在消费行为研究领域。研究者普遍认为，消费者是通过感觉和知觉接受商品、服务和广告刺激的。由于消费者的感觉和知觉特性存在差异，消费者对商品和服务等会产生不同的理解，进而导致消费者对相同的商品和服务有不同的态度和行为。

经济心理学对感觉和知觉的研究成果大量用于产品包装、商品陈列、商品广告、品牌知觉、商场知觉、阈下知觉、价格知觉等方面。随着研究的发展，社会知觉的概念也引入到经济心理学研究当中。人际知觉、自我知觉对消费行为的影响日益受到研究者的重视。有研究表明，消费者会选择与自我知觉相一致的商品，而倾向于拒绝那些与自我知觉不一致的商品。知识经验、动机、社会背景、环境对经济活动感觉和知觉的影响，也已引起研究者的关注。

注意是人脑在进行心理活动时对一定对象的指向与集中。注意使心理活动具有选择性，并调节人的行为。对于注意的心理机制，心理学有多种解释。过滤器模型认为，由于人的大脑神经系统在同一时间加工信息的能力是有限的，当人们面对着大量信息时，需要通过过滤器对信息进行调节，使大脑神经系统不至于负担过重，而提高加工的效率。过滤器按照“全或无”的原则进行工作，当一个通道打开时，放过一部分信息，这部分信息就得到加工。与此同时，其他通道则被关闭，信息不能通过，暂时放在短时记忆中，迅速衰退。衰减模型是过滤器模型的发展。它认为过滤器并不按“全或无”的原则工作。没有被注意的信息并非完全被阻断，它们只是被衰减。衰减后的信息依然可以得到进一步的加工。心理学研究发现，注意随着刺激物的强度、对比关系、新颖性、个体本身的需要、兴趣、态度、情绪和精神状态的变化而变化。在经济心理学中，研究者关心的是经济信息的传播是如何经过过滤器的过滤，得到进一步加工的。注意研究的成果广泛用于广告的制作和产品的外观、包装与设计上。

经过注意并得到进一步加工的信息，以记忆的形式贮存在大脑中，当需要时，再以适当的形式提取出来。由于有了记忆，人们过去感知的信息能保存下来，并与当前的活动相联系。自德国心理学家艾宾浩斯对记忆活动进行科学研究以来，记忆已成为心理学研究最多的一个领域。研究结果表明，记忆可分为瞬时记忆、短时记忆和长时记忆；记忆受刺激材料的性质、意义、数量的影响；学习的程度、复习等都会对记忆产生不同的影响。随着记忆研究的不断增多，记忆研究也进入经济心理学领域。借鉴记忆的一般研究结果，经济心理学的研究者们围绕如何对经济信息进行编码、贮存；如何才能使经济信息更好地进入人的长时记忆系统；如何才能更好地使进入长时记忆系统的经济信息组织化和系统化，以便于人们在从事经济活动时提取出来，用于评价经济活动和进行决策；人们在从事经济活动时，主要是利用内部信息，还是主要利用外部信息等，都做了大量研究。在广告宣传、广告效果的评价等方面，记忆研究更加受到人们广泛注意。

作为经济行动主体的个人和组织，还需要对已经收集到的经济信息进行分析、评价和选择，在此基础上做出决策，最后产生某种经济行为。对经济信息的分析、评价、选择和做出决策，就是一种思维活动。在这方面，研究者注意的一些焦点问题是：个体和组织评估经济活动，特别是在评估商品的质量、价格、服务等方面的标准是什么；他们主要是使用直接判断还是间接判断；他们进行判断的精确性有多大；个体和组织做出经济决策时的决策原则是什么，有什么特点等。

2. 经济行为和经济知识的学习

广义说，学习，是指因经验引起的比较持久的行为变化。学习在经济行为研究中起举足轻重的作用，主要有两方面原因。一是人们参与市场的经济活动大都与学习有关。人们通过学习，获得与经济活动有关的知识，形成消费习惯和兴趣爱好等。这种学习反过来又影响经济行为。二是随着时代的发展，组织学习的概念受到人们的高度重视。研究者认识到，组织和团体渐渐成为关键的学习单位。作为社会经济活动重要组成部分的组织在进行经济活动时，不但自身要学习，而且彼此之间也要相互学习。这是由于在现代社会中，几乎所有重要的经济活动决定都是通过团体和组织直接或间接做出的，并由它们付诸行动。通过组织学习，可以建立经济活动的标准，可以将经济活动的共识化为行动。因此，这种学习活动对于一个社会的经济行为至关重要。组织的经济行为学习已构成经济心理学一个新的研究领域。

对于经济行为和经济知识的获得，研究者主要从行为主义学习理论、社会学习理论和认知学习理论三个主要范畴进行解释和说明。经典条件反射理论、操作条件反应理论、新行为主义学习理论、班杜拉的社会学习理论、罗特的社会学习理论、现代认知学习理论提到的许多重要概念，如分化、泛化、联结、强化、模仿、预期等被大量用于研究和说明购买者对商品的情绪反应、消费习惯的形成、定牌购买、重复购买、品牌选择、商场惠顾等。研究者根据现代学习理论提出的概念对商品的质量、价格、购买场所、售货员或营销者的行为、服务等进行分析。

3. 经济活动的预期

经济活动的预期，是指人们在一定的经济环境下，根据自己掌握的经济信息，对自身利益的得失进行预测、估计和判断后所产生的一种关于社会经济活动发展的信念。经济活动的预期,通过影响人们的行为动机，影响人们的经济决策和参与投资、商品交换等经济行为表现出来。预期是经济行为过程中的一个重要环节，是经济行为人制定经济计划、进行经济活动决策、采取某种经济行为的先决条件。

从心理学的角度看，经济活动的预期是经济活动结果的产物。一般来说，一项经济计划、决策付诸实施后，会产生某种结果。经济活动的结果产生之后，人们会自动对社会经济活动与经济活动结果之间的关系进行分析，寻找它们之间的关联，在此基础上形成一般的预期。但它又不完全由人们的直接经验决定，观察他人的行为、榜样的作用等也影响人们的经济预期。

由于经济预期对现代市场经济具有重大影响，早在20世纪50年代，西方国家如法国就开始预测心理学的研究活动。到20世纪70年代，西方经济学界开始提出“预期假说”，把经济预期现象上升为理性概念。许多西方国家政府把经济预期作为分析市场动态、制定宏观经济政策和实施宏观经济调控的重要参数。如美国政府就通过调查“消费者信心指数”来估计消费者对经济形势的心理预期，以及这种预期可能对市场活动产生的影响。欧洲共同体则采用“消费者态度指数”作为基础性指标，通过测定人们的经济预期去预测市场活动的周期性变化和制定经济规划。在股票市场中，人们则制定“心理指标”，帮助人们预测股票市场的上涨或下跌。对经济活动的预测研究已逐步形成一门单独的学科:预测心理学。

4. 经济活动的态度

经济活动的态度在经济心理研究中占据核心地位，是联结消费者对产品的看法和消费者购买什么产品的重要纽带。

经济活动的态度指人们对社会经济活动的一种反应倾向，它表明了人们是否喜欢某一种社会经济活动。经济活动的态度是学习的结果，它由认知因素、情感因素和行为倾向三个部分组成。认知因素指人们对经济活动的评价，如消费者对商品的认知、理解和看法等。情感因素是经济活动主体在认知基础上对经济活动是否满足自己需要而产生的内心体验，是对经济活动的情感评价。行为倾向指人们对经济活动的反应意向，尽管它不是行动本身，但是它表明了行动之前的一种准备状态。经济活动的态度作为一种内在心理结构，是一种行为的趋势。由于态度具有调整功能、自我保护功能、价值体现功能和知识功能，它构成刺激与反应之间的一个重要中介变量。人们可以从一个人对经济活动的态度表现，大致预测一个人的经济行为。

在社会经济活动中，特别是在市场营销活动中，由于态度反映了消费者如何评价广告、品牌、产品，反映了消费者如何对营销活动作出反应，因而可以对消费者的购买行为进行解释和预测。态度为经济心理学研究的传统项目。研究者围绕消费者态度的测量、如何改变消费者的态度、利用消费者态度的转变测量广告的效果等做了大量研究。

5. 经济活动的情感

经济活动的情感是经济主体对社会组织和个人所提供的商品、服务等是否满足他们的需要而产生的一种内心体验。如顾客因买到称心如意的商品而感到喜悦，对于经营者的服务不到位而感到失望甚至愤怒等。

经济活动的情感是经济主体对经济活动的一种特殊的反映形式。它的发生源于客观的经济活动。客观的经济活动不同，会引起经济主体不同的心理体验，产生不同的情绪反应。经济主体对经济活动的情感反应转而会影响到他们进一步的投资、购买和储蓄行为。

经济活动的情感包括情绪和情感两个部分。情绪指与生理需要的满足相联系的心理过程；情感指与心理需要的满足相联系的心理过程。情绪是由特定的经济活动引起的，并随着经济活动的变化而变化，具有不稳定性和情境性。情感包括道德感、美感、理智感等。它们与经济主体长期的经济活动实践有着更加密切的关系，具有相对的稳定性和深刻性。如对某种审美评价标准的追求，会驱使消费者重复选择和购买符合其审美观念的商品，而拒绝购买其他商品。

经济活动的情感具有两极性。当社会经济活动符合主观需要时，经济活动的主体就会产生愉快、满意等内心体验；相反，他们就会产生不满意、痛苦、愤怒等内心体验。由于经济活动的情感是伴随人们对社会经济活动的认识过程而产生的，经济活动的认知和情感交织在一起，影响经济行为，所以，在经济心理学研究中，经济活动的情感长期受到人们的注意。在经济心理学发展早期，卡托纳就提出“消费者的感情指标”概念，并据此研制了一种评估工具。运用这一工具的统计结果表明，消费者对感情指标的主观评估支配着他们的消费行为，消费者对经济活动的情感可以预测消费的总体发展趋势，成为社会经济向好或向坏发展的一种指示器。

经济活动情感的研究内容是丰富的。它包括人们对社会宏观经济发展的信心；投资者对股票市场的乐观或悲观情绪；消费者消费审美的心理特点；情绪化与购买等领域。

6. 经济需要与动机

从广义上说，需要指有机体因为生理和心理的匮乏而形成的一种不平衡状态，是有机体对延续和发展其身心所必需的物质和心理条件的反映。而动机是引起和维持有机体某种行为的内在欲望。动机和需要是两个既有一定联系又有一定区别的概念。它们之间的关系表现为：需要引起内驱力；内驱力产生内驱力刺激；内驱力刺激引起行为；当行为与某一目标相联系时，则产生动机。需要与动机的主要区别是：需要是无目标的，而动机总是与一定的目标联系在一起。

经济需要与动机是经济行为产生的先前阶段，它们具有潜在性的特点。分析经济心理，必须揭示经济主体的需要与动机。通过它们，才能找到经济行为的出发点，并对经济行为进行预测。在经济心理学研究过程中，经济需要与动机是研究者关注的核心问题之一。

经济需要是复杂多样的。研究者多参照马斯洛的需要层次理论对经济需要进行分类,它为研究经济需要结构提供了前提基础。对于经济动机，研究者经常使用成就动机理论对它进行说明。

经济需要与动机研究主要集中在经济需要和动机的测量、经济需要的发展趋势、经济需要的冲突对经济行为的影响、潜在经济需要的唤醒、具有不同文化特征经济主体的经济动机特点、经济需要和动机与收入的关系等方面。

7. 经济行为的社会化

众所周知，社会经济活动是由人进行的。作为社会经济活动主体的人是社会的人。他们在从事社会经济活动时必须遵循一定的行为规则，这样社会经济活动才能得到统一。经济行为的社会化是指经济活动的主体如何将社会经济活动的规则、准则、规范内化为自身心理结构的一部分，并使自己的经济行为适应社会经济活动规范、规则等的要求的过程。经济活动的社会化不但对经济主体有益，而且对于社会经济的健康发展起积极的推动作用。经济活动的社会化通过把适当的经济行为、价值和态度传递下去,保持了社会经济发展的连续性。总之,经济行为的社会化，可使经济主体接受特定社会经济发展所必须掌握的行为方式，变成一个被社会经济活动所接受的成员，最后使社会经济活动得到延续。

经济行为的社会化，作为从事社会经济活动的主体，习得适应特定社会和文化背景中的经济技能、经济知识、经济行为方式、价值的途径，受到研究者和国际组织的高度重视。如，在消费行为的社会化方面，联合国第59届大会就批准了一项“保护消费者准则”。该准则不仅把获得消费教育作为消费者享有的一项基本权益，而且还提出了全球开展消费教育的目的、内容、形式和方法。在消费教育的内容上，提出六个重要方面:（1）保健、营养、防止食物致病和食物掺假;（2）产品意外；（3）产品标签；（4）获得赔偿的途径；（5）价格、信贷、质量的条件；（6）污染和环境。研究者认识到，使消费者以主动的姿态参与市场活动；分清想要和需要的界限；关注全社会的消费活动；能意识到自己的消费行为对其他消费者的影响；充分意识到自己消费的行为对环境保护的责任等，是使消费者心理能得到平衡发展的重要措施。

8. 经济活动的满意度

所谓满意度，简单地说，是人们的需要得到满足后的愉悦感。作为一种心理活动，经济活动的满意度是社会经济活动所提供的产品和服务与经济活动主体的期望值相比较而形成的一种体验状态。

经济活动的满意度作为经济活动主体的一种情绪状态，它不只是某一次经济活动的结果，如企业提供的一件产品或一项服务，而更为重要的是，它还与企业长期系统的经济活动有关。经济活动的满意度作为社会经济活动过程中长期积淀而形成的一种情感诉求，直接与人们对经济活动的赞誉或抱怨有关。

20世纪90年代之后，客户满意度、产品满意度、服务满意度已逐渐成为企业广泛采用的营销战略。许多企业将提高客户满意度、产品满意度、服务满意度作为根本目标和发展战略，以提高企业的竞争力和赢利能力。客户满意度、服务满意度、产品满意度成为企业用以评价其经营业绩、以客户为导向的一整套指标，代表了企业在其服务的市场中所有购买和消费经验的总体评价，成为企业经营“质量”的衡量方式。

在经济心理学中，对经济活动满意度的研究主要集中在满意度的构成、影响满意度的因素、满意度与需要的关系等方面。

9. 经济压力与焦虑

经济压力是个人焦虑或恐惧等的一种紧张形式。在现代社会中，经济收入状况会给人的生存产生这样或那样的威胁，经济压力就是人以恐惧、焦虑等紧张方式对这种威胁作出的心理反应。经济压力与焦虑是个人期望与主客观条件的限制引起的，是个人经济活动结果不确定性的一种结果。过高的经济压力和焦虑会击溃一个人的身心保护机制，使人的抵抗力下降，更容易受疾病的侵袭。

经济压力与焦虑作为个体对外界经济影响的反应过程，包括身心两个方面。当个体感觉到外界经济影响就会产生身心紧张。然而，这种紧张并不完全是消极的。在一定限度中，一定的紧张度可进一步发挥个体的潜能，促使个人努力工作去掌握未来，以免因经济收入低下而带来的厄运。当经济压力和焦虑产生的紧张程度超过个体身心所能承担的范围，就会产生消极后果，如自我评价降低、产生挫折感、肌体紧张、消化系统出现不良变化等，以致个人失去对社会经济生活的信心。当社会成员的经济压力和焦虑普遍过高时，还有可能产生经济恐慌和经济危机。

在20世纪30年代美国经济危机时，研究者就注意到经济压力和焦虑问题。到50年代，研究者进一步关注由经济原因引起的压力和焦虑以及它们对社会经济发展、个人生活和家庭生活的影响。现在看来，经济压力与焦虑依然是经济心理学研究当中一个极具现实意义的研究领域。随着我国社会主义市场经济的发展，市场经济的一些负面影响日益暴露出来：失业率上升；社会成员的经济不安全感并没有完全消除；周期性的通货膨胀或购买力下降不时出现；分配不公；地区经济发展不平衡；经济生活中的信任危机不同程度地存在等等。这些负面影响在一定程度上增加了人们的经济压力和焦虑。伴随经济压力和焦虑的增大，犯罪、自杀、经济欺骗、酗酒、吸毒、家庭破裂等现象均有不同程度的增加。如何从心理学的角度出发，舒缓人们的经济压力，减轻他们的经济焦虑，提高人们对经济压力的耐受性，对于经济体制改革，提高社会经济发展的总水平有重要价值。

三、经济心理的理论模式

（一）卡托纳的经济心理学模式

以实地调查为基础，强调方法论的重要性，是卡托纳的经济心理学模式的两个基本特点。以20世纪美国富裕社会为研究背景，以消费行为的微观水平做综合研究为中心，卡托纳的模式认为，在富裕社会中，周期性的经济危机和经济的增长在很大程度上取决于消费者，消费需要并不完全受制于经济收入，而受到消费者购买倾向的影响。打破以往经济学的框框，强烈主张在富裕社会中，态度等心理变量起着重要的作用，是这一模式的核心思想。

卡托纳的经济心理学模式认为，分析和把握消费行为，需要从可能条件、态度和促进条件三个方面考虑。这三个方面构成影响消费行为的主要变量群。

所谓可能条件，指的是消费者的收入和可以自由支配的钱；态度，指消费者的购买倾向；促进条件，指影响消费者作出消费决策和产生消费行为的市场条件和偶然因素，如商品降价和市场促销等。此模式认为，只有综合分析和把握这三个方面，研究者才可能更为全面地研究消费行为，对经济行为作出更好的预测。

作为一名经济学家，卡托纳认为，消费行为不能脱离收入和社会经济发展水平。在这一模式中，卡托纳对“贫困社会”和“富裕社会”的消费行为作了区分。他认为在贫困社会，由于人的大部分收入只能用于维持生活的最低水平，购买的商品都是生活必需的。在这个时候，“消费是收入的函数”。然而，在富裕社会，消费行为则发生了本质的变化。在富裕社会中，由于人们已经有大量的资产，购买可以分期付款，购买非生活必需商品的时间可以随意延续，此时，消费者是否喜欢等心理因素就成为影响消费行为的重要方面。即使一名消费者暂时没有钱，只要他喜欢某件商品，也可以分期付款取得该商品的所有权。需求以自己“具有自由决定权”的形式出现，起着决定性的作用。这是卡托纳经济心理学模式与其他古典经济学理论根本不同的地方。此外，当消费者的购买是非必需的，可以随意延迟时，市场因素如商品价格就会大幅下降，或家中一件商品突然坏了等偶然因素也可能使消费者提前购买某种商品。总之，该模式认为分析消费行为，必须综合以上三种因素进行系统考虑，分析它们各自的力量以及它们之间的相互作用。

尽管卡托纳的经济心理学模式是以20世纪50年代的美国作为背景提出的，但该模式依然有它的现实意义。首先，采用综合性的方法研究经济行为，值得我们在开展经济心理研究时借鉴。其次，该模式重视经济需要等心理倾向的作用，对于我们开展经济心理学研究，特别是具体研究我国向全面实现小康社会迈进时期经济心理的变化有较大的参考价值。

（二）拉扎斯费尔德的经济社会学模式

从政治行为出发研究经济行为，认为消费行为只不过是人类社会行为中的一种，强调经济行为的社会特征和交流特征。这是拉扎斯费尔德（Lazarsfeld, P. F.）模式的特点。

尽管影响经济行为的因素很多，此模式认为，它主要与先有倾向、交流的影响和商品的特性三个变量群有关。

先有倾向，指消费者已有的心理特点和社会属性。在消费者已有的心理特点层面，先有倾向具体包括消费者的爱好、意见、性格特点、态度、需要、指向性特征、期望、倾向性、意图、计划、购买动机等方面。在消费者的社会属性层面，先有倾向包括消费者所属的社会阶层，参照群体，购买习惯。交流的影响指产品的广告、宣传以及商品信息的传递。商品的特性指商品的外观、质量、品牌、价格等。

在这三个变量群中，拉扎斯费尔德模式突出了先有倾向中消费者社会属性和宣传的作用。他认为在研究经济行为时，研究的重点应放在消费者的经济条件和偏好上，放在消费者的购买习惯、所属的社会群体、地位以及它们间的相互联系和相互作用上，在此基础上再考虑宣传和交流对购买行为的影响，以及它们与商品特性的关系。商品的特性不一，先有倾向和交流对购买行为的作用力就不一样。

从拉扎斯费尔德对问题的分析看，此模式最大的优点就是把社会文化因素纳入经济行为研究模式当中，提醒人们在研究经济行为时必须考虑社会文化因素的影响。

（三）户川行男的深层心理学模式

此模式因日本学者户川行男通过深度访谈的方法研究消费者潜在的

欲望和分析购买行为而得名。

首先，将消费者购买行为分为四个阶段：（1）决定“是消费还是储蓄”；（2）如果是决定用于消费，消费者决定将钱“用于哪些方面”，如是购买耐用商品，还是用于娱乐等；（3）当消费者决定购买哪一方面的东西之后，他们决定购买何种品牌或商标的产品，决定“购买什么”；（4）消费者决定在何时、何地购买，决定“怎么购买”。户川行男认为，消费者需要经过以上四个阶段后，才产生购买行为。在购买行为的不同阶段，影响消费行为的因素是不同的，即使是同一种因素，在不同阶段所起的作用也是不同的。

然后，通过深入访谈的方法对消费者的生活经历、购买某种商品的过程、购买情况进行了解，并加以系统的分析。

最后，得出研究的结果，认为消费行为主要受到六种因素的影响。它们分别是：（1）需求；（2）喜好；（3）态度；（4）推测；（5）社会承认；（6）偶然因素。在这六个方面中，需求是最主要的因素，其次才是态度和价格等。

（四）阿尔布的五元模式

五元模式由阿尔布1978年提出。该模式认为，经济行为是经济因素、文化因素、社会因素、政策因素和心理因素相互作用的一个综合体。

在这一模式中，经济因素包括生产关系、物质文化、生态基础和制度；文化因素包括精神文化和物质生产以及社会文化历史；社会因素包括人口状况、历史、集体关系和生态；政策因素包括社会制度、集体关系和实践；心理因素包括认知、意向和情感。

五元模式是一种综合性的描述模式，它的特点是，认为经济行为是以社会存在为基础的。经济基础决定经济行为，是此模式与其他模式最大的区别之一。在这一模式中，经济行为实际上被看成是在特定社会某个历史时期特有的行为表现，当时的社会经济、政治和社会文化背景决定经济行为。然而，经济行为又不完全受客观因素的影响，它还与主观的心理因素有关。

（五）范拉伊的结构模式

范拉伊1979年提出这一模式。它试图将经济变量和心理变量结合起来，强调经济行为与环境条件以及个性特征之间的关联。各变量之间的关系可以通过图5–1加以描述。

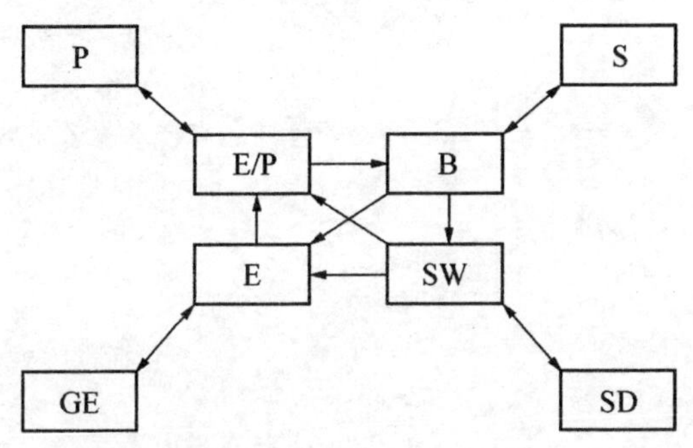

图5–1　范拉伊结构模式中各变量之间的关系

在图5–1中，P代表个人因素；S代表失业等个别的事件；E/P代表对经济状况的知觉；B代表经济行为；E代表个人的经济状况、收入来源等经济环境；SW代表经济活动给消费者带来的满意度；GE代表经济政策、经济扩张等一般的经济状况；SD代表对经济活动的不满意。

从图5–1中，人们可以看到：（1）经济行为（B）主要受个人对经济状况的知觉（E/P）和个别经济事件（S）的影响，并与个别经济事件相互作用，同时，经济行为也可以影响个人的经济状况，使人感到满意或不满意。（2）消费者对经济状况的知觉与个人因素相互作用，并受到个人经济状况、满意度的影响。（3）个人经济状况与一般的经济环境相互作用，并受到经济行为和个人对经济状况知觉的影响。（4）个人心理因素与个人对经济状况的知觉、个人经济状况与社会一般的经济状况、满意与不满意、经济行为与个人经济状况是相互作用的。读者可以根据图5–1进一步分析其他变量之间的关系。

（六）阿部周造的行为计量模式

日本学者阿部周造将消费者购买行为分为购买行为模式和选择行为模式两大类，然后从这两类模式中区分出若干种小型模式。具体的区分见图5–2。

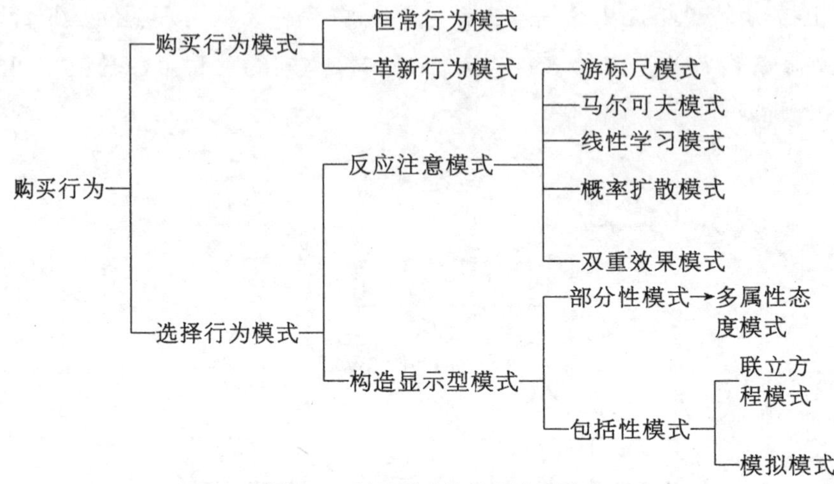

图5–2　阿部周造的行为计量模式

从阿部周造对消费者行为的区分，人们不难看到，他更强调消费者的选择和决策对消费行为的影响。此模式更有利于经济行为的预测。

（七）尼科沙的消费者意识决定模式

尼科沙（Nicosia, F. M.）继承了卡托纳的思想，试图通过具体分析消费过程来把握消费者的经济行为。他将消费行为分为广告宣传阶段、购买前阶段、购买阶段、购买后阶段四个阶段。尼科沙的消费者意识决定模式认为，消费行为的产生，首先是企业通过广告、宣传等影响消费者的先有倾向，之后消费者产生一定的消费态度，此为第一阶段。经过消费者对企业产品和宣传等的评价，产生消费动机，做出购买的意识决定，此为第二阶段。消费者在评价的基础上，最后产生购买行为，此为第三阶段。消费者产生购买行为之后，购买行为并不结束。它一方面通过影响储蓄和积累消费经验，再影响消费者的先有倾向，另一方面则对企业的生产和经营产生影响，此为第四阶段。

尼科沙这一模式的特点是更为精细。它试图用更多的变量来解释消费行为以及它们之间的相互关系。该模式推动了消费者行为模式向精细化的方向发展。

（八）霍华德—谢斯的刺激—反应模型

该模型以新行为主义者赫尔（Hull，C. L.）的刺激—反应理论为基础建立。它将消费行为看作一个输入和输出的过程。在此模型中，影响消费行为的各种因素构成输入，购买行为构成输出。在输入过程中，影响消费行为的各种因素是相互联系和相互作用。

霍华德（Howard，J. A.）和谢斯（Sheth，J. N.）的模型具体分析了影响消费行为的各种因素。它们分为四大类：一是刺激。它包括：商品的质量、价格、特点；生产和经销者提供的服务；购买的可能性；商品的象征性；消费者的社会属性，如消费者所属的社会阶层等。二是知觉。它包括商品的外观、包装等的特点；消费者注意的特点、知觉特点等。三是学习。它包括消费动机、消费态度、消费者选择商品的标准、消费者对商标和品牌的了解、消费者的满意度等。四是外部因素。它包括社会经济环境、消费者的社会阶层、消费者的文化水平、家庭经济状况、购买时间、购买压力、购买的重要性、消费者的人格特点等。

霍华德—谢斯模型的特点，首先是大量使用了心理变量解释经济行为；其次是精细化程度大为提高。在分析购买行为时，此模型使用了12种基本的函数公式对它们进行描述。这正是赫尔理论的特色。赫尔理论将刺激与反应分解成一系列的中介变量，并把它们当作是刺激引起反应的媒介，然后用公式去表述它们之间的关系，用数量术语确定刺激与反应以及中介变量的精确数值。该模型的不足是使用了太多的参数，检验起来存在极大的困难；说明变量之间的线性关系比较有力，但难于说明它们之间的非线性关系。

（九）EKB认知加工模型

该模型由恩格尔（Engel）、科莱特（Kollat）和布拉克韦尔（Bleck-well）三人共同提出，因此简称EKB认知加工模型。

该模型将消费过程看成一个认知加工过程，具体分析消费过程与其影响因素的关系。它围绕中央控制系统、信息加工、决策过程、环境与个人的相互作用四个方面对消费过程进行研究。

中央控制系统指消费者大脑的信息输入。信息加工是一种工具，外部信息通过加工变为中央控制系统的一部分。信息加工受到个人经验、态度和个性的影响。决策过程指对信息的选择、评价和决策。环境与个人的相互作用指人与环境的相互影响。各变量之间的关系见图5–3。

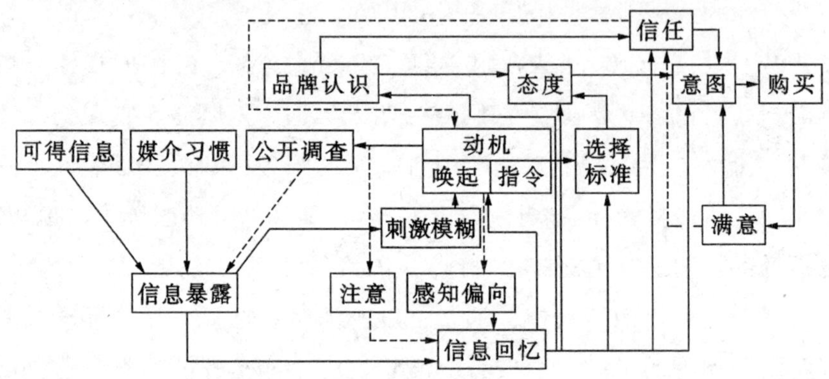

图5–3　EKB认知加工模型中各变量之间的关系

该模型对上述变量进行了定义，如C_x代表选择一种商品，A_x代表对购买某种商品的态度，B_x代表对产品的信任等。与此同时，设计了一系列的公式表述它们之间的关系，如$A_x=F(B_x)$，它代表消费购买某种商品的态度是消费者对该产品的信任的函数。

该模型的特点是强调决策过程在经济行为中的作用，明确表明各种内部变量与外部变量的关系，清楚地定义了变量以及它们之间的函数关系。不足之处是与霍华德—谢斯模型有些类似，即：便于说明变量之间的线性关系；难于说明它们之间的非线性关系；参数过多；变量之间函数关系的指定有较大的人为性。

（十）几点评价

1. 上述九种经济行为模式有一个共同的特点，即它们都认识到解释经济行为光靠经济变量是不够的。要更系统地解释和预测经济行为，必须考虑心理变量和社会学变量，只有将三者结合起来才能达到目标。研究经济心理必须进行综合性研究，必须跨学科利用经济学、心理学和社会学等领域的研究成果。

2. 在经济行为模式发展早期，研究者更强调经济因素的作用。如卡托纳的经济心理学模式。随后，研究者更强调消费者的社会属性对经济行为的影响，强调社会政治、社会文化等因素对经济行为的作用。随着社会经济、政治和文化的发展，消费者社会属性、社会政治、社会文化对消费行为的影响逐步减小，研究者越来越多地强调心理变量对经济行为的影响。

3. 一开始，经济行为模式更强调对显性的购买过程的分析。随着研究的发展，经济行为模式更重视对购买前心理的分析，突出购买需要和购买动机等隐性心理活动的作用。

4. 研究者越来越重视决策活动对经济行为的影响。

5. 20世纪60年代后，经济行为的数量化模式变得更为常见。它说明经济行为的研究更为客观化和精确化，突破了单因素分析的局限性。

6. 研究者用于说明经济行为的心理变量更加丰富，对心理变量的定义也更加明确。

7. 不同模式的重点有所不同。卡托纳的模式重视经济条件对经济行为的影响；拉扎斯费尔德模式重视消费者社会属性对经济行为的影响；户川行男的模式突出消费者的需要的作用；阿尔布的模式强调生产关系、社会制度、文化历史等经济基础对经济行为的制约；其他一些模式则强调决策对经济行为的影响。

8. 多种不同模式的存在，说明需要对经济行为做系统的研究。对不同的理论进行整合，增强经济行为模式的理论基础，是经济行为理论模式发展的一个方向。

9. 对经济心理的宏观描述和微观数量化分析模式各有特点。对经济心理的宏观描述模式有时不够精确，对经济心理的微观数量化分析模式有时则显得过于琐碎。经济心理研究需要将宏观描述与微观数量化分析模式有机地结合起来。

总之，从以上介绍的几种消费行为模式中，可以看到经济行为是极为复杂的，它涉及多方面的因素，仅用某种因素不足以全面说明人的经济行为。对经济行为性质的说明，必须要把经济因素、心理因素、社会文化因素等综合起来研究才能实现。

根据已有的研究结果，我们认为，经济行为主要是由产品、人、经济环境三方面共同决定的。经济行为是产品、人、经济环境共同作用的结果。

所谓产品，指经济活动主体购买的商品、劳务或投资的性质。在市场经济活动中，产品是市场活动的物质基础，也是在经济过程中引起经济主体各种心理反应的客体。市场中出售的产品，不只是有形的、物质性的、能为消费者提供基本效用的东西，而且还包括许多无形的、心理上的属性，能满足消费者各种精神、心理和社会的需要。因此，产品与经济行为有密切关系。要理解经济行为，必须深入分析产品的特性以及它们与经济行为的关联。只有这样，人们才能全面地认识经济行为产生的原因。

产品的属性有多个方面。与经济行为关系密切的有：产品的质量、产品的包装、产品的命名、产品的商标、产品的生产者、产品的技术含量、产品的生产水平与技术水平、产品的效能、产品的结构、产品的价格、产品的象征性、产品的时代性、产品与环境的一致性等。它们影响消费者对商品的知觉、情感、态度、需要、消费决策和使用后的评价。

在经济活动过程中，人的因素起重要的作用。它包括人的需要、动机、兴趣、态度、情绪与情感、感知、学习、记忆、思维、个性品质、价值观念、预期、生活方式、消费经验、年龄和性别等。强调经济行为中人的因素的重要性是著者的一贯思想。“现代心理技术学应当始终首先注重人的因素，而不只是技术进步的问题。因而我们特别重视现代化生产中和社会生活中，人·机·环境和人·人·环境系统的关系。把对人的心理因素的研究放在最重要的位置上，并且与其他多学科交叉，共同理解生活中提出的实际问题。”[1]

[1] 杨鑫辉:《现代心理技术学的体系建构》，载《心理学探新论丛（1999）》，南京师范大学出版社1999年版，第202页。

经济环境包括两个方面：一是市场情境。它由广告宣传、产品价格、商店环境、柜台布置、橱窗陈列等构成。二是作为经济活动主体的人所处的社会情境。它涉及社会的富裕程度、周期性的社会经济变化、社会文化、个人与家庭的社会状态、参照群体、家庭结构与人口状态、社会影响、个人经济收入等。

在产生经济行为时，人的因素，即人已有的心理特点构成影响消费行为的内部因素。产品特点和经济环境构成影响经济行为的外部因素。它们一起共同影响经济行为过程。因此，要比较全面地对经济行为进行调查和研究，必须全面考虑产品、人、环境的综合影响。

需要指出，经济行为的理论模式是一个抽象过程的产物。它通常忽视了影响经济行为的次要因素，而把重点放在强调影响经济行为的主要因素及其相互关系和作用方面。它们通常用比较简洁的方式对影响经济行为诸因素的动态、静态关系进行说明。经济行为模式的形成一般是多种经济行为研究结果的综合，其中一部分是被研究证实的，另有一些则是研究者对问题的推测。它们描述了各种主要变量的直接与间接关系。由于经济行为模式的抽象性和系统性，它们为人们研究经济心理提供了理论上的指针。

尽管大多数经济行为理论模式对于增进人们对经济行为性质的了解有一定的帮助，但是，并非消费行为模式揭示的各种变量的关系都能进行实证的研究，消费行为模式有些内容也不都是科学研究的结果。因此，它们的应用就有一定的限度。我们在选用某种经济行为模式对经济行为进行研究时，有必要参照多种经济行为模式来进行，以避免单一模式的不足。

（十一）经济心理测查技术

经济心理学家阿尔布非常强调技术与方法对于发展经济心理学的作用。“各门学科的进步（尤其是经济心理学的进步）在很大程度上总是取决于那些不断用来对进步做出说明和进步得以实现的手段。事实上，对经济和社会问题的认识根本不是来自自由经验产生的模糊直觉。”对于经济行为的认识，“要求人们利用多种不同的研究手段，不同的技术，唯有这样，才能对经济学家和心理学家提出的问题给予合理的回答”[1]。

阿尔布对经济心理学的方法和技术做了初步区分。在他看来，方法是一般的程序，技术是以理论为基础的规定明确的操作手段；方法一般来说相对简单，是一种有规律的操作过程，技术则往往是复杂的，技术必须符合现实的复杂性；方法有统一性的特点，而技术是多种多样的；方法具有普遍性，而技术则是柔性的、发展变化的，随着研究问题的不同而不同。

2002年度诺贝尔经济学奖得主之一卡尼曼（Daniel Kahneman）的工作进一步证实了阿尔布对问题认识的正确性。卡尼曼将认知心理学的研究成果来解释经济行为，有力地促进了经济学研究的发展。

著者认为，心理技术是一种技术手段，是研究个体和群体在社会实践活动中的心理问题的工具。与心理学方法相比，心理技术更适合解决心理学的中层问题。对于这一点，著者在对现代心理技术学的有关论述中已有比较清晰的说明。“现代心理技术学，是应用现代心理学原理及心理测验、测量、统计等技术手段，研究社会生活实际部门中个体与群体心理问题的综合的应用理论学科。”“它与心理学各种具体应用问题发生联系。”“现代心理技术学强调研究基础理论与具体应用之间的中介层面问题。”[2]由此，心理方法与心理技术的区分，不在于某种方法或技术的名称，而在于它们的朝向。心理方法偏向于获得一般的心理学规律，而心理技术偏向于解决心理学的应用问题，是一种经过实践检验的操作规则，对于要解决的心理学问题更具可行性和有效性。

由于经济心理学的研究内容和范围很广，学科的基础正在建设之中，涉及众多的概念和理论，这就导致经济心理测查技术是多种多样的。以下以经济心理学的研究领域为基本线索，介绍一些常见的技术。

---

[1] 保罗·阿尔布著:《经济心理学》，上海译文出版社1992年版，第53—54页。

[2] 杨鑫辉:《现代心理技术学的体系建构》，载《心理学探新论丛（1999）》，南京师范大学出版社1999年版，第195—203页。

第二节　广告心理技术

一、广告制作心理技术

（一）阈下知觉技术

1. 技术原理

阈下知觉技术以感受性为技术原理。感受性是对刺激物的感觉能力，它用感觉阈限的大小来度量。感觉阈限是能引起感觉的、持续一定时间的刺激量。从心理物理学的研究看，并不是任何刺激都能引起感觉。如果要产生感觉，刺激物就必须达到一定的量。那种刚刚能引起感觉的最小刺激量，就称为绝对感觉阈限。凡是没有达到这一数量的刺激物都处于阈限以下，不能引起感觉。然而，随着心理学研究的发展，研究者认识到，并非所有的阈下刺激对人的感知觉都是无效的，那些处于绝对感觉阈限以下但又非常接近绝对感觉阈限的刺激，会对人的感知觉产生实际的影响。这种知觉称为阈下知觉。

2. 技术步骤

第一步，测定绝对感觉阈限。测定绝对感觉阈限的方法有两种。一种称为心理物理学方法。在心理物理学方法中，最简单的方法是最小变化法。具体操作是将微弱的刺激物一点一滴地增加，一直到被试产生感觉为止，这时刺激物数量的大小代表感觉反应的出现阈限；然后再从比较大的刺激量开始，逐渐减少，直到感觉消失为止，此时的刺激物数量的大小代表感觉反应的消失阈限；最后计算出二者的算术平均数，此数值就是绝对感觉阈限。另一种称为条件反射法，它以经典条件反射理论为基础。条件反射法测出的绝对感觉阈限比心理物理法测出的感觉阈限要小一些。第二步，选取一个低于但又非常接近绝对感觉阈限的刺激量去引起人们的阈下知觉。

3. 应用

在经济心理研究中，阈下知觉技术主要用于广告宣传上。感觉阈限心理现象使一部分研究者提出阈下广告的想法。阈下广告技术就是在视听媒介背景上，以低于但又接近绝对感觉阈限的视觉或听觉刺激量呈现广告信息，如在电影、电视节目当中以阈下刺激介绍某种产品。其基本思想是，虽然人们没有直接意识到广告的出现，但能够受到广告信息的影响。阈下广告技术在20世纪初就开始使用。50年代末，美国人维克瑞（Vicary，J.）就利用阈下广告技术，在电影放映时加入可口可乐和爆米花的阈下广告，结果是可口可乐的销售额增加了17%，电影院中爆米花的销售量增加了58%。

4. 应用阈下知觉技术需要注意的问题

运用阈下知觉技术存在一定的难度。这也是重复性实验没有得出一致性结果的主要原因。当把阈下知觉技术用于广告宣传时，绝对阈限值通常取的是大多数人的平均值。然而，个体的绝对阈限值存在很大的差异。有的人的绝对阈限值可能高于大多数人的平均值，有的则可能低于该平均值，因此就可能出现因为刺激量太小，有的人根本就不能意识到该刺激的情况。其次，利用阈下知觉技术时，因为刺激量太小，特别是随着知觉条件的改变，可能导致人们误解阈下刺激，出现利用者意想不到的情况。鉴于以上两点，有学者提出，在使用阈上广告一段时间之后，再利用阈下知觉技术进行广告宣传更加合理。第三，利用阈下知觉技术时可能遇到法律问题。因为阈下知觉技术在一定程度上剥夺了消费者的知情权。

（二）差别感觉阈限技术

1. 技术原理

刺激物引起感觉之后，在刺激的数量发生的变化中，并不是所有的变化都能引起感觉上的变化。例如，100克重量的东西已经能引起感觉，在此基础上再增加1克的东西，人们并不能感到原来的重量感觉发生了变化。一定要使重量增加3克或者更多时，人们才能觉察到重量的变化。这种能使人感觉到事物已经发生变化的最小差异量，就称为差别感觉阈限。与之相对应的感受性称为差别感受性。差别感受性与差别感觉阈限成反比关系。1860年费希纳（Fechner，C. H.）、布格尔（Bouguer，P.）和韦伯（Weber，E. H.）定律表明，从绝对值说，原有的刺激强度不同，差别阈限也就不同。但是，就其相对值而言，差别阈限值与原有刺激物的强度之间的比值在很大范围内是恒定的。这种关系可用$K=\Delta I/I$表示。其中，K为常数，I表示最初刺激物的强度，ΔI表示差别感觉阈限。对于不同的感觉，K值不同。如视觉的K值为1/100，重量的K值为1/30，听觉的K值为1/10。

2. 操作步骤

第一步，测出原来引起感觉的刺激的物理量，如物体的重量I。第二步，利用$\Delta I=I\times K$，求出差别感觉阈限。如原来引起感觉的刺激物的重量为500克，$\Delta I=500\times(1/30)=16.67$克。

3. 应用

差别感觉阈限技术广泛用于产品改变包装、产品广告宣传、提高产品的性能价格比、进行价格竞争等方面。今天，“本产品免费多送20克”；“600毫升卖500毫升的价格”；“数量增加了，但价格不变”；“增量不增价”；“数量不变，价格下降”；“性能增加，价格不变”等的广告和产品包装随处可见。用同等的价钱，买到比同类产品或原来产品数量多的商品，对消费者来说当然有吸引力。然而，并非所有这类广告宣传和产品的重新包装都能产生与广告制作者、商品生产者的预期相一致的效果。这里就涉及差别阈限技术的运用。

在广告制作或产品改变包装的过程中，如果希望通过广告或更改包装让消费者明白，他们是用同样的价钱，买到了比同类产品或原有产品数量更多、质量更好、服务更完善的产品，他们在广告制作和产品生产中，就一定要使产品量的增加、产品质的变化以及服务的改善达到一种最小的数量。这种最小的增加量能使消费者确实感受到与以前或同类产品有所不同。差别阈限技术为做到这一点提供了技术保证。

运用差别阈限技术，广告制作者和生产者可以找到某一种产品的大小、重量、质量等需要至少增加多少，消费者就能感觉到它已真正有了变化。这种增加量，对产品的生产者和广告的制作者来说，是达到目的的最小量，也是最经济的量。

（三）注意技术

1. 技术原理

注意是心理活动对一定对象的指向与集中。指向性和集中性是注意的两个基本特征。注意的指向性，使人的心理活动对关注的对象具有选择性。通过它对心理活动认识的对象作有意或无意的选择。注意的集中性使注意的对象能够得到鲜明和清晰的反映，使无关的活动受到抑制。

注意的理论模型有多种。常见的以信息加工为基础的注意模型有过滤器模型和衰减模型两种。

过滤器模型1958年由心理学家布罗德本特（Broadbent,D. E.）提出。这一模型认为，人面临着大量的信息，但在同一时间里，大脑对信息进行加工的能力是有限的。为了使大脑在加工信息时不至于负担过重，在大脑加工信息之前,需要对输入的信息进行过滤。过滤器相当于一个开关，它按照“全或无”原则进行工作。当一个通道被打开时，此通道的信息就通过，得到进一步的加工；而其他通道则被关闭，信息不能通过，它暂时贮存于短时记忆中，很快就会被忘记。在输入的信息中，新颖、强烈、具有生物学意义和符合人的心理预期的信息，容易通过过滤器，得到更深一层的加工。

衰减模型1960年由特瑞斯曼（Treisman，A.M.）提出。衰减模型是对过滤器模型的修正。此模型认为，输入大脑的信息不是被阻断，而是在输入过程中不断地衰减。有关信息不能被人意识到，是因为它们在输入大脑的过程中，人没有有意地追随它们。对于非常熟悉的信息，人即便是没有主动关注它，它也可以在大脑中得到部分加工。

2. 具体操作与应用

注意技术在广告中得到普遍的应用。现代社会可以说是一个广告的社会。广告几乎无孔不入。街道、建筑物、公路两旁、商店橱窗、流动的汽车内外等广告随处可见。电视、广播、报纸、杂志充满着广告，使人目不暇接。无论在公共场所还是在家里，人们都处于广告的立体包围之中。它们通过视觉和听觉的方式不断地试图引起人们的关注。有研究表明，一天之内暴露在人面前的广告高达几百次。然而，研究同样发现，在一个单位时间内，能够吸引人们去看和听的广告并不多。它告诉人们，大量的广告并没能对人产生作用，它们被人过滤了。对部分广告主和广告营销者来说，这表明众多的广告是白做了，它们不能对广大消费者产生应有的心理作用。

大量的广告不能对消费大众产生影响，关键问题之一是广告没有很好地符合人的注意特点。心理学研究表明，生活在现实社会中的人随时随地都面临来自机体内部和环境外部的大量信息。但是，在特定的时间，人们并不能感受到所有的信息，他们只感受符合人的注意规律和特点的少量事物。人们越来越多地认识到，要使广告更容易被人们关注，在广告制作中，必须运用注意的心理技术。具体操作有以下方面：

（1）增大刺激强度。从注意的理论模型中，人们可以看到，广告刺激要引起人的心理反应，必须要达到一定的强度，并且在一定的范围内，刺激的强度越大，广告信息就越能通过过滤器，在人的大脑皮层得到加工。在广告制作中，运用强烈的音响、鲜明夺目的色彩、醒目的符号和图案，都可以达到引起注意的效果。

（2）加大刺激对比度。广告刺激物在强度、形状、大小、颜色、持续的时间等方面与其他刺激物存在明显差别，形成鲜明对比时，会更容易引起人的注意。在广告制作时，有意识地加大刺激物与背景之间的黑白相衬、浓淡差异、大小对比、轻重悬殊等，都能提高消费者对广告的注意。

（3）使刺激物运动变化。心理学研究表明，运动中的事物、变化着的刺激容易引起人的注意。灯箱广告、露天广告、电视广告、互联网广告都要注意刺激的运动变化。在制作时，广告刺激的运动速度、变化的速度和频率都必须符合特定消费群体的心理特点。

（4）增加广告刺激的新异性。新奇的事物容易成为注意的对象，而千篇一律、多次重复的事物，就很难吸引人的注意力。在运用这一技术时，广告制作者需要注意广告的绝对新异和相对新异对消费者的影响有时会有所不同。广告刺激的新异可分为两种：一是绝对新异，广告表达的是人们从来没有见过的东西和内容。二是相对新异，广告的表达是过去已知内容和事物不寻常的组合。心理学研究表明，相对新异更能引起人们的注意。

（5）期待技术。从注意的心理学研究看，人对事物的期待，极大地影响着人对注意信息的过滤。期待的事物容易到达大脑获得深入的加工。期待是对人的心理、生理需要的反映。因此，广告的制作就需要尽力满足人的需要和愿望。期待技术的运用需要广告制作者深入了解不同类型消费者的需要特点和产品特点，在制作广告时尽可能去满足消费对象的需要，为消费者实现自己的期待提供信息和服务。

（6）制造悬念（蒙太奇）。制造悬念，指的是在广告过程中，通过运用语言、一系列的画面和图形，提出一个或几个新奇的问题，而广告本身暂时又不提供答案，需要消费者去思考、猜测，或者需要消费者紧紧地跟随广告，一直到广告的结束，问题的答案才水落石出的一种技术。广告悬念一开始就引起消费者的好奇心和求知欲。在这种好奇心的驱使下，消费者就会一直密切注意广告的发展和变化。

3. 运用注意技术需要注意的问题

注意是广告心理历程的起点。广告作品只有引起人们的注意，才会引起人的兴趣，激发人的购买欲望，最后引起人的购买行为。在广告的制作过程中，广泛运用注意技术极为必要。但是在运用注意技术时，要高度注意的一个问题是，运用注意技术增加广告的吸引力，在任何时候都要围绕广告的主题和内容进行。

运用注意技术增强广告的吸引力，如果运用得法，就会产生正面作用。如果使用不当，则会产生负面的影响，有时还会出现由于运用了注意技术，广告的吸引力越强，就越偏离广告的主题、内容和目的的情况。使用漂亮的女模特或女影星做广告有时就会出现这种情况。通常来说，带有人物的广告比仅只有产品介绍的广告对消费者更有吸引力。特别是对于化妆品、清洁用品、女性时装、汽车等，使用与之相适应的漂亮女性形象，有助于增加广告的吸引力。这是因为广告上出现的人物，其性别、年龄、职业与广告内容有某种潜在的关联，在广告中加入女模特的形象，可以吸引消费者的注意力。然而，女模特的使用有时也会给广告带来负面效果。当使用的模特形象与广告的内容不相关，或者女模特的使用使消费者的注意力不是集中到广告的主题和内容上，而是集中到其他无关的事物上，这种吸引消费者注意的技术就不能起到应有的作用。

（四）组块技术

1. 技术原理

心理学实验表明，短时记忆的广度大体上是7±2。也就是说，在短暂的呈现条件下，短时记忆能接受的信息的数量至少为5个，平均为7个，最多是9个。它们既可以是无意义音节，也可以是彼此无关联的字母或单词，单位可以不同。如果把字母组成单词，被记住的字母数就会增加。可以把较小的单位联成比较大的单位。有关研究表明，短时记忆的空间有限，保持的时间也非常有限。但是，如果输入的信息量多于9个，在信息输入之前把它分成几个一组，把小的记忆单位组成7个左右的较大的单位，多于9个以上的信息还是能够被人记住的，短时记忆的容量可以扩大。把小的信息量单位组成更大的单位，在心理学上称为组块。心理学用置换理论来解释短时记忆的广度，认为短时记忆广度仅有7个，是因为短时记忆的空间有限，只能容纳7块左右。如果要增加新的块，就必须把旧块排出。

2. 具体操作与应用

根据短时记忆的组块特点发展的组块技术对于广告制作有重要意义。大量的电视广告呈现的时间都非常短，另外许多室外广告，对于乘坐交通工具的消费者来说，允许消费者观看的时间也非常有限。对这类广告的记忆多数属于短时记忆。在这种情况下，如果广告的内容比较多，假设有20多个字，如何才能使这些信息在较短的时间内进入消费者的短时记忆，使消费者可以对这些信息做进一步的加工，从而进入消费者的长时记忆系统呢？组块技术为解决这类问题提供了技术基础。具体做法就是，将这20多个字的广告内容，按照它们之间的联系，分门别类，组成7个左右的较大的记忆单位，使它们符合短时记忆容量的基本需要。

（五）精心制作技术

1. 技术原理

现代认知心理学的研究表明，在长时记忆中，人的长时记忆中的信息大多数是通过语言加工的，大量的信息是以意义的方式进行编码的。如，鲍斯斐尔德（Bousfield，W.A.）认为长时记忆中的内容是以概念的方式进行分类的。科林斯（Collins，A. M.）认为长时记忆是以网络形式贮存记忆材料的，每一个概念是一个节点。它可以与其上面、下面、前后、左右的概念相连；也可以与概念的属性相连。记忆中的内容是按一定的结构层次组织的，人们在回忆时，从一个概念开始，可以连到上下、左右、前后的有关概念。

有关研究表明，呈现的材料的组织结构程度越高，就越容易记忆，也越容易提取。处于同一语义层次上的概念最容易利用。精心制作技术就是根据心理学的这种研究发展起来的。

2. 具体技术操作

由于新的信息进入大脑后，会与原来的认知结构发生相互作用，产生新的认知结构。对于消费者来说，这种新的认知结构包括他们对某种产品、品牌、服务、商场等认知后产生的整个信息网络，也包括将来如何购买、决策的信息。一种认知结构是一个购买事件的原型，描述了消费者在特定的消费情境中会做些什么。运用精心制作技术时，首先，它要求对广告设计与制作，甚至整个市场营销活动者以意义的方式进行组织。这种组织包括广告主题与内容的组织、广告版面结构的组织、广告与商场的组织、商场环境与陈列的组织等。其次，按照图解和脚本对以上各项活动进行安排，引导消费者的行为。由于精心制作技术涉及整个营销过程活动的安排，在国外已越来越多地引起研究者的重视。

二、广告创意技术

（一）广告创意及其必要性

广告创意，从概念的内涵说，是在广告的活动范围内，在观察和了解原有广告要素的基础上，对旧有要素进行组织，产生具有广告意义的新思想、新观念和新点子的过程。创意，是广告设计者反复精心策划的结果。

广告创意并非无中生有。它必须建立在市场研究的基础上，必须仔细研究产品及其与竞争产品的关系，研究产品与消费者和潜在消费者的关系，研究产品与已经占领的市场以及潜在市场的关系。广告创意必须能够满足消费者、潜在消费者的生理、心理需要。广告创意是商品、市场、消费者、人性的完美结合。有创意的广告能使消费者一看到广告就明白商品的优点，并永远不会忘记它表达的思想和传播的内容。它给消费者提供独特的消费建议，激起消费者的消费欲望，给消费者情感上的满足，帮助消费者解决消费中遇到的问题。

广告创意包括广告形式创意和广告内容创意两方面。相比较而言，广告内容创意更为重要。

在广告内容创意中，广告主题创意占据突出地位。广告主题是为了达到某种广告目的而表达的基本概念。它是广告诉求的核心，是广告作品中起决定性作用的因素。广告主题使广告具有统一感，给消费者一种鲜明、独特、清晰、深刻的感觉和印象。它作为广告设计的主线，反映广告的主体和总纲，始终指导广告设计的全部活动，在相当程度上决定了广告作品的格调。由此，广告主题创意是广告创意的核心方面。

广告主题创意，首先必须做到主题创意深刻。广告主题创意要能够表达广告内容的本质，使广告主题深入隽永，富有哲理。其次，广告主题创意必须新颖，能从新的角度和层次表达广告问题，不落俗套。再次，广告主题创意必须个性鲜明，表达准确，使消费者能很快把握广告的实质，并正确领会。

广告创意是广告设计的思想内涵和灵魂，是广告最具有感染力和说服力的基础要素。任何广告设计都要从广告创意开始。广告创意决定广告的内容和广告能否用最少的金钱产生最大的效果。

美国著名的DDB广告公司的威廉·彭立克这样说："我们没有时间没有金钱，容许大量使用以及不断重复广告的内容。我们呼唤我们的战友——创意。"广告大师大卫·奥格威也指出："广告要吸引消费者的注意力，让他们来买你的产品，就非要有好的创意不可，不然它就很像被黑夜吞噬的船只。"他们两人都用简洁的语言，一语道破了广告创意在广告营销中的重要性。

广告传递的信息，要为人们知晓，基本途径只有两条：一是靠广告的大量重复。但是，在广告的传播过程中，大量重复意味着企业必须支付大量的金钱。这类广告无法做到价廉物美。另一途径就是通过思维形成富有创意的广告。广告创意就是突破常规，故意打断人们的心理预期，使人感受到惊奇和震动，使广告刺激一经出现就在人们心目中形成一种稳固的条件反射。有创意的广告能引起人的注意，唤起人的情感，激发人的思维，使人在短短的时间内就能相信并记住广告产品的好处，在消费的时候，在同类产品中选择广告宣传的产品。

（二）头脑风暴技术

从广告创意的性质看，无论是广告形式的创意，广告内容的创意，还是广告主题的创意，它们都需要广告设计者广泛深入地研究商品与消费者、商品与市场、商品与文化、商品本身的特点等，从而发现它们之间的相互关联。在广告设计中，创意的出现本身就是一种复杂的创造性思维过程的结果。因此，广告设计者除了要研究上述关系以外，可以提高广告设计者自身的心智活动能力，对增加广告创意尤其有帮助。头脑风暴技术是广告创意技术的一种。

头脑风暴技术也称为智力激励法。这是一种启动集体智慧，集体协调创作的技法。它采用小型会议的形式，由与会者相互激发灵感，产生创造性思维。

头脑风暴技术分为六个阶段：

第一，准备阶段。会议主持人对有待解决的问题进行分析，弄清问题的实质与关键，并设定解决问题的希望点。

第二，热身阶段。创造一种自由宽松的讨论问题的气氛。

第三，明确问题。主持人言简意赅地介绍有待解决的问题。

第四，重新表述问题。经过一段时间的讨论后，与会者从新的角度表述这些问题。

第五，畅谈。在这阶段中，参与者自由发挥，自由联想，相互启发，相互补充。

第六，筛选。主持人向与会者介绍大家的新观念和新思想，然后确定评选标准，进行初步的重复筛选，并从筛选出的方案中优中选优，最后确定一至三个方案。

（三）联想技术

1. 技术原理

人们所处的环境是由无数相互联系的事物构成的。在长期的社会生活中，事物间的相互联系以各种不同的形式出现在人的面前，事物间的这种关联就在头脑中留下印象，形成一定的心理联系。以后，一种事物的经验就会使人想起与之关联的另一种事物的经验，或者由于想起一种事物的经验，使人不由自主地想起另一种事物的经验。在心理学中，我们把这种现象称为联想。联想是客观事物的相互联系在人脑中的反映。

联想是一个古老的概念。亚里士多德就认为，人的一种观念可以引起一个在过去与之同时出现过的、相反的或接近的相互关联的观念。这三种观念的联系后来被称为三条主要的联想律：相似律、对比律和接近律。以后，休谟则提出因果律，成为联想的四大规律。心理学家巴甫洛夫的条件反射理论则用神经系统中已经形成的暂时神经联系对联想进行了说明。

所谓对比律，指一种观念容易引起在性质或特点上与之相反的事物观念的出现。相似律，指一种观念和事物在人心目中引起在形态和内涵上与之相似事物的观念的出现。接近律，指一种事物的观念容易引起另一种在时间和空间上与之接近事物观念的出现。因果律，指一种事物观念的出现容易引起另一个在逻辑上与之有因果关系事物观念的出现。

2. 具体操作

联想技术，就是根据联想的基本规律对广告进行设计和制作的技术，从而使广告作品突破时空的限制，在时间和空间上得到扩大和延伸。具体有以下几种方法：

第一，比喻法。它用消费者熟悉的形象来比喻广告商品的形象和特长，或者用含蓄的广告语言或画面引起消费者的无限遐想。比喻法通过直喻、暗喻和声喻等比拟表现方式，揭示广告信息的内涵，产生引人入胜的艺术魅力，给消费者进行艺术再创造的余地。

第二，象征法。在广告设计和制作中，用白色象征纯洁、红色象征热情等，运用的就是象征法。

第三，对比法。通过对比，充分说明广告产品的功效或好处、优点。

3. 运用联想技术应注意的问题

心理学研究表明，一个事物可以引起多种联想。对同一种事物，人们会产生何种联想，与联想者的兴趣、经验、职业、年龄、文化程度以及原事物间的联想强度等有关。由于消费者的经验、兴趣等的不同，对一个事物的联想会出现很大的差异。有时，广告使消费者产生的联想竟是广告制作者始料不及、预想不到的。如果这种联想与广告的目的完全相背，就会极大地损害广告的效果。因此，广告制作者运用联想技术制作广告时，要高度重视知识经验和消费者预期对广告联想技术运用的影响。

三、广告心理效果评价技术

（一）技术原理

在现代社会中，广告是一项极为花钱的东西。广告是一把双刃剑。

一个企业有时“成也广告”，“败也广告”。广告可能给企业带来巨大效益，也可能置企业于死地。因此，广告的效果，对于企业来说是极为重要的。

广告效果分心理效果、经济效果和社会效果三方面。广告的心理效果属于广告效果的事前评价。其经济效果和社会效果评价属事后评价。

尽管广告的心理效果与广告的经济效果和社会效果并非一对一的关系，有时心理效果好的广告并不一定经济效果好，但是广告效果的事前评价在广告营销中具有极为重要的意义。广告效果的事前评价可以使广告主、广告设计和制作者、广告宣传者事先发现广告设计与制作上可能存在的缺点，在广告宣传之前对广告进行修改和补充，甚至重新设计与制作，使广告产生最佳效果，避免因广告设计和制作的失误，导致广告效果不佳，使企业遭受巨大经济损失的情况出现。

广告心理效果评价包括以下主要内容：

第一，感觉度。广告必须通过人的感知觉才能被消费者知晓，达到引起消费者购买行为的目的。在广告活动中，利用人们感知觉形成的规律，引起消费者对广告的注意，唤起他们的需要，激发其购买动机极为重要。因此，测定广告对消费者感知觉的影响，是衡量广告心理效果的重要内容之一。

第二，记忆效率。广告的一个目的是对消费者的记忆内容产生长期的影响，使消费者在有消费需要、准备购买时，能够从记忆中回想起有关广告的内容，进行定牌购买。广告是否容易被消费者记忆，帮助消费者提高记忆的效率，就是另一个需要调查的内容。

第三，思维影响度。思维是人脑对客观事物本质属性的间接、概括反映。消费者对广告的思考，主要表现为对广告内容的理解上。广告内容的通俗易懂，有助于消费者对广告反映的事物本质的掌握。广告表现方法必须适应广告对象的知识水平、已有经验和理解能力。

第四，情感激发度。情绪与情感是客观事物能否满足人的需要而产生的一种内心体验。情绪与情感在人的认识活动中起重要的作用。广告要想使消费者对它作深入的了解以及对广告宣传的产品产生深刻的印象，就必须在广告的设计和创作中，根据产品特点，设计出具有情绪感染力的意境，诱导消费者产生较强烈的情绪反应。

（二）广告心理效果评价的主要技术

1. 眼动技术

眼球的运动是正常视觉的一个必要条件。眼球的运动有注视、跳动和跟随三种基本形式。眼球在注视事物时，视轴对准注视的对象，视像落在中央窝上。眼球的跳动为的是搜寻目标，视线停留在一个注视点上一会儿后，再跳到另一个注视点上。眼球的跟随，即是眼球以较平稳的运动跟随运动着的物体。

在注视物体时，眼球的运动会因注视对象的特点，个人的心理状态、需要、兴趣、原有的知识经验等的不同而不同。俗话说“眼睛是心灵的窗口”，眼动研究不但可以反映人的心理需要、兴趣等心理状态，而且有助于了解人观察事物、阅读的特点。

眼动技术就是运用眼动仪，记录消费者观察广告时眼睛的运动轨迹。通过对眼睛注视广告标题、广告主题内容、广告中的人物、产品和背景等的时间、次数以及从广告画面的一部分跳动到另一部分的特点等进行分析，可以了解消费者对广告兴趣之所在。如果广告的主要内容成为消费者注视的焦点，它就是一则较好的广告。如果消费者主要注视的是广告的枝节，或者广告中无关紧要的内容，那么，这则广告就需要修改或重新设计制作。

2. 脑电技术

现代心理学研究表明，脑电会随大脑的工作状态而发生不同的变化。因此，脑电可以反映大脑不同的唤醒状态和意识状态。如，人在闭目休息时，脑电图主要以 α 波为主；在兴奋或警觉时则变为低幅的快波，出现 α 波阻断。由特殊刺激引起的脑电波的变化称为诱发电位。当人思考时，会有特异的脑波出现。这种脑波因为与一定的心理过程有关，又被称为事件相关电位。大脑的诱发电位和事件相关电位被广泛用于研究人的意识活动的大脑活动过程。

广告效果的脑电技术，就是利用脑电图仪来描述、研究消费者在观看或者听广告时大脑皮层的电活动，通过对消费者看或听广告时的脑电分析，可以了解广告对消费者思维、情绪、兴趣等的影响程度。

3. 速示技术

速示技术是运用速示器研究消费者如何对广告产品进行感觉分析的一种方法。运用这一技术，可以对广告各部分的可识别性，广告的标题、图案、说明，广告的解说词等的易懂性、广告的记忆效果和再认效果等一系列的认知活动进行评价。

速示器的工作原理与照相机快门的工作原理基本上相似。它运用机械的、电子的手段，在一个极为短暂的时间间隔内（通常在1/1 000秒和1秒之间）把文字、图形等视觉材料呈现给被试，从而为心理学研究的感觉分析提供条件。速示技术的基本步骤为：

第一，把设计制作好的广告作品制成幻灯片等视频形式；

第二，利用机械或电子快门、闪频仪、电脑等把广告作品以极短的时间呈现在屏幕或电脑显示器上；

第三，测试被试看到什么；

第四，通过分析被试注意、识别广告的特点，研究广告对消费者是否有吸引力，什么地方有吸引力，从而确定广告设计与制作是否能达到广告设计和制作的预定目标。

运用速示技术研究广告效果，需要注意通过速示设备呈现的广告作品，应尽可能与广告在实际宣传时的条件相一致。由于技术的问题，通过速示设备呈现的广告与真实的广告作品在大小、颜色、亮度、背景环境方面会有一定的差异。这种差异可能影响速示技术得出的结果在现实条件下的可应用性。

4. 皮肤电技术

伴随人的不同的情绪反应，人身体的皮肤电流会发生不同的变化。皮肤电的变化是由情绪状态中皮肤血管收缩的变化和汗腺活动的变化引起的。一般说，人在等待一些重大的活动出现时，皮肤电流会增大。如果皮肤电流过小，则说明人已过度疲劳。通过对人体皮肤电流或皮肤电阻值变化的测定，人们可以对心理活动的情绪体验和心理活动的积极性的强度进行推测。

皮肤电技术就是通过皮肤电感应器记录被试看或听广告时的皮肤电变化，来具体研究广告对消费者情绪、情感的唤醒度，从而对广告心理效果进行评价。

在广告心理效果研究中，由于人对广告的情绪反应具有弥散性的特点，所以单独运用皮肤电技术的情况较少。通常把它与脑电技术、眼动技术等结合起来使用，可以产生更好的效果。

除了上述客观方法以外，人们还可以通过心理量表法、调查法等主观方法对广告的心理效果进行评定。

第三节　消费行为心理技术

一、消费行为测查技术

（一）消费行为及其特点

消费行为的定义和解释是一个非常复杂的心理学理论问题。它涉及经济学、人类学、文化学、人的心理发展和需要、动机、决策等的综合性研究。

通常，消费行为是指消费者购买商品和劳务时产生的心理现象和行为。但是，在消费行为具体指哪一类行为上则有不同意见。

对消费行为的定义，部分研究者集中在消费者购买前的活动上。在他们看来，消费行为的研究对象主要是消费需要。这部分研究者认为，消费行为是由消费需要引起的。当消费者的消费需要指向一定的目标时，就成为消费动机。消费动机促使消费者进行购买。要了解消费者的行为，必须了解消费者的需要。然而，事情并非如此简单。消费动机并不只是由缺失性需要决定的，它往往由更复杂的心理欲望引起。消费者在饥寒交迫情况下购买食物和衣物的行为，是由生理需要引起的。这一点容易理解。但是，在一个富裕社会里，特别是人们在并无匮乏的生活条件下，追求高档消费所涉及的欲望满足往往就难于捉摸。尽管，消费行为的最终目标是满足消费者的生理与心理需要，消费需要与动机是消费心理学的主要研究领域，但是，消费行为并不能简单地等同于消费需要。消费需要并不能完全说明人的消费行为。

另一部分研究者则主张从购买行为来定义消费行为。他们认为，对消费行为的分析应集中在消费者购买商品和劳务的活动上。消费行为研究，主要是研究消费过程。而消费决策行为和过程在消费过程中起重要作用。由此，消费行为的研究，主要是分析消费者如何选择购买时间和购买地点、如何考虑购买的种类和数量、如何考虑价格，等等。的确，消费决策是消费过程一个不可忽视的重要环节。但是，把消费行为仅仅看作是购买决策过程也并不能很好地理解消费行为的性质。

我们认为，消费行为是消费者在一定的社会条件下，对商品和劳务的心理反应，是消费者寻找、购买、使用、评价和处理商品和劳务所表现出的心理活动。消费行为包括对消费问题的认识，消费需要的产生，购买商品和劳务后的使用与评价这样一系列心理活动和行为表现。消费行为并不是某种单一的心理活动，而是由多种心理活动组成的混合体。

消费行为具有以下重要特征：

第一，消费行为并不只是涉及心理变量。消费行为作为经济行为的一个重要组成部分，它还涉及社会学变量和经济学变量。只有综合考虑经济学、社会学、人类文化学和心理学的因素，才能明确认识消费者的消费行为。消费者对商品和劳务的态度、消费者对商品和劳务的使用、消费者对商品和劳务广告的态度、消费者对自己在家庭和社会中的作用、消费者对自己和家庭的期望、消费者对商品生产的看法等等，都与消费行为有关。

第二，消费行为是一种市场互动行为。市场营销的策略等对消费行为产生影响；反过来，消费行为又对市场营销活动起到一定的制约作用。

第三，消费行为与特定的消费情境有关。消费行为会因产品的不同产生巨大的变化。即使对于同一种产品，消费行为也会因为使用的情境不同而不同。消费行为通常并不总是能够从一种消费情境迁移到另一种消费情境。因此，要理解消费行为，人们就必须具有消费行为的大量知识。

第四，消费行为是一个复杂、多维度的过程。消费行为并不只是消费决策或者消费问题解决的过程。满足和促进一个人的生活方式，情绪与情感过程、认知过程在消费过程中也起重要的作用。

（二）消费行为测查的意义

了解消费者的消费行为，是现代企业开展市场营销活动的重要基础。消费行为是企业研究市场细分、市场定位、营销战略与策略组合的出发点。随着市场条件的成熟，消费者的消费行为日益成为影响市场运行的支配性力量和决定性因素。要制定正确的市场营销策略和取得最佳的营销效果，企业经营者必须了解市场消费者的行为特点，必须要能够紧紧跟上消费者的消费观念、消费内容和消费形式的变化。要做到这一点，就必须积极开展消费行为调查，掌握在一定市场条件下消费行为的规律，及时准确地预测消费行为的变化趋势。消费行为调查具有如下具体作用：

第一，有利于真正落实以消费者为中心的市场营销战略。现代市场观认为，在许多市场要素组成的复杂关系中，消费者起决定作用。在一切市场营销策略中，只有那些能满足消费者行为特征的，才能起到应有的作用。开展消费行为调查和预测，有助于实现商品生产是满足消费者需要的基本宗旨。

第二，有利于企业进行正确的市场定位。市场定位是企业根据自身的经营资料和经营能力等内部条件以及市场需求和营销环境等外部条件，经过科学决策，正确选定自己的目标市场的行为和过程。

市场定位通常包括企业内部条件分析、外部营销环境分析、市场细分、发现市场机会、确定目标市场、确定目标营销策略、产品定位等程序。

而市场细分、发现市场机会、确定目标市场、确定目标营销策略、产品定位都离不开消费行为研究所提供的信息。

第三，有利于企业产品的开发和创新。产品开发和创新是企业发展的生命线。企业要发展，依赖企业不断设计和生产出新产品。产品的开发与产品策略，直接影响和制约产品能否适销对路，能否取得好的经济效益。要做到这一点，前提是必须使产品的开发能满足消费者的心理需要，与消费者的消费心理相一致。消费者行为研究为产品的开发和创新奠定了基础。

第四，有利于企业产品定价和形成有竞争力的产品价格政策。企业产品定价和价格政策是调节和诱导市场需求、参与市场竞争、实现营销目标的重要手段。企业产品定价和价格政策的形成，除了要考虑市场等方面的因素之外，还必须充分考虑消费者的价格心理、消费习惯和爱好等。消费行为研究为企业产品定价和选择价格策略提供了保证。

（三）消费行为测查的主要内容

第一，消费过程调查。它包括消费意识、消费需要、消费动机、消费者商品信息的调查和利用特点、消费决策的形成、消费者支付的心理特点、消费者产品使用的特点、消费者对产品的评价特点、消费者处理旧产品的心理特点、消费者再次购买动机的形成与发展等的调查。

第二，影响消费行为的内部因素调查。消费行为受到消费者的生理因素和原有的心理特征的影响。要系统了解消费行为的特点，就必须对与消费行为有关的一些重要心理变量和生理变量进行调查。它具体包括对消费者的兴趣、态度、消费习惯、价格心理、学习、记忆、个性特征、口传、生活方式以及消费者的模仿行为、流行、暗示、从众、流言等社会心理的调查。

第三，影响消费行为的外部因素调查。消费行为不但受到消费者的年龄、性别和原有的心理特点等内部因素的影响，它还受到一系列外部因素的影响。外部因素包括社会因素和市场因素等。社会因素主要有消费者所处的特定的社会文化、消费者所属的社会阶层、消费者主要的社会参照群体、消费者的家庭结构等。市场因素包括商品的质量、商品命名、商品包装、商品广告、商品价格、市场的供求关系、市场促销、产品的生命周期、商店的环境布置、商店橱窗设计、商品的陈列、顾客接待、售后服务等。

（四）消费行为测查的基本步骤

1. 确定消费行为测查的目标

确定消费行为的测查目标是进行消费行为测查的首要环节。进行消费者行为测查,归根结底是为了解决一定的问题。这种问题分为两个方面:一是帮助解决企业的实际营销问题；二是进行消费行为的理论研究，验证有关的消费行为理论。消费行为调查的目标，规定了消费行为调查所需要说明和解决的问题。

2. 设计操作性定义

当消费行为测查的具体目的确定之后，就必须明确定义它们，使之具有可操作性和可测量性。

设计操作性定义包括两方面的工作：一是为使用的概念设计操作性定义；二是选择合适的调查指标。

在现实生活中，人们往往使用不同的概念来代表事物的特点。在科学研究中，研究者一般使用抽象定义对事物的本质进行概括，使一种事物与另一种事物区别开来，从而揭示事物的本质与内涵。但是，在消费行为调查中，使用抽象概念往往会使调查活动难以操作和测量。因此，为了使测量能够进行，就需要用可测量、可操作的方法对要调查的概念进行界定和说明，从概念的外延或量的规定性揭示事物的规律。

在设计概念的操作性定义时，研究者需要根据对象的特性，确定用何种指标去反映调查对象的量的规定性。在消费行为调查中，调查指标有定类指标、定序指标、定距指标和定比指标四类。这四类指标的数学特性是不同的，适用的统计方法也不同。这是研究者在设计消费行为调查指标时要注意的问题。

3. 设计测查方案

消费行为测查总体方案是对整个测查研究过程和内容的总体规划。它主要包括测查的目标、测查的指标体系、测查的地点与对象、测查的时间、测查的方式和方法、测查的组织形式、测查经费、测查的仪器设备等几个方面。

消费行为测查的总体方案要是设计得周密，制定得科学和切合实际，就会使测查过程有明确的准则与规范，从而保证测查过程有条不紊地进行。

4. 测查

测查是一种资料收集的过程。它运用有效的测查方法，直接从测查对象身上获得第一手数据。测查获得的资料和数据为消费行为研究提供了充分可靠的基础。消费行为测查的大部分时间和经费都花在这一阶段上。

5. 测查资料的整理和统计分析

资料的整理和统计分析是一项技术性很强的、很讲求有效方法的工作，也是消费行为测查工作中的一项艰巨工作。

在消费行为的测查过程中，由于各种原因，测查得到的数据，有时会不全面、不系统。只有通过数据的系统整理，才能发现问题，使测查数据系统化、条理化、规范化和标准化，消除人为的或随机的误差，提高数据的质量，为统计分析奠定基础和提供条件。如果在整理资料过程中，发现获得的数据不完整、不准确、不充分，就需要分析其中的原因，追加测查，以保证消费行为测查的科学性。

在资料整理的基础上，对获得的数据和资料做统计分析。统计分析的方法是多样的。在消费行为测查的早期，研究者更多地使用单因素分析。随着时代的发展，特别是计算机技术的发展，运用多元分析、因素分析、聚类分析等高级统计分析的方法已成为消费行为研究的主要趋势。

6. 得出测查结果

在完成消费行为测查数据的整理和统计分析之后，接着要做的是对统计分析产生的结果进行研究和做理论上的分析与概括，发现消费行为的一般规律和特点，对消费行为的性质做出符合实际的描述，得出测查的结果，并用于指导市场营销实践。

7. 对测查过程进行总结

所谓测查过程总结，是对整个测查研究工作某个阶段或整个过程的情况进行回顾和分析，总结测查的经验，发现问题，做出评价。当一项测查工作结束后，对测查工作进行总结，可以为今后的测查工作提供知识经验基础。

（五）观察技术

1. 技术原理

观察技术，指在日常的消费活动中，通过有目的、有计划地观察消费者的言行、表情等，了解消费者心理活动的特点和规律的方法。

2. 具体操作步骤

（1）确定观察目的。

（2）制定出详细的观察计划，决定观察什么，先观察什么，后观察什么等。

（3）进行观察，及时记录观察到的结果，记录越详细越好。

（4）对观察的结果进行整理、分析与统计。

（5）得出观察的结果。

3. 应用实例及需要注意的问题

观察技术可以广泛用于研究广告、商标、包装、橱窗陈列、价格等对消费行为的影响。1966年威尔斯等人曾利用这一方法，在超市食品、洗衣品柜台对顾客的消费行为进行了共计3 600小时的观察。消费者一进入过道，研究者就开始对他们进行观察，直到他们离开为止。观察总共做了1 500条记录。通过对观察结果的分析，成功地研究了顾客的构成、性别、年龄等与消费行为的关系，研究取得了良好效果。

由于观察法是在自然环境中进行的，所以它得出的结果比较真实可靠。这一方法也简便易行。运用此技术的不足之处是，研究者比较被动，需要等待某种行为自然出现才能进行观察。另外，用这种方法，只能观察消费者的外部行为，难于了解消费者深层的心理反应。为了使观察法产生好的效果，研究者在使用这种方法时，要明确观察的目的，注意观察的时间、地点和抽样范围，并尽可能做系统的统计分析。

（六）问卷调查技术

1. 技术原理

问卷调查是一种十分流行的消费行为调查技术。它将事先印好的调查表发给被调查者，由被调查者按问卷的要术做出回答，而后由研究者对被调查者的回答进行分析、综合，从而获得有关信息资料，发现消费行为特点和规律。

按问卷的结构，可分为封闭式问卷、开放式问卷、混合式问卷三种。在封闭式问卷中，每个问题都提供了答案，被调查者只需从其中选一个或几个适合自己的答案。开放式问卷只提出问题，被调查者可根据自己的情况做出书面回答。混合式问卷是前两者的组合。纯开放式问卷由于需要被调查者有较高的文化水平、需要花较多的时间回答问题，在公开场合进行调查时，被调查者常不愿合作，故在消费行为调查中较少使用。

按调查进行的方式，问卷调查可分为邮政问卷调查、报刊问卷调查、送发问卷调查等几种。

2. 具体操作步骤

（1）设计问卷。这是消费行为问卷调查的关键。问卷设计的质量直接影响消费行为调查的结果。一份正式的问卷设计包括以下工作：第一，根据一定的理论确定问卷的结构，设计题项。第二，试测。在一定的范围内，选择适当的被试进行问卷调查。第三，利用得到的数据对问卷的信度和效度进行统计分析，删除不适当的题项。第四，形成正式的调查问卷。

（2）发放问卷，进行调查。

（3）对问卷得到的资料进行整理、分析、统计。

（4）得出调查结果。

3. 应用案例

在消费行为调查中，问卷技术具有广泛的应用范围。它可用于调查消费动机、消费兴趣、消费需要、经济压力与焦虑等多方面的问题。

应用案例：客户满意度问卷调查

（1）客户满意度的理论基础

自20世纪70年代以来，以塑造和传播企业形象为宗旨的企业形象战略（Corporation Identity）风靡全球。后来，随着市场环境的变化，竞争日益激烈，越来越多的企业意识到只有令客户满意，才能得到客户的青睐，使企业的长期获利能力优于竞争对手，在承受技术与客户需求变动带来的影响方面，这些企业也有着良好的自我保护、自我调整能力。因此，客户满意战略（Customer Satisfaction）随即兴起。客户满意成了服务营销的核心理念。管理学家彼得·德鲁克曾指出，营销的目的在于充分认识和了解顾客，以使产品和服务能适合顾客需要。

客户满意度有多种不同的定义。奥利弗（Oliver，R. L.）认为，满意是消费者的实践反应，它是判断一件产品或一种服务的特性或其本身的尺度，或者说，它提供了一个与消费相关的实践的愉快水平。菲利普·科特勒认为，满意是指一个人对一个新产品和服务的可感知的效果与他的期望值相比较所形成的感觉状态，是客户的需要得到满足后的愉悦感。客户满意度是可感知效果与期望值之间的函数。如果可感知效果低于期望值，客户就不会满意；如果可感知效果与期望值相匹配，客户就会满意；如果可感知效果超过期望值，客户就会高度满意或欣喜。泽丝曼尔（Zeithaml，V. A.）则认为，客户满意度就是消费者根据其需要或期望是否被满足对产品或服务进行的评价，没能满足需要和期望的产品或服务被假定导致了不满意。

根据以上概念，著者认为，分析客户满意度应从客户的心理需求方面进行研究，进而将客户满意度分为四种：① 功能需求。功能需求是客户在消费产品和服务时最基本的需求，它是客户花费所购买的核心买点。② 形式需求。形式需求是客户对实现产品功能的物质载体的表现形式和质量水平的需求，虽然客户消费的是产品的功能，但功能的正常发挥却取决于产品的形式，所以客户对产品形式的需求，其实是对产品功能需求的延伸。③ 外延需求。外延需求，实质是客户在满足其功能需求和形式需求的同时，要求的附加利益和服务，一般客户对企业的外延需求包括服务需求、心理需求和文化需求三个主要方面。④ 价格需求。价格是营销策略的重要因素之一,一种商品的定价是否适当，不仅直接影响这种商品的销售量，而且影响商品在市场上的竞争力。

（2）影响客户满意度的因素

泽丝曼尔认为，产品或服务的具体特性，客户对服务质量的感知，客户的情绪反应或归因，以及对平等的感知，都会影响客户（即消费者）的满意度。

综合有关学者的观点，影响客户满意度的主要因素有以下几方面：

① 服务和产品。产品要素主要指有形产品要素，服务要素不仅指服务本身，还指服务过程因素。它们对客户满意度的影响包括服务设计、信息沟通与反馈、服务过程、原料与制造等。

② 客户需求。客户购买产品或服务的经济行为是建立在其需要的基础上的，先有购买需求，才有购买行动。从经营者来说，只有充分了解并满足了客户需求，才能达到客户满意。

③ 营销活动。营销活动主要指企业与客户接触的活动，包括售前活动、售中活动和售后活动。在销售的所有活动中，企业通过各种渠道传递的信息、服务人员的态度和行为、销售自己产品的中间商、支持服务以及反馈与赔偿等因素，都会影响客户的满意度。

④ 企业文化。企业文化，包括企业的信仰、准则、思路和战略。企业关于生存与竞争的文化，是企业产品、销售活动和售后服务背后的有力推动者。信奉“客户满意度能保证长期成功”的企业，在其经营管理各环节中会努力贯彻这样的思想。企业文化又分为正式的企业文化和非正式的企业文化两部分，二者同时影响着企业的客户满意度。

⑤ 客户的使用经验。客户在使用某种商品和接受服务过程中，会留

下一些相关的记忆，并根据这种经验对即将消费的服务形成一种期望，将其经验作为理解和评估服务的一个重要尺度。因此，客户的使用经验也是影响客户满意度的重要因素之一。

⑥ 口碑。口碑是影响客户满意度的信息因素。

此外，员工的素质，产品的种类、质量、品牌、营销渠道、价格、促销，企业的形象、服务理念等，也会对客户满意度产生不同程度的影响。

（3）问卷编制

根据以上理论，著者编制出移动电话用户满意度的调查问卷。通过因素分析将问卷分为：总体表现；网络覆盖与信号；营业及网点服务；缴费服务；热线服务；大客户服务；新业务发展；费用价格八个方面。网络覆盖与信号方面的问卷见表5–1。

表5–1　网络覆盖与信号

项目名称	非常好	很好	好	一般	差
网络覆盖与信号	（　）	（　）	（　）	（　）	（　）
通话清晰度	（　）	（　）	（　）	（　）	（　）
通话稳定性	（　）	（　）	（　）	（　）	（　）
呼叫接通率	（　）	（　）	（　）	（　）	（　）
所在地区城市网络覆盖	（　）	（　）	（　）	（　）	（　）
所在地区城镇网络覆盖	（　）	（　）	（　）	（　）	（　）
所在地区乡村网络覆盖	（　）	（　）	（　）	（　）	（　）
省内漫游城市网络覆盖	（　）	（　）	（　）	（　）	（　）
省内漫游城镇网络覆盖	（　）	（　）	（　）	（　）	（　）
省内漫游乡村网络覆盖	（　）	（　）	（　）	（　）	（　）
省外漫游城市网络覆盖	（　）	（　）	（　）	（　）	（　）
省外漫游城镇网络覆盖	（　）	（　）	（　）	（　）	（　）
省外漫游乡村网络覆盖	（　）	（　）	（　）	（　）	（　）

说明：请你在选择的括号里打“√”号。

信度分析表明：问卷总体的克龙巴赫 α 系数为0.83。八个子量表的 α 系数分别为0.71，0.63，0.75，0.82，0.87，0.60，0.82，0.76。这表明问卷有较好的内在一致性。

（4）调查

著者在某地区随机选择了某移动公司的客户共326名进行问卷调查。

（5）调查结果

经统计分析，得出以下结果：客户对该移动公司的总体评价为刚达到比较满意水平。其中对网络覆盖与信号方面的满意度较高，但费用与价格、优惠计划方面的客户满意度较差，尤其是在费用与价格方面，满意度指数为43.8，处于差的水平。

4. 使用问卷技术时须注意的问题

使用问卷调查技术调查消费行为的优点是，可以在较短时间内获得大量资料。它具有易统计、适应范围广泛、费用低的特点。然而，要使问卷技术达到预期目的，需要注意以下问题：第一，注意问题陈述的方式、问卷的结构和措辞。第二，当在一份问卷混合使用等距量表、语义分析量表、累加量表时，需要注意不同量表的特点。第三，如果问卷中出现反向题，需要注意在统计时对其进行转换。

（七）消费态度测查技术

1. 技术原理

态度是人的一种行为反应倾向，一种内部的心理活动。它由认知、情感、行为三个部分组成。态度具有一定的结构、相对的稳定性和一致性，并且与价值观和信念有着密切的联系。

态度测量技术通过设计一组组在方方面面和层次上有差异的、相互关联的态度语构成态度量表，态度量表一般由20至30个态度语或项目组成；然后由被测查者对这些态度语作出反应，研究者可通过他们这些外显的行为间接推断出被测查者的态度。

2. 具体操作

消费态度测量技术有多种，常用的有以下几种：

（1）等距量表。它由塞斯顿（Thurstone）1929年首先提出并加以运用，以后成为测验态度的一种常见方法。消费态度测量等距量表的形成包括以下步骤：

① 根据研究的主题和构思，从报刊、谈话中收集与消费行为有关的态度语100句左右。

② 将收集到的态度语从反对到赞成大致分为5-7组。

③ 请熟悉该专题的人依照态度语表述的态度强度，对态度语的强度从低到高进行评判和分类。一般分为11类，最少为7类，最多为13类。

④ 对第一态度语绘出次数分布表和累积百分比表。

⑤ 绘出第一态度语的累积百分比分布图，在它上面找出中位数（50%累积百分比）在横坐标上的值，它为该态度语的量表值；然后分别找出25%和75%累积百分比在横坐标上的值，用两者的差值的大小Q来区别态度语的好坏，其值越小，态度语越明确。Q值大于2的态度语不用。

⑥ 选出Q值小、并且在各个类都有相应量表值的态度语20至30句，构成一个态度量表。

⑦ 实测。要求被测者选出自己赞同的言语语句，并求出中位数，参照尺度对得分进行解释。

（2）总加量表。它又被称为利克特量表法，由利克特（Likert，R. A.）1932年提出。具体步骤为：

① 编写20至50句态度语或态度项目，分别从肯定或否定方向进行陈述，如“妇女解放是社会进步的标志”或“男女并非一定要完全平等”。

② 为每一种态度语提供一个等级，以便被测者对态度语进行反应。等级通常为5等或7等。如在每一态度语后附上“非常赞成、赞成、不清楚、不赞成、非常不赞成”。

③ 被测量者根据自己的观点，在等级表上选择相应的等级并做上记号。

④ 将全部态度项目的得分相加，总分代表被测者对某一事物的态度。

（3）语义差别量表。它又被称为SP法。SP法是通过分析事物在人们心目中的形象和意义，来推测和判断人们对该事物态度的一种技术。具体步骤为：

① 根据调查的主题，设计约10对相互对立的形容词，在它们中间分成7等；

② 要求被测查者根据自己的意愿，在分成7等的尺度上，选出能代表自己看法的一点，在这一点上划上标记；

③ 将每一种得分总加起来，就得到被测者态度测量的分数。

此外，消费行为态度的测量技术还有社会距离尺度法、格特曼（Guttman，L.）累加量表法等。

3. 应用消费态度测查技术应注意的问题

测查消费者的消费态度，目的是预测消费者的购买行为。消费态度的一项基本功能是它的社会适应性。消费态度可帮助消费者获取有用的知识，吸收新的知识，并指导他们的行为。消费态度反映了消费者如何评价广告、品牌、产品、商场以及如何作出反应。从这个角度分析，消费态度可以解释和预测市场消费行为和营销活动，消费态度的测查在消费者研究中占有重要地位。

需要指出的是，尽管研究表明在严格控制的条件下，消费态度模型可以很好地解释和预测消费行为。但是，它的实现还有赖于对消费态度的界定和测量，因此，在消费态度测查时，就必须反映消费者的行为意向。费斯本（Fishbein，M.）的推理行动理论为解决消费态度与消费行为之间的一致性提供了一种方案。费斯本的理论认为，要提高消费态度测查与消费行为预测之间的一致性，就必须考虑信念、态度、意向、行为，以及影响态度形成的社会因素之间的相互关系。要使消费态度与行为的测量之间存在高相关，测量就必须在以上方面保持高度一致，并细化时间和背景。

（八）消费动机测查技术

1. 技术原理

前文已经指出，消费动机是多种多样的。消费者购买一种产品也并不是由某一种消费动机引起的。消费者购买动机的内涵很复杂。它可能是为了满足生理需要，也可能是为了同时满足安全需要、交往需要或自尊需要。

目前，研究者主要依据马斯洛（Maslow，A.）的需要层次理论、弗洛伊德的精神分析理论和麦克利兰（McClelland，D. C.）的成就动机理论对消费动机进行描述。

马斯洛的成就动机认为，人的需要是分层次的。它们从低到高分为生理需要、安全需要、爱与交往的需要、尊重需要和自我实现需要五个层次。它们之间的关系是，只有较低层次的需要得到基本满足时，较高层次的需要才会出现。低层次需要的满足激发了追求更高层次的需要。

弗洛伊德的动机理论以其对意识的划分为基础。弗洛伊德将人的意识分为意识和潜意识两大部分。意识指当前思维和意识发生的场所，潜意识指被压抑的东西，它当前不处于意识的范围，但在一定的条件下可以进入意识。潜意识中的内容进入意识必须经过前意识。弗洛伊德的动机理论认为，决定人类行为的内驱力动机是本能，这种本能尤其是指性本能。在他看来，人类的行为就是试图减少这些内驱力。按照这种理论，消费行为是人类减少潜意识中内驱力的结果。了解消费者动机的方法，就是通过分析消费者身上与潜意识中内驱力相联系的心理、符号特征来完成。该理论为消费行为测查带来了深度访谈技术和投射技术。

麦克利兰将动机分为认知动机、权力动机和成就动机三种，并用投射测验的方法测验成就动机，发现成就动机存在个别差异，从而推动了成就动机研究的发展。

2. 投射技术

投射技术是测验消费动机的方法之一。投射技术向被测者呈现一组意义不明确的刺激，要求被测者对它们进行解释或重新组构。测验者通过对被测者的解释和组构进行分析，进而推断出被测者的性格结构、需要与动机。目前，最常用的投射技术有墨迹测验和主题统觉测验两种。

（1）墨迹测验。它为瑞士精神病学家罗夏（Rorschach，H.）1921年编制。1942年开始作为测量人格的工具进行使用。原由10张两侧对称的墨迹图片组成。墨迹图形无确定的意义。测验时，将这些图片逐一呈现，需要被测者回答这些墨迹像什么，或联想到什么。记分和解释一般从位置、决定因素和内容三个方面进行。位置指墨迹图中引起被测试者的部分在哪里。决定因素指被测试者反应的事物的形状、颜色、阴影、运动性。内容指被测试者的反应所涉及的事物，如人、动物、植物、人体器官、建筑物等。墨迹测验从上述方面对人格进行整体的主观描述。

（2）主题统觉测验。它最初由摩尔根（Morgan,C. D.）、默里（Murray,H.D.）1935年编制。测验材料是19张意义不明的黑白图片和一张空白图纸，要求被测者看完一张图片后发挥想象力为图片编一个故事，包括图片的情节、情境发生的原因，可能有什么结果，图中主角的感受和思想。对于那张白纸，则要求被测验者想象出某种图片，加以描绘，然后为它编出故事，最后根据默里的需要压力理论进行评定和分析，发现被测者的需要和对他的性格进行说明。目前，使用的是默里1934年修订的版本。图片可增加到30张，编故事的要求基本相同。

主题统觉测验的基本假设是根据图片编出的故事表现了受测者的动机、需要、态度和内心冲突，它们反映了被测试者的人格。

默里主张，从个体的内部需要和环境的作用与压力两个方面对被测者所编的故事进行分析。后来也有人从故事的内容和结构进行分类计数，以此分析被测者的心理状态。因此，主观统觉技术实际上由三个分量表组成。

3. 应用案例

麦克利兰对1920年到1929年，1946年到1950年两个时间段中各国成就动机与经济增长的关系进行过研究。他用投射的方法测量了30个国家儿童读物的故事内容所表现出来的成就动机的强度，并分析它与通用的经济行为指标的关联。结果发现，成就动机与某个国家20年后的经济发展存在显著相关：成就动机增加促进经济的发展，成就动机降低引起经济衰退。麦克利兰从成就动机方面对经济增长的宏观心理学问题进行了研究。

4. 应用投射技术应注意的问题

消费动机研究为消费行为提供了一种解释系统，在促进市场营销活动方面取得了一定的成功。但人们必须认识到，投射技术是建立在测试者受到系统训练的基础之上的。由于对相同的投射测验结果，不同的研究者会有不同的解释，这就导致投射技术的信度受到限制。

（九）消费行为测查需要注意的问题

1. 重视消费行为测查技术的理论基础

在现有的消费行为测查技术中，有些技术的理论基础并不健全。理论基础的不健全就限制了某些测查技术的应用范围。比如，我们可以使用主观统觉技术对消费需要进行调查。主观统觉技术的基本假设是，当一个人处于意义不明确的刺激情境之中，他往往会把反映自己特有的心理特点和需要的东西强加给环境。被测者根据图片编造出的故事表现了受测者的动机、需要和态度及内心冲突。被测者根据图片编出的故事是防御机制发生作用的结果。因此，人们就可以从他们对图片的解释和建构中推导出他们的性格和需要。它的特点是强调需要的动力性和可变性，以及需要的整体面貌。

人们需要认识到，主观统觉技术的理论基础并不坚实，它在对需要的理论认识上存在一定的错误。同时，它还没有标准化的施测方法，也没有客观的评分标准。因此，无论是施行测验，还是对测验的结果进行解释，都需要根据测验者的主观经验来进行。该技术对人的需要缺乏质的评价，不能明确表明究竟测到了哪些需要。此外，它对测出的需要也没有具体的量的规定，不能具体地告诉人们所测出的需要的强度如何。从现代测量学的角度看，此技术仅满足于主观评价是不够的。此外，该技术在效度和信度上存在的问题，也使它的科学性受到损害。在使用消费行为调查技术对消费行为进行调查时，有必要重视类似问题。

2. 规范测查技术

消费行为的测查技术并不限于以上介绍的几种。深度访谈、行为评估、语义区分、购物车内商品内容的分析等技术，也经常用于测查消费行为。然而，规范测查技术的使用非常重要。如在使用问卷法时，不少使用者并没有对问卷做信度和效度分析，这就使测查结果的利用受到限制。

3. 从多方面获得信息

消费行为是一个综合体，受到多方面因素的影响。一种消费行为的测查技术反映的往往只是消费行为某一方面的情况。研究者需要从多方面获取信息。

4. 重视量与质的辩证关系

消费行为测查技术为分析消费行为提供了量的数据，但它并不能完全代替消费行为质的分析。消费行为测查技术需要与心理描述数据结合起来使用。心理描述数据比较灵活而且易于理解和收集，它能提供大量测查技术所无法提供的信息。

5. 根据调查对象选择适当的调查方法

不同的消费测查技术有不同的特点，适用于不同的对象。使用者必须注意不同调查技术的特点和不足，根据测查对象的特点选择适当的测查方法。

二、消费行为预测技术

（一）消费行为预测的概念

消费行为预测，是根据来自消费行为调查的信息和各种统计资料，运用现代数理统计方法，对消费行为的发展趋势以及相关联的各种因素，进行分析、计算、推测和判断的过程。消费行为预测可为企业确定生产和经营的战略与策略、制定各类生产和营销计划提供必要的依据。

消费行为预测，按不同标准可以分为不同的种类。

按照预测的时间跨度，可分为短期预测、中期预测和长期预测三种。短期预测一般是指一年内的预测。它目标明确，不确定因素少，预测结果准确性较高。中期预测一般指一年以上、五年以下的预测，其预测精确度一般差于短期预测。长期预测一般是指五年以上的预测，由于时间跨度大，不可控制的因素多，因此长期预测的精确度低于中、短期预测。

按数量化程度的高低，可分为定性预测和定量测。定性预测是一种经验形态的预测。它凭借专业工作者的经验、知识和直观的材料，对消费行为的性质和规律做出判断。当因为消费行为的性质难于量化，或者收集资料数据非常困难时，人们往往使用定性预测。消费行为的定性预测的优点是可以充分考虑经济、文化、社会等各种复杂因素对消费行为的影响，并且简便易行。其缺点是数量化程度低，难于对各种变量及变量间的相互关系做出精确说明。

消费行为的定量预测是根据已有的、历史的数据，通过建立模型和解释模型的方式，对消费行为的发展变化趋势进行量的分析和描述的方法。通常在数据充分的情况下，研究者常使用定量预测。消费行为的定量预测的优点是重视数据的作用，以数学模型作为手段，不易受人为因素的影响，预测结果的客观性和精确性较高。它的不足之处是对变量的数据需求高，并且需要研究者有丰富的经验，有较强的数学模型建构能力，同时研究费用一般也高于定性预测。

（二）消费行为预测的基本程序

1. 确定预测目标

消费行为是一个大的概念，它由众多方面组成。当人们对消费行为进行预测时，首先需要具体确定预测什么。预测目标是消费行为预测的主题。只有确定预测目标之后，才能确定用什么方法来进行预测。

2. 收集资料

消费行为预测结果的精确度，在很大程度上取决于资料收集的完整性和准确性。消费行为预测的基础资料来自消费行为的调查。

3. 建立预测模型

建立消费行为的预测模型，就是根据消费行为调查的数据结果，构造反映消费行为变化规律的模型。建立消费行为的预测模型是整个预测工作的重点。它具体包括以下几方面工作：建立与选择理论模型；确定实际预测模型；参数估计与评定；模型优化和检验，减少预测误差。

4. 实际预测

根据所建立的模型，对某种消费行为在未来的变化和发展中做出具体的估计。它具体包括：对模型中涉及的解释变量进行先期预测；以变量的已有数据为基础，估计预测目标的未来值；考虑各种随机变量或者干扰变量对预测可能产生的影响。

5. 预测结果的检验

消费行为预测的结果，是否能较好地反映某种消费行为在未来的发展变化，需要进行检验。这种检验可以为下一次预测和对预测的方法、手段进行修改提供知识基础。预测结果的最可靠检验是运用统计学的方法，计算出预测值与消费行为实际值的吻合程度。

（三）消费行为预测的常用技术

1. 德尔菲法

德尔菲法（Delphi method）又称德尔菲技术或专家意见法。这是由美国兰德公司于20世纪40年代末创立的一种定性预测方法。它的特点是应用系统的程序，采用匿名和反复咨询的调查方式，拟定调查问卷，向专家提供背景材料，经过多轮反复，使各种意见渐趋一致。最后使用统计方法，得出一种比较一致的预测结果，供决策者参考。德尔菲法具体包括以下步骤：

（1）确定预测目标。预测者首先根据研究的要求，明确预测的具体问题，并收集背景材料，制订出调查提纲。

（2）选择专家。选择与预测课题有密切关系、具有丰富经验、具有技术专长、有预测能力和分析能力的专家。

（3）进行调查。将调查问卷寄给有关专家，请专家作书面答复。对第一轮调查得到的资料进行分析、综合，形成新的调查表，再寄送给有关专家，再次征询他们的意见。这样反复几次，得到较为一致的意见。

（4）进行统计分析，得到一般的预测结果。

德尔菲法被广泛用于新产品和新技术开发，政府的经济、政治、文化政策的制定，工程项目的投资等领域。它也可以用于消费行为的预测。

2. 时间序列分析技术

时间序列分析，就是将各种消费行为指标的统计资料与数据，按时间的先后顺序排列成为一个数列，并将这个时间数列，看作各种大小与方向不同的因素与变量综合作用的结果。时间序列分析技术是一种定量预测技术。消费行为时间序列分析技术有平均数预测法、移动平均数法、指数平滑法等几种。

平均数预测法是趋势预测中最简单的一种预测方法。当消费行为的变化与发展呈线性趋势时，就可以用平均数预测法进行预测。它以一定时间内消费行为的时间序列的平均数来预测消费行为变化趋势。平均数预测法又可分为简单平均数法和加权平均数法两种。

移动平均数法是在算术平均数法基础上发展起来的预测方法。它是利用过去若干时间内消费行为变化的实际值的平均值来预测消费行为的变动趋势。常用的移动平均数法有简单移动平均数法和趋势移动平均数法两种。简单移动平均数法适合预测消费行为变化趋势比较平衡的情况。如果消费行为变化较大，则需要在简单移动平均数法的基础上作趋势移动平均，计算出平滑系数来减少预测的偏差。

指数平滑法是通过对要预测的消费行为逐层的平滑计算，消除随机因素的影响，找出要预测的消费行为的基本变化趋势，并以它预测消费行为的未来趋势。

3. 线性回归分析技术

线性回归分析技术是对具有相关关系的变量，在固定一个变量值的基础上，利用回归方程测量另一个变量值的平均数的一种方法。它在相关分析的基础上，通过建立回归方程，来预测相关变量的数量关系和数值。回归分析包括一元线性回归分析、多元线性回归分析两种。当在影响消费行为变化的众多因素中，有一个因素起基本的和决定性的作用，同时自变量和因变量之间的数据分布呈线性趋势时，就可以运用一元线性回归分析技术进行预测。当消费行为受到两个以上因素的制约，而因素对消费行为的影响的主次关系又难以区分时，就需要使用多元线性回归分析进行预测。

4. 曲线预测技术

当预测对象与几个自变量的关系是非线性相关时，就需要根据它们的曲线特征，利用曲线预测模型进行预测。曲线预测模型包括指数曲线模型、双曲线模型、多项式预测模型、生长曲线预测模型等。

（四）消费行为预测的技术问题

1. 实效性原则

消费行为是一种复杂行为。影响消费行为的因素多种多样。在这些因素中，有些容易量化，有些难以量化。有些容易测量，有些难以测量。不但单个的因素影响消费行为，而且各因素间的相互作用也对消费行为产生影响。在一次消费行为的预测中，要考虑所有的影响因素是极为困难的。片面地追求全面，有时并不能产生好的预测效果。简洁、经济、实效是消费行为预测必须遵循的基本原则。研究者应根据预测的目的和要求，选择适用的理论模式和预测方法。

2. 科学性原则

消费行为调查的数据和资料是预测的基础。在进行消费行为预测时，研究者要特别重视调查数据、资料的可靠性和完整性，要善于对来自消费行为调查的资料进行整理、加工和分析；然后，根据调查资料的情况选择合适的预测模型与方法。

3. 定量分析与定性分析相结合原则

在消费行为的调查与预测中，有些调查指标可以量化，有些调查指标难以量化或者不能量化。由此，消费行为的预测技术也就分为定量分析技术和定性分析技术两种。定量分析和定性分析技术有各自的优点和不足，因此，不能武断地认为定量分析的方法就一定比定性分析的方法好。在实际的预测过程中，研究者应根据具体的预测问题来选择合适的预测方法。在很多情况下，基于消费行为本身的复杂性，消费行为预测需要定量分析与定性分析相结合，才能产生好的预测效果。同时使用定量和定性的预测方法，把定量分析与定性分析得到的结果综合起来进行预测，有助于提高消费行为的预测精确度。

4. 效益性原则

对某种消费行为进行预测，选择不同的预测模型和方法，预测的精确度会有所不同。但是，研究者同时也要看到，选择不同的预测模型和预测方法，对消费行为预测所需要的费用也存在很大的差异。有时，运用几种不同的预测方法得出的预测结果的精确度相差并不大，但是进行预测所需要的人力和物力、经费则存在巨大的差异。在进行消费行为预测时，选择费用少、预测精确度高、能满足预测要求的方法，需要研究者认真考虑。

5. 相对稳定性原则

消费行为尽管会随商品和劳务的性质、社会环境、市场环境和人的心理状态的变化而发生变化。但是，它还是具有相对的稳定性。从商品来看，虽然，随着现代科学技术的发展，商品的生命周期日益缩短；但是，一种产品从进入市场到更新换代和退出市场依然能维持一定的时间。从影响消费行为的消费者心理因素看，消费者的个性特点具有相对的稳定性，即便是消费者的个性倾向性，如需要、动机、态度、情绪与情感的形成和发展，也具有规律性。从影响消费行为的外部因素看，随着时代的发展，虽然社会环境、社会文化、经济制度、个人和家庭的社会地位会不断地发生变化；但是，在通常情况下，这种变化都是一种缓慢的、渐进的过程。社会文化、消费方式、生活方式等的变革往往是一种逐渐的积淀，它们与前一期的发展有极为密切的关系。过去与现代、现在与将来常常有某种联系和共同点。这样，消费行为的相对稳定性和历史继承性，就为研究者根据分析已有的资料，按照消费行为的发展和变化规律，运用一定的方法，预测它的未来走向和趋势提供了可能。

6. 类推原则

消费行为的变化具有一定的规律。在一种情境下得出的消费者对某种产品或服务的心理反应的规律，可以应用到相似情境和相似产品中去。当我们确切知道某种因素或某些因素与消费行为的关联后，如果这些心理、环境、市场社会因素发生变化，我们就可以预计消费行为将发生相应的变化。商品的生产和经营者可以根据这种预测和变化，制定相应的生产和营销、市场策略。

7. 实验和模拟原则

消费行为的变化规律一般可以通过实验和其他手段加以模拟，用实验和模拟得出的数据建立一定的模型，间接描述消费行为的特点和变化趋势。

8. 测不准原则

影响消费行为的因素及其相互作用非常复杂，消费行为有时也会受到许多随机因素的影响。同时，由于调查资料的有限性、调查设计和方法的局限性以及统计方法本身存在的误差，会使得研究者对消费行为的预测并不能完全与实际情况相一致。预测误差是客观存在的。并且，这种误差会随着时间和其他因素的变动而加大。因此，在选择预测方法时，研究者有必要充分考虑到时间和条件的变化对预测结果的影响，并对预测的结果做适当的修正。

9. 根据实际情况选择预测技术

不同的预测技术的用途、自变量、精确度和灵活性等都各不相同。以平滑技术与回归技术相比为例，平滑技术的自变量是时间序列，回归技术的自变量是统计数据，平滑技术适用于时间分析，回归技术适用于因果分析，平滑技术的线性方程式和系数来自经验公式，而回归技术来自数学推导；平滑技术比回归技术灵活，而回归技术比平滑技术精确。平滑技术适合时间序列分析，比回归技术简单。回归技术的缺点是计算量大，每当有新的数据时就需要重新计算回归方程。平滑技术的主要缺点是假设过去的趋势将继续发展到未来，不能预测未来的转折点，不能像回归技术一样对预测做置信区间估计。采用平滑技术预测时容易走极端。

10. 灵活使用预测方法和理论

要成功地进行消费行为的预测，关键在于深入了解所研究的问题，对数据做科学归纳和敏锐判断，深刻理解和灵活运用各种方法。

在对消费行为进行预测时，需要应用心理学的理论与方法，还需要应用经济学、社会学、文化人类学等的理论和方法，从多学科领域进行探讨。只有对运用各种理论和方法得到的研究结果进行综合分析，才能正确把握消费行为的性质，对消费行为做出比较精确的预测。

11. 注意商品与购买阶段的差异

商品的性质不同，消费者所处的生活环境不同，与消费者行为有关的因素存在差异，对消费行为进行预测的过程和复杂性程度就应该随它们而变化。在进行消费行为预测时，还需要注意消费者处于购买过程的哪个阶段。因为在不同的消费阶段，起作用的主要变量是不同的。有的变量只在购买行为的某个阶段起作用，有的变量则在整个购买过程中都起重要作用。

12. 正确设定和解释变量

在消费行为预测过程中，研究者必须正确地设定和解释变量，尽量找出与某种购买行为关系密切的变量，明确它们与消费行为的关系类型。

13. 多方法进行预测

每一种预测方法都有其局限性。在对消费行为进行预测时，应尽可能采用多种方法和模式进行预测，使得到的结果能相互印证，相互补充，从而提高预测的准确性。

第四节　企业形象塑造技术

一、企业形象及其形成特点

（一）企业形象

目前，研究者对于企业形象的看法是多种多样的。从下列的一些定义中，人们不难看出这一点。“企业形象是各类企业公众对企业综合认识后形成的最终印象。”[1]“企业形象就是消费者对企业、企业行为、企业和各种活动成果所给予的综合评价与一般认定。”[2]“企业形象是社会各方面对企业总体的、抽象的、概括的认识和评价，是对企业现实的一种主观再现，也是企业同社会进行思想联络和信息沟通的工具，它反映了一种由个人或集体的意向所支持的现实。”[3]

著者认为，企业形象是消费者在与企业的交往过程中，通过观察企业活动、接触企业产品和服务所形成的一种心理活动，是公众社会认知的一个有机组成部分。企业形象源于企业活动和产品、服务，是公众对企业活动、产品和服务等的一般评价与整体印象。

（二）企业形象的形成特点

1. 构成的一致性

企业形象是由多种要素组成的，是各种形象要素的综合。这些要素既包括企业内在的、外在的，也包括物质的、精神的，有形的、无形的。各种要素在形成企业形象时的性质有时会有不同。一种要素对企业形象的形成起积极的作用，另一种要素对企业形象的形成可能起消极作用，而第三种要素则可能起中性作用。消费者在对企业进行评价时，通常是把组成企业形象的各种要素作为一种统一的对象来进行观察和对待的。当构成企业形象和某些要素的信息自相矛盾时，人们会在心理上极力去消除或减少要素信息间的矛盾与冲突，使它们趋向一致，构成一种统一的企业形象。

2. 要素的中心性

在人们形成企业印象时，来自某些要素的信息，比来自其他要素的信息起更大的作用，它们更能够改变人们对企业的整个印象。企业的形

---

[1] 许晨著：《企业形象》，中山大学出版社1993年版，第13页。

[2] 周景著：《CI：从理念到行为》，中国经济出版社1996年版，第70页。

[3] 张志涛等主编：《企业形象新战略——CIS导入指南》，天津社会科学院出版社1996年版，第31页。

象更多地依赖人们对这些要素的认识和评价。人们对某些要素的认识与评价，或者说，某些要素的特点、性能和作用基本上决定人们对企业的印象的这种情况，少数要素决定企业形象的情况，称为构成要素的中心性。如在企业形象的形成中，产品的质量与性能、企业的服务对企业形象的形成起关键的作用。

在企业形象的形成过程中，具有中心特性的要素是什么会随其他条件的变化而发生变化。如产品与服务是否在企业形象的形成过程中起中心作用，会随着与企业有关的其他信息的出现量而变化。如果有关企业特性的其他信息非常丰富，产品与服务在企业形象形成过程中的中心作用就会下降。

3. 表现的主观性

企业形象，作为人们对企业的一种综合性认识和评价，具有主观性。因此，企业形象会随消费者的认识能力、知识水平、价值观念、思维方式、审美观等的不同而不同。由于消费者的知识经验、价值观念等的不同，他们评价企业的角度、标准就会有异，由此，对同一个企业，不同的消费者的认识和评价就会不一样，企业在不同的消费者心目中的形象就会有差异。由此可知，企业形象受消费者个体经验的影响，任何一个企业在所有的消费者心目中的印象绝不可能是一致的。

二、企业形象的种类

按不同的标准，从不同的角度，可以对企业形象做出不同的分类。

（一）按企业形象是由企业的物质活动还是精神活动引起的，企业形象可分为有形形象和无形形象两大类

1. 有形形象

人们通过接触企业的实物产生的形象，称为企业的有形形象。它一般包括以下方面：

第一，产品形象。它由消费者、使用者接触和使用企业所生产的产品而形成。产品形象是企业产品的内在质量和外在表现的综合反映。对

于生产商品的企业，产品就是企业提供的商品。对于服务性企业，产品就是企业提供的服务。企业的产品形象是企业有形形象中最重要的部分。消费者在使用企业产品过程中，根据产品的质量、性能对企业的产品做出自己的评价，形成对企业产品的印象。

第二，服务形象。企业不但提供产品，而且要提供相应的服务。伴随企业产品的销售，提供相应的售后服务，已成为现代企业营销过程中不可缺少的环节。售后服务是产品销售的延伸。企业如何对销售的产品提供售后服务，它是否建立了完善的售后服务体系，在消费者和使用者心目中也会形成企业的服务形象。

第三，生产技术形象。企业的生产设备、研究条件的状况，给消费者留下的是生产技术水平形象。

第四，生产环境形象。企业的厂房，厂房周围的环境，表现出企业的生产能力和管理水平，成为企业的外观标志。它给消费者留下的是生产环境形象。

第五，员工形象。员工形象是员工的职业道德、专业训练、文化素养、精神风貌、言谈举止等在消费者心目中的反映。它是企业形象人格化的体现。

第六，企业广告形象。它是企业广告活动给消费者留下的印象。

2. 无形形象

构成企业形象的要素有些可以物化，有些则不能直接物化。它们只能从其他途径间接地反映出来。由企业内在的精神要素，如企业精神、企业方针政策、企业管理水平、企业经营作风、企业信誉等引起的消费者的印象，称为无形形象。

（二）按企业形象是由某种要素引起的还是由所有的要素引起的，企业形象可分为特殊形象和总体形象

1. 特殊形象

引起企业形象的要素是多方面的。由一种要素引起的企业形象称为特殊形象。如，由产品质量引起的产品形象，由广告引起的广告形象，

由公共关系引起的公共关系形象等，都属于特殊形象。

2. 总体形象

由企业各种要素引起的形象称为企业的总体形象。人们通常说的企业形象，实际上就是企业的总体形象。企业的总体形象并不是企业特殊形象的简单总和。它是企业各种形象要素关系的综合反映。

依照其他的标准，企业形象还可分为企业内部形象、企业外部形象；企业表层形象和企业深层形象等。

三、CIS技术

（一）技术的理论基础

从企业形象形成的机制看，企业形象是消费者对企业活动、产品、服务认识的结果。从动态的过程看，消费者对企业的认识是一个由表及里的过程。最初，消费者通过接收企业外部特征的信息，形成初步的印象。随着时间的发展，他们在对企业外部特征认识的基础上，不断拓展认识、评价的范围，开始涉及企业的内在属性。消费者不断地将一企业与另一个企业相比，探求企业行为与自身的关系，并根据自己的经验对这种关系进行评价和判断，形成对企业的一般印象。可见，企业形象的形成受到主客观两方面因素的影响。第一，与企业的活动、产品、服务紧密相联。企业的形象首先依赖企业本身的生产、经营与管理，它们是企业形象的基础。第二，依赖企业对自己个性的宣传。一个各方面素质都不错的企业，如果不能借助有效的宣传媒介，把企业的信息传递给消费者，也难以在消费者心目中形成良好的企业形象。第三，与社会文化、经济、政治有关。第四，与消费者的价值观念、知识经验、情绪状态、认知特点相关。良好的企业形象的形成，需要得到消费者对企业行为的认同。而消费者对企业的认识、评价和认同，明显地渗透着他们个人主观的道德观、价值观、审美观，受到他们的知识经验的影响。

有关企业形象诸要素在形成企业形象过程中的作用，有三种不同的理论。

第一，平均理论。平均理论来源于行为主义学习理论。行为主义学习理论认为，人是简单、机械地将接收到的信息放在一起，并不对信息进行过多的分析与解释。在印象的形成过程中，如果接收到的好消息多，人们就对企业形成好印象。如果接收到的坏信息多，人们就对企业形成坏的印象。也就是说，人们在形成企业形象时，先是对接收到的信息进行单独的加工，然后将它们平均起来，形成一种总体印象。如果对两个企业进行评价，消费者对第一个企业产品质量、产品包装、售后服务的评价分别是5分、3分和4分，平均印象分则为4分。他对第二企业的产品质量、产品包装、售后服务、企业管理、员工素质的评价分别是5分、4分、1分、2分和3分，平均印象分则为3分。这表明消费者对第一个企业的印象好于第二个企业。

第二，叠加理论。叠加理论认为，人们对事物的印象不是由事物各种特性的平均值，而是由其各种特性价值的总和为依据的。因此，企业形象是来自其各要素信息叠加在一起的总印象。按照叠加理论，消费者对企业形象的构成要素了解越多，他们对企业的印象就会越好些。仍以前面的例子来说明，消费者对第一个企业印象的总分为11分，对第二个企业印象的总分为15分，就表明消费者对第二个企业的印象更好。

第三，加权平均理论。加权平均理论认为，人们是按平均模式形成企业印象的。但是，消费者在形成企业印象时，他们会给予那些他们认为最重要的品质更多的权数。因此，人们在考虑企业形象的形成时，应根据构成企业形象的各要素对消费者的重要性进行加权平均。

（二）CIS技术

1. CIS及其构成

塑造企业形象的方法和途径多种多样，CIS技术就是其中重要的一种。CIS系英语“Corporate Identity System”的缩略语，意思为“企业形象设计”或“企业形象识别系统”。它是运用行为活动、视觉设计等整体识别系统，将企业或机构的经营理念与精神文化，传递给社会个人和组织，增加其对企业的认同的一种方法与技术。

CIS主要是通过将企业过去已经在实行、贯彻、被证明富有实效的企业理念挖掘和整理出来，使它更加明晰，成为口号、座右铭、厂训；将企业的行为规范文字化、标准化；将企业的视觉形象系统化，从而有目的地、系统地、整体地去塑造企业形象。用高度组织化、系统化的方法统一塑造企业形象，是CIS的特点。CIS是企业特征，如价值观念、内在特质的一种系统化、综合性的外在标识系统。

CIS的出现是时代发展的产物。人们日益认识到，企业形象虽然要以企业实态为依据，但是，在社会消费资料相对丰富的条件下，消费者越来越多地根据自己的意念来行事。他们对企业的要求已不是停留在商品的品牌价值上。在社会从功利社会向价值社会的转变过程中，品牌价值已不能满足人们对企业的期待，他们期望企业能肩负起它们的社会责任，在环境保护、社会公益等方面做出自己的贡献，为人类创造幸福有所贡献，帮助解决社会的各种问题。在消费者看来，企业并不只是一个经济组织，而更应是文化组织，需要对社会产生影响。消费者越来越多地从文化层面上认识企业，要求企业。

由于消费者越来越倾向于从视觉和行为上去推测企业的价值观和理念。CIS就从视觉设计来沟通企业的理念和文化，满足消费者的上述需要。

CIS由理念识别（Mind Identity，MI）、行为识别（Behaviour I-dentity，BI）和视听识别（Visual & Audio Identity，VI）三个部分组成。

理念识别（MI）是企业识别系统的核心组成部分。理念识别是反映企业自己经营观念、思想和价值的体系，属于思想、精神和文化层面。它是企业各种具体活动的抽象。企业根据自己对社会政治、经济、文化、人性、人类终极目标与价值的理解，从哲学的高度对企业的追求、目标、行为方式进行概括，形成自己对生产活动在社会发展过程中的作用特有的理解，这就是企业理念。企业理念反映了企业的价值观、经营策略、经营方针、企业精神等深层次的文化特征，包括了企业的经营信条、企业的社会使命和行为规范等。

行为识别（BI）又称活动识别，指企业的行为特征。行为识别的目的在于规范企业的内部和外部活动，使企业的内外活动以统一、协调和一致的方式出现。行为识别的内容对内包括员工的培训和教育、生活福利、工作环境、研究发展、公害处理等；对外包括市场调查、产品开发、公共关系、营销活动、企业宣传、社会公益活动等。行为识别以塑造企业良好的技术形象、市场形象、经营者形象和企业风气形象为主要目的。在行为识别中，行为规范和培训极为重要。

视觉识别（VI）将企业的理念与价值观、行为规范用静态的视觉符号，用统一的方式具体地表现出来，传达给消费者。视觉识别包括基本系统要素和应用系统要素两方面。

基本系统要素包括企业名称、企业品牌标志、企业品牌标准字体、企业专用印刷字体、企业标准色、企业象征图案、宣传标语和口号等。应用要素包括事务用品、办公用品、设备、招牌、旗帜、标识牌、建筑外观、制服、交通工具、产品包装、广告、展示、陈列规则等。

2. 理念识别、行为识别与视觉识别三者的关系

在企业识别系统中，理念识别、行为识别、视觉识别共处于一个同一体中。理念识别是CI设计的依据和核心，是企业在长期发展过程中形成的，具有独特个性的价值体系，是企业发展的宝贵的精神财产。理念识别决定企业的差别，左右企业的素质。行为识别和视觉识别的设计必须充分体现企业经营思想的精神实质和内涵，必须以企业理念为中心来展开。然而，企业的理念需要通过一定的传播手段和方法传递给企业的员工和消费者，以求获得他们的认同、理解和支持。行为识别和视觉识别就是其中两种重要的途径和方法。行为识别和视觉识别是理念识别的两种外在表现。它们建立在对企业的文化背景、战略目标和经营理念的正确分析和把握之上。行为识别是在企业理念指导下，逐渐培育起来的企业全体员工自觉的行为方式和工作方式、方法，它将企业理念落实到具体的工作和员工的行为之中，并在组织制度、管理培训、公共关系、营销活动、公益事业中表现出来，使企业理念变为具体的行动，得到贯彻和落实。视觉识别是CIS外在直观的部分，它将企业理念演绎成视觉

符号，通过形象思维的方式将具有浓厚逻辑思维色彩的企业理念进行再表述，以利于企业理念的传播和消费者对企业理念的记忆、理解。可见，视觉识别并非是简单的视觉表达，行为识别也非机械的行为规范，它们是企业价值观念、企业文化的直接外化，是企业理念识别的具体化。行为识别和视觉识别的出现使企业理念识别变得更加清晰。

3. 企业形象塑造要注意的技术问题

第一，同步塑造企业外部形象与内部形象。

CIS是企业的整体形象战略，它触及到企业理念、文化、组织管理、经营领域、目标宗旨、发展战略、社会责任等企业深层次的东西。要塑造企业形象，就必须将企业内在的精神与企业外在的形象紧密结合起来，才能取得成功。只注重企业视觉识别，只注意企业视觉形象的设计，而忽视企业内在形象的建设，并不能取得好的效果。

第二，注意对企业形象的维护。企业形象塑造是一个长期的过程。在这个过程中，需要对每个环节进行不断的检查、修正、监督。如果不对企业形象进行及时的维护，已经形成的良好企业形象也会逐步消失。对企业形象进行维护，就是要不断增加其新的内容，注入新活力，与时俱进。

第三，量力而行。企业形象塑造投资大，而且实施的效果具有不确定性。因此，企业形象的塑造不能生搬硬套，需要根据企业的实际情况，制定切实可行的方案和计划。

附录1

中国古代心理测验技术*

心理测验是测量人的智力、能力倾向或个性（人格）特征个别差异的工具。这种工具有器械或实物的，也有文字或图表的。用心理测验进行测量，必须给以量化，并且达到标准化的要求。中国古代没有严格科学意义的心理测验，但是有丰富的心理测验思想，甚至可以说，现代心理测验都可从那里找到雏形，看到它们的影子。现代心理学家张耀翔和林传鼎两位教授，都高度重视中国古代心理测验的发掘与研究。张耀翔曾总结评论："中国古代对于心理测验的贡献，不在施行步骤、计算、结果或结论方面，而在择题与方法（设计）上。择题与方法是测验中较为重要的部分，须用思想，其余计算等都是很机械的。早年西洋测验家只知在运动、感觉、记忆等简单特性上做测验。他们认为情绪测验很困难，品性测验更谈不到。最近才有这一类尝试，竟得意外收获。中国自始即认情绪及品性测验为可能，且最需要，故再三论及。品性是许多特质的综合，异常复杂，测验时当然不能像测验知能那样限定时间，草率从事。这正是中国提议的测验切实处。假使我们运用现代科学仪器、控制及统计诸原则，将先哲提出的问题加以分析，在方法上加以补充，然后一一去试验，焉知没有惊人的发现。"[1]

古代思想家认识到知人的困难，人的心理深藏内心，变化万千，测

---

* 杨鑫辉著：《中国心理学思想史》，江西教育出版社1994年版，第4章。

[1] 张耀翔著：《心理学文集》，上海人民出版社1983年版，第215页。

度出来绝非易事。《刘子新论》承袭《庄子·列御寇》中的思想说："至于人也，心居于内，情伏于衷，非可以算数测也。"[1]"凡人之心，险于山川，难于知天，天有春夏秋冬旦暮之期，人有厚貌深情，不可得而知之也。故有心刚而色柔，容强而质弱，貌愿而行慢，性懁而事缓，假饰于外，以明其情：喜不必爱，怒不必憎，笑不必乐，泣不必哀，其藏情隐行，未易测也。"[2]意思是人的心理险若山川，比苍天还要高深难测，至少是难知或"未易测"。三国时的刘劭在《人物志》里，还具体谈到心理测验之难，在于人们的心理行为存在着七种似此非此、似彼非彼的"七似"情况；甚至在鉴别人的才性时往往会产生七种错误，被称为"七缪"。然而人的心理总是可以通过其言语行为了解的，这就是孔子说的"听其言而观其行"。颜之推也认为只要"察之熟"，就能辨其"虚实真伪"。

燕国材教授对中国古代心理测验也作了很好的概括。他认为，就一般方法而言，"归纳起来不外乎问答法和情境法这样两种心理测验法"。这集中反映在庄子的"九征法"，《吕氏春秋》的"八观六验"，《大戴礼记》的"六征"法，刘劭《人物志》的"八观"、"五视"，诸葛亮的"知人性"七法等等。至于具体方法则有：教育测验，如选拔与考试制度；分心测验，如"左手画方，右手画圆"测验；动作测验，如民间的"抓周"；特殊能力测验，如"试射"；创造力测验，如连环测验、形板测验、迷津测验。[3]这里则尽量以现代心理测验作框架，从测验方法（设计）和数量化的角度，将古代的心理测验归纳概述如下。

一、动作判断法

这里概括的动作判断法，是以动作发展特点或动作技巧作为心理测验的根据。此种测试方法，就其被试年龄说，小至婴儿，大至成人。对婴儿有抓物"试儿"，对成人有"试射"选拔。

---

[1][2]《刘子新论·心隐》。

[3]燕国材、朱永新著：《现代视野内的中国教育心理观》，上海教育出版社1991年版。

1. 抓物“试儿”。这是我国民间让儿童周岁时抓物品，以测试其感觉—运动发展特点的方法。南北朝时的颜之推曾就此种方法作过记载：“江南风俗，儿生一期，为制新衣，盥浴装饰。男则用弓矢纸笔，女则用刀尺针缕，并加饮食之物及珍宝服玩，置之儿前，观其发意所取，以验贪廉智愚，名之为试儿。”[1] 这种“试儿”俗称“抓周”，以儿童周岁抓物而名。婴儿的动作是其身心发展的重要机能，手的操作活动在某种意义上反映其认知活动，所以用抓物测试其感觉—运动发展水平，“以验智愚”是有道理的。至于看婴儿先抓到什么东西，来预测其未来从事何种工作的志向则缺乏科学根据。因为婴儿选抓何物带有很大的偶然性。但在1 400多年前已记载有动作测验却是难得的。林传鼎教授评价说：“这种针对婴儿期感觉—运动发展的特点，以实物为材料的近似标准化的测试方法可以说是1925年格塞尔（A. Gesell）婴儿发展量表的前导。”[2]这段评论应当说是公允的。

2.“试射”选拔。在古代射箭是狩猎和作战的重要本领，所以历代都重视“试射”，以此选拔文武官员，或参与祭祀。从《礼记》记载看，我国周代已采用“试射”这种测验形式。“古者，天子以射选诸侯、卿、大夫、士。射者，男子之事也，因而饰之以礼乐也。”“天子之制，诸侯岁贡士于天子，天子试之于射宫。其容体比于礼，其节比于乐，而中多者，得与于祭；其容体不比于礼，其节不比于乐，而中少者，不得与于祭。”[3] 从现代心理测验看，这是属于特殊能力测验的单项测验。它根据射中次数的多少、行动是否合乎礼仪以及动作是否合乎乐律来判断能力的强弱，以确定是否录取。林传鼎教授评价说：“按现在的测验学术语来说，它用了参照效标的记分法。”[4] 效标是衡量测验是否有效的外在标准。上面所说的，“试射”射中次数的多少，动作是否合乎礼仪和乐律，就是射箭这

[1]《颜氏家训·风操篇》。

[2] 林传鼎著：《智力开发的心理学问题》，知识出版社1985年版，第8页。

[3]《礼记·射义》。

[4] 林传鼎著：《智力开发的心理学问题》，知识出版社1985年版，第3页。

种特殊能力测验的效标。

二、问答鉴定法

问题鉴定法是指通过一问一答的形式，以一定的知识和思想内容，来鉴定人的心理行为品质的测验方法。它包括口头问答和书面问答，后者有些类似现代的纸笔法。

三国时的刘劭对问答法作过精辟的论述。他说："何谓观其感变，以审常度？夫人厚貌深情，将欲求之，必观其辞旨，察其应赞。夫观其辞旨犹听音之善丑，察其应赞犹视智之能否也。故观辞察应，足以互相别识。"[1]刘劭认为，观察一个人在骤变时的反应，就能了解他的心理行为的常态。人们内心的思想感情往往为其复杂的外部表现所掩盖，所以要真正探求到他们的心理状况，就必须看他言谈的中心，考察他的应对酬和，这样才可以判断其语言含义的美恶和智能的高低，从而鉴定出人们不同的心理特点与品质。这里的"观辞察应",就是问答鉴定法。他还指出:"然则论显扬正，白也。不善言应，玄也。经纬玄白，通也。移易无正，杂也。先识未然，圣也。追思玄事，睿也。见事过人，明也。以明为晦，智也。微忽必识，妙也。美妙不昧，疏也。测之益深，实也。假合炫耀，虚也。自见其美，不足也。不伐其能，有余也。故曰:凡事不度，必有其故。"[2]这里具体地分析了通过问答等方式了解人的心理特点与品质的情况。

具有心理实验性质的"知人之法"，也涉及用问答法测验人的心理的问题。例如,《六韬》中"八征"的前四种方法，诸葛亮"知人七法"中的前三种方法（问、穷、咨）等都是问答法，借助言语，以问答的方式观察和测验人的心理，特别是人的智力和性格。在今天，问答法仍有其重要意义。

下面略举数例以说明书面问答法。我国唐代科举取士中有一种"帖试"，即"帖经试士"，实际上是现代考试中常见的填空测验。"帖经者，

[1][2]刘劭:《人物志·八观》。

以所习之经，掩其两端，中间唯开一行，裁纸为帖，凡帖三字，随时增损”。[1]“帖试”后来演变成为缀字测验，即填空。例如：“敏而好学，（不耻）下问。”“君子以文（会友），以友（辅仁）。”“独学而无友，则孤陋而（寡闻）。”还有一种变式，称为“对偶法（类比法）”，如：“犬守夜，（鸡司晨），蚕吐丝，（蜂酿蜜）。”“路遥知马力，（日久见人心）。”

此外，中国的猜“字谜”也是一种特殊的问答法，它可以帮助了解人的联想、思维、想象和运用知识等方面的能力，也是民间喜闻乐见的活动。还有续“对联”也属于问答鉴别法。

三、情境鉴别法

情境鉴别法是创设一定的情境（亦即控制某种条件）观察测定人的心理与行为的方法，也可以说是通过心理实验来测验的方法。下面作些具体阐述。

庄子曾提出了创设九种情境去观测人的心理、行为的方法，称之为“九征”。他说：“故君子远使之而观其忠，近使之而观其敬，烦使之而观其能，猝然问焉而观其知，急与之期而观其信，委之以财而观其仁，告之以危而观其节，醉之以酒而观其则，杂之以处而观其色。九征至，不省人得矣。”[2]他创设的情境是：远处工作（远使之），近处工作（近使之），复杂情况（烦使之），突然提问（猝然问焉），紧迫情况下相约（急与之期），令管钱财（委之以财），告知危急（告之以危），喝得酩酊大醉（醉之以酒），男女混杂相处（杂之以处）。所要观测的心理与行为是：忠实（观其忠）、恭敬（观其敬）、能力（观其能）、智力（观其知）、信用（观其信）、贪心（观其仁）、气节（观其节）、规矩（观其则）、好色（观其色）。从现代测验理论看，就是给予某种情境刺激以观测所诱导出的心理与行为的反应。可见，庄子的方法（设计）是合乎科学的。

---

[1]《通考·选举考》。
[2]《庄子·列御寇》。

这种情境鉴别法被历代特别是汉魏许多思想家所采用。《吕氏春秋》中的“八观六验”，刘劭《人物志》中的“八观”、“五视”，诸葛亮的“知人七法”等，都有情境创设的测验思想。这里再引述《大戴礼记》（相传西汉戴德编纂）提出的“六征”，即观诚、考志、视中、观色、观隐、揆德六方面，其中“观诚”、“考志”的心理测验性质最明显。例如“观诚”的具体做法是：“考之以观其信，絜之以观其知，示之难以观其勇，烦之以观其治，淹之以利以观其不贪，蓝之以乐以观其不宁，喜之以物以观其不轻，怒之以观其重，醉之以观其不失也，纵之以观其常，远使之以观其不贰，迩之以观其不倦，探取其志以观其情，考其阴阳以观其诚，覆其微言以观其信，曲省其行以观其备成：此之谓观诚也。”[1]有学者评论说：“诵汉魏诸儒名著，知其对于心学一门，较周秦研究，愈加精密，其所施检查人心之方法，亦颇有独到之处。谓心理测验发明于汉魏时代，并非无因。”[2]以三国为例，由于当时各国都迫切需要政治、军事等诸方面的人才，以巩固其统治地位，故而促进了对人的才性诸心理性质特性的研究。另一个原因是，当时以察举、征辟方式选拔人才产生了许多流弊：“举秀才，不知书；察孝行，父别居。”[3]也促使人们采用观测人们心理行为的方法。

四、器械测试法

器械测试法是指采用有关设计的器物，来试测人的智力、创造力的心理测验方法，它们包括博弈、九连环、八阵图、七巧板等，有的与现代心理测验中的形板测验和迷津测验很相似。这些测验的意义深刻，而且对现代西方心理测验都发生过重要影响。

1. 博弈

博弈是古代的博戏和弈棋，为两个人对局的智力竞赛活动，虽不具

[1]《大戴礼记·文王官人》。

[2] 程俊英：《汉魏时代之心理测验》，载《心理杂志选存》，中华书局1932年发行。

[3]《抱朴子·审举》。

测试与被测试含义，但对比较人们智力、运筹能力的高下是有作用的。一般论者不将博弈纳入古代心理测验来讨论。而笔者则认为有不可忽视的意义。

博弈始于何时，难以说得准确，文献记载孔子已谈到博弈。他说:“不有博弈者乎？”[1]“博”是局戏，用六箸十二棋;“弈”是围棋。庄子则提到博塞，“问谷奚事，则博塞以游。”[2]成玄英疏:“行五道而投琼曰博，不投琼曰塞。”唐朝诗人杜甫在《今夕行》中也写到博塞这种娱乐活动:“咸阳客舍一事无，相与博塞为欢娱。”

下面介绍长沙马王堆出土文物中的博具。所谓博具，是进行博戏的用具。它的组成主要包括：一个棋盘、12颗大棋子（其中白色的6颗，黑色的6颗）、20颗小棋子、30根筹码和一个骰子。这种博具装在一种特制的漆盒里。前面已谈到，先秦时期已有博戏弈棋的活动，到汉代博戏更是成了男女老少都十分喜爱的文化娱乐，甚至连皇帝都是博戏迷。但是到晋朝以后便逐渐衰落，并发生演变，到唐宋时期就变成了象棋。博戏进行的方法是:二人面向棋盘对坐，棋盘上一方6颗白棋，一方6颗黑棋，中央方框内放20颗小棋子。然后双方轮流投一个八面球形体的骰子。骰子的一面刻“骄”字，相反的一面刻“𪐴”字，其余各面刻数字1—16。根据投骰子的结果行棋，如果投着“骄”字，就把平放的棋子竖起来，叫“枭棋”，枭棋可以吃小棋子，吃棋可以得筹，以得筹多的一方取胜。这样看来取胜的偶然性较大。当博戏发展成为象棋，对弈取胜就主要靠人的聪慧了，更有比较智力高低的意义。

2. 九连环

中国古代的九连环是用九个金属环连在一起，可分可合生出许多变化，连环的解脱可以反映一个人的智能与技巧熟练水平。据《辞海》记载，古代有两种九连环：其一是民间玩具，“连环系金属丝制成，套在条形横

[1]《论语·阳货》。

[2]《庄子·骈拇》。

板或各式框架上，贯以剑形框柄，可合可分。中以九环最为著称，故名。”其二是民间戏法，“即戏法节目‘剑、丹、豆、环’中之‘环’，将九个金属圆环（直径约7寸），运用熟练技法，或合或分，或套成花篮、绣球、宫灯等形象”。下面是属于民间玩具的九连环的一种图示：

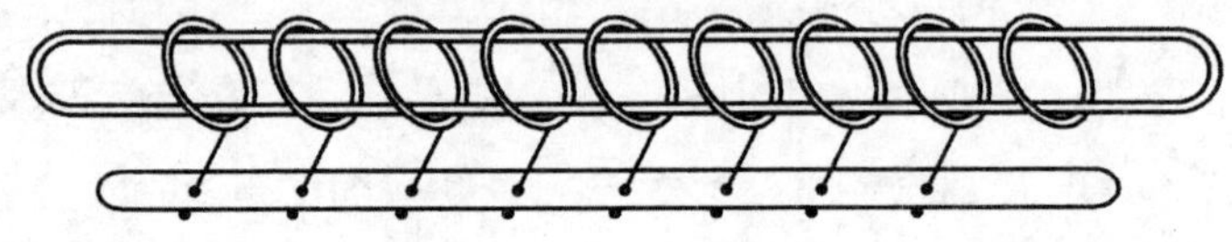

附图1–1　九连环图式

这种连环测验，可用来检测一个人的智能水平，包括一个人思维与想象的创造性、灵活性、敏捷性等品质以及动作技巧的熟练程度。张耀翔教授对九连环的意义、影响与历史曾作过概要评述。他说：“战国时代已有连环试验，20年前（注：张写该文是1940年）已被美国哥伦比亚大学心理学教授鲁格尔（Ruger）采入他的心理实验内，并将实验结果著为一书。名《中国连环的解脱》（*The Chinese Ring Puzzles*），研究学习心理者无不参考。连环试验创自秦昭王，被试为君王后及其群臣。先是昭王遣使者遗君王后以玉连环。曰：‘齐多智，而解此环不？’昭王分明是用它作一个智能测验。君王后以示群臣，群臣不知解；君王后引锥破之，谢秦使曰：‘谨以解矣’（《国策·齐策》）。”[1]张耀翔本人也曾运用九连环试验，被试均感兴趣。这是古为今用的一个范例。把心智技能与动作技能的测验寓于操作玩具与变换戏法之中，把测试人的智能水平和训练、发展人的智能结合起来，是非常有意义而又受人欢迎的。欠缺的是尚无精确的记分标准。

3. 八阵图

八阵图原指诸葛亮的练兵作战阵法，后来历代民间艺人仿八阵图，布成迷津，让人行走，成为一种智能娱乐活动。它相近于现代的迷津测验，有其历史和现实的意义。

[1] 张耀翔著：《心理学文集》，上海人民出版社1983年版，第213页。

《三国志·蜀志·诸葛亮传》称："（亮）推演兵法作八阵图"。后人考其遗迹而绘成图形（详见《武备志》）。今陕西沔县，四川奉节、新都二县尚有其遗迹，"八阵图"系聚石为之，各高五尺，广十围，历然棋布，纵横相当，中间相去九尺，正中间南北巷悉广五尺，凡六十四聚。张耀翔教授推测，有可能由中国留学生或到中国留学的西洋学者，传述八阵图而演成迷津测验。据有关考证，浙江兰溪诸葛村古建筑群的平面布局正是按诸葛亮的八阵图设计的。该村以一口池塘天池为中心，四周环绕数十座明清建筑，几条小巷呈放射状从天池向外辐射分布。可以明显看出，村落布局呈九宫八卦形，与八阵图暗合。张耀翔甚至将迷津测验上溯到尧舜时代。尧为了测验舜的智能与品格是否能胜任统治大业，当暴风雷雨大作之时，他命舜到山林川泽去，考察他的行为。结果舜并未迷失，胜利而归。这就是《尧典》上记载的："纳于大麓，烈风雷雨弗迷。"这是一个以人做被试的大规模迷津测验。

八阵图及其演变形式，毋庸置疑是中国式的迷津测验，这一古代心理测验，不仅可以测试观察力、记忆力、思考力、创造力等多样能力，而且能够反映出被试在走迷津时所反映的情绪、意志、性格等品性。我们应当在此基础上编制有中国特色的现代迷津测验。

4. 七巧板

七巧板是用一块正方形薄板截成七块，可以拼排成多种多样的图形，

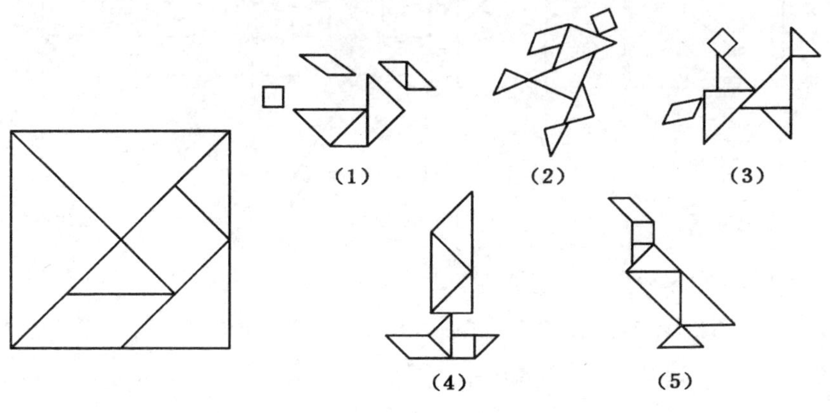

附图1-2　七巧板拼图

是一种很好的非文字的形板智力测验。这种拼板智力测验，用于娱乐或测试都是很有趣味的。从拼排活动中能训练、培养和发展人的智力，用来测试时也可反映被试的智力水平。例如，你可以将七巧板拼排成：(1)“心”字;(2)跑步;(3)骑马;(4)帆船;(5)鹅;等等(见附图1-2)。

七巧板起于何时，为何人所创，尚未完全考证清楚。可以肯定的是，它由宋代黄长睿所撰的《燕几图》演变而来，到清代时又发展成童叶庚创制的“益智图”。这样看来，七巧板流行于宋至清之间。《辞海》称:“燕几”是一种可以错综分合的案几,初为六几,有一定尺寸,称为“骰子桌”。后增一小几，合而为七，易名“七星”。纵横排列，使成各种几何图形，按图设席，以娱宾客。清代童叶庚撰《益智图》，自谓:“摹七巧图益智而加益之”,“亦足开发心思”。他将七巧板增加为十五块，合则成正方形，散则可以拼排各种文字、事物等图形(见附图1–3)。

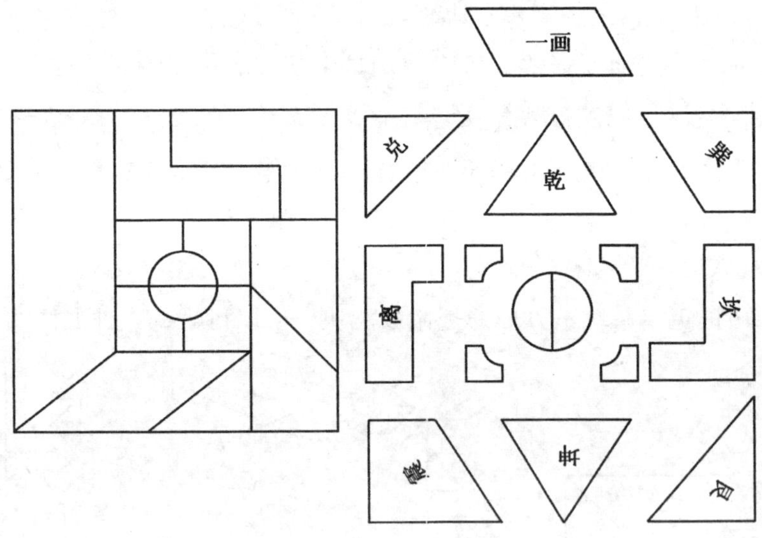

附图1–3　益智图

林传鼎教授对七巧板的智力测验意义作了充分的肯定和高度的评价。他说:“七巧板又称益智图，它的操作属于典型的发散式思维活动，操作的成果是形象转化。它需要知觉组织的能力和空间想象的能力，而且通过图形中场的分解与接合，能使儿童认识到整体和部分的关系，分解的任意性随需要与目的而转移。成功地完成作业，动机受到强化，有助于发展创造力。益智图这个名称意味着智力是可以增进的。这说明了智力作为一种动态过程是可以改变的。"[1] 这段心理学意义的分析是很透彻精辟的。

同世界上的机巧板相比，中国的七巧板是最早的。据有关资料说，西方第一个机巧板是法国的塞甘（E. Séguin）于1864年制用的，包括十块木制的几何形小板。1908年比纳（A. Binet）在智力量表中使用了两块三角形拼成长方形，直到1914年肯普夫（G. A. Kempf）制用的对角线机巧板，它是一种五巧板，由三块直角三角形（两大一小）、一块长方形、一块梯形组成，跟中国的七巧板很相似（见附图1–4）[2]。七巧板在世界各国广泛流传，被称为"唐图"。刘湛恩曾于20世纪20年代著有《中国人用的非文字智力测验》（英文）一书，向国外介绍九连环、七巧板。张耀翔教授"相信西洋流行的形板测验（form-board tests）是由中国七巧板、益智图脱胎出来的"。[3]

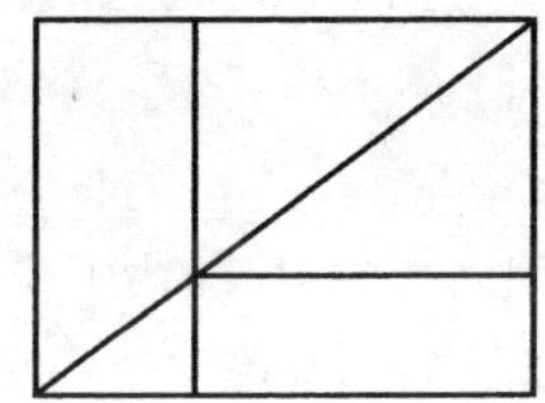

附图1–4　五巧板图

由上可知，无论从历史和现实考察，七巧板的心理测验理论意义与实践意义都是充分的。我们应当继承和发扬这一文化遗产，使之成为能体现中国传统特色的测验工具，只要进一步研究它的记分法是完全可行的。在开发儿童心智方面，生产七巧板、益智图之类的智力玩具，在现在也会受到欢迎的，并可与魔棍、魔方之类的智力玩具相媲美。

五、等级数量法

史蒂文斯（S. S. Stevens）认为："就其广义来说，测量就是根据某种

[1] 林传鼎著：《智力开发的心理学问题》，知识出版社1985年版，第8—9页。
[2] 潘菽、高觉敷主编：《中国古代心理学思想研究》，江西人民出版社1983年版，第308页。
[3] 张耀翔著：《心理学文集》，上海人民出版社1983年版，第213—214页。

法则用数字对事物予以确定。”现代心理测验就是要对人的心理水平与心理特质进行量化的研究。那么古代的心理测验思想中是否也有量化的思想呢？回答是肯定的，当然不可能有现代测验中标准化的量化理论，但朴素的量化思想是很早就有的，甚至可以上溯到孔子。孔子对人的智力与品格不仅有语言定性评价，而且出现了等级评价和数量评价的思想，这些思想对后世评价心理问题产生了影响，我把它们称为等级评定法和数量指标法的萌芽。

1. 等级评定法

孔子在评价人的智力水平时，开了等级评定的先河。他说：“唯上智与下愚不移。”[1]又说：“中人以上，可以语上也，中人以下，不可以语上也。”[2]还说：“生而知之者，上也；学而知之者，次也；困而学之，又其次也；困而不学，民斯为下矣。”[3]。孔子对人的智能有三种等级评定，第一种分为上智与下愚二个等级；第二种分为上、中、下三个等级；第三种分为上、其次、又其次、下四个等级。后来有的思想家将这种等级评定用之于品性。例如，董仲舒提出“性三品”说：“圣人之性，不可以名性；斗筲之性，又不可以名性；名性者，中民之性。”[4]他把人性分为三个等级，也是上、中、下。韩愈承袭“性三品”，指出：“上焉者，善焉而已矣；中焉者，可导而上下也；下焉者，恶焉而已矣。”[5]同样是把人性分成上、中、下三个等级予以评定。魏晋实行的九品中正制，是将人的品行定为九等，即上上、上中、上下、中上、中中、中下、下上、下中、下下九品，然后按所品等人才的言行予以升降。等级比过去增加了许多，对人的心理品格水平高低的区分也更细了。

2. 数量指标法

两千多年前的孔子也开了用数量标明智力水平的先河，他在评价两

[1]《论语·阳货》。

[2]《论语·雍也》。

[3]《论语·季氏》。

[4]《春秋繁露·实性》。

[5]《韩昌黎集·原性》。

个学生的理解、接受能力时说:“回也,闻一以知十;赐也,闻一以知二。”[1]孔子的学生陈亢与伯鱼对话时也有类似的意思,陈亢在问过伯鱼后说:“闻一得三,闻诗闻礼,又闻君子之远其子也。”[2]从以上可知,是用一、二、三、十这些数量在标明一个人的智能水平,这跟现代心理测验的量化思想是相符的。《中庸》有一段话还从相反的视角评价智能水平。这就是“人一能之,己百之,人十能之,己千之。”当然以上这种数量指标只是粗略估计,并非今天的精确统计。又如,有的古籍记载,魏曹子建七步成诗,幸免于死;宋刘元高一目十行,人人称能。前者说明完成一种作业所需的时间数量,后者指一个单位时间内所完成的作业数量。更值得一提是,南朝诗人谢灵运自称:“天下才共一石,曹子建独得八斗,我得一斗,自古至今共用一斗。”[3]这虽是诗意的夸大,但从中可以看出这种方法具有比例或指数的性质,富有心理统计学的意义。

[1]《论语·公冶长》。

[2]《论语·季氏》。

[3]《南史·谢灵运传》。

附录2

《孙子兵法》与企业管理心理*

当今世界，经济腾飞，科学技术迅猛发展，在全世界范围内形成了现代科学文化。但是传统文化，尤其是中国的优秀传统文化，仍不失其灿烂的光辉。现代科学文化必须吸取优秀传统文化的丰富养料，使优秀传统文化与现代科学文化相结合、相融合，方能继续放出异彩和发挥不可替代的作用。真理是可以跨越时空的。以现代科学文化为参照系，便能够挖掘和整理出古代文化中至今仍富有生命力的宝贵东西。我们应当弘扬传统，以古为鉴，撷取精华，服务今天。

谈到传统文化，自然会联想到《周易》这部古老的经典，它是中华文化的源头科学和哲学，也是中国古代管理心理思想理论的源头。第一部系统论述管理问题并包含丰富管理心理思想的专著，则是成书于春秋末期的著名军事著作《孙子兵法》。我们透过这部军事著作的谋略，可以得到深刻的启迪。挖掘出其管理思想理论，联系现在的企业管理实际，还能领悟出它的企业管理心理思想，给今天的企业管理工作以借鉴。

一

从管理心理特别是从企业管理心理的视角，综观《孙子兵法》全书，有五个主要方面可以给企业管理以借鉴。它们是："不战而屈人之兵"的

* 杨鑫辉：《江西师范大学学报》（社科版）1991年第4期。该文此前是为组团来江西访问的台湾企业人员作学术讲座的讲稿。

全胜战略；“上兵伐谋”的谋略思想；“令民与上同意”的凝聚力思想；“将在军，君命有所不受”的职能观点；“智、信、仁、勇、严”的将领心理品质。当然，《孙子兵法》丰富深邃的思想，对企业管理的启示并不止这些，还有待进一步挖掘整理。兹就上列五个方面分别论述如下：

（一）“不战而屈人之兵”的全胜战略

“孙子曰：凡用兵之法，全国为上，破国次之；全军为上，破军次之；全旅为上，破旅次之；全卒为上，破卒次之；全伍为上，破伍次之。是故百战百胜，非善之善者也；不战而屈人之兵，善之善者也。”（《谋攻篇》）孙子认为，用兵的法则，使敌方“全国”、“全军”、“全旅”、“全卒”、“全伍”完整地屈服是上策，用武力击破它们就次一等。这可以称为“全胜战略”，是最理想的要求。要做到“不战而屈人之兵”就必须运用谋略，而谋略需要建立在掌握敌我双方情况的基础上。所以，孙子又提出“知彼知己者，百战不殆；不知彼而知己，一胜一负；不知彼，不知己，每战必殆”（《谋攻篇》）。

用现代企业管理的观点看，在市场竞争的复杂环境中，企业必须使自身组织与外部环境（主要是竞争者和顾客）处于一种动态平衡状态，才能够取胜。美国管理学者希克曼和日本学者大前研一等人认为，企业战略是由顾客、竞争者和企业自身资源能力三个变量相互作用而形成的。以“知彼知己，百战不殆”思想为指导，就必须全面了解分析上述三个方面的情况。首先是竞争者导向，要充分关注竞争对手，了解其实力和战略部署，从而制定出制胜的战略。据悉，许多著名企业家，例如日本的石坂泰三、土光敏夫，台湾地区的王永庆、孙法民等，都熟稔中国古代儒家和兵家的著作，并且在企业管理中加以应用。其次是顾客导向，使企业按照市场顾客的需求提供产品或服务。日本的大桥武夫可称为兵家经营学家，他曾将孙子的“先胜而后求战”类比日本商界的古老名言“先卖而后造”。市场竞争就是争夺顾客，所以企业一定要做到“知彼”，必须深刻了解市场顾客需要什么，需要多少，需要的时空，需要的心理状态等等，以受欢迎的产品、优良的质量去赢得顾客。最后是企业要“知己”，面对竞争者和顾客，要分析和评估自身的优势与劣势，清醒地认识自身的资源能力，从而制定出切实可行的企业发展战略、计划，采取有成效的措施。这可视为,建立在“知彼知己”基础上的“不战而屈人之兵”的全胜战略在企业管理上的一种具体应用。

（二）“上兵伐谋”的谋略思想

要完成战略任务，可以采用多种途径和方法,《孙子兵法》强调计谋、谋略，指出“上兵伐谋，其次伐交，其次伐兵，下策攻城。攻城之法，为不得已”(《谋攻篇》)。意思是：用兵的上策是用计谋战胜敌人，其次是用外交手段战胜敌人,再次是用武力击败敌人的军队,下策是攻破城池。攻城的办法，是在不得已的情况下才用的。孙子还进一步提出了著名的诡道十二法：“能而示之不能，用而示之不用；近而示之远，远而示之近；利而诱之，乱而取之；实而备之，强而避之；怒而挠之，卑而骄之；佚而劳之，亲而离之。”(《计篇》）这种“攻其不备，出其不意”的办法是一种古典的谋略心理战。它包含的内容十分广泛，如“避实而击虚”的击虚谋略,“三军可夺气，将军可夺心”的治气夺心谋略，“以正合，以奇胜”的出奇谋略,“以迂为直，以患为利”的以迂为直谋略,“用间有五”的用间谋略，等等。

孙膑在《孙膑兵法》中继承和发扬了《孙子兵法》的谋略思想，并且在指挥战争实践中创造了以谋略取胜的著名战例——围魏救赵之战。公元前353年，齐威王命田忌为主将和孙膑为军师，率大军解救赵国被魏军攻打的危机。田忌原想率军直接奔袭邯郸，攻打围赵的魏军。后接受孙膑的建议，采取“批亢捣虚”的办法，迅速率军向魏军防守薄弱的魏都大梁发起进攻。魏军深恐国内有失，主力匆忙回救大梁，行至桂陵，遭到齐军突然袭击而败退。这样没有大损失，齐军就解除了赵国之危，获得了战争的胜利。还有一个孙膑帮助田忌赛马取胜的有名故事。战国时贵族中盛行赛马赌博，齐将田忌却常常赌输。孙膑发现田忌每个等级都比别人的差一点，于是他教给一个取胜的办法，邀齐王赛马，即用下等马跟齐王的上等马比，先输一局，然后分别用中等、上等马跟齐王的下等、中等马赛，胜二局。齐王知道后，对孙膑的谋略才能大加赞赏，任命他主持齐国的军事。这个赛马取胜的谋略，后世广泛地应用到军事、体育竞赛以及涉及力量对比的各种管理工作中。

对企业管理而言，尤其是在贸易谈判中，谋略具有特别重要的意义。综观《孙子兵法》，有的研究者认为，谈判谋略包含五个基本要素是有道理的。第一，“造势”。谈判者利用传播媒介制造有利于己的谈判形势（谈判气候）。第二，“治气”。谈判者利用各种方式激励己方内部的士气，与对方士气相抗衡。第三，“治力”。谈判者采用示形（以有形的欺骗信息诱惑对方）和谈判实力结合的办法，以智胜力。第四，“治变”。谈判者要用灵活的战术，随机应付不断发展变化的谈判形势。第五，“治心”。谈判者要以良好的心理素质支配其谈判行为，突破对方的心理防线，达到谈判成功的目的。

（三）“令民与上同意”的凝聚力思想

孙子提出决定战争胜负的基本条件是：“道”（道义）、“天”（天时）、“地”（地利）、“将”（将帅）、“法”（法制）。在谈到“道义”时他说：“道者，令民与上同意，可与之死，可与之生，而不畏危也。”（《计篇》）道义就是使民众与君主同心同德，民众可以与君主同死，可以与君主同生，而不怕任何危险。怎样才能使民众与上同心同德呢？“王者之道，厚爱其民者也。”（《吴问》）统一天下的道理，就是要深深地爱护自己的老百姓。吴王问孙子：当今晋国韩、赵、魏、范、中行和智氏等六将军分别占有晋国的一部分土地，其中哪个会先灭亡，哪个会强盛起来？孙子就是用是否“厚爱其民”进行分析作出回答的。在《地形篇》里，孙子又要求将帅爱护士兵。他说：“视卒如婴儿，故可与之赴深溪；视卒如爱子，故可与之俱死。”在银雀山汉墓竹简《黄帝伐赤帝》里，孙子赞扬黄帝和商汤王、周武王用战争消灭残害人民的暴君以后，实行“休民、艺谷、赦罪”的休养生息的政策，得到了老百姓的拥戴。

管理企业要取得成功也是如此，必须是企业的领导者、管理者与全体职工同心同德。领导者、管理者爱护职工和关心职工的利益，职工也就会为企业竭尽全力。这正是企业群体的凝聚力问题。现代管理心理学理论告诉我们，领导管理方式“民主”或“专制”或“放任”，是影响群体内凝聚力的主要因素之一。群体成员之间的相互作用和感情，对于完成群体任务也起着重要作用，这就是通常所说企业领导者的感情投资问题。企业领导者要做到“令民与上同意”，职工也要和领导者、管理者一道，努力增强企业内部的凝聚力。

（四）“将在军，君命有所不受”的职能观

司马迁的《史记·孙子、吴起列传》，记述了孙子进见吴王阖闾的故事，1972年发现的银雀山汉墓竹简《见吴王》所记的事迹也大致相同。它们说的是，孙子以《兵法》见吴王，请求小规模地试演，吴王许以180名宫女操练。孙子将宫女分作二队，命吴王宠爱的两个妃子担任队长，并三令五申交代操练纪律。宫女们口里答应着，听到击鼓命令时却哈哈大笑。孙子又三番五次地讲清纪律，但击鼓后宫女们仍哈哈大笑。于是孙子要斩两个队长，吴王派人拦阻。孙子说：“臣既已受命为将，将在军，君命有所不受。”终于斩了两个队长示众。接着的操练就很好了。在《见吴王》一文里也有这样的话：“兵法曰：弗令弗闻，君将之罪也；已令已申，卒长之罪也。”以上说明君王、将领、卒长、士兵各有自己的职责，要严格按照纪律规章办事，才能带出好的军队，取得预期的成效。

现代管理理论的能级原则要求，不同层次的组织机构、管理人员，应当赋予不同的职责和权力，分工明确，各负其责。上一层次的领导者不要代替或直接干预下一层次的工作，下一层次的管理者，也不应凡事请示上层领导才办。孙子的“将在军，君命有所不受”的职能观点，对于我们的企业管理工作在执行能级原则中不是有很好的启示吗？企业内各层次的人员都应当做到：在其位，谋其政，行其权，尽其责，取其值，获其荣，罚其误。

（五）“智、信、仁、勇、严”的将领品质

将领品质在军事上具有非常重要的地位和作用，古代兵书都认为将领是“国之辅”、“国之宝”、“得之国强，去之国亡”。《孙子兵法》开篇提出，战争是国家的大事，要从道义、天时、地利、将领、法制五个方面进行分析。在谈到将领时说:“将者，智、信、仁、勇、严也。”(《计篇》)即：将领要具备智谋才能、赏罚有信、爱护士兵、勇敢果断、军纪严明等心理品质。将领是否具备这些品质，是战争胜负的重要因素之一。在《见吴王》中，孙子还强调将军的品质“莫贵于威。威行于众，严行于吏，三军信其将威者，乘其敌”。意思就是将领在士兵群众中享有威信，并在军吏中严格执行纪律，全军官兵都相信自己将领的威严，那就可以战胜敌人。

孙子关于将领应具备多种心理品质的思想，对后来的军事家影响很大。《吴子兵法》提出，将领应当“总文武”、“兼刚柔”，慎重做到“理、备、果、戒、约”。理，就是“治众如治寡”;备，就是“出门如见敌”;果，就是“临敌不怀生”;戒,就是“虽克如始战”;约,就是“法令省而不烦”。《孙膑兵法·将义》提出将领应具备“义、仁、德、信、智”五种品质,其中“智”、“信”、“仁”三条完全与《孙子兵法》相同。到三国时,诸葛亮在《将苑》(又称《心书》)中，按才能品质把将领分为仁将、义将、礼将、智将、信将、步将、骑将、猛将、大将九种。还提出，将领应具备“五善四欲”、“不柔不刚”和“五强”的心理品质，要去掉“八恶”、“八弊”。

在企业管理中，同样要求优秀的管理者、领导者具备某些不可缺少的心理品质。孙子关于将领品质的思想是有借鉴意义的。日本有一本《怎样当企业领导》的书，就直接引用并解释了孙子“将者，智、信、仁、勇、严”这句话。“智”，要求领导者必须聪颖而有智慧，遇事能作出准确无误的判断和及时而合理的决定；“信”，要求领导者必须信赖自己的下级并能够获得部下的信任；“仁”，要求领导者必须体贴爱护下属，时刻把部下的事情挂在心上;“勇”，要求领导者必须有勇气，有魄力，处事果断，干起来雷厉风行；“严”，要求领导者必须遵守法纪，奖惩严明。

二

基于上面的论述，我们进一步简要地讨论下面两个问题：

（一）关于传统文化与现代化问题

前几年，关于传统文化与现代化的关系，学术界出现过几种不同的看法，即许多海外华裔学者所持的“儒学复兴”说，一些青年学者主张的“根本的改造和彻底的重建文化传统”的“彻底重建”说，介于“儒学复兴”与“彻底重建”之间的“西体中用”说，重视17世纪反宋明理学的早期启蒙思潮与有选择地吸取外来文化的“哲学启蒙”说。

对于上述四说，我们都不能赞同。“儒学复兴”说，把中国传统文化局限于儒学，抹杀了社会主义现代化与资本主义现代化的界限。“西体中用”说，实际上是“五四”时期产生的思想，不符合党的十一届三中全会以来确定的建设有中国特色的社会主义的精神，不能体现以我为主的思想。“哲学启蒙”说，将我国的文化运动水平降低到17世纪的早期启蒙思潮的基准上，不符合当前的实际情况。我们更反对“彻底重建”说，因为它彻底否定了我国劳动人民在长期历史发展中建立起来的传统文化，实质上是要搞“全盘西化”。任何一个国家、民族的文化都有其历史继承性，现代是从古代发展过来的。所以列宁在《共青团的任务》中说：“无产阶级文化应当是人类在资本主义社会、地主社会、官僚社会压迫下所创造出来的知识总汇发展的必然结果。”应当反对把马克思主义同人类文化成果割裂开来、对立起来的错误倾向，反对把现代化同传统文化割裂开来、对立起来的错误倾向。

在对待文化的古今中外问题上，我们仍然应当坚持古为今用、洋为中用的方针，“要积极吸收我国历史文化和外国文化中的一切优秀成果，坚决摒弃一切封建的、资本主义的文化糟粕和精神垃圾。当前在这个问题上，要特别注意反对那种全盘否定中国传统文化的民族虚无主义和崇洋媚外思想”（江泽民同志在庆祝中华人民共和国成立40周年大会上的讲话）。要弘扬民族优秀文化，将优秀传统文化与现代科学文化融合起来，发挥它在现代化建设中的作用。

以上面谈到的《孙子兵法》为例，我们挖掘、整理这部兵家圣典所蕴含的丰富思想，即它的军事思想、哲学思想与管理思想等等，以古为鉴，撷取精华，对现代的军事作战、哲学研究、企业管理等无疑有重要意义，这在国内外学术界得到了肯定的评价。国内外企业界运用《孙子兵法》的思想指导企业管理取得的成功，也有力地证明了传统文化可以在现代化建设中发挥作用。

（二）关于建立有中国特色的管理科学问题

随着现代化大生产的发展，现代科学技术与生产的进一步结合，经营管理的作用也日益增大。19世纪末到20世纪初，凭经验经营管理的早期管理已经进步为科学管理。第二次世界大战后形成了现代管理，70年代又提出最新管理。另一方面，出现了许多国家，特别是东亚国家，以及台湾、香港地区的企业界，向《孙子兵法》、《三国演义》等吸取战略思想与方法应用于企业管理之中的热潮。

面对这种情势，我们应建立怎样的管理科学以适应四个现代化建设的需要呢？遵照“坚定不移地走建设有中国特色的社会主义道路”的指导方针，我们应当建立具有中国特色的管理学、企业管理学和企业管理心理学。有一种观点认为，“具有中国特色”否定了科学的普遍性，是不学习国外的先进科学理论。殊不知任何一门科学，尤其是社会科学，是受不同国家的历史文化背景影响的；任何事物，既有普遍性的一面，又有特殊性的一面，同时要看到国外也在向我国古代和现代学习的另一面。问题的关键是怎样建立具有中国特色的管理科学、企业管理学、企业管理心理学。我们认为，其基本途径是：首先，要以辩证唯物主义与历史唯物主义为方法论；其次，要总结研究我国现实的管理实践经验；再次，要挖掘整理我国古代的管理思想；最后，要有选择地学习吸取外国管理理论。由此看来，我们研究《孙子兵法》及其他有关古代经典，把它们的一些科学思想与方法运用到企业管理中来，应放到建立具有中国特色的管理科学的高度去认识。

附录3

《鬼谷子》的心理技术刍议*

我国古代无“心理技术”一语，但有“心术”一词。如《管子·七法》云：“实也，诚也，厚也，施也，度也，恕也，谓之心术。”尹知章注：“凡此六者，皆自心术生也。”这里所说的“心术”，是《管子》概括的治国、治军的七项原则之一。又《管子》里有《心术》上下篇。其“心术”的内涵有二：一指“心”认识“道”的方法和途径；一指君王驾驭、控制群臣的方法与技巧。这种种方法、途径与技巧，都出自“心”或“皆自心术生”。此外，我国古代所说的知人之法与治心之术也应当属于心术范畴。在我看来，今之所谓“心理技术”可以有广狭二义：广义的心理技术即出自心理、由心理支配的一切计谋策略、方式方法、技能技巧的总称；狭义的心理技术指应用现代心理学原理及心理测验、测量、统计等技术手段而言。很显然，我国古代所谓的“心术”，与这里所说的“广义心理技术”是基本相当的。

如果我的上述看法能成立的话，并以此来考察《鬼谷子》一书，那么可以说，该书是我国古代探讨心理技术问题的一部专著。

《鬼谷子》旧题周楚鬼谷子著。鬼谷子真实姓名不详，因隐于鬼谷而得名。相传为战国时楚人。长于养性持身和纵横捭阖之术，为纵横家。《史记·张仪列传》曾提到：“与苏秦俱事鬼谷先生。学术，苏秦自以不及张

---

* 燕国材，2002年9月第三届全国心理技术应用学术研讨会报告交流论文，载入杨鑫辉主编《心理技术应用研究》第2辑，河海大学出版社2003年版。

仪。"《鬼谷子》在南朝时曾有陶弘景为之作注。《隋书·经籍志》载有"鬼谷子先生占气一卷"和"鬼谷子三卷"。后者有皇甫谧和乐台注本，唐代之后乃有多种注本。现留传下来的《鬼谷子》，计三卷共十九篇。唐代文学家柳宗元作《辨鬼谷子》，对它的内容曾给予批评说："鬼谷子言益奇，而道益陿。使人狙狂失守，而易于陷坠。"今一般认为，《鬼谷子》系后人伪托，非先秦古籍。

《鬼谷子》的心理技术十分丰富，主要有捭阖术、反应术、内揵术、抵巇术、飞箝术、忤合术、揣摩术、权谋术、决断术等。这些心理技术在书中均各以专篇来进行讨论。兹依次略作考察之。

一、捭阖术与反应术

（一）捭阖术

《鬼谷子》有《捭阖篇》专门考察这个问题。

1. 含义。"捭"，通"擘"，分开；"阖"，通"合"，闭合。"捭阖"，犹言"开合"。战国时以苏秦、张仪为代表的纵横家游说诸侯国的一种方法，也可以说是处理国际、人际关系的一种心理技术。其言云："捭之者，开也、言也、阳也；阖之者，闭也、默也、阴也。"它认为，按照"天地阴阳之道"，一开一合是事物发展的普遍规律，是掌握事物的关键，即其所谓"达人心之理，见变化之朕（征兆、形迹）焉，而守司（主持、掌管）之门户（喻关键）"。因此，纵横派策士便运用此开合之术以游说诸侯。

2. 目的。在游说时，运用开启之术，发现合适的可以取出使用，发现不合适的可以藏而不用；运用闭合之术，发现合适的可以闭藏后获取，发现不合适的可以闭藏后放弃。也就是所谓的"故捭者，或捭而出之，或捭而纳之；阖者，或阖而取之，或阖而去之"。

3. 意义。运用捭阖术，可以启动对方敞开心扉，将其一切的积极因素都调动起来；可以让对方闭合掩藏，使其一切的消极因素都得以中止。正如陶弘景的注释所说："捭，拨动也；阖，闭藏也。凡与人之言道，或拨动之，令有言，示其同也；或闭藏之，令自言，示其异。"

4. 方法。"夫贤、不肖、智、愚、勇、怯、仁、义，有差。乃可捭，乃可阖"。意即人的心理、品格各不相同，要根据其特点，当捭则捭之，即拨动游说，以便让对方将其实力和计谋全部暴露出来，从而使我方得以了解实情，正确对对方作出估量和判断；当阖则阖之，即适当闭藏掩盖，为此后进一步说服对方而等待时机。

（二）反应术

《鬼谷子》辟《反应篇》，专门对此问题进行讨论。

1. 含义。"反"，反复、反求；"应"，对应，回应。其言曰："反而求之，其应必出。""反以观往，复以验今。"意思是说，通过反复观察验证，必然会引出某种对应。这样就可以认识客体实情并进而加以探询。可见，反应术乃是获取对方信息（情报）的一种心理技术。

2. 目的。"故善反听者，乃变鬼神以得其情。其变当也，而牧之审也。牧之不审，得情不明；得情不明，定基不审。"意谓一个善于反复详审的人，可以透过隐秘玄奇而获得实情。如果对方的变化是适当的，就能周密详细地掌握。不详细调查了解，得到的情况就不清楚；得到的情况不清楚，奠定的基础就不可靠。由此看来，运用反应术，旨在周密详细地掌握对方（客体）的真实情况，为处理彼我或主客之间的关系打下可靠的基础。

3. 意义。"重之袭之，反之复之，万事不失其辞。圣人所诱愚智，事皆不疑。"就是说，反复详细审视，任何事情都不会离开所说的那些情况。圣人用此术诱导智者和愚者，都可以得到实情而无疑惑。《鬼谷子》认为，运用反应术了解实情可以"符应不失……若后羿之引矢"，无不命中，无不可靠。

4. 方法。为了获取实情，可以采取的手段是很多的。如"反以观往，复以验今；反以知古，复以知今；反以知彼，复以知己"。又如"欲闻其声反默，欲张反敛（通敛），欲高反下，欲取反与"。意思是说出某种言辞引诱对方开口，采取缄默方式诱导对方吐露真情，对某一不清楚处反复加以探求，从对方言谈举止中窥视其喜怒哀乐之情。诸如此类，还可举出一些。

二、内揵术与抵巇术

（一）内揵术

《鬼谷子·内揵篇》，专门对这一问题展开讨论。

1. 含义。其言云："事皆有内揵，素结本始。"陶弘景注说："揵者，持之令固也，言上下之交，必内情相得，然后结固而不离。"可见，"内"，指内心、内情；"揵"，指支持、固守，也指堵塞、闭合。"内揵"，意即内心相得、情投意合。又说："内者进说辞，揵者揵所谋也。"这里明讲："内"就是进献说辞；"揵"就是固守谋略。将该篇的这两段话合起来看，内揵术是关于臣向君进献说辞和固守谋略的一种心理技术。就是说，臣要使说辞与谋略得到君的采用，就必须运用内揵术，让君臣情投意合。

2. 目的。"欲合者，用内；欲去者，用外。"陶弘景注说："内谓情内，外谓情外；得情相合，失情自去。此盖理之常也。"意思是说，想要一致的，用内情相合的方法；想要分离的，用外情相离的方法。可见使两情相合或相离，乃是运用内揵术的目的。

3. 意义。内揵术虽是就君臣关系来立论的，但对于处理一般的人际关系也有可资借鉴之处。如其所说的情意合离，便是两种人际关系的共同基础：一旦情投意合，就会"远而亲"，"遥闻声而相思"；一旦情意相离，就会"近而疏"，"日进前而不御（使用）"。

4. 方法。归结起来，不外乎两种：一是"揵而内合"，即让人际之间的情意尽可能契合，以建立融洽协调的人际关系；一是"揵而反之"，即当人际之间的情意不相契合时，也不必勉强维系，有时还可以加强这种分离。还要强调的是，运用内揵术时，应当掌握分寸，进退有度，以使掌握主动权，即所谓"欲入则入，欲出则出，欲亲则亲，欲疏则疏，欲就则就，欲去则去，欲求则求，欲思则思"。做到左右逢源，进退自如。

（二）抵巇术

《鬼谷子·抵巇篇》，专门对这一问题展开讨论。

1. 含义。《辞海》云："抵巇，乘隙而入。"并引韩愈《释言》"弱于才而腐于力，不能奔走乘机抵巇以要权利”之语作为例证。这当然是正确的，还颇有心理技术的味道。但从《抵巇篇》中却看不出“乘隙而入”的意思。其言曰:“巇者，罅也。罅者，涧也，涧者成大隙也。巇始有朕，可抵而塞。”这里明言:“巇”是裂缝、罅隙。陶弘景注谓:“抵，击实也;巇，衅隙也。”而堵塞缝隙的道理是：如果不加抵塞，它可以由小而大，直至难以收拾；如果加以抵塞，它可以由大而小，直至完全消失。可见抵巇术是弥补缝隙（犹今之解决矛盾）的一种心理技术。

2. 目的。《鬼谷子》认为，任何缝隙（犹言矛盾）的出现都有征兆，都会由小的缝隙酿成大的缝隙，因此，必须运用抵巇术，防微杜渐，在矛盾处于萌芽状态时就把它“抵”住、消灭掉。

3. 意义。能够及时抵住缝隙、化解矛盾。这不仅是治国良策，对处理人际关系也是有好处的。

4. 方法。“巇始有朕，可抵而塞，可抵而却，可抵而息，可抵而匿，可抵而得，此谓抵巇之理也。”这里提出了“抵”住缝隙、处理矛盾的多种多样的方法，即通过“抵”使缝隙阻塞、退却、停止、消失、得到（获得成功）。而这种种心理技术的运用，又必须“因化说事（顺应变化分析事物），通达计谋，以识细微”，切不可鲁莽行事。

三、飞箝术与忤合术

（一）飞箝术

这一心理技术在《鬼谷子·飞箝篇》中进行了专门讨论。

1. 含义。“飞”，飞扬，引申为褒扬、激励；“箝”，同“钳”，钳制、夹住。其言云：“引钩箝之辞，飞而箝之。”即用激昂言论引诱对方说出实情，从而抓住其心理。这是一种心理技术，即飞箝术。

2. 目的。有两种情况，一是“用之天下”，就是要分析了解各国的天时、地利与人和等各方面的情况，以便达到与对方建立密切关系的目的。一是“用之于人”，就是要测试其智能，考察其才干，估量其发展气势，以便与他建立协调融洽的关系。

3. 意义。“审其意，知其所好恶，乃就说其所重，以飞箝之辞钩其所好，乃以箝求之。”运用飞箝术的意义在于，可以审察对方的意向，知道他喜欢什么、厌恶什么，于是就其所重视的进行游说，用激励之辞引导对方按其所好行事，这样便可控制对方，并向他提出某种索取。

4. 方法。陶弘景释“引钩箝之辞，飞而箝之”云：“钩谓诱其情。言人材性，各有差品，故钩箝之辞亦有等级。故引钩箝之辞，内感而得其情曰‘钩’，外誉而得其情曰‘飞’。得情即箝待之，令不得脱移，故曰‘飞钩’。”这里明确告诉我们，运用飞箝术的方法有二：一曰“飞”，即“外誉”，如用褒扬、激励之辞，使对方产生兴奋喜悦之情；一曰“钩”，即“内惑”，如用贬抑、泄气之辞，甚至是威胁、利诱的手段，使对方陷入困惑不解，乃至惶恐莫安之境。而无论是运用“飞”或“钩”，都是为了得到对方实情而控制之。

（二）忤合术

这一心理技术在《鬼谷子・忤合篇》中展开了专题探讨。

1. 含义。《鬼谷子》认为，事物有顺合与对立，且二者相互转化，这是普遍存在的规律，因此，人们在采取计谋来处理问题时，就应当与此“理”（规律）相符合。正如它所说：“凡趋合倍反，计有适合。”这也就是忤合术的依据。“忤”，就是“倍（背）反”，“合”，就是“趋合”。忤合术就是遵循顺合与对立之理以处理各种复杂关系的一种心理技术。

2. 目的。循合离之道，行忤合之术，以处理群体（如国家）与群体、个体与群体、个体与个体之间的关系。

3. 意义。运用忤合术，大而言之，可以协和四海，包容诸侯；小而言之，可以协调人际交往。

4. 方法。“合于彼而离于此，计谋不两忠，必有反忤。反于是，忤于彼；忤于此，反于彼，其术也。”大意谓，趋向合一与背叛分离并非固定不变的，而应当依主客观的实际情况为转移：“用之天下，必量天下而与之；用之国，必量国而与之；用之家，必量家而与之；用之身，必量身材能气势而与之。”这样当合则合，当离则离，才能纵横捭阖，灵活自如。

四、揣摩术与决断术

（一）揣摩术

这是揣术与摩术的合称。《鬼谷子》即曾辟《揣篇》与《摩篇》分别予以考察。

1. 含义。“揣”即揣测、量度（估量、猜度）之意。《揣篇》多次提到的“揣情”一词，即揭示了揣术的真谛，它就是推测对方心理的技术。《诗 · 小雅 · 巧言》所说“他人有心，予忖度之”，便是揣术的运用。“摩”即揣摩、观摩，含有研究、切磋的意思。摩术就是从对方内心情感的变化来揣摩分析其实际情况的一种心理技术。这两种心理技术的共同依据是：“情变于内者，形见于外。故常必以其见者，而知其隐者。”（《揣篇》）至于这两者的区别与联系是：“摩者，符也。内符者，揣之主也。”（《摩篇》）陶弘景注曰：“谓知其情，然后以其所欲摩之，故摩为揣之术。”意谓从这个意义上说，“摩”是“揣”的一种方式。又注云：“内符者，谓情欲动于内，而符验见于外。揣者，见外符而知内情，故曰符为揣之主也。”很明显，“内”指内心情感的活动；“符”指内心情感活动的外部表现。揣术是从对方的外部表现来揣测其内心的变化，而摩术则是依据对方的内心变化而揣摩其实际情况。

2. 目的。运用揣摩术旨在掌握对方的隐情。就国家言，包括财富多寡、人心向背、君臣亲疏、国际关系等；就个体言，包括能力、好恶等。《揣篇》说：“揣情者，必以其甚喜之时，往而极其欲也，其有欲也，不能隐其情。必以其甚惧之时，往而极其恶也，其有恶也，不能隐其情。”让对方的喜好或憎恶之情发展到极致时，便什么实情都会暴露出来。《摩篇》云：“摩之在此，符之在彼，从而应之，事无不可。”在此处揣摩，符应一定会在那里显现，如此互相呼应，没有什么事情不可以做成的。

3. 意义。善于运用揣术，可以获取“贵”、“贱”、“重”、“轻”、“利”、“害”、“成”、“败”等各种结果，而善于运用摩术，也能够“主事日成”、“主兵日胜”。

4. 方法。从外到内，揣而摩之，又从内到外，摩而揣之。这是运用揣摩术的基本方法。具体地说，《摩篇》提出："其摩者，有以平，有以正，有以喜，有以怒，有以名，有以行，有以廉，有以信，有以利，有以卑。"这里提出了揣摩情意的十种方法：平静、正直、喜悦、鼓动、发扬、成功、简洁、明了、求取、谄媚。

（二）决断法

这一心理技术，《鬼谷子》曾辟《决篇》加以考察。

1. 含义。其言曰："为人凡决物，必托于疑。"一个人有了疑惑，就会请他人为之"决物"或者进行"自决"。"决"是决断、判断；"决物"，即判断事情、处理问题。"自决"，即自行决断，自己处理问题。可见决断术就是判断情况、作出决断以解决问题的一种心理技术。

2. 目的。"故夫决情定疑万事之机，以正治乱决成败，难为者。"这里所说的"决情定疑"与"正治乱决成败"，乃是运用决断术的目的。

3. 意义。作出决断是万事成败的关键，勇于并善于决断者，可以趋利避害。

4. 方法。作出决断要顺应人们趋利避害的本性："去患者，可则决之；从福者，可则决之。"作出决断还要"度以往事，验之来事，参之，平素，可则决之"。

五、权变术与谋略术

（一）权变术

《鬼谷子・权篇》，专门论述这一问题。

1. 含义。其言曰："策选讲谋者，权也。"意谓筹划运用计策谋略，就是权变。"权"本是秤锤，可以称量事物的轻重。引申为权衡，亦可作权变。而《辞海》云："权变，随机应变。"综合起来看，权变术，就是权衡即量度形势以便随机应变地进行游说的一种心理技术。

2. 目的。运用权变术，旨在雄辩天下，无有不服。而为了达到此目的，游说者需要"听贵聪，智贵明，辞贵奇"。正如陶弘景所注释的："听聪则真伪不乱，知明则可否自分，辞奇则是非可证。三者能行则功成事立，故须贵之。”

3. 意义。在游说过程中，有助于游说者在审度形势的基础上随机应变。

4. 方法。《鬼谷子》认为，说话是有技巧的，如果善于运用，可以把说话的内容掩盖起来。指出有五种言辞，即病（气衰而精神不足）言、怨（哀怨而没有主意）言、忧（闭塞而不能宣泄）言、怒（妄动而没有条理）言、喜（松散而不得要领）言；对此必须精通，有利时方可使用。随便讲话会伤害人，所以说到对方长处时可加以张扬，说到对方短处时要有所忌讳。还要善于看人说话："与智者言，依于博；与拙者言，依于辩；与辩者言，依于要（要领、概要）；与贵者（显贵、高贵之人）言，依于势（势力、权势）；与富者言，依于高（高雅）；与贫者言，依于利；与贱者言，依于谦；与勇者言，依于敢；与过者（犯过失的人）言，依于锐（急切、坚决）。”这种种言谈技巧都必须掌握，而不要忽视、违反。

（二）谋略术

这一心理技术的内容完全反映在《鬼谷子·谋篇》中。

1. 含义。其言云："故变生事，事生谋，谋生计。"意谓事物变化生出事端，有了事端就产生谋略，有了谋略又生出计策（策略）。可见谋略与计策是紧密联系在一起的。谋略术也可叫计谋术，就是关于制订谋略、策略以应付事变的一种心理技术。

2. 目的。运用谋略术的目的在于"制人"，而不"见制于人"，即控制别人，而不被别人所控制。这是非常重要的。因为控制别人就掌握了主动权，被人控制就是让人主宰了命运，即其所谓"制人者握权也，见制于人者制命也。"

3. 意义。善于运用谋略术，既可"制人"，亦可"因以制于事"。

4. 方法。出谋划策必须遵循一定规律（"凡谋有道"），弄清事件起因（"必得其所因"），把握有关的实际情况（"以求真情"）。一般要有上、中、下三策，以便相互参用，产生出意想不到的奇效（"参以立焉，以生奇"）。谋略术的运用要因人而异："仁人轻货，不可诱以利，可使出费（提供费用）；

勇者轻难，不可惧以患，可使据危；智者达于数，明于理，不可欺以不诚，可示以道理，可使立功。”运用谋略术还要视对方的心理状态与特点而定："因其疑以变之，因其见（表现）以然（肯定）之，因其说（观点）以要（总结、概括）之，因其势（势态、趋势）以成（成就）之，因其恶（缺陷）以权之，因其患（忧患）而斥（排除）之。”计谋术的运用也要注意到，公开不如隐蔽（“公不如私”），循常理不如出奇计（“正不如奇”），对表面亲近而内心疏远者要从内心进行游说（“外亲而内疏者说内”），对内心亲近而表面疏远者要从外表入手游说（“内亲而外疏者说外”）。诸如此类，还可举出一些。

综上所述，我们考察了《鬼谷子》所提出的11项心理技术，并从含义、目的、意义与方法四个方面对之作了简要的分析。现仅将11项心理技术的名称、基本含义、出处列成下表作为本文的结束。

《鬼谷子》的11项心理技术

心术名称	基本涵义	出　处
捭阖术	处理国际、人际之关系的一种心理技术	《捭阖篇》
反应术	探取对方情报（信息）的一种心理技术	《反应篇》
内揵术	关于臣向君进献说辞和固守策略的一种心理技术	《内揵篇》
抵巇术	弥补缝隙（犹今之解决矛盾）的一种心理技术	《抵巇篇》
飞箝术	用激昂之辞诱使对方暴露实情从而控制其心理活动的一种心理技术	《飞箝篇》
忤合术	按顺合与对立的规律来处理各种复杂关系的一种心理技术	《忤合篇》
揣　术	从对方的外部表现来揣测其内心变化的一种心理技术	《揣　篇》
摩　术	依据对方的内心变化揣摩其实际情况的一种心理技术	《摩　篇》
权　术	审度形势以便随机应变地进行游说的一种心理技术	《权　篇》
谋　术	制订谋略、策略以应付事变的一种心理技术	《谋　篇》
决　术	判断情况、作出决断以解决问题的一种心理技术	《决　篇》

后　记

心理技术学的名称，在1903年由德国心理学家斯腾首先提出，至今整整一百年了；心理学家闵斯特伯格于1913年出版第一部《心理技术学原理》，距今也已90年。20世纪50年代以前，心理技术学曾经盛行于世。但是，这门有力地促进了心理学应用于社会的心理技术学科，在50年代以后，却又由于心理学应用分支的迅速繁衍，而为应用心理学的名称所取代。其实，任何一门科学都是由三个不可或缺的层次构成的，即基础理论、技术科学和具体应用。因此，我在20世纪80年代中期即倡导重建现代心理技术学新体系，并且逐渐得到许多心理学界同仁和社会实际工作部门的同志的赞同与支持。

随着我国现代化建设的蓬勃发展，社会各行各业以至个人工作生活的方方面面，都要求心理科学提供技术性的可操作的具体帮助。我认为，是社会生活实际的迫切需要，以及科学由综合到分化又到新的综合的发展趋势，把心理技术学又召唤回来，并作出创新和提升。正是在这种情势下，我于20世纪90年代初开始招收培养心理技术应用硕士研究生，近几年又指导培养心理技术学博士生。本书就是在我给他们授课的体系框架和主要内容的基础上写成的。从教材使用范围考虑，该书定位为心理学系或相关系科高年级大学生和研究生使用的程度。它是我国出版的第一部心理技术学专著，可作为高校应用心理学概论课程的教材使用。全书共五章，开首一章是概论，简述心理技术学发展历史和重建它的必要性，并介绍其建构体系。后面四章分别为人员心理素质测评技术，群体社会心理测查技术，心理咨询与心理治疗技术，经济心理技术。书末的三篇附录，从不同方面介绍了中国古代有关心理技术方面的某些思想，对我们今天仍有启发借鉴作用。由于中医心理治疗技术与方法仍具有治疗实效，故已将这部分内容直接纳入第四章中。这在一定意义上也体现了心理学中国化的精神。

我的几位学生主动请缨，愿意协助我执笔撰写该书。虽然，全书以我授课和主持的一些课题研究为基础，但是他们多能补充和发挥，并加入了各自的某些研究成果。具体执笔情况是：本人单独执笔第一章，第四章第一节和第三节的（三）中国古代的心理治疗思想及技术，附录一和附录二，后记。协助执笔的有童辉杰教授，第二章、第四章第三节；罗清旭副教授，第三章、第五章；傅荣副教授，第四章第二节。全书最后由我删改补充和定稿。大家事先约定以我个人的名义问世。我以为，它凝聚了我们师生的智慧和情谊。我对他们的辛勤劳动和真诚协助表示衷心感谢。尤其还要感谢我的老友燕国材教授，他惠允将其撰写的《〈鬼谷子〉的心理技术刍议》一文作为该书附录，给我们展示了一种广义的心理技术思想。最后，我还要感谢上海教育出版社教育编辑室主任陈人雄编审，对出版本书所给予的大力支持与帮助。

作为一门新学科体系的草创之作，可能还有值得商榷之处，敬请专家和读者不吝赐教。

杨鑫辉2003年2月14日

于南京师范大学随园校区寓所

医心之道

——中国传统心理治疗学

序

杨鑫辉

我曾主持教育部人文社会科学“九五”规划项目，出版《危机与转折——心理学的中国化问题研究》（黑龙江人民出版社，2002年）。认为学术界日益取得了下面一种共识：“以西方文化为背景的科学实验的心理学，一开始就潜伏着某种危机，只有实行考虑各国不同文化背景，同时重视将科学精神与人文精神相结合的转折，心理学才能全面保证其真正的科学性。心理学的中国化，就是要将科学精神与人文精神结合起来，建立有中国特色的心理学理论体系，它跟心理学的国际化和科学化是相辅相成、辩证统一的。”（见该书卷首言）

顺应这种科学发展潮流，人们将挖掘整理中国传统心理学思想作为实现心理学中国化（本土化）的重要途径之一。对于它的研究经历了一个从自发到自觉、从分散到有组织、从零星探讨到系统研究的发展过程。作为中国心理学史学科的主要创建者之一和学科发展的见证人，我认为：1978年党的十一届三中全会带来了心理学的复苏与新生，对中国古代传统心理学思想的研究才得到重视和长足发展。1980年在重庆召开的中国心理学基本理论专业委员会学术会议上，笔者提出了结集出版中国心理学史研究文集，这就是1983年由江西人民出版社出版，潘菽、高觉敷主编的《中国古代心理学思想研究》（杨鑫辉、马文驹具体协助主编出版），揭开了中国心理学史学科创建的序幕。1986年人民教育出版社出版了我国第一部《中国心理学史》。这部教育部组织编写的教材，由高觉敷任主编，潘菽任顾问，燕国材、杨鑫辉任副主编，他们是这门学科的主要创建者，该书是中国心理学史学科正式建立的最主要标志。与此同时和以后，有一系列中国心理学史研究论文、专著、教材、资料选编及工具书不断问世，拓展和深化了对中国传统心理学思想的研究。值得特别提出的是，1986年撰著的《中国心理学史》,2005年修订出版,2009年又纳入《中国文库》出版。从1986年起，上海师范大学、江西师范大学和河北师范大学先后招收培养中国心理学史硕士生。1995年笔者在全国首先获批招收培养中国心理学史博士生，后来吉林大学也培养过个别此方向博士生。2002年新批准的江西师范大学和湖南师范大学两个心理学博士点，也可培养这个研究方向的博士生。此外，中国心理学史的国际学术交流日益发展，在国内外心理学界的影响也逐渐深远。

2002年10月，在中国心理学会理论心理学与心理学史专业学术年会上，专门研讨了中国心理学史的进一步发展问题。大家表示，研究的方法有新的发展，一批成果的研究思路有大的拓宽，并且引起了学术界和出版界的高度重视和评价。我认为，我们对中国古代心理学思想研究能产生一批较好的成果，是在坚持辩证唯物论与历史唯物论指导下取得的。“为了保证研究中国心理学思想史的思想方向的正确性和学科内容的科学性，我们必须坚持以辩证唯物论与历史唯物论作为研究方法的理论基础，这是一个根本性的指导思想。”（杨鑫辉著《中国心理学史论》，第64–65页，安徽教育出版社2002年版）在这个根本性思想指导下，出现的一些新的研究思路与方法概括起来说就是：文化·诠释·转换。我们将从过去科学（科学心理学）的视角扩展到文化历史的视角，从义理诠释拓展到实证实践诠释，从挖掘整理扩大到转换应用，从而使中国传统心理学思想研究更充分体现古为今用的原则，并有助于心理学中科学精神与人文精神的结合。正是在这一新的思路与方法的指导下，我们组织力量编写了这套《文化·诠释·转换——中国传统心理学思想探新系列》。依靠集体的力量和智慧，共同努力将中国心理学史学科推向一个新台阶。我们曾经明确指出，经过诠释与转换，中国传统心理学思想就能显现其积极价值："独特的心理学思想体系，哲理说与生物本体说的结合，能融合科学精神和人文精神。以道德为核心的道德人格，向智慧理性和审美方向发展，能建构起适合新时代的新型人格模式。普通心理思想与应用心理思想并行发展的阐发，将推进心理学为现实社会生活服务。古代心理实验与测验思想的发扬，能与西方心理科学相沟通，有助于加强我国心理学的现代化。"（引自笔者2001年7月出席中国科学院心理研究所成立50周年国际学术研讨会和第12届国际中国哲学大会报告的论文：《中国传统心理学思想的积极价值》，载《心理学的历史·理论·技术》第244页，暨南大学出版社，2001年9月）

《文化·诠释·转换——中国传统心理学思想探新系列》，由在文化·诠释·转换思路与方法指导下研究的11部专著组成。它分为三个部分：中国古代普通心理学思想研究专著4部，中国古代应用心理学思想研究专著3部，中国古代重要历史时期专题心理学思想研究专著4部。

中国古代普通心理学思想是非常丰富而深刻的。以现代普通心理学的概念体系为框架或参照系，本系列涉及智能心理思想，情欲心理思想和人格心理思想。湖南师范大学燕良轼教授的《生命之智——中国传统智力观的现代诠释》，比较全面系统地展现了中国古代思想家有关智力观点的脉络和轮廓，论述了传统智力的多元内涵、传统智力观的成因、传统智力的生理机制、传统智力的类型、传统文化中衡量智力的标准、智能的差异、智力与非智力、智力与想象、传统智力测验的特色与价值以及学习在智力开发中的价值等问题。该书以探讨理论观点为主，同时结合了实证研究、历史事件和历史故事。南京师范大学刘穿石副教授的《人情与人心——中国传统情欲心理学思想研究》，抓住人情、情欲、性情这条主线，围绕“中国古代思想家如何理解情感？什么造就了中国人的情感？”等主题进行探讨。其内容包括中国古代情欲心理的自然起源观、博爱理想观、知情合一观、行为价值观、性情互动观、审美情趣观、人际交流观、亲情归属观、自我表现观、文化压抑观等问题。暨南大学曾红副教授的《儒道佛融合人格——中国文化心理结构》，提出儒、道、佛各自构建了自身的理想人格范型：儒家崇尚圣人、君子，一心体仁，强调礼仪；道家顺应自然，虚静无为，求真求美；佛禅则要求排除万念，一心向佛。中国人受其影响，形成了儒道佛融合的理想人格，具有一种独特的中国文化心理结构。该书还介绍了中国现代国民人格概况，探讨了传统人格的现代延伸。上海市心理学会人才测评中心主任刘同辉博士后的《传承、诠释与开新——中国传统人格心理学及当下独立路径研究》，以传统人格心理学思想的纵向梳理和诠释为经，以人格心理学主要专题的横向比较和建构为纬，该书的主要内容和论点包括：人格哲学与人格经验交融发展，中西人格观的主要差异，中国人格理论的“双核心”与超稳定心理结构，“内圣外王”式理想人格模型以及“中庸之道”的哲学方法论等。

中国传统心理学思想的重要价值也在于社会实践领域的应用，其应用心理学思想与普通心理学思想是并行发展的，并且非常丰富。本系列涉及医学心理学思想、文艺审美心理学思想和关于德育的教育心理学思想。笔者杨鑫辉的《医心之道——中国传统心理治疗学》，对中国古代医学和养生学里蕴含的心理治疗思想与典型案例，以“一导三维”的方法学为指导进行了比较全面系统的探讨。主要内容包括：从内外统一出发，神能御行、先医其心的治疗观和“医国·医人·医病”的医学模式；阴阳五行的心理治疗机理与原则；传统心理治疗的方法与案例分析；心理养生的机理、原则与主要方法；心理医者应具有的基本素质；传统心理治疗的新发展——文化·养形调神的心理健康理论与实践。南京师范大学汪凤炎教授和郑红副教授的《良心新论——建构一种适合解释道德学习迁移现象的理论》，采用理论分析法与实证检验等多种方法，研究中国古代思想家的良心论，建构专门用于解释道德学习迁移现象的理论。主要内容包括良心的心理结构，良心的形成与发展，良心发生作用的过程，良心的功能，唤醒或培育良心的方法。该书的研究思路与研究方法较之该系列其他著作有其独特性。苏州大学彭彦琴副教授的《以悲为美——中国传统悲剧审美心理思想及当下转换》，提出了“悲剧审美心理”这个心理学概念，认为中国传统悲剧审美心理思想的特质是“以悲为美”，其基本精神包括：无处不在的悲，哀而不伤，褒贬善恶，亮色结局。该书构建了学校悲剧审美心理素质教育模式及成人心理培训悲剧审美心理教育模式，进行了有关的实证研究，并且尝试悲剧审美心理的当下转换。

中国传统文化历史源远流长，其中先秦和宋代是其主流思想（包括心理学思想）的重要历史时期。这也反映在一些断代专题心理学思想研究方面。浙江大学刘华副教授的《自我的体证与诠释——先秦儒家人性心理学思想研究》，认为人性论是关于人的本质属性的理论观点，中国古代学者也是从人性去理解和认识人的心理实质的。本书专门论述了先秦儒家孔子、孟子、荀子等为代表的人性心理学思想的本质特点与异同。南京师范大学赵凯副教授的《同人心，贵人和——中国传统人际关系心理学思想研究》，属于中国古代社会心理学思想的范畴，人际交往、人际关系是其中心内容。本书重点论述了先秦时期儒、墨、道、兵等诸家的人际关系心理学思想的主要思想观点与异同。广州大学郭斯萍教授的《无我之我——程朱理学之精神自我思想研究》，在阐明人性与自我、文化与自我的基础上，以天人合一的文化思路，着重论述宋代程朱理学中的精神心理学思想，以人情与礼法交融的方式，解决了个人自我与社会自我的自私本质问题，其精神自我则是“天·地·人”的情感沟通体验过程。从重视情到压抑情，是中国人自我发展到理学时代及其以后的特点。扬州大学青年教师陈四光博士的《德性之知——宋明理学认知心理思想研究》，在内在逻辑研究原则基础上采用诠释方法，认为宋明理学家提出的德性之知是对天人合一境界的体悟。程朱理学和陆王心学分别提出了向外的（格物致知）和向内的（克己、践行等）的修养工夫来实现这一体悟。在实现了对天人合一境界的体悟后，人们的认知呈现出知有差等、道德判断、知情合一的特点。最后比较了与现代认知心理学的异同。

本系列著作是通过多年的共同努力工作才得以完成的。2002年昆明座谈会发起对中国心理学史开展探新研究。2003年下半年向出版社申报出版事宜。2004年被列入山东省重点出版计划（后被列入“十一五”国家重点图书出版规划）。2005年5月在开封召开编写准备会，组成编委会，每位作者提交个人写作内容简介。2006年元旦在南昌召开编写会议，个人提交章节样稿，制定工作计划和编写体例。2009年8月在连云港召开统稿会，交流讨论各个作者的书稿。会后尽快修改补充定稿交付出版。既是探新之作，我们更认定要各抒已见，各立已论，自负其责，不断探索，不断完善，共同完成。

本系列著作的作者，除笔者老矣，都是一批锐意开拓研究中国传统心理学思想的中青年博士教授、博士副教授。绝大多数人都在培养研究生，其中三人已是博士生导师。这表明此领域的研究后继有人，作为他们的老师和前辈更是令人欣慰。感谢他们的通力合作为探新系列出版作出的努力与贡献。

本探新系列的问世还要特别感谢山东教育出版社的重视，编审温玉川和王慧同志的友好合作和支持。

第一章　中国传统心理治疗总论

随着我国心理科学事业的日益发展和不断扩大应用，人们对心理学的了解与重视也在增强。越来越多的人知道实验心理学尽管首先在西方创立，但是中国的心理学并不就是“舶来品”，中国倒是世界心理学最早的策源地之一。中国五千年的文明史里，蕴含着极为丰富的心理学思想，其中也包括着宝贵的心理治疗思想、方法和案例。正像中医在世界医学里有其悠久历史和独特的地位一样，跟中医密切联系的中国传统心理治疗思想，也有其悠久的历史和独特的地位，并且在实践中证明其中的精华仍然具有科学性和实效性。两千多年以来的中医典籍里，不仅深刻地论述了诊治疾病的医身之道，而且精辟地阐述了保障心理健康的医心之道。正如《东医宝鉴》一书所说：“古之神圣之医，能疗人之心，预使不至于有病。今之医者，惟知疗人之疾，而不知疗人之心，是犹舍本逐末，不穷其源而攻其流，欲求疾瘉，不亦愚乎？虽一时侥幸而安之，此则世俗之庸医，不足取也。”现代西方心理治疗的一些流派也越来越注意从中国传统心理学思想里汲取营养。

根据我们的整理研究，将中国传统心理治疗学的主要内容体系概括为下列方面：（1）中国传统心理治疗思想发展脉络是冲破巫和巫医的束缚，从医身发展到医心；以中医为主融合诸家。（2）中国传统心理治疗的理论与模式是主张内外统一的整体观和神能御形的治疗观，提出了“医国・医人・医病”的医学模式和“标本相得”的医患模式。（3）中国传统心理治疗的机理是阴阳平衡学说，治疗遵循养形调神，辨证论治，心疗与食疗、体疗、药疗相结合三项原则。（4）中国传统心理治疗有非常丰富的有效案例，其采用的心理治疗方法有开导劝慰法、以情胜情法、习见习闻法、以欺制欺法、消愁怡悦法、移精变气法、气功导引法、暗示解惑法、厌恶反应法等。（5）中国传统心理治疗之"治未病"——心理养生，其基本原则是形神共养，德术双修，众术结合，动静结合。诸家心理养生之道主要差异是，医家重调神摄生，儒家重养性修德，道家为长生重法。（6）中国传统心理治疗的医者素质应具备"普渡舍灵之苦"的精神，"医国""听声""医未病"的能力，"三要五不得"的治疗规范。本书在继承和运用中国传统心理治疗思想方法实践的基础上，作了一些新探索，建构了全面的心理咨询治疗观，即积极意义的心理健康教育观、本土文化的心理咨询辅导观和古今中外结合的立体心理咨询治疗观，概述了作者本人所做的心理咨询治疗方法探索案例和主持进行的传统心理养生思想的实证研究与诠释转换。

本章先论述中国传统心理治疗学研究之意义，其次梳理中国心理治疗思想的发展脉络，最后阐述中国传统心理治疗的文献资料与研究方法。

第一节　中国传统心理治疗学的研究意义

我们曾经论述过研究中国心理学思想史的意义有四个方面，即是建立中国自己的心理学体系的必要工作，能够丰富世界心理学思想宝库，是弘扬民族优秀文化的一项爱国主义事业，能够学习古代学者探求真理严谨治学的精神。[1]它也涵盖了研究中国传统心理治疗学的下述意义。

[1] 参见杨鑫辉《中国心理学思想史》，江西教育出版社1994年版，第12—18页。

一、历史意义

现代心理科学的殿堂是以古代文明作为基石的，没有古代的心理学思想遗产的继承与发展，不可能突然冒出一种现代心理科学。在面对西方现代心理科学时，不能也不可以忘记古希腊罗马时期的心理学思想，中世纪与文艺复兴时期的心理学思想和近代西方哲学心理学思想。我们认为，德国冯特实验心理学的产生，得益于先于他的实验生理学和心理物理学在材料、理论和实验技术方面的帮助，也是对法国赫尔巴特的科学心理学思想和陆宰心理学思想的发展与超越。而对于当代更为发达的心理科学而言，当然不会忘记冯特作为实验心理学创始人的历史意义，也不应忘记中国和希腊等作为世界心理学思想最早的策源地的历史地位。从历史的长河看，它曾经流过的每一段都有不可磨灭的意义。在中国五千年文明史里孕育出的中国传统心理学思想，当然包括着传统心理治疗思想在内，对于今天中国的心理学同样有其重要的历史意义。我们应当重视两千年前成书的《黄帝内经》里的病理心理思想、诊断心理思想、治疗心理思想和心理卫生思想，应当重视隋代巢元方、唐代孙思邈、金元四大家刘完素、张从正、李杲、朱震亨和明代张景岳等医家的众多心理治疗思想和案例。对于中国传统心理治疗思想和案例的挖掘、整理、研究与应用，便可显见其历史的光辉。

中国传统心理治疗思想的历史意义还在其不可再造性，它是在某个特定历史时期的科学文化产物。尽管现代心理治疗在总体上超越了过去，但无法否定历史实在的意义。因为这些达到相当高度水平的丰富思想和有实际效用的案例，是在数百年前、一千多年前、两千多年前便已有的东西。别的国家在同一时期如果没有达到同等水平的思想则更显其历史意义，应当予以珍视。正如我们不能在本国历史上再造古埃及的金字塔，别国也不能在他们国家的历史上再造中国古代的四大发明。正是由于历史的不可再造性，在历史只能开创和发展未来的层面上来看待传统的文化产物，我们也应当珍视中国传统心理治疗思想和案例的历史意义。

我们曾经指出："不能割断历史而应批判地继承历史并进而发展与创新，这是一切中外卓越学者的共识，我们研究和学习中国心理学思想史，不仅对于现代心理学具有历史渊源的意义，而且还有超越学科范围的更广泛的意义。"[1] 对中国传统心理治疗思想这份宝贵遗产，我们只反对历史虚无主义态度，而不是向后看唯古是好，强调的是"批判地继承历史并进而发展与创新"。本书的内容是侧重于批判继承，也论及了发展创新。

二、理论意义

李瑞环同志在《弘扬民族优秀文化》一文中说："富有民族特色的文化，是各族人民生活、劳动、斗争和智慧的结晶，是各族人民的创造，也是各族人民吸收人类文明成果，又对人类文明的贡献。它构成了维系民族成员的心理纽带，是民族生命的重要组成部分。一个国家要实现文化的繁荣，必须注重研究和继承民族文化的优秀遗产。在深刻的社会变革过程中，文化的内容和形式必然会有许多新的变化，但优秀的民族文化不能丢掉，越是民族的，越是世界的。丢掉民族的优秀文化遗产，不仅是民族自身的悲剧，也是人类的损失。"[2] 这段论述是有助于我们理解研究中国传统心理治疗思想的理论意义的。

首先从心理学的中国化（本土化）看研究中国传统心理治疗思想的理论意义。心理学的本土化和本土心理学是既有联系又有区别的两个问题，前者是指将外国现代心理科学引进到某国时要跟本国的文化相结合，后者是指某个国家在自己文化土壤上产生的心理学。自从德国的冯特创立实验心理学以后，迅速发展的现代西方心理科学不断被引进到亚洲、非洲等许多国家。在与这些国家文化融合的过程中，产生了心理学本土化的思潮，也有人称为心理学本土化运动。对中国而言，心理学的本土化就是指中国化。为什么要主张心理学的中国化（本土化）呢？这

[1] 杨鑫辉：《中国心理学思想史》，江西教育出版社1994年版，第12页。

[2] 李瑞环：《弘扬民族优秀文化》，见《新华文摘》2006年第11期。

是因为心理学不是一门纯粹的自然科学，也不是一门纯粹的人文社会科学，而是自然科学与人文社会科学的二重性科学。“心理学的中国化，就是要将科学精神与人文精神结合起来，建立有中国特色的心理学理论体系，它跟心理学的国际化和科学化是相辅相成、辩证统一的。”[1]它是要把心理学植根于中国社会文化的土壤上，有鉴别地吸收国外先进的东西，其最终目标是实现心理学的真正科学化和实用化。如果心理学不中国化（本土化），就不可能成为中国文化的有机部分。佛教从印度传入，不是通过中国本土化的禅宗才真正在中国生根发展吗？意大利的利玛窦在中国明代传教时著有《西国记法》，不也是专列“立象篇”，借用中国文字的“六书”用形象帮助记忆吗？我们现在使用西方心理学量表不也是经过修订吗？我们挖掘、整理、研究、应用中国传统心理治疗思想和案例，进而做到古今中外的融合，建立中国自己的心理治疗理论体系，更好地治疗中国人的心理障碍与心理疾病，增进人们的心理健康，其理论意义和实际意义也就不言自明了。

其次，中国传统心理治疗思想和心理养生思想，丰富了世界心理治疗思想和心理卫生思想的宝库。中国医典很早就重视人的心理因素在人的健康和疾病治疗中的重要作用。成书于战国时期的《黄帝内经》，明确地强调“治神”（即意疗、心理治疗）的特别重要意义，指出诊疗疾病的主要方法是“一曰治神，二曰知养身，三曰知毒药为真，四曰制砭石小大，五曰知脏腑血气之诊”[2]。该书的部分内容被翻译成日、英、德、法等国文字，对世界医学包括医学心理学产生了积极的影响。中国历代医家又不断丰富发展了心理治疗的思想理论，产生了许多很具疗效的心理治疗案例，仅引一些研究者的统计数据便可知其情。例如，王米渠和朱永新等的搜集说，中国古代医典里有600多个心理治疗的案例。朱文锋说《内经》中论述神（神气、神明、精神、神机等）的地方有150处之多。张子

[1] 杨鑫辉等:《危机与转折——心理学的中国化问题研究》（卷首言），黑龙江人民出版社2002年版。

[2]《素问·宝命全形论》。

生编著《历代中医心理治疗法验案类编》自序里说："阅典籍一千余种，直接征引近三百种，上自春秋战国，下逮现代百家，采129家，收188案（含23附案），厘为上下编，结为八因致疾，十二疗法；末编为历代文献，计64家，246论。"[1]更何况除中医典籍以外，中国古代儒、道、释诸家对心理治疗和心理养生问题也有论述，并且对现代心理治疗学产生着影响。我在《欧洲的心理学界》（李绍崑著，商务印书馆2007年版）一书的《序》中指出："在荣格、弗兰克尔、海灵格、柯洛特诸章中，都涉及到了中国的儒、道、释三家，尤其联系老庄的思想。作者倡导精神心理学的研究和重视心理治疗实践，像一条红线贯穿其中。"提到理论的高度来说，它还是弘扬民族优秀传统文化的一项爱国主义事业，是提高民族自豪感的具体工作。正如毛泽东所指出的："中国的长期封建社会中，创造了灿烂的古代文化。清理古代文化的发展过程，剔除其封建的糟粕，吸取其民主性的精华，是发展民族新文化，提高民族自信心的必要条件。"[2]

三、实疗意义

所谓实疗意义有两层含义：一是这些历代心理治疗案例在当时是医治好了心理疾病的、有实际疗效的，二是这些传统心理治疗思想、方法和案例，用来指导当前的心理治疗工作仍有参照应用的实际价值，这是传统优秀文化遗产的"古为今用"意义，也是这里所讲实疗意义的主要方面。中国传统心理治疗思想与方法具有"古为今用"的实疗意义，在于剔除某些迷信糟粕仍富有科学性，这是其主要内容。这就是：它以"形神相即"、"身心"健康为理论基础，从人与天地相参的整体观出发重视心理治疗，提出了与现代医学相暗合的医学模式和医患模式思想，留下了丰富多彩的心理治疗方法和案例，还有对医者素质的全面要求。对此

[1] 张子生编著：《历史中医心理治疗法验案类编》，河北人民出版社1988年版。

[2]《毛泽东选集》第2卷，人民出版社1967年版，第667页。

笔者曾撰文作了比较系统的阐述[1]，以引起世人和医学界对中国传统心理治疗的重视。本书后面各章对这些问题也分别作了论述。

第二节　中国传统心理治疗思想的发展脉络

为了较全面而准确地把握中国传统心理治疗思想，便于进行中外古今心理治疗的比较，必须在历代诸家纷纭的心理治疗思想与方法里面，理清其思想发展的脉络。我们研究中国古代心理学思想史时曾明确地提出了“对于这些思想发展脉络的把握，应遵循整理和研究心理学思想的基本原则。第一，内在逻辑与外部历史条件兼顾的原则，即既要研究心理学思想本身的发展规律，又要看到社会历史条件对它的影响。第二，古今参照的原则，即用现代心理学概念理论体系为框架，去对照整理心理学思想这份珍贵遗产。第三，中外比较的原则，即对中国与外国心理学思想进行比较研究，找出不同历史文化背景下产生的心理学思想的特点。这里应坚持心理学本土化与世界性的辩证统一性”[2]。这些也是我们整理研究中国传统心理治疗学要遵循的原则。据此，我们认为要抓住下面三条发展脉络：（1）从巫术到巫医到中医的发展线索。（2）从心疗（意疗）到神形兼治到心疗、食疗、体疗、针疗、药疗的多种疗法相结合。（3）医家与儒道释诸家有融合处。

一、从巫术到巫医到在中医里的发展线索

严和骎主编的《医学心理学概论》指出：“在浩瀚悠久的祖国医籍

[1] 杨鑫辉：A.《中国传统心理治疗探讨》，1995年5月在台湾大学主办的华人心理学家学术研讨会报告，载《南京师范大学学报》1995年第4期，又载台湾大学《本土心理学研究》1998年第10期。B.《中国传统心理治疗的科学性》，1995年5月国际中医心理学学术研讨会报告，载《中国临床心理学》1997年第2期。

[2] 杨鑫辉：《中国心理学思想史》，江西教育出版社1994年版，第31页。

中，心理学与其他学科同样地起源很早。自殷墟甲骨文开始，出现巫、卜、医三者同源，由于文化科学的关系，彼时之医学，尚未有较大的发展，而巫与卜仍占较大之比重，应该说那也是一种所谓宗教式的原始心理治疗。”[1]约成书于战国至两汉初之间的《山海经》，其中《大荒西经》记载了灵山，巫咸、巫彭等十巫。西汉刘向所撰《说苑》纂辑先秦至西汉的历史事项，其中也记载了上古苗父的原始的心理治疗。从医学发展历史和以上的简要记述可以看出，远古之人对自己活动的吉凶、疾病健康问题等是用巫术来判断和处理的。随着文明的不断昌盛，人们对自然和社会认识的深化，医学的成分增强而出现了巫医，将巫术与医药结合起来，再进到全部摒弃用祈祷鬼神以治病，出现了完全的医学，其中包括医学心理学思想、心理治疗思想、心理养生思想。

《黄帝内经》对使用“祝由”方法进行心理治疗有专门的论述：“黄帝问曰：‘余闻古之治病，惟其移精变气，可祝由而已。今世治病，毒药治其内，针石治其外，或愈或不愈，何也？’岐伯对曰：‘往古人居禽兽之间，动作以避寒，阴居以避暑，内无眷慕之累，外无伸宦之形，此恬憺之世，邪不能深入也。故毒药不能治其内，针石不能治其外，故可移精祝由而已。当今之世不然，忧患缘其内，苦形伤其外，又失四时之从，逆寒暑之宜，贼风数至，虚邪朝夕，内至五脏骨髓，外伤空窍肌肤，所以小病必甚，大病必死，故祝由不能已也。’”[2]所谓祝由，是对患者祝说病之由来，用以改变病人的精神状态，而恢复健康。它的机理是移精变气，即通过祝由的方法，转移病人精神的注意力，来改变气机紊乱的状况。根据《中国医学简史》记载祖国医学历代分科，隋、唐时期为四科设咒禁科，宋代为九科设书禁，金、元时代为十三科设祝由科，明代为十三科设祝由科。清代不再设祝由科，但清代著名医药家赵学敏（约1719—1805）仍著有《祝由验录》一书。

---

[1] 严和骎主编：《医学心理学概论》，上海科学技术出版社1982年版，第288页。

[2]《素问·移精变气论》。

对于巫术和祝由，历史上早有所批判，兹略举两例。从思想家说，在《论语》中孔子认为“未能事人，焉能事鬼”，“不可以作巫医”。东汉王充在《论衡·论死》中说：“人，物也；物，亦物也。物死不为鬼，人死何故独能为鬼？”他们反对鬼神的存在，当然不会相信祈祷鬼神能够治病的巫术。从医学家来说，《史记·扁鹊传》提出“信巫不信医，六不治也”，明确地划分了医与巫的不同。明代虞搏在《医学正传》里对迷信治病和祝由更作了无情的批判：“或问：古者医家禁咒一科，今何不用？曰：禁咒科者，即《素问》祝由科也，立教于龙树居士，为移精变气之术耳，可治小病，或男、女入神庙惊惑成病，或山林溪谷冲着恶气，其证如醉如痴，此为邪鬼所附，一切心神惶惑之证，可以借咒语以解惑安和而已，古有龙树咒法之书行于世，今流而为师巫，为降童，为师婆，为煽惑人民哄吓取财之术，噫！邪术为邪人用之，知理者勿用也。”[1]我们认为，必须彻底摒弃巫术的鬼神思想，但是对于祝由重视心理作用治疗的合理因素则应作历史性的肯定，将它视为一种原始心理治疗方法。

二、从心疗（意疗）到神形兼治到多种疗法相结合

中医心理治疗，称为心疗（医心、治心）、意疗，又称精神治疗（治神）。这主要是相对于药疗和针疗等而说的，即不借助于药物、针石来医治心理疾病，或说“心病须得心药治”。《黄帝内经》说：“得神者昌，失神者亡。”将“得神”与“失神”作为判断身心是否正常的标准和预测病情的依据。将“治神”置于防治疾病的首位，而养身、药物、砭石则列其后。明代医学家张景岳说：“魂魄以及意志思虑之类，皆神也。”将各种心理活动统称之为“神”。这样看来，通过调节人的知、情、意、行达到治疗疾病的就是心理治疗。例如，西汉枚乘《七发》中以“要言妙道”治愈太子疾病的案例，就是用听乐、美食、乘骏、游乐、射猎、观涛、闻道七事相劝导，端正其认识，振奋其精神，而“霍然病已”。元代张子和的“击

[1] 转引自严和骎主编《医学心理学概论》，上海科学技术出版社1982年版，第300—301页。

几愈惊吓案”，一妇人住旅店因盗贼烧屋而惊倒，药物治疗无效，张以木击几使渐去其惊而愈，这是以惊治惊平复其情绪状态的结果。

中国传统心理治疗除了重视治神、安神的心疗，还进而重视神形兼治。《黄帝内经》说：“上古之人，其知道者，法于阴阳，和于术数，饮食有节，起居有常，不妄作劳，故能形与神俱，而尽终其天年，度百岁乃去。”[1]认为养生之道在于做到形神俱旺，协调统一。这也为后来治疗疾病的神形兼治提供了依据，用现代的医学术语就是要将躯体治疗与心理（精神）治疗结合起来。金元时期医家刘完素说：“形者生之舍也，气者生之元也，神者生之制也。形以气充，气耗形病，神依气住，气纳神存。”[2]明代医家张景岳在《类经》中也说：“未有形气衰而神能王（旺）者，亦未有神既散而有形独存者，故曰失神者死，得神者生。”[3]这些形神兼治、神形兼养的医学心理思想，跟历史上一些杰出思想家的形神观是一致的。例如：先秦荀子说：“形具而神生。”东汉王充说：“形朽而神亡。”进而有南北朝范缜的“神即形也，形即神也。是以形存则神存，形谢则神灭也”，“形者神之质，神者形之用。”[4]明代王廷相则说：“夫神必籍形气而有者，无形气则神灭矣。”[5]我们认为，医家与思想家对形神问题的认识是相互影响和相互印证的。一方面医家在医疗实践的基础上接受思想家的哲学影响，另一方面思想家的哲学概括包括来自医家的实践认识。

正是由于有形神兼治和兼养的医学思想基础，我国不断发展出心疗与多种疗法的结合。古已有治心的意疗和药物、针石等治疗法。医食同源发展了食疗，民间膳食尤其历代皇室御膳都重视食物的防病与治疗作用，气动导引则发展了体疗，可以说是心疗与药疗、针疗、食疗、体疗的结合。今以《摄生秘剖》一书为例，该书作者洪基是明末清初的儒士，

---

[1]《素问·上古天真论》。

[2] 刘完素：《素问病机气宜保命集》。

[3] 张景岳：《类经·脏象类》。

[4] 范缜：《神灭论》。

[5] 王廷相：《内台集》卷四，《答何柏斋造化论》。

该书是融合诸家的儒医养生心理著作，书的第1、2卷集中论述药疗，计有80种药疗处方，不仅能治疗器质之病，而且能治疗有关心理机能之病。例如，“孔圣枕中丸”能“治学问易忘，此丸服之令人聪明”。第3卷则着重论体疗和心疗。例如有“五宜法”（孙思邈）、头面按摩法和运动全身的“边引法”等体疗法，有和心气少嗔怒的“定心气”与节制七情六欲的“心净”的心疗。[1]从此书可以窥见多种治疗方法相结合之一斑。

三、医家与儒道释诸家有融合处

笔者在《中国心理学思想史》一书里曾指出：“我们在整理和研究中国心理学思想史中发现，自先秦以来的儒墨道法等诸家心理学思想，以及汉晋时从外域传入并开始盛行的佛教的心理学思想，它们是采用三种主要形式斗争发展的。这就是：百家争鸣，对立斗争；独尊儒术，外儒内他；兼蓄并容，互相融合。把握这三种心理学思想斗争发展的形式，有助于我们理清中国古代丰富而繁荣的心理学思想发展的脉络，并避免孤立地、静止地了解某一学派、某一学者的心理学思想。”[2]中国传统心理治疗思想的发展就总体说也是如此，主要是医家对儒道释诸家的兼蓄并容，融合发展。

前面已经论到，医家在《黄帝内经》的形神观与儒家唯物主义思想家的形神观是一致的，且可能是相互影响的。宋代大儒朱熹说：“凡人之所能言语动作，思虑营为，皆气也。”[3]元代医家刘完素则说：“形者生之舍也，气者生之元也，神者生之制也。形以气充，气耗形病，神依气住，气纳神存。”[4]他们论述气与神（心理活动）的关系，其观点是一致的，而且都强调物质之“气”的作用。清代医家王清任的《医林改错》更明

[1] 以上参阅杨鑫辉《〈摄生秘剖〉的养生心理思想研究》，载《心理与行为研究》2005年第3卷第4期。

[2] 杨鑫辉：《中国心理学思想史》，江西教育出版社1994年版，第38页。

[3] 朱熹：《孟子·告子》注。

[4] 刘完素：《素问病机气宜保命集》。

确地论到医书与儒家都说人之灵机在心，“不但医书论病，言灵机发于心，即儒家谈道德，言性理，亦未有不言灵机在心者”[1]。当然事实上是灵机记性在脑不在心。这里的引证，只是说明长期以来医家和儒家曾对灵机问题持相同的观点。

东晋时的宗教哲学家和化学实验家葛洪在《抱朴子》的外篇自叙中说：这部内篇20卷和外篇50卷的书，“其内篇言神仙方药、鬼神变化、养生延年、禳邪却病之事，属道家。其外篇言人间得失、世事臧否，属儒家”[2]。其内容实质是“外儒内道”。葛洪在论到养生心理时是从道教成仙不死的观点出发，认为养生之道的主要方法是：摄生养气，淡泊肆志，遐栖幽遁。论述中还直接引用《老子》一书的“涤除玄览，守雌抱一”等语。至于中国传统心理养生与心理治疗中的导引法、气功法、服食法、起居法等更是道家最为重视的内容，也为医家所纳入，或者说共同重视。近一二十年来，也有道家养生与治疗的综合性编著问世，可供参考阅读。[3]佛家不重生，当然也就不可能像医家论治疗，但是在客观上佛家却是有心理养生治疗的思想。例如，禅宗的“禅定”，是一种讲求内心修养的方法，要求达到安静不乱、明照清净的沉思的心理状态。它跟道家要求凝神静坐以志心的“心斋”是有类似作用的，跟医家的“恬淡虚无，精神内守”的要求也是相通的。元代医家朱丹溪就说过：“儒者立教曰：正心，收心，养心。皆所以防此火之动于妄也。医者立教曰：恬淡虚无，精神内守，亦所以遏此火之动于妄也。”[4]以上也可看出，在心理治疗心理养生思想上医家与儒道释诸家有融合之处。

其实中国历史上诸家各派在其他各种领域都有融合之处。据中国峨眉武术研究会会长汪健说，峨眉派武术是在长期历史演变中形成自己特

---

[1] 王清任：《医林改错·脑髓说》。

[2] 葛洪：《抱朴子·外篇》。

[3] 例如：陈耀庭、李子微、刘仲宇编《道家养生术》，复旦大学出版社1992年版；马道宗编著《中国道教养生秘诀》，宗教文化出版社2002年版。

[4] 朱丹溪：《格至余论·房中补益论》。

色的。“少林派由僧人所创，大开大合，硬攻直上，善于先发制人，属于外家拳；武当派系道士所创，以静制动，借力打力，属于内家拳。与他们相比，由道、僧共创的峨眉功夫强调的则是刚柔并济、内外兼修，既重视内气的修炼，又讲究形体的结合。”以此类比，是有助于理解医家与儒道释诸家的心理治疗心理养生思想有相融之处的。

第三节　中国传统心理治疗的文献与研究方法

整理和研究传统心理治疗学思想是否取得较全面而深刻的成果，在很大程度上取决于研究者对重要历史文献的占有和研究方法得当与否。

一、历史文献

文献原指典籍与宿贤，朱熹解释为“文，典籍也；献，贤也”。通俗地说，就是指有历史价值的前人的著述。研究文献的训诂、版本、校勘等方面的学问则称为文献学。中国古代文献包括经、史、子、集四种。经书从汉代的五经发展到宋代的十三经。史书24种，称为二十四史。子，指先秦百家著作，《诸子集成》26人，30部著作。集，则指唐宋元明清的诗文作品。我国的历史文献真是浩若烟海。中国传统文化的心理学思想，包括传统心理治疗和心理养生思想则散见其中。当代学人对有关文献进行过分类整理，有助于众人的学习研究。重要的有《中国心理学史资料选编》[1]（共四卷）和《历代中医心理治疗法验案类编》等。正如《类编》的编著者所说：“中医心理疗法，史无专著，零金碎玉，散见不一，或载之历代中医典籍，或杂于三教九流之中，且有些已为孤版、秘本、社会

[1] 燕国材主编：《中国心理学史资料选编》（1—4卷），人民教育出版社1988年版。

绝少流传。”[1]需要大家做艰辛的工作。

研究中国传统心理治疗与整理养生思想的文献来源于历代医学著作，这是最主要的科学历史资料。兹列举富有这方面思想的重要医著如下：

春秋战国至秦汉众医家论集：《黄帝内经》。

汉·张仲景：《金匮要略》。

汉·华佗：《中藏经》《太上老君养生诀》《青囊秘箓》。

晋·王叔和：《脉经》。

唐·孙思邈：《备急千金要方》《千金翼方》。

隋·巢元方：《诸病源候论》。

唐·王冰：《补注黄帝内经素问》。

梁·陶弘景：《养性延命录》。

宋·周守忠：《历代名医蒙求》。

宋·陈无择：《三因极一病症方论》。

元·刘完素：《素问玄机原病式》《素问病机气宜保命集》。

元·张从正：《儒门事亲》。

元·李东垣：《脾胃论》《内外伤辨惑论》《兰室秘藏》。

元·朱丹溪：《格致余论》《丹溪心法》。

明·张景岳：《景岳全书》《类经》。

明·李时珍：《濒湖脉学》。

明·江瓘：《名医类案》。

明·李梴：《医学入门》。

明·徐春甫：《古今医统》。

明·沈仕：《摄生要录》。

明·洪基：《摄生秘剖》。

清·叶天士：《临证指南医案》。

清·王清任：《医林改错》。

[1] 张子生编著：《历代中医心理治疗法验案类编》，河北人民出版社1988年版，第184页。

清·吴师机:《理瀹骈文》。

清·徐灵胎:《医学源流论》。

清·俞震:《古今医案按》。

中国传统心理治疗、心理养生思想，也散见于历代思想家的著述之中以及一些文艺作品里，也就是前面说的散见于经子史集以及一些民间杂记里面。对于这些文献资料的挖掘整理，需要做沙里淘金的工作，这里就不能一一列举了。

二、研究方法

研究方法对于任何一门学问的研究与发展都具有特别重要的意义，其研究深度往往取决于方法论正确与否。中国传统心理治疗、心理养生思想作为中国古代心理学思想的重要部分，其研究的方法论在总体上是一致的，但在具体研究方法上则有其特殊性。这里存在着一种普遍性与特殊性的关系。

中国传统心理治疗、心理养生研究的方法论也可以概括为“一导三维”。所谓“一导”，是坚持一个指导思想，即必须坚持以辩证唯物论与历史唯物论作为研究方法的理论基础。只有用唯物的、辩证的、历史的、发展的观点作指导来研究中国传统心理治疗与心理养生思想，才能客观地、全面地、系统地把握它的发展脉络和规律，并给以科学的评价。我们贯彻这个根本性指导思想，不是简单地给各种心理治疗、心理养生思想贴上唯物论或唯心论的标签，给某些医家、思想家戴上唯物论者或唯心论者的帽子。我们要求的是运用辩证唯物论与历史唯物论的立场、观点、方法来研究中国历史上存在的各种心理治疗、心理养生思想，还它们以历史的本来面目，给它们以科学的评价。所谓“三维”，即建构三个维度的研究原则。第一，对象维度——以心理治疗、心理养生的机理、方法为主线的原则，对成功案例分析要上升到机理与方法层面的高度，揭示其心理治疗、心理养生思想的科学性与有效性。第二，框架维度——既参照现代心理治疗、养生学的理论体系，又能显示中国传统心理治疗、心理养生思想特色的原则。或者说，在研究中实行古今参照和中西参照，显现这些传统思想的现实意义。第三，评价维度——历史地、科学地评价的原则，要正确阐述这些思想、方法、案例的历史意义和在当今现实中的实际价值，使之古为今用。

那么具体的研究方法有哪些呢？主要有下面四种方法：

1. 诠释转换法

研究古籍文献重要方法之一是义理诠释，它包括对字句的疏注、解析和对文献义理的解释、阐发，以便能发掘古代文献所蕴含思想的深度。为了展现古代思想的现实积极价值，在诠释的基础上还要进行转换，即指在符合形式逻辑规则前提下，用一个符号或命题去替换另一个符号或命题。挖掘、整理、研究中国传统心理治疗、心理养生思想也需要运用这种诠释转换法去探索其微言要旨。例如：《黄帝内经》所讲的“告之以其败，语之以其善，导之以其所便，开之以其所苦”的开导劝慰法，通过“告”“语”“导”“开”着重转变患者对医疗疾病的态度和认识，从而取得治疗效果，这是诠释。现代心理治疗中的认知疗法，也是通过改变人的认识来改变不良情绪和行为来恢复心理正常状态的，我们据此认定传统的开导劝慰法跟现代的认知疗法是相近的，这是转换。运用诠释转换法，我们可以把传统的“习见习闻法”诠释转换为现代的系统脱敏法，也可以把传统的“以欺制欺法”诠释转换为相近于现代的安慰剂方法。至于“情志相胜法”（又称七情互治）和“移精变气法”等则为中国古代所特有，前者更将五情（或称七情）与阴阳五行熔于一炉。

2. 案例评析法

古代医家的心理治疗思想，主要体现在其医疗理论和治疗案例两大方面（或称论与案），而且这两方面是相互影响相互印证的。案例就是治疗疾病的例子，它包含着一个患者疾病的症状、病因、治疗方法机理与效果等诸种问题，因而对案例进行评析具有重要意义。只有积聚众多的案例，才能充分阐明其医疗理论的科学性和有效性。当然作为一部医疗著作，不是简单地收集所有案例，而是要选取具有代表性的典型案例。

例如，《后汉书》记载了华佗用激怒法引得郡守吐血而治愈其思忧之疾的案例。通过评析可知：症状是忧郁久治无效；病因也许是由政务或家事引起的情志病；采用的治疗方法是以情胜情的激怒疗法；有疗效的机理是按中医阴阳五行学说，愤怒属于阳性，忧郁气怯属于阴性，“怒则气逆”可引起气机亢奋，能克制由忧思引起的气沉，因而达到阴阳和平、恢复正常情绪心理状态的效果。

3. 实证检验法

实证检验法，在这里是指用现代科学、实证来验证传统心理治疗、心理养生思想的科学性。由于古代这方面的心理思想，大都是医疗实践经验的总结概括，需要将这些思辨的东西做实证的检验。鉴于心理学思想具有自然科学和人文社会科学的二重性，也不是对其中的一切问题都采用实证研究。过去已有研究者，采用“电脑经络探测系统仪”，测查与五脏相对应的经络、穴位在静息状态和发音状态下的信息值的变化，初步证明了五音和五脏之间存在着心理生理上相关联。[1]1997年湖南中医学院周萍博士论文题目是《〈内经〉人格心理思想探讨及五态人格的量化研究》。在整理和探讨了《内经》人格心理学思想理论的基础上，她用心理测量的方法对五态人格进行了初步的实证研究。五态人格指按阴阳分为太阴之人、少阴之人、太阳之人、少阳之人、阴阳和平之人五种类型。该研究从下述七种因素进行测量，即生理因素、情绪因素、行为因素、意志因素、认知因素、内脏敏感性。编制了“五态个性测量表”，包括209道题，每道题分为四种情况让受测量者回答，即“是的”“多半是这样”“多半不是这样”“不是”。对量表的信度和效度都进行了检验，其结果是符合要求的。五态人格的某些方面可与西方的人格量表作比较研究。

4. 纵横比较法

在评价中国传统心理治疗、心理养生思想的科学价值与历史意义时，

[1] 李璞珉，石立军等：《有关“五音对五脏”的心理生理的实验报告》，载《心理学探索》1996年第3期。

需要采用古今中外纵横交错比较的方法。在20世纪80年代初我们曾指出："心理学思想史的比较研究法，既包括国内外前后的心理学思想家的纵的比较，也包括与国内外同时期人物（或问题）的横的比较。这是一种纵横交错的比较法。"[1]例如，中国传统心理治疗、心理养生中的消愁怡悦法，通过怡情移志帮助人消除消极情绪进而产生积极心理状态。就其内容来说，包括了音乐疗法、娱乐疗法等，不仅见于医家著作，而且也散见于思想家和文学家著述中。产生的年代起于先秦，以后历代还有发展。《乐记》说："乐行而伦清，耳目聪明，血气和平。"宋代欧阳修学习抚琴，陶冶性情，治愈抑郁之疾。医家认为"诗书悦心，山林逸兴，可以延年"。《黄帝内经·素问》关于七情的相互作用，可以解释消愁怡悦法的治病机理。唐代孙思邈，宋代张杲，金元四大家，清代吴师机、叶天士等医家的著述中都有消愁怡悦法的论述和案例。中国古代的消愁怡悦法比起西方近代产生的音乐疗法和工娱疗法历史更加悠久，其内涵是综合的、丰富而多彩的。当然现代西方的音乐疗法更加细致，并且运用了当代科学技术手段。

[1] 杨鑫辉：《研究中国心理学史刍议》，《心理学报》1983年第3期。

第二章　传统心理治疗的理论与模式

对传统心理治疗理论与模式的探讨，是传统心理治疗学的基础性研究。虽然古代思想家论及过一些有关心理治疗的问题，但是中国传统心理治疗主要包含于中医理论与实践中。因此，我们不能只是孤立地搜集整理一些古代的心理治疗案例，而必须考察这些一个个具体心理治疗方法是怎样建立在中医学理论基础上的。反过来说，古代丰富的心理治疗案例的实践和中医的其他医疗实践，也形成和充实了传统心理治疗的理论和模式。系统考察之后，我们认为传统心理治疗的理论与模式可以概括为：从人的机体活动的整体观出发重视人的心理治疗，以“形神相即”、“身心”健康思想作为心理治疗的理论基础，并且形成建立了“医国·医人·医病”的医学模式和“标本相得”的医患模式。

第一节　内外统一的整体观

人们对任何事物审视的取向是有其特点的，或首先抓住其整体而后细化其部分，或首先了解细分的部分再综观其整体。从认识方法说，前者重综合法，后者重分析法。当然实际认识活动中，总是综合法与分析法相结合，只是有其偏重或倾向性而已。学界一般认为，西方更重分析法，中国更重综合法，便是就认识倾向性的特点而言的，而且随着文化交流互动的影响也在发生变化。正由于此，西方医学理论建立在偏重分析法研究的精细人体解剖学基础之上，中国传统医学理论（中医学）则建立在偏重综合法研究的广泛临床经验基础之上。在中医学的理论与实践里包涵着中国传统心理治疗学，其理论与模式也自然地是偏重广泛心理治疗经验的总结，持倾向综合法的整体观。它可以概括地称为内外统一的整体观，认为人的身体内部各种构造与机能密切联系而不可分离，人与外界环境组成一个整体密切联系而不可分离，人的生理活动与心理活动密切联系成身心活动而不可分离。

一、人的身体统一观

中国古代思想家认为，人与宇宙天地是一个统一体，即所谓天人合一观。而且认为人的身体结构与机能也是一个统一体，即所谓人的身体统一观。在这种中国传统哲学思想影响、指导下的中医学也持相同的观点，认为人与天地相参，人的身体乃是一个小天地，人体是一个统一的整体，十二脏腑相使而不得相失。详而言之就是人体由五脏六腑（五脏指心、肝、脾、肺、肾，六腑指胆、胃、大肠、小肠和三焦，五脏六腑是相互为用的关系）、四肢百骸、五官九窍等组成。人体以五脏尤其是心为中心，通过经络的沟通和气血的运行，而成为有机的整体。它们之间的关系是脏腑结合为表里，脏腑和身体的各种组织器官又密切联系，例如心主脉、主舌，肝主筋、主目，脾主肉、主口，肺主皮毛、主鼻，肾主骨、主耳。这里不仅说明了脏腑的表里关系，而且还表明了各脏腑的生理功能。进一步看，五脏六腑之间还存在着相生相克的关系，因此在诊断和治疗疾病时，常有治胃病兼治脾脏，治肺病从治脾胃着手，而不是孤立地只针对某一脏器治病。

上述关于人的身体是一个有机整体的统一观，在长期的中医治疗实践里都证明是正确的，用来指导医疗实践是行之有效的。现代人体解剖生理学也告诉我们：人体各部及各种器官组织的结构与机能是密切联系而不可分的，人是一个统一的有机体，这跟中医学理论的人的身体统一观是一致的。至于中医的经络学说，尚未得到现代解剖学的完全支持（相信随着时间的推移，会有新的维度视角来认识它），但并不影响中医关于人的身体统一观的科学性和意义。

二、人与环境统一观

从天人合一的观点出发，中医学还认为，人体和外界环境密不可分而形成一个整体。人既是自然实体又是社会实体，他在一定的自然环境中生活而接受它们的影响。四时变化、水土方宜、人事关系、社会状况等都会对人的健康与疾病产生积极的或消极的作用。这样，治疗人的疾病时，必须将人与具体环境作为一个整体来考虑，才能有针对性并取得实效。所以《素问》说："圣人之治病也，必知天地阴阳，四时经纪，五脏六腑，雌雄表里，刺灸砭石，毒药所主；从容人事，以明经道，贵贱贫富，各异品理，问年少长，勇怯之理；审于分部，知病本始，八正九候，诊必副矣。"[1]就拿四时经纪来说，中医认为致病外因以外感六淫为主，即风、寒、暑、湿、燥、火。当人体内外环境失调时，感受六淫即能发病。春主风、夏主暑、长夏主湿、秋主燥、冬主寒，是五种正常气候。风、寒、暑、湿、燥在一定条件下能化"火"，故以上又称为六气。是其时而有其气为"正气"，非其时而有其气为"邪气"。所以中医治病的"扶正祛邪"也体现了这种整体观，要求将人体与气候环境联系起来，将正气与邪气区别开来，将增强病人的抵抗力与祛除病邪结合起来。

现代医学中有所谓地区性病、职业病、文明病、办公室综合征、节假日综合征等等，都说明自然环境、社会环境对人体健康和疾病的影响。人体与环境是一种统一整体的关系，中医学的人与环境的统一观的科学性与价值也是显而易见的。

---

[1]《素问·疏五过论》。

三、人的身心统一观

尤其值得重视的是，在中医学基本理论里，人体的整体性除了人体结构与机能的统一，还包括心理活动与生理活动的协调统一。认为人的精神、情态等心理活动跟心密切相关，人的心理活动以相关的生理活动为基础，并且这两种活动密切联系而相统一。《黄帝内经》说："心者，生之本，神之变(处)也。"[1]指出心是生命的根本，是精神活动所处的地方。还说："心者，五脏六腑之主也。"[2]"心者，君主之官，神明出焉。"[3]进一步指明了心既主宰五脏六腑，又是产生精神活动的器官，即认为人的生理活动和心理活动都由心来主宰。当然《黄帝内经》也初步论述到一些心理活动是受脑支配的，如说，"头者精明之府"[4]，认为头是视觉的器官。这种将心理活动与生理活动密切联系相统一的思想，随着历史的推移而更加得到发展，并且为疾病治疗应当涵盖心理治疗提供了理论基础。

在身心统一的整体观思想的基础上，中医学重视药物治疗、体育治疗和心理治疗的整体效应，对某些疾病（如情志病）甚至将心理治疗置于首位。三国名医华佗说："善医者先医其心，若夫以树木之枝皮，花草之根蘖，医人疾病，斯为下矣。"[5]明确地主张心理治疗应先于药物治疗，甚至要重于药物治疗。金元时的名医朱丹溪也曾强调心理治疗法："五志之火，因七情而生……宜以人事制之，非药石能疗，须诊察由以平之。"[6]认为由七情五志为病因产生的情志疾病，不是药物可以医治好的，必须仔细诊察，采用人事心理疗法去解决。明末儒医洪基在《摄生秘剖》一

[1]《素问·六节脏象论》。

[2]《灵枢·口问》。

[3]《素问·灵兰秘典论》。

[4]《内经·脉要精微论》。

[5]华佗:《青囊秘箓》。有一种观点为华佗的医学著作当时被焚，此系托名的著作。本书作者认为不管究竟为何人所著，但其思想的存在及其重要意义是真实的。

[6]朱丹溪:《丹溪心法》。

书中更提出了将药疗、体疗、心疗结合的养生心理方法。

总之，中医学内外统一的整体观，既强调人体内部的统一性，人体和外界环境的统一性，也重视药物治疗、运动治疗和心理治疗的统一，从而成为中国传统心理治疗的重要理论基础之一。

第二节　神能御形的治疗观

中国传统心理治疗观建立在形神相即身心观基础上，神与形的关系是有形而后才产生神，但神又可御形，因而形成了一种神能御形的心理治疗观来指导心理治疗。

一、形神相即的身心观

身心观即形神观，是生理与心理的关系问题的理论。它是心理学基本理论中的根本性问题，对心理学各个分支也都发生影响。认为精神、心理由一定结构的形体所派生是唯物论的观点，认为“心具而形生”是唯心论的观点,认为“心”与“身”为两个独立的实体则是二元论的观点。

1. 哲学家的身心观

中国古代有许多思想家持唯物论身心（形神）观。战国时的荀子就明确地提出“形具而神生，好恶喜怒哀乐藏焉”[1]的观点，认为形体、身体具备了，精神、心理（包括各种情感）就随之产生。“形”，形体、身体是第一性的；“神”，精神、心理是第二性的。这跟现代科学关于心理与生理关系的结论是完全符合的。一些思想家还用形象的比喻说明神形关系，例如，后汉的桓谭说:“精神居形体，犹火之燃烛矣。”[2]东汉的王

[1]《荀子・天论》。

[2] 桓谭:《新论・形神》。

充也说:“天下无独燃之火,世间安得有无体独知之精?”[1]“精”是精气,也就是神。南朝的范缜说得更生动贴切:“形者神之质,神者形之用。”“神之于质,犹利之于刃;形之于用,犹刃之于利。……然而舍利无刃,舍刃无利。”充分说明了精神对形体的依赖关系。尤其他高度概括地指出:“神即形也,形即神也;是以形存则神存,形谢则神灭也。”[2]精辟地阐明了精神和形体不可分离的“形神相即”的思想,相即不是相等,而在强调不可分离。只有形体存在,才有人的精神的存在,形体没有了,人的精神也跟着没有了。

后来的许多唯物主义思想家继承和发扬了从荀子到范缜等人的思想,其中最具代表性的有宋代的王安石、明代的王廷相和清初的王夫之。王安石在论述作为心理学上心理的“心”时说:“气之所禀命者,心也。……神生于性,性生于诚,诚生于心,心生于气,气生于形。形者,有生之本。”[3]这里的“心”,包括了“神”“性”“诚”。神、性、诚、心归根结底都生于作为物质的形气,即形体,很显然继承了荀子“形具而神生”的神形观。王廷相提出了“神藉形气”的神形观。他说:“气者形之神,而形者气之化。一虚一实,皆气也。神者形气之妙用,性之不得已者也。三者一贯之道也。……夫神必藉形气而有者,无形气则神灭矣。纵有之,亦乘乎未散之气而显者。如火光之必附于物而后见,无物则火尚在乎?”[4]“神必藉形气而有”“无形气则神灭”继承了范缜的“形存则神存,形谢则神灭”的观点。他以物火喻形神则承袭了桓谭的烛火之喻。王夫之说:“气之所至,神必行焉,性必凝焉,故物莫不含神而具性。”[5]即从形神发生的视角认为形先神后。他又说:“形非神不运,神非形不凭。”[6]即从形神功能的视

[1] 王充:《论衡·论死》。

[2] 以上引文见范缜的《神灭论》。

[3]《王临川集·礼乐论》。

[4] 王廷相:《内台集·答何柏斋造化论》。

[5] 王夫之:《张子正蒙注》。

[6] 王夫之:《周易外传》。

角认为神主形辅。这样对形神关系的认识更细化和深化了。

2. 中医学家的身心观

中国古代医学家的身心观（亦即形神观）跟思想家们的形神观孰先孰后，这是需要另外研究的。有一点可以肯定的是，它们的思想观点互为影响并且具有一致性。

首先，从我国现存最早、最系统的古典医籍《黄帝内经》对形神关系的论述看。“黄帝问于岐伯曰：‘愿闻人之始生，何气筑为基？何立而为楯？失神者死，得神者生也。’黄帝曰：‘何者为神？’岐伯曰：‘血气已和，荣卫已通，五脏已成，神气舍心，魂魄毕具，乃成为人。’”[1]这段对话说明了两个主要思想：一是先有形体才有精神、心理，人是形体和精神的统一体；二是形神相互为用，神依存形体而产生，不能独立存在，但神一经产生对形体也产生重要作用，乃至“失神者死，得神者生”。《黄帝内经》还说：“人有五脏，化五气，以生喜、怒、悲、忧、恐。”[2]这跟同时期的荀子在《天论》中所提出的“神具而神生，好恶喜怒哀乐藏焉”的思想，何其一致。

其次，再考察一下以后历朝的医学家对《黄帝内经》有关形神观的继承与发展。唐代医学家孙思邈说：“五脏安定，血脉和利，精神乃居，故神者水谷精气也。”[3]“在人为五脏。五脏者，精神魂魄意也。”[4]承袭了《黄帝内经》关于神生于形、五脏是产生精神心理活动之处的基本观点，并且指出：“人者禀受天地中和之气，法律礼乐，莫不由人，先成其精，精成而脑髓生。”[5]这里可贵的是已经看到了大脑的心理功能，人的精神、心理不只是由五脏而生，而且与“法律礼乐”的社会影响有关。金元四大医学家刘完素、张子和、李东垣、朱丹溪也都继承了前人的以上传统。

[1]《灵枢·天年》。

[2]《素问·阴阳应象大论》。

[3] 孙思邈：《千金要方·胃腑》。

[4] 孙思邈：《千金要方·肝脏》。

[5] 孙思邈：《千金要方·序例》。

例如刘完素说："夫气者，形之主，神之母，三才之本，万物之元，道之变也。"[1]认为形气是精神、心理之母体，形先神后。他还从精、气、神、形四者的关系阐述道："夫太乙天真元气，非阴非阳，非寒非热也。是以精中生气，气中生神，神能御其形也，由是精为神气之本。形体之充固，则众邪难伤。"[2]精、气、神、形四者相互联系密不可分，强调"神能御形"为心理治疗提供了有力的理论依据。明清的医学家在形神、身心观问题上更有了突破，即以脑髓说取代了五脏藏神说和主心说。明代医学家李时珍提出了"脑为元神之府"[3]。清代医学家王清任在尸体解剖的基础上明确地提出了"脑髓说"。他说："灵机记性在脑者，因饮食生气血，长肌肉，精汁之清者，化而为髓，由脊骨上引入脑，名曰脑髓。""小儿无记性者，脑髓未满；高龄无记性者，脑髓渐空。"[4]他还以痫症和气厥患者发病时不省人事、毫无知识的情况为论据，得出了"灵机记性不在心在脑"[5]的科学结论。形神观有多种表现形式，一般表现为身体与精神、心理的关系，即身心问题，进一步表现为精神、心理与脑（形体，身体的最高部位）的关系，即心脑问题。王清任提出"脑髓说"，阐述脑是心理的最高器官。这比俄国生理学家谢切诺夫在《脑的反射》（1863年）一书中提出"脑是灵魂的器官"还要早几十年。梁启超在评价王清任时说："他务欲实验，以正其失，他先后访验四十二年，乃据所实睹者绘成脏腑全图而为之记，附以脑髓说，谓灵机记性不在心在脑……诚中国医界之极大胆的革命论。"（《中国近三百年学术史》）

二、先医其心的心理治疗观

1. 医学家的"先医其心"

既然中国古代医学家持神形结合、"神能御形"的身心观，对治疗过

---

[1] 刘完素：《素问玄机原病式 · 六气为病》。

[2] 同上。

[3] 李时珍：《本草纲目》（辛荑条）。

[4] 王清任：《医林改错》。

[5] 同上。

程中治心与治身的关系也必然有相适应的一致观点，这就是“先医其心”的治疗观。《黄帝内经》最早提出望、闻、问、切四种诊断方法来测知病人的病情。首先，要求诊视其精神、心理状态。指出“闭户塞牖，系之病者，数问其情，以从其意，得神者昌，失神者亡”[1]，将“得神”与“失神”作为诊断病人心理正常与异常的标准，同时也作为预测疾病的根据，可以说是“先诊其心”。其次，在治疗方面也要“先治其心”。例如《黄帝内经》说：“故针有悬布天下者五，黔首共余食，莫知之也。一曰治神，二曰知养身，三曰知毒药为真，四曰制砭石小大，五曰知腑脏血气之诊。五法俱立，各有所先。”[2]又说：“凡刺之真，必先治神。”[3]这都明确地表达了一种治疗思想，在治神、养身、药物、砭石、针刺等众多治疗方法里，心理治疗（治神）应摆在第一位，并且贯穿在各种治疗的过程中。因为心理因素对致病和治病的全过程都在发生影响，所以抓住“必先治神”，才算抓住了治病的关键和要领。曾经有一种认识偏向，以为心理学是“舶来品”，心理治疗自然更只是属于西方医学心理学的范畴。其实中国古代的“必先治神”“先治其心”就是心理治疗，完全可以跟古代希腊和古埃及时期出现过的“信仰疗法”和催眠暗示疗法媲美，在世界上都是很早重视精神、心理治疗的。

中国古代后来的医家继承和发展了先医其心的治疗思想，从下述例举便可见一斑。三国名医华佗以形神密不可分的心身观为出发点，认为治疗疾病不仅要治其身更要治其心。他说：“夫形者神之舍也，而精者气之宅也。舍坏则神荡，宅动则气散。神荡则昏，气散则疲。昏疲之身心，即疾病之媒介，是以善医者先医其心，而后医其身，其次则医其未病。若夫以树木之枝皮，花草之根蘗，医人疾病，斯为下矣。“[4]这是一段高度概括的精辟论述。首先，论述精、气、神的关系，以舍宅作喻形象地

[1]《素问·移精变气论》。

[2]《素问·宝命全形论》。

[3] 同上。

[4] 华佗：《青囊秘箓》。

阐明精、气、神密切联系，互相影响。其次，在中国医学史上第一个明确提出“身心”健康的概念。现代西方医学到20世纪才明确提出身心健康概念，1974年联合国卫生组织对健康作了新的定义，认为“健康是人的肉体，精神和社会适应的完善状态，而不仅仅指无疾病或体弱的状态”，过去的“生物医学模式”也发展为“生物·心理·社会医学模式”。这样看来，华佗提出的“身心”健康概念，比现代西方医学要早1700多年，真是难能可贵。

金元四大家也都很重视治心的问题。依据《黄帝内经》“以平为期”的治疗思想，张从正提出了“以平心火”的治疗原则。他说：“今代刘河间治五志，独得言外之意，谓五志所发，皆从心造。故凡见喜怒悲惊思之症，皆以平心火为主。至于劳者伤于动，动便属阳，惊者骇于心，心便属火，二者亦以平心为主。”[1]认为刘完素治疗喜、怒、悲、惊、思所产生的五种情志疾病,都是“以平心火为主”,承发了“先医其心”的思想。朱丹溪从心火与肾水相济的关系出发，赞同儒家的看法，用“正心、收心、养心”的治心方法来防相火妄动。他还著有《丹溪心法》一书，记述了许多心理治疗案例。明末儒医洪九有（洪基）在其所撰《摄生秘剖》一书中，同专门的医家一样重视心疗。该书列有“治心”专篇，阐述运用心理调节来保养与治疗的方法，包括“禁嗜欲定心气”，以保持平静的心态；用“心净”节制七情六欲，免生疾病；“养精气”，增强精神的状态以达强身健体。

2. 思想家的“先医其心”

中国古代思想家从各自的形神观出发，也论述到治病先治心，养生先养心的思想。兹略举数家。孔子在《论语》里明确提出“仁者寿”，认为心理健康有仁德的人就会健康长寿，因为“君子坦荡荡”，“仁者不忧”。这里蕴含了如果身体不健康、患病，也要先重视自身心理因素的思想。庄子则说得更加明白：“哀莫大于心死，而身死次之。”（《庄子·田子方》）

[1] 张从正：《儒门事亲》卷三，第22页。

指出人的健康包括心理的和身体的两个方面，而且认为人最大的悲哀是心死，其次才是身死。因此对人疾病的治疗，心理因素要先行并贯穿始终，还具体地提出了“心斋”与“坐忘”的心理治疗方法。

西汉的儒家大师董仲舒在解释孔子的“仁者寿”时说：“仁人者所以多寿，外无贪而内清静。”所以在养生（当然包括治疗）方面也主张养心重义。“义者，心之养也；利者，体之养也。体莫贵于心，故养莫重于义；义之养生人大于利。”[1] 后来的思想家则更直接地论及重视心理治疗，《理瀹骈文》一书指出：“七情之病者，看书解闷，听曲消愁，有胜于服药也矣。”认为治疗情志病心疗胜于药疗，亦即“先医其心”。唐宋八大家之一的欧阳修，以其亲身的病例告知友人，通过学琴陶冶性情，治好了自己的精神忧郁症。他在一封信中写道：“予尝有幽忧之疾，退而闲居不能治也。既而学琴于友人孙道滋，受宫声数引，久而乐之，不知疾之在体也。”

第三节 “医国·医人·医病”的医学模式

人的身体健康、身体疾病受到多方面因素影响，而不能单纯地、孤立地从人的身体生理因素来审察。但是，长期以来在重人体解剖生理基础上建立的西方医学，形成了一种只重人的生物因素的生物医学模式的概念，这当然是有其科学道理的。然而人不是一般动物，是社会的动物，社会的、心理的因素会影响人。近半个多世纪来，高血压、冠心病、溃疡病、慢性疼痛和神经症、精神病发病率的增加，使人们认识到单从理化刺激与生物刺激因素来探讨疾病的发生与治疗是不够充分了，于是引入了心理学和社会学的研究，促使形成了一种涵盖多种重要因素的新医学模式，这就是1977年由恩格尔（G. L. Engel）正式提出的生物心理社会医学模式。

[1] 董仲舒：《春秋繁露》卷九《身之养重于义》。

原先的生物医学模式，只依据病人身体检查和化验参量偏离正常值诊治疾病，而忽略了心理与社会因素对这些参量的明显影响。现在，这个新医学模式早已被医学界接受，并且用来指导医学实践工作。

一、“医国·医人·医病”的整体医学模式思想

值得特别指出的是，在中国古代的医学著作中，已经出现了一种近似现代的生物心理社会医学模式。中医很早就重视五脏六腑、情志变化、人事关系等多种因素对疾病的影响，涵盖着生物、心理、社会三方面的因素。唐代大医学家孙思邈（581—682）是这方面最具代表性的人物。他在《千金要方》里说：“古之善为医者，上医医国、中医医人、下医医病。”[1]这里的“医国”指的是社会因素，“医人”指的是人的心理因素，“医病”指的是人的生物因素。也就是说，古代善于治病的医生里，作为最上等的医生会考虑社会因素治病，作为次一等的医生会考虑心理因素治病，作为第三等的医生则只考虑生物因素治病。总起来说，“医国·医人·医病”就是从社会、心理、生物的整体医学模式的角度来诊断和治疗疾病的。这跟现代医学的生物心理社会模式何其吻合，又多么难能可贵。孙思邈于公元6—7世纪之间提出“医国·医人·医病”的医学模式思想，比西方现代医学的生物心理社会模式（20世纪70年才正式提出）要早1300多年，这是值得中国人骄傲的。正是这种“医国·医人·医病”的整体医学模式思想，不只重视生物因素，同时重视心理、社会因素的作用，使中国传统心理治疗的理论基础更为坚实完备。

这种整体医学模式思想可以上溯至春秋战国时期。那时的思想家和医家已经认识到不只是生物因素致病，还有心理因素。例如《左氏春秋》说，“哀乐失时，殃咎必至”[2]，即人的情绪心理失衡会导致疾病。可见早在2600多年前，古人已经认识到情志失调是致病原因的一种。《管子》一

[1] 孙思邈：《千金要方》卷一《序例》。

[2]《左氏春秋·庄公二十年》。

书也指出“忧郁生疾”。“凡人之生也，必以平正，所以失之，必以喜怒忧患。是故止怒莫若诗，去忧莫若乐，守礼莫若敬，守敬莫若静。内静外敬，能反其性，性将大定。”[1]书中不仅明确地提出忧郁心理因素可以使人产生疾病,而且提出用“诗”“乐”的心理治疗方法去“止怒”“去忧”;用“敬”“静”的行为治疗方法，达到“守礼”“守敬”“大定”的健康状态。这就是心理因素可以致病也可以治病的思想。至于《黄帝内经》涉及的致病原因与治疗更是多因素的。我们先看《黄帝内经》中的两段话。第一段话是:“以酒为浆，以妄为常，醉以入房，以欲竭其精，以耗散其真，不知持满，不时御神，务快其心，逆于生乐，起居无节，故半百而衰也。”[2]饮酒无度、且行房事、起居无常、不知保神等等，是人未老先衰的原因。第二段话是：“天有四时五行，以生长收藏，以生寒暑燥湿风；人有五藏，化五气，以生喜怒悲忧恐。故喜怒伤气，寒暑伤形;暴怒伤阴，暴喜伤阳。厥气上行,满脉去行,喜怒不节,寒暑过度,生乃不固。”[3]外部的自然环境、四季变化过冷过热，内部的藏气变化、喜怒情绪过度，都能使人的正常生命活动不稳固而发生疾病。《黄帝内经》基于以上思想提出了治疗应包括三个方面,即“一曰治神,二曰知养生,三曰知毒药为真”[4]。这是心疗(治神)、养生、药疗并重的整体治疗观点。总之，上述多因素致病和治疗的整体医学思想，为孙思邈提出“医国·医人·医病”的医学模式奠定了坚实的理论基础。

“医国·医人·医病”的整体医学模式思想，也为唐以后的医家所承袭,尤其在重视人的心理因素方面更为突出。例如宋代陈言提出“三因论”,指出:“内所因惟属七情交错、爱恶相胜为病，能推而明之。”[5]明确地认定情志病因是喜、怒、忧、思、悲、恐、惊，为心理病因学作出了重要

---

[1]《管子·内业第四十九》。

[2]《素问·上古天真论》。

[3]《素问·阴阳应象大论》。

[4]《素问·宝命全形论》。

[5]陈言:《三因极一病证方论》。

贡献。宋代另一部医书《仁斋直指方》从情与气的关系方面说:“人有七情,病生七气。七气者,寒热怒恚喜忧愁,或以为喜怒忧思悲恐惊,皆通也。”金元四大家更将中医心理治疗的思想提高到一个新的阶段。例如刘完素(河涧)论述了笑病之原、悲病之原,探讨了情绪疾病的机理。张从正(子和)在《儒门事亲》中有“戴人九气感疾更相为治衍”,它在《圣济总录》九气论心理治疗思想的基础上,对《黄帝内经》心理治疗思想有重大发展。李杲(东垣)在《东垣十书》中也专门论述七情不安致疾问题。朱震亨(丹溪)专门著有《丹溪心法》和《格致余论》,阐述了心理养生和心理治疗诸问题。明清医书在这方面也多有论述。例如,《古今医统》一书论述情志病治法时说:“治心风,以五志诱之,然后药之,取效易。五志诱之者,如求利而遂病者,则诱之以金银,或诈以惠之,或诡以遗之,而先定其心志,然后济之以药,是得治之要也。”这里的“心风”是指“七情五志久逆所生”的心身疾病,其治疗涉及“求利”“金银”“惠之”“遗之”这些社会心理因素。“五志诱之”是心理治疗,“济之以药”是药物治疗,将药疗与心疗结合起来才是真正得到了治疗疾病的要领。这不就是“医国・医人・医病”整体医学模式思想的具体体现吗?

二、比较现代社会・心理・生物医学模式之简评

在了解中国古代“医国・医人・医病”医学模式的内涵与发展历史之后,有必要跟现代“社会・心理・生物”医学模式作个比较,从而给予一个较公正的评价。总起来说主要有三点:

1. 两者的共同之点,都是从单因素到多因素。中国古代的医学模式最初主要是就病论医的诊治,后来逐步愈来愈认识到人的心理因素和社会环境因素也对疾病发生重要影响,社会的(国)、心理的(人)、生理的(病)原因都可以成为致病的原因,也需要从这三方面去治病才有功效。现代医学模式,原先也主要是从生物、生理的视角去探讨病因与治疗,随着现代社会的发展而形成从社会、心理、生物(生理)多视角多因素去探讨病因与治疗。这样看来,它们都是由单个的因素发展到多个因素

的医学模式。"医国"即社会因素,"医人"即心理因素,"医病"即生物(生理)因素，两两相对，何其吻合。

2. 两者的不同之处是建立的学科基础不同。中国古代的医学模式是建立在中国古代哲学偏于综合法基础之上，进一步说是建立在中医整体观的理论基础上的，是综合医国、医人、医病的整体医学模式思想。现代医学模式是在现代科学从综合走向分化又走向新的综合的基础上产生的。即是说，随着科学技术的发展，社会·心理·生物医学模式是建立在社会学、心理学、生物学、生理学、医学等多学科的综合研究基础上的。这样看来，严格地说中国古代的整体医学模式还只是建立在前科学的基础之上，尚无现代医学模式的多学科的更全面细致的阐述。

3. 应从年代的久远，评价其历史意义。前面我们已经指出，中国古代的"医国·医人·医病"医学模式是唐代著名医学家孙思邈于公元6—7世纪期间提出的，比恩格尔1977年提出的社会·心理·生物现代医学模式要早1300多年。这个时间上的久远差异，告诉我们前人的思想是多么深刻可贵。我们应当继承和发扬这一宝贵医学思想，并融入到现代医学实践中去。

4. 拓展一步看，现代医学模式的转变，是由传统的诊断—治疗模式，转向预防—医疗—保健—康复模式。中国古代医学里的"治未病"就是讲的预防，"四诊八法"就是讲的诊断治疗，"养生""摄生"就是讲的保健与康复。可见中医学蕴含的医学理论思想多么丰富深刻。

第四节 "标本相得"的医患模式

在中国古代医学典籍里，不仅论述了医学中关于病因与治疗的多因素整体模式思想，而且也阐述了医生与患者的良好关系是提高医疗质量的重要因素，这就是有关医患模式的医学思想。

一、“病为本，工为标”的综合医患模式思想

中国古代医学论述了治疗过程中医生与患者的关系对治病的作用，这一点对于心理治疗显得比在药物治疗中更为重要，这就是有关医患模式的思想。

最早明确论述医患关系的医书也可首推《黄帝内经》。该书有这样一段记叙：“帝曰：‘……今良工皆称曰：病成，名曰逆，则金石不能治，良药不能及也。今良工皆得其法，守其数，亲戚兄弟远近声音日闻于耳，五色日见于目，而病不愈者，亦何暇不早乎？’岐伯曰：‘病为本，工为标，标本不得，邪气不服，此之谓也。’”[1]黄帝是传说里中国各民族的共同祖先，岐伯是传说中的古代名医。黄帝有一个疑问，良医都认为没有转机的重病，是无法用药物治好的。为什么医得其法病也拖延难愈呢？岐伯回答时提出了医患关系是影响治疗功效诸因素中的重要因素，即要求“工”与“病”应当“标本相得”。这里的“工”指医生，“病”指病人。认为医生与病人的关系是“病为本，工为标”，邪气不除，疾病不愈，往往跟医生和病人不能很好配合有关，因而强调一种“标本相得”的医患模式思想。要求临床治疗必须依据病人的心身特点去辨证论治，以制伏疾病。《黄帝内经》还认为患者的精神状态（心理因素）对疾病治疗有积极和消极两方面的作用：“精神不进，志意不治，故病不可愈。今精坏神去，荣卫不可复收。……精气弛坏，荣泣卫除，故神志亡而病不愈也。”因此在疾病治疗中，以“病为本”调节病人的心理状态进行心理治疗就特别重要了。

这个以“病为本”的医患模式思想，对后世的医家影响很大，为许多医家继承并以实际行动在践行。这主要体现在一切为了病人的精神上。例如，三国时的杰出医学家华佗以济世救人为目的，对病人广施人道，不分贵贱。他不辞艰辛，长期在民间游学行医，“上疗君亲之疾，下救贫

[1]《素问·汤液醪醴论》。

贱之厄”，“悬壶救世，不惜风雨兼程”。东汉杰出医学家张仲景一生行医，约50岁时做了太守官，每逢初一和十五还在衙门大堂上专门接待来诊病人，尽力制服了当时流行的瘟疫。为了纪念张仲景，后人把坐在药铺里看病的医生称为“坐堂医生”。被称为“药王”的唐代医学家孙思邈，更是医德高尚、德艺双馨的代表，立足民间，一心一意为穷人服务。他不论“贫富贵贱，长幼妍媸，怨亲善友，华夷愚智，普同一等，皆如至亲之想”[1]。这样才能真正做到“病为本”“工为标”。

二、比较现代西方医患模式之简评

第一，中医论述的医患关系跟人本主义的“患者中心疗法”的思想有暗合之处。随着传统的生物医学模式逐步转化为社会·心理·生物医学模式，医患模式也有所变化。20世纪美国心理学家罗杰斯提出了患者中心疗法。他对医生与病人的关系问题的看法是，应以病人为中心进行治疗，不满于传统医学只见病不见人的机械主义倾向。1951年罗杰斯在《病人中心治疗》一书中，提出了患者中心治疗成功的必要条件，如治疗者与病人之间必须建立良好的人际关系，治疗者必须以自然、真诚的态度对待病人等等。中国古代医学中“病为本”“工为标”的思想，也是强调要以人为本，以病人为中心，医生与病人应有良好的人际关系。2000多年前有这样的医患关系思想实在可贵。

第二，中医论述的医患关系跟现代医学的分类医患模式比较，则有同异。分类医患模式包括三种类型：① 主动—被动型，单向性。这是生物医学模式指导下的医患模式，特征是“医生为病人做什么”。医生主导，医患心理差位显著。适应昏迷、休克、全麻、有严重创伤及精神病人。② 指导—合作型，微弱单向性。这是社会·心理·生物医学模式指导下的医患模式，特征是“医生教会病人做什么”。医生主导，医患心理差位微弱。适应急性病人。③ 共同参与型，双向性，这是社会·心理·生物

[1] 孙思邈：《千金要方·序例》。

医学模式指导下的医患模式，特征是“医生帮助病人自我恢复”，医患平等地位,心理等位。适应慢性病病人。中国古代“标本相得”的医患模式，较之现代的分类模式则是一种综合模式，没有细化。但是它们也有共同之处，“标本相得”跟分类模式的第二、三种类型，都要求医生服务病人，同时又尽量发挥病人的积极作用。

第三章　传统心理治疗的机理与原则

在论述中国传统心理治疗的机理与原则之前，有必要先了解一下中国古代医学尤其是有关心理治疗思想的一般情况。这样才能在中国古代医学的广阔基础上，突出重点，取其精华。所谓中国古代医学，应该包涵华夏大地上各民族各种思想流派的医学，这是非常广博的，而且精芜并存，即其中杂有一些宗教与迷信的内容。概而言之，中国传统心理治疗思想，主要指中医心理学思想，《黄帝内经》里的有关论述是其最早经典，这是属于医家的心理学思想，但是作为本土宗教的道教的心理治疗思想，剔除其糟粕后也应包括在研究范围之内。

第一节　古代医学心理治疗思想概说

学界普遍认为，《周易》是中国古代哲学、文化、科学思想的渊薮，医学包括心理治疗思想也可从《周易》中找到理论根基。中医学界历来有“医易同源”和“医易相通”之说。明代医家张介宾说：“宾尝闻之孙真人曰：不知《易》，不足以言太医。……《易》者，易也，具阴阳动静之妙；医者，意也，合阴阳消长之机。虽阴阳已备于《内经》，而变化莫大于《周易》。故曰:天人一理者,一此阴阳也;医易同源者,同此变化也。"[1]中医的阴阳五行说就是《周易》天地万物阴阳变化之运用，所以说医易同源、医易相通。

《黄帝内经》关于心理治疗思想的论述，主要表现为祝由法的运用。该书指出治病有治神、药物、针石多种方法，但是“必先治神”。治神就是心理治疗,其方法有“惟其移精变气,可祝由而已”[2],即运用某种方法,转移病人精神,改变气机紊乱。采用祝说病之来由,改变病人的精神状态。剔除祝由时的迷信色彩，这祝由便是一种古老的心理治疗。书中提出的开导劝慰法和情志相胜法，更是名正言顺的传统医学里的心理治疗方法。三国时华佗在《青囊秘箓》中指出：“昏疲之身心，即疾病之媒介，是以善医者先医其心，而后医其身，其次则医其未病。”明确地认为要把心理治疗摆在医病的首要地位。唐代孙思邈在《千金要方》里论养生之五难，论去六思可以延年，都强调了人的情志对健康的影响。《夷门广牍·孙真人卫生歌》则说：“卫生切要知三戒，大怒大欲并大醉。”他在以上论述中提出了许多养生健身的具体的心理卫生方法。金元四大家刘完素、张从正、李杲、朱震亨对心理治疗的贡献颇大，尤其张从正（子和）的《儒门事亲》和朱震亨的《丹溪心法》有非常丰富的心理治疗思想。例如，张从正提出了“必先开之以义理，晓之以物性”的义理开导法，“使习见习闻则不惊”的惊者平之法（即今之系统脱敏法），“以怆恻苦楚之言感之”（悲治怒）、“以谑浪亵狎之言娱之”（喜治悲）的情志相胜法，“好棋者，与之棋”的娱乐疗法等，这些都很好地运用和发展了《黄帝内经》的有关心理治疗思想。

后来明清的医书也颇多心理治疗之论述。例如，《古今医统》说：“而心之病诚若风之魔也。此皆七情五志，久逆所生，而与癫痫则又不同矣。……治法须以七情相胜，五志遂心，养血豁痰，引神归舍，标本兼治，

[1] 张介宾:《类经图翼·医易义》。

[2]《素问·移精变气论》。

此疾可愈矣。”《医学入门》明确提出有血肉之心与神明之心的区别，从而进行身心疾病的治疗。书中指出“有血肉之心，形如未开莲花，居肺下肝上是也。有神明之心，神者，气血所化生之本也。……主宰万事万物，虚灵不昧者是也。”《景岳全书》有更多心理治疗之论述与案例，且思想深刻。例如，论情志之郁症时指出：“凡五气之郁，则诸病皆有，此因病而郁也。至若情志之郁，则总由乎心，此因郁而病也。”情志之郁又有怒郁、思郁、忧郁之别，在治疗上则“然以情病者，非情不解”。《医方考》认为心理治疗是无形之药。它指出：“情志过极，非药可愈，须以情胜，《内经》一言，百代宗之，是无形之药也。……若能清心寡欲，久久行之，百病不生。”总之，明清医家也都继承、发展了《黄帝内经》中有关心理治疗的思想与方法。

如果把以《黄帝内经》作为经典的中医称为传统医学的话，那么在中国古代医学思想里，另有道教医学值得提出来进行探讨。前面已经指出中医的理论基础源于《易》，“易具医之理，医得易为用”，这方面跟道教医学是同源的。近几年对道教医学开拓了较系统的研讨。[1] 尤其值得注意的是，道教医学剔除其迷信色彩，实际上运用了信仰疗法和各种自然疗法对病人进行心理治疗，并取得了相应的效果。概要地说来：首先，道门运用符咒治病，强调病人要信赖符咒的神力，这当然是对鬼神的迷信，但它强调对用符咒治病要真心诚意充满信任，这就有一种安慰疗法的作用，提出“不诚不敬者不治……疑信不决者不治”[2]，重视了病人战胜疾病的心理作用。现代心理治疗中也常使用安慰剂或其他安慰手段来进行安慰治疗。其次，道教医学中的养生方术丰富，包括吐纳服气、导引、按跻、存思、咽液、服食等方法。吐纳服气时强调“以意领气”，能够发挥心理意志的能动作用，使体内的精气朝着一定方向运行而达到治疗疾病的目的。存思治病的这种存想疗法，则是通过自我心理调节和心理暗

[1] 参阅益建民《道教医学》，宗教文化出版社2001年版。

[2]《祝由科诸符秘卷》，中州古籍书店1994年版，第3页。

示来治疗疾病，完全符合现代心理治疗中静默疗法、想象疗法、暗示疗法的原理。以上道门的疗法的机理，都是通过心理调节的作用来消除病理过程和恢复正常的生理功能。正如唐代司马承桢所说："以我之心，使我之气，适我之体，攻我之疾，何往而不愈焉。"[1] 自我心理调节的方法是治好疾病的重要方面，这已为现代医学所证实。

第二节　传统心理治疗的机理

在中医学典籍里，中医心理治疗的有效案例是极为丰富的，不仅散见于各家医书里，当代更有中医心理治疗法的案例汇编问世，让人们对这方面的状况有了更集中更全面的了解。但是，这些心理治疗为什么会有疗效，也就是中医传统心理治疗的机理如何，人们知之甚少，很少有人对此进行研讨。笔者在20世纪90年代开展中国传统心理治疗探讨的过程中，根据中国古代阴阳平衡理论和心身概念思想，结合现代心理学理论，融合中西知识，提出了"文化—养形调神的心理健康理论与心理咨询、治疗模式"[2]，明确地研讨了中国传统医学里心理健康与咨询治疗的机理问题。兹简述如下：

一、阴阳学说是中医心理咨询、治疗的理论基础

任何一种科学文化的理论思想，都受一定的哲学理论观点影响与支配，而且古今中外概莫能外。在中国传统文化里，阴阳学说是很古老且占据支配地位的哲学理论，它是用来解释天地万物、人事疾病等各种事

[1] 见《道藏》第22册，文物出版社1988年版，第400页。

[2] 请参见A. 杨鑫辉《现代心理技术学》，上海教育出版社2005年版，第133—140页。B. 杨鑫辉《文化—养形调神的心理健康理论与实践》，载《南通大学学报》(教育科学版)2005年6月。(该文是全国教育科学"十五"规划重点课题DBA010160项目研究成果之一)

物的理论思想。很古便有用阴阳解释地震现象的。西周时三川发生地震，伯阳父说："阳伏而不能出，阴迫而不能烝，于是有地震。今三川实震，是阳失其所而镇阴也。阳失而在阴，川源必塞。"[1]否定了过去用天道鬼神解释宇宙现象。后来论及阴阳者主要是道家。《老子》说："道生一，一生二，二生三，三生万物。万物负阴而抱阳，冲气以为和。"肯定了阴阳这对矛盾是一切事物本身所固有的属性，可以解释由道派生出来的一切事物。《礼记·礼运篇》说："礼必本于太一，分而为天地，转而为阴阳。"[2]《吕氏春秋》说："太一生两仪，两仪生阴阳。"[3]《易·系辞》也说："一阴一阳之谓道；继之者善也，成之者性也。仁者见之谓之仁，知者见之谓之知。百姓日用而不知，故君子之道鲜矣。显诸仁，藏诸用，故万物而不与圣人同忧。盛德大业，至矣哉。富有之谓大业；日新之谓盛德；生生之谓《易》。"[4]将道、性、仁、知等都与阴阳联系起来，予以解说。

中国传统医学包括中医心理咨询治疗也以阴阳学说作为理论指导。《黄帝内经》运用阴阳学说，从阴阳整体、水火五行、心主神明、脏象五志等基本理论出发，主张"形神一体""形与神俱"。认为人的生理与心理以及人体与外界环境之间的动态平衡遭到破坏，就会发生疾病。指出："夫邪之生也，或生于阴，或生于阳。其生于阳者，得之风雨寒暑，其生于阴者，得之饮食居处，阴阳喜怒。"[5]由此看来，可以把病因概括为阴阳（即内外）两大类。发病因素属阳者，以六淫（风、寒、暑、温、燥、火）等外感因素为主；属阴者，包括情志、饮食、劳伤等内部因素，尤其以"内伤七情"为主，即人内部的喜、怒、忧、思、悲、恐、惊七情过度。后一类主要是心理因素致病，前一类六淫中的每种邪气也与心理因素有关。《内经》指出七情致病的主要途径是，"故悲哀愁忧则心动，心动则

[1]《周语上》，《国语》卷一。

[2]《礼记》卷七，《四部丛刊》本，第8—9页。

[3]《大乐篇》，《吕氏春秋》卷五，《四部丛刊》本，第3页。

[4]《周易》卷七，第3—4页。

[5]《素问·脉解》。

五脏六腑皆摇”。就其病理表现来说，一切亢进的、兴奋的归为阳症，而衰弱的、潜伏的则归为阴症。中医在治疗方面也可用阴阳理论解释，即所谓“阴阳和调”。阴阳必须和调、平衡，即矛盾必须求得统一，使身体处于健康状态。不仅治疗生理疾病如此，治疗心理方面的疾病也是如此，故《黄帝内经》里说：“阴平阳秘，精神乃治。”《黄帝内经》还用阴阳五行学说来划分人的气质类型和个性特征。《灵枢·通天》指出：“盖有太阴之人，少阴之人，太阳之人，少阳之人，阴阳平和之人。”《黄帝内经》还将人的气质分为木形之人、火形之人、土形之人、金形之人、水形之人，并且进而根据“五音”（宫、商、角、徵、羽），又将这五类人推演为二十五种人，不同类型的人其心理行为方式有不同的表现。这对于中医治疗和中医心理咨询治疗是很有帮助的，能够增强治疗的针对性和有效性。

经过较长时间的思考探讨，根据中医阴阳平衡理论，笔者曾在给研究生开设的课程中和有关论文里，提出了“文化—养形调神的健康理论模式”，绘制出阴阳平衡心理健康机理图示和文化调节心理咨询治疗机理方框图示予以阐说。

二、阴阳平衡心理健康机理图示

前面我们已经知道，阴阳学说认为万事万物皆含阴阳两种特性且是矛盾的统一物。人是由动物进化而来的自然实体，具有生物性，人区别于一般动物而作为社会实体，又具有社会性。人或者说人性则由其生物特性和社会特性所组成，在人的生物性和社会性结合的基础上产生了人的心理特性。人的心理、精神是人类进化过程中的最高产物，它能够调节人的生物性表现和社会性行为。依据阴阳学说的理论，可以把人的生物特性看作“阴”，指其遗传素质，是先天的；把人的社会特性看作“阳”，指其社会文化影响，是后天的。而阴阳交合产生心理特性（心理素质），阴阳调和就出现心理平衡状态，这是心理健康状态（或说正常状态）；阴盛（生物性过强），心理失衡，阳盛（社会性过强），心理也失衡。心理失衡即心理失常，就是心理不健康状态，或产生心理障碍甚至心理疾病。兹将阴阳平衡心理健康机理图示如下：

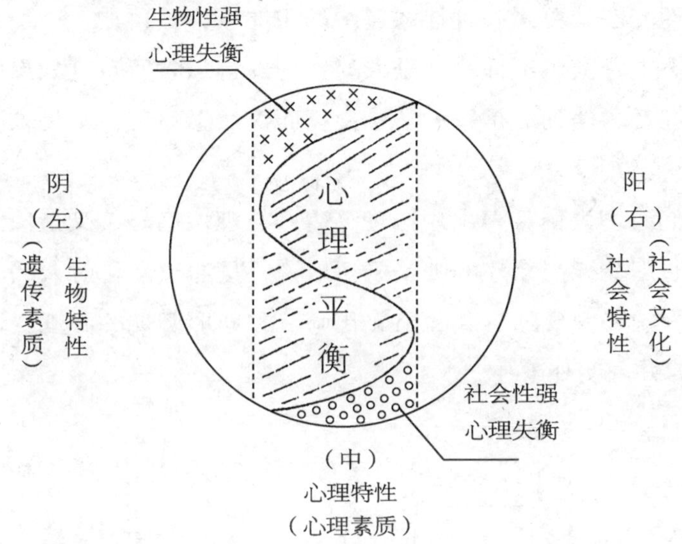

上图的圆形阴阳图代表人或人性，它由“S”形的左边部分生物特性（阴）和右边部分社会特性（阳）所组成。其中虚线包围部分，表示在人的生物性和社会性交合基础上产生的心理特性。生物特性主要指遗传素质，社会特性主要指社会文化，心理特性主要指心理素质。斜线部分表示生物性与社会性和谐平衡，呈现心理平衡状态，即心理健康。小“×”号部分表示生物性过强而产生的心理失衡状态，即心理失常。小“○”号部分表示社会性过强而产生心理失衡状态，也是心理失常。因为人的心理是非静止且不断变化的，当然上面说的平衡与失衡状态是一个动态过程，而且在其程度上也是相对不同的。

我们试用生活中的具体事例予以解释说明。古人说：食色性也。食欲和性欲是人固有的本性，但也有正常与失常之别。例如，在禁欲主义的历史文化背景下，有的女孩已长大成人，性生理和性心理都已成熟，但没有正常的男女交往，婚恋心理受到过分强烈的社会性压抑，产生巨大的心理冲突，于是出现一种所谓“发花癫”的女孩。旧社会的农村，往往有人采用泼尿的方法对待这种有性心理与行为变态的人，这是愚蠢和不人道的做法。与此相反，片面宣扬“性解放”“性自由”，不顾社会法律与伦理道德的性暴力行为，只能是一种兽性的行为表现。这既是一种严重的性变态，更是一种违法违纪的犯罪行为。再如，一个人在非常饥饿的状态下，会饥不择食，是人的生物性特强时所致；如果此时是一位宗教信仰者，遇到的是一种禁忌食物而仍然忍耐着，则是人的社会性特强所致。

当人们心理失衡甚至出现心理障碍、心理疾病时，又是依照怎样的机理进行心理疏导与治疗的呢？概括地说，是通过文化对人的心理行为发生重要影响来实现的。兹画出文化调节和养形调神的心理咨询治疗机理方框图，并说明如下：

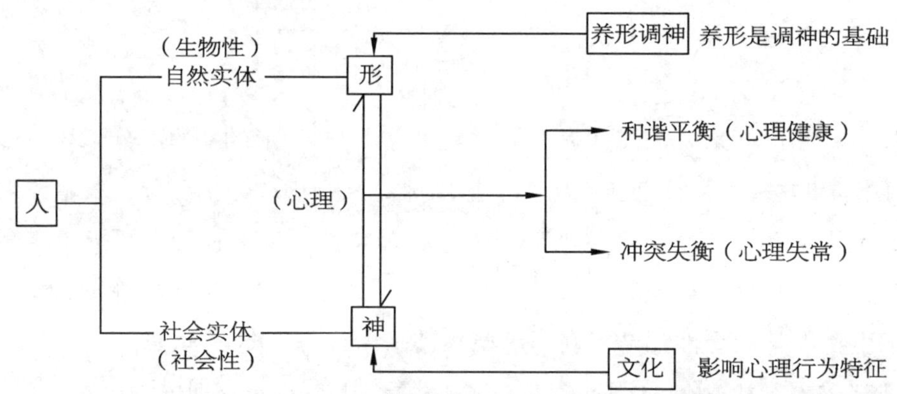

人的健康概念，既包括人作为自然实体的生物性形体健康，也包括人作为社会实体的社会性精神健康。也就是说，人的健康包括身体健康（形体）和心理健康（精神）两个密不可分的方面，即身心健康。人的精神、心理活动是在人的形体生理活动的基础上产生的。人的心理和谐平衡就心理健康，人的心理冲突失衡就是心理失常不健康。如果躯体方面有毛病，就需要服药打针进行治疗，通过养息形体进而调节精神，使之恢复健康。如果人的精神、心理方面有问题，就需要心理疏导与治疗，通过文化影响心理行为特征，使之恢复健康。因为心理咨询是通过语言、文字等媒介，给求询者以帮助和辅导，使其认识、情感和态度行为有所变化，从而更好地适应环境,保持身心健康。心理治疗（有时辅以药物治疗和手术治疗）也主要是通过语言沟通、心理影响来消除心理障碍症状，改变不当行为方式，学会新的适应以恢复心理健康。语言、文字是文化的载体，它可以承载不同民族不同国家以至地区的文化内容。心理咨询与治疗实际上是通过文化影响人的心理行为，以达到心理平衡，保持心理健康。顺便说一下，心理咨询治疗一定要重视心理学的本土化和本土心理咨询治疗心理学，这也是我们要专门研究探讨中国传统心理治疗学的原因之所在。

第三节　传统心理治疗的原则

基于上述心理治疗模式机理，我们还可以从中医理论和实践中归纳出传统心理治疗应遵循的基本原则。

一、养形调神原则

在中医身心统一整体观的指导下，传统心理治疗应当根据身心两个方面相互影响发展的规律，做到调养形体与调养精神并重，在心理咨询中形神共养，在心理治疗中形神共治，切不可简单地将它们分割开来，只从一个方面去治疗。

躯体疾病在病理生理方面的表现是比较易于了解的，然而许多心理精神因素也能产生许多生理反应。中国古代医家和思想家对此都有不少论述。《黄帝内经》记述癫狂之人不能正确认识和反映正常事物，并表现出神识错乱的举动。“狂始发，少饿不饥，自高贤也，自辩智也，自尊贵也，善骂詈，日夜不休……狂言、惊、善笑、好歌乐、妄行不休……目妄见，耳妄闻。”[1]嵇康在论述养生问题时也说:“夫服药求汗，或有弗获，

[1]《灵枢·癫狂》。

而愧情一集，涣然流漓。终朝未餐，则嚣然思食，而曾子衔哀，七日不饥。夜分而坐，则低迷思寝，内怀殷忧，则达旦不瞑。劲刷理鬓，醇醴发颜，仅乃得之，壮士之怒，赫然殊观，植发冲冠。”[1]以上说明形神关系失调，在做心理治疗时要养形调神，形神共治。

二、辨证论治原则

辨证论治是中医的基本诊疗法则，也是中医心理治疗的基本原则。在中医学里，辨证论治是综合理、法、方、药为基础，辨别、分析症状，讨论、确定治疗方法。症状是病邪在患者身上的反映，有强弱、表里、趋向等多方面的表现。症状的出现是有其病因的，病因以六淫七情为主，可以概括为外感和内伤两大类。医者通过望（望气色）、闻（闻声气）、问（问病情）、切（切脉象）来观察和分析症候。论治要求全面掌握病因、病症和病的部位，根据阴、阳、表、里、虚、实、寒、热八纲分析病情。先按阴阳分为正反两方面，再以表里测定病的部位，虚实测定病的强弱，寒热测定病的性质，然后综合考虑，处方用药。[2]

中医传统心理治疗的辨证论治，则是要求根据求询者或求治者的具体心理问题的特殊性，心理问题发展的不同阶段，各人不同的性格、气质等心理素质，以及身体状况等情况，区别对待，进行心理治疗。就以人的气质个性类型来说，《黄帝内经》指出：“盖有太阴之人，少阴之人，太阳之人，少阳之人，阴阳平和之人。凡五人者，其态不同，其筋骨气血各不等。”[3]并且“先立五形金木水火土，别其五色，异其五形之人，而二十五人具矣”[4]。仅就阴阳分类来说，这里的阴表示冷静、抑制、平静的意思，阳则表示活动、兴奋、灵敏的意思。至于按气质个性类型细分的二十五种人，其在行为方式上的表现更是各不相同，需要分别予以对待。

[1] 嵇康：《养生论》。

[2] 参阅秦伯未《中医入门》，人民卫生出版社1962年版，第4—8页。

[3]《灵枢 · 通天》。

[4]《灵枢 · 阴阳二十五人》。

我国古代能提出如此细分的气质个性类型理论，跟西方希波克拉底的“四根说”将人划分为四种不同的气质类型完全可以媲美，甚至更为细致完善。

三、心疗与食疗、体疗、药疗相结合原则

心理治疗的方法多种多样，但“心病还需心药治”，心疗（心理治疗）是最主要的方法。在治疗求询者和求治者的实践中，给予心理疏导、治疗当然是主要的，但也需要食物、体育锻炼和药物的结合，使治疗更为有效。

《黄帝内经》里已出现多种心理治疗的方法。例如，有开导劝慰法、情志相胜法（七情互治）、祝由移精变气法等，这无疑是中国传统心理治疗的主要治疗方法。基于“形俱神生”和形神结合的观点，在心理治疗中也同时重视对形体生理方面的调养与治疗。中医主张“医食同源”，采用食物疗法。中医认为蹻跻导引和气功疗法，既有利锻炼身体又能调适心理状态，有利身心健康。至于对症下药的药疗，中医更有非常详细精当的阐述。就药性的气可分寒、热、温、凉四种；就药性的味可分酸、苦、甘、辛、咸。用药正如《黄帝内经》所说“寒者热之，热者寒之，调其气使其平也”。对于治疗精神、心理疾病方面的药物，则有镇静、调神、养神的方剂，这是非常可贵的。明末儒医洪基著有一部融合诸家养生心理思想的专著，取名《摄生秘剖》。该书的第1、2卷论述药疗，第3卷着重论述体疗和心疗，从而形成一套药疗、体疗、心疗相结合的心理养生和心理治疗方法，而且具有全面的功效，达到身心健康的目标。[1]

以上所述传统心理治疗中，养形调神原则，辨证论治原则，心疗与食疗、体疗、药疗相合原则，在实际治疗工作中是相互联系而要求综合遵循的，并且只有如此才能取得全面的功效。

---

［1］杨鑫辉：《〈摄生秘剖〉的养生心理思想研究》，载《心理与行为研究》2005年第3卷第4期。

第四章　传统心理治疗的方法与案例分析

传统心理治疗的方法多种多样，案例也非常丰富。它们散见在历代医学著作和一些思想家的著述中。为了便于人们了解与研究，前人已做过一些收集汇编工作。例如，燕国材主编的《中国心理学史资料选编》（1—3卷），由人民教育出版社1988—1990年出版，对《黄帝内经》《千金要方》《千金翼方》《诸病源候论》、金元四大家等的病理心理和诊断治疗心理进行了选编。张子生编著的《历代中医心理治疗法验案类编》，由河北人民出版社1988年出版，对中医心理疗法（即意疗）"上自春秋战国，下逮现代百家，采129家，收188案（含23附案），厘为上下二编，纳之为八因致疾、十二疗法"。其他如朱文锋的《中医心理学原旨》（湖南科技出版1987年出版），王米渠的《中国古代医学心理学》（贵州人民出版社1988年出版），汪凤炎的《中国传统心理养生之道》（南京师范大学出版社2000年出版）等著作，也记叙了传统心理治疗法与心理养生法。以上著作对于大家进一步钻研有关医典文献，探讨传统心理治疗的方法，分析其典型案例是很有帮助的。

笔者1995年5月在台湾大学主办的"华人心理学家学术研讨会"上，宣读了《中国传统心理治疗探讨》一文，归纳出七种心理治疗法，即开导劝慰法、以情胜情法、习见习闻法、以欺制欺法、消愁怡悦法、移精变气法、气功导引法。现在补充两种，即暗示解惑法、厌恶反应法。这样看来，中国传统心理治疗法总共九种，兹分述如下。

第一节　开导劝慰法

开导劝慰法，或称义理开导法，是通过语言文字开导劝告与安慰调节患者心理的方法。此法首见《黄帝内经》："人之情，莫不恶死而乐生，告之以其败，语之以其善，导之以其便，开之以其所苦，虽有无道之人，恶有不听者乎？"[1]这是对开导劝慰法最透彻的阐述，这里既指出了这个方法是以人"恶死好生"的心理本能倾向为理论基础，又提出了实行此疗法的要则是"告""语""导""开"，并且认为没有不听从劝导而取得疗效的。也就是说，要告诉病人不遵医嘱的危害，讲解遵从医嘱的好处，引导病人创造治愈疾病所需的条件。总之它的最终目标是着重转变患者对医治疾病的认识和态度，以取得好的治疗效果。这种疗法为后来的医家继承和发扬。例如，金元四大家之一的朱丹溪在《格致余论》中说："好生恶死，好安恶病，人之常情。为子为孙，必先开之以义理，晓之以物性，旁譬曲喻，陈说利害，意诚辞确，一切以敬慎行之，又次以身先之，必将有所感悟而扞格之逆矣。"[2]这里强调了"开之以义理"和"陈说利害"，所以开导劝慰法也可以称为义理开导法。

现代心理治疗中的认知疗法，是通过改变人的认识过程来改变不良情绪和行为的心理治疗方法。在治疗过程中，它着眼于患者认知的重建，以达到恢复正常的情绪与行为，这与中国传统心理治疗中的开导劝慰法，着重"告""语""导""开"以明"义理"，从而使患者达到正确的认知，是有共同之处的。也是医者帮助患者改变片面或错误的认识，建立正确的认识，从而产生正常的情绪、态度与行为，恢复身心健康。现代支持性心理治疗所包含的支持内容，主要包括解释、鼓励、保证、指导、促

[1]《灵枢·师传》。

[2] 朱丹溪：《格致余论·养老论》。

进环境的改善五种成分。传统的开导劝慰法也有解释、指导、鼓励与增强信心的作用，说明古今这两种心理疗法也有相通之处。从开导劝慰法（义理开导法）跟现代认知疗法和支持性心理治疗的比照看，这一传统心理治疗法是有其科学性的。

西汉著名作家枚乘在《七发》中，记述吴客用“要言妙道”医治楚太子疾病的故事，可谓使用开导劝慰法的典型案例，兹节录如下：

楚太子有疾，而吴客往问之。……

客曰：“今太子之病，可无药石针刺灸疗而已，可以要言妙道说而去也。不欲闻之乎？”太子曰：“仆愿闻之。”

……

客曰：“将为太子驯骐骥之马，驾飞軨之舆，乘牡骏之乘，右夏服之劲箭，左乌号之鹏弓。游涉乎云林，周驰乎兰泽，弭节乎江浔。掩青苹，游清风。陶阳气，荡春心。逐狡兽，集轻禽。于是极犬马之才，困野兽之足，穷相御之智巧。恐虎豹，慑鸷鸟。逐马鸣镳，鱼跨麋角。履游麋兔，蹈践麖鹿，汗流沫坠，冤伏陵窘。无创而死者，固足充后乘矣。此校猎之至壮也，太子能强起而游乎？”太子曰：“仆病，未能也。”然阳气见于眉宇之间，侵淫而上，几满大宅。

客见太子有悦色，遂推而进之曰：“冥火薄天，兵车雷运。旌旗偃蹇，羽毛肃纷。驰骋角逐，慕味争先。徼墨广博，观望之有圻。纯粹全牺，献之公门。”太子曰：“善！愿复闻之。”

客曰：“未既。于是榛林深泽，烟云暗莫，兕虎并作。毅武孔猛，袒裼身薄。白刃硙硙，矛戟交错。收获掌功，赏赐金帛。掩苹肆若，为牧人席。旨酒嘉肴，羞炰脍炙，以御宾客。诵觞并起，动心惊耳。诚必不悔，决绝以诺。贞信之色，形于金石。高歌陈唱，万岁无斁。此真太子所喜也，能强起而游乎？”太子曰：“仆甚愿从，直恐为诸大夫累耳。”然而有起色矣。

……

客曰：“将为太子奏方术之士有资略者，若庄周、魏牟、杨朱、墨翟、便蜎、詹何之伦，使之论天下之精微，理万物之是非，孔、老览观，孟子持筹而算之，万不失一。此亦天下要言妙道也，太子岂欲闻之乎？”于是太子据几而起曰：“涣乎若一听圣人辩士之言。”涊然汗出，霍然病已。[1]

在这个吴客往问楚太子病的案例里，吴客以听乐、美食、乘骏、游乐、射猎、观涛、闻道七事启发劝导（上面只节录射猎一节），用“要言妙道”，使楚太子认识到只有放弃骄奢淫逸的生活方式，身体才会健康，因而楚太子“涊然汗出，霍然病已”。开导劝慰法的疗效真是跃然纸上。一代伟人毛泽东在20世纪60年代的一次报告中，也曾用《七发》的故事向党政干部进行思想政治教育，这不更显其意义吗?

早在战国，列御寇也记述过以言愈疾的故事。杨朱之友季梁患心理方面的疾病，其子先后请过三个医生诊视。第一个医生矫氏说是气候、饿饱、色欲等后天原因致病。季梁称他为“众医”（平庸之医），将其撵走。第二个医生俞氏说其病得自先天胎气不足,加上后天的原因积久而成。季梁称他为“良医”，并留下吃饭。第三个医生卢氏则与上面两位医生不同，说:“汝疾不由天，亦不由人，亦不由鬼，禀生受形，既有制之者矣，亦有知之者矣，药石其如汝何？”季梁称他是“神医”，赠厚礼。因为卢氏强调的是，先天禀受的形体，自身可以平衡，懂得此理病会自愈，药石对你何用？季梁领悟此道理，其病果然自愈。这里的解释、开导、领悟，正是开导劝慰法所要求的。《黄帝内经》指出:“谭而不治，是为至治。”[2]谈话法是最好的解决问题的治疗法。

除思想家著述中的案例，在历代医学著作中运用开导劝慰法的案例更可以列举很多，下面简述数例以见一斑。

案例一：五代时期的名医虞洮治董太尉渴疾案。据《医部全录》记述：董璋官至太尉，长期患渴疾，延请过许多医生医治无效。后经人介绍请来了当时的名医虞洮。董说：我这个口渴病，经过很多医生诊治也

[1] 枚乘:《七发》。这里节录射猎一节。
[2]《灵枢·通天》。

说不出什么名堂，更没治好，不知为什么？虞知道当时的董太尉有夺取天下当皇帝的野心，为此而奔忙操劳以至烦躁口渴，便回答说："君之疾，非唯渴浆，而似渴士，得其多士，不劳药石而自愈矣。"还进一步指出："大凡视听至烦，皆有所误，心烦则乱，事烦则变，机烦则失，兵烦则反，五音烦而损耳，五色烦而损目，滋味烦而生疾，男女烦而减寿，古者男子莫不戒之。君今日有万思，时有万机，乐淫于外，女淫于内，渴之难疗，其由此乎？"[1]这个案例里，虞洮首先区分了生物之渴与心理之渴，指出董太尉的渴疾不仅仅是生物之渴，这是比一般医生高明之处，引出了此病的心理治疗。其次，分析了产生此种心理之渴的机理，事烦则变，心烦则乱。现在董氏"日有万思，时有万机"，况且又外淫于乐，内淫于色，所以此种渴疾难疗。这样从病理上有说服力地解答了董太尉的疑难。这样的解释开导，董氏若能引以为戒，淡泊寡欲，则其渴疾便可自愈，这不正是开导劝慰心理疗法吗？

案例二：宋代名医许叔徽治"神气不宁"案。据《普济本事方》记述：绍兴癸丑，予待次四明。有董生者，患神气不宁，每卧则魂飞扬，觉身在床而神魂离体，惊悸多魇，通夕无寐，更数医而不效。予为诊视，询之曰：医作何病治？董曰：众皆以为心病。予曰：以脉言之，肝经受邪，非心病也。肝经因虚，邪气袭之，肝藏魂者也，游魂为变。平人肝不受邪，故卧则魂归于肝，神静而得寐。今肝有邪，魂不当归，是以卧则魂扬若离体也。肝主怒，故小怒则剧。董欣然曰：前此未之闻，虽未之服药，已觉沉疴去体矣，愿求药以治之……[2]

此案例中，对于董生的惊悸多梦失眠症，几位医生都作"心病"治而不见效，许叔徽通过仔细把脉后的结论是"非心病也"。前几位医生按照五脏六腑的生理功能认为，心生血，主藏神，心脏不健康或受刺激就会出现神识昏迷、惊悸、失眠等症状。许则细辨脉象认为是"肝经受邪"，

[1] 陈梦雷：《医部全录·医术名流列传·虞洮》。

[2] 许叔徽：《普济本事方》。

结合询问中得知患者“小怒则剧”，据《内经》说“怒伤肝”，从而得出与众医不同的正确解释是，“今肝有邪，魂不当归，是以卧则魂扬若离体也”。此时董生“虽未之服药，已觉沉疴去体矣”。这是因为许叔微的精辟论述，解开了原来将肝邪当“心病”（此处指心脏有病）才医治无效造成心理压力的疑虑。此时也可说有了心理问题，通过开导释疑而消除心理压力。这也是传统开导劝慰治疗法所要求的。至于肝邪本身，还得“求药以治之”。《东医宝鉴》指出：“七情伤人，惟怒为甚，盖怒则肝木克脾土，脾伤则四脏俱伤矣。”[1]肝脏受伤会诸病丛生，故还得用药治肝。

案例三：明代医家凌云治青年寡妇欲火致狂案。据《明外史本传》记述：金华富家妇，少寡，欲火炽，失心，始见屋柱，走怀之。久之，见帚杖诸物，即以两手爬之，甚至裸形野立。云视之曰：“是谓丧心。吾针后须蔽以帐，其心正，当知耻。”乃令二人坚持之，用凉水喷面，针其心次，补泄兼施，不踰时，狂疾顿除。嘱其家人，慰以好言，释其愧耻，疾遂不发。[2]

此案例中，富家年少寡妇的症候，古称“花癫”，是性心理异常的疾病。少女怀春，人之常情，是性心理的正常现象。这个年少寡妇情欲火炽，又闲而无事，以致心理失常行为失态，见柱即抱，遇帚即爬，甚至裸体外行而不知羞。医者凌云通过观察后诊断为“丧心”，是性心理变态。他采用了四种治疗方法：喷水、针心、言慰、释耻。多种方法结合，即见疗效。其中“言慰”“释耻”就是开导劝慰疗法。

清人陈士铎也曾记叙过相似的案例，节录如下：妇人忽然癫病，见男子抱住不肯放。此乃思慕男子不可得，忽然得病，如暴风骤雨，罔识羞耻，见男子，则为情人也。此肝木枯槁，内心燔盛，脉心弦出寸口，法当用平肝散郁祛邪之味……如不肯服，用人灌之，彼必骂詈不休。久之人倦欲卧，卧后醒来，自家羞耻，紧闭房门者三日，少与之饮食即愈。[3]

---

[1]《东医宝鉴·内景篇·怒》。

[2]《医部全录·医术名流列传·凌云》引《明外史本传》。

[3] 陈士铎:《石室秘录》。

第二节　以情胜情法

以情胜情法，又称七情互治法或情志相胜法。它是一种利用情志相互制约的关系来进行治疗的心理疗法，即用一种情志纠正相应所胜的另一种失常情志，很具独特性。《黄帝内经》最早提出此种疗法的原理是这样论述的："天有四时五行，以生长收藏，以生寒暑燥湿风。人有五脏，化五气，以生喜怒悲忧恐。"[1]"怒伤肝，悲胜怒。……喜伤心，恐胜喜。……思伤脾，怒胜思。……忧伤肺，喜胜忧。……恐伤肾，思胜恐。"[2]以五脏藏神和五行生克为理论基础，心肺肝脾肾五脏的生理活动与喜怒悲忧恐五种情志的心理活动，是密切联系并相互制约的；五种情志之间也相互影响，相互制约。这种相生相克的运行机理，便产生了用一种情志去救治另一种失常情志的以情胜情的心理疗法。这里运用了五行、五脏、五志之间的相互制约的关系，可图示如下：[3]

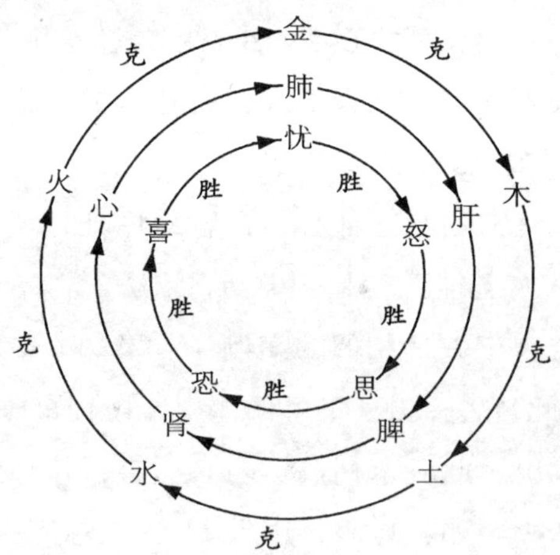

至于七情致病与治病的病理，则是七情可以引起气机的变化。《黄帝

[1]《素问·阴阳应象大论》。

[2] 同上。

[3] 该图引自朱文锋主编《中医心理学原旨》，湖南科学技术出版社1987年版，第144页。

内经》是这样说的:"余知百病生于气也。怒则气上,喜则气缓,悲则气消,恐则气下……惊则气乱……思则气结。"[1]总之,运用此法时是从相反方向加以引导,使上升之气向下而达到平衡,这是中医在长期临床实践中总结概括出来的,也是中国传统心理治疗里的独特方法。也许有人会提出,现代西方心理治疗里不是也有"合理情绪治疗"吗?我们认为两者尽管都与情绪问题不可分离,但是,前者是以一种情绪去改变另一种情绪,从而达到心理平衡,后者则是用认知、信念去改变情绪,来达到心理平衡。合理情绪治疗是认知心理治疗中的一种疗法,在整个治疗过程中,与不合理的信念辩论,是治疗者帮助来访者的主要方法。它也采用行为治疗的一些方法,因而又被视为一种认知行为治疗法。

情志既可致病又可治病的七情互治疗法,为历代医家所重视。元代名医张从正进一步发挥,将此法说得更为具体:"悲可以治怒,以怆恻苦楚之言感之;喜可以治悲,以谑浪亵狎之言娱之;恐可以治喜,以恐惧死亡之言怖之;怒可以治思,以污辱欺罔之言触之;思可以治恐,以虑彼忘此之言夺之。凡此五者,必诡诈谲怪,无所不至,然后可以动人耳目,易人听视。若胸中无材器之人,亦不能用此五法也。"[2]这段论述的可贵之处有:一是对七情互治提出了相应的言语内容,指明了进行治疗时的具体做法。二是此五种方法怪异多变,运用此法者必须具备较高的才智和技巧,即要掌握心理治疗的法则。

金元时期另一位著名医家朱丹溪在心理治疗方面也颇多建树,著有《格致余论》和《丹溪心法》,对七情互治疗法的适应症和具体方法作了全面概括。他说:"五志之火,因七情而起,郁而成痰,故为癫痫狂妄之症,宜以人事制之,非药石所能疗也,须诊察其由以平之。怒伤于肝者,为狂为痫,以忧胜之,以恐解之;喜伤于心者,为癫为痫,以恐胜之,以怒解之;忧伤于肺者,为痫为癫,以喜胜之,以怒解之;思伤于脾者,

---

[1]《素问·举痛论》。

[2] 张从正:《儒门事亲》。

为痫为癫为狂，以怒胜之，以喜解之；恐伤于肾者，为癫为痫，以思胜之，以忧解之；惊伤于胆者，为痫，以忧胜之，以恐解之；悲伤于心包者，为癫，以恐胜之，以怒解之。此法唯贤者能之。”这些以情胜情的心理疗法，只有医术高明的贤能医生才能自如地运用。这里对医者的要求与张子和看法完全一致，也说明心理治疗比药物治疗有更复杂困难的一面。

根据医典文献和综合有关研究资料，可将情志相胜疗法细分为激怒疗法、喜乐疗法、惊恐疗法、顺情疗法四种，兹列举案例加以评析。

1. 激怒疗法案例简析

据《吕氏春秋》记载，齐王患情志疾病，派人请宋国的良医文挚诊治。文挚诊视齐王的病，对太子说：“齐王的病是一定可以治好的，只是他的病好了，必将杀我。”太子说：“为什么呢？”文挚说：“不触怒王则病治不好，触怒王则我必被杀死。”太子一再请救治齐王，并保证文挚不会受害。文挚穿着鞋登床，踩踏齐王的衣服，更用言辞激怒。齐王大怒，斥叱而起，其病乃愈。并果真怒烹了文挚。齐王的情志疾病，或因思，或因郁而起，文挚用激怒法，怒能制思，克郁，所以取得一怒而使“疾乃遂已”的效果。[1]可见战国早就在使用七情互治法。可惜的是处于昏暗之世，良医治病救人反落个杀身的悲剧。又据《后汉书》记载：“郡守笃疾久，佗（华佗）以为盛怒则差，乃多受其货而不加功，无何弃去，又留书骂之，太守果大怒，令人追杀佗，不及，因瞋恚，吐黑血数升而愈。”[2]这位太守可能由于政务或家务忧思患病，华佗诊知是思忧所致的情志疾病，因此不用药而采用激怒法。华佗既收取高额诊疗费又不用药，更留书一封责骂患者。这引得太守勃然大怒，派人追杀不到华佗，气得瞪眼龇牙，口吐许多黑血，心疾也就好了。这种激怒疗法清代名医叶天士还曾用来治暴盲。叶天士著有《临证指南医案》，他的心理治疗案例也广为流传。据载：清朝有一个京官叶藩宪，久居京城而未外任。当时的一般京官没有什么实权和实

---

[1]《吕氏春秋·至忠》。

[2]《后汉书·方术列传·华佗传》。

惠，大都渴求外放为官。终于有一天突然传来他将调到外地做官的消息，藩宪听后狂喜而激动不已，以致突然目盲，眼睛看不见东西，便差人延请名医叶天士来疗疾。叶了解其发病详情，思虑良久后说："我乃当代名医，必有仪仗迎接才可前往。"差人回禀，藩宪大怒。经众人相劝，治眼要紧，以后责罚不迟，而允其要求。哪知仪仗去后，叶又说："必须藩夫人亲自前来迎请！"藩闻知后，怒不可遏，咆哮如雷。此间藩大人怒气未消，但忽然眼睛渐明。正当众人疑惑不解时，叶天士正赶到藩府请罪来了，对藩说："我并非无礼而得罪大人，用激怒法是为了治好大人的病。根据《内经》阴阳医治理论，情可互治，暴喜为阴盛可致暴盲，盛怒为阳，以阳制阴，阴阳平衡，故激怒后暴盲而消散。"藩大人遂由怒转喜，尽释前疑，并重礼酬谢。叶天士不药而医的心理奇术，人们无不拍案称赞。

愤怒是一种强烈的不良情绪状态。按照中医阴阳五行之说属于阳性，可引起气机亢奋，即"怒则气逆""怒则气上"的生理反应。依据阴阳相反相成的原理，激怒疗法常用来治疗思虑所致气结，忧愁所致气沉，惊恐所致气怯等属阴性的情志疾病。上面三个案例，都是用激怒疗法治愈思忧或暴喜所致的情志疾病，来调整人的气机，以恢复身体正常状态。

激怒疗法的案例非常丰富。例如,《丹溪翁传》载朱丹溪怒治思夫案。一女子许嫁的丈夫五年未归，思念过度，因而不思寝食。丹溪不断指责其不知羞耻而思男子，促使这个旧时女子忍受不了而嚎啕大哭、勃然大怒。当怒气消除便可进食，且不发病了。又如，《续名医类案》载，一位姓邱的医生怒治常笑案。有一女子患总笑不停的毛病来求诊，医生问她平生最爱穿什么衣服，令其跟她母亲对饮。嘱母故意污其所好之裙，引得该女子大怒起来。由于怒可消喜，其病逐渐平复。

2. 喜乐疗法案例简析

据《续名医类案》记载：项关令之妻，患了一种类似歇斯底里的病，不肯吃饭，"叫呼怒骂"，恶语不断，出言想杀人。请了不少医生治疗半年无效。后来延请名医张子和诊治。结论是怒狂症"难以药治"，"乃使二媪，各涂丹粉，作伶人状，其妇大笑。次日，又令作角牴，又大笑。

其旁令两个能食之妇，常夸其食美，其妇亦索其食，而为一尝之。不数日，怒减食增，不药而瘥。”叫两个老太婆涂粉演戏，和模拟牛觝牛的游戏，都引发其妇大笑。笑是喜之极点，“喜则气缓”，可消耗心气，平其怒狂。诱食的办法相当于现代的暗示法，所以食增，就这样不药而愈，而显示喜乐疗法之效果。又据《古今医案按·七情》载：“丹溪治陈状元弟，因忧病咳唾血，面黧色，药之十日不效。谓其兄曰：‘此病得之失志伤肾，必用喜解乃可愈。’即求一足衣食之地处之，于是大喜，即时色退，不药而愈。由是而言，治病必求其本，虽药中其病，苟不察其得病之因，亦不能愈也。”此案患者的病因是失志而忧，朱氏要其兄以一足衣食之地令其大喜，喜胜忧，因而忧解病去。

喜乐可以治疗狂怒、忧愁、悲苦等情志因素导致的病症，是因为“怒则气逆”“怒则气上”“思则气结”“悲则气消”“人忧愁思虑即伤心”，从而带来气机阻塞、管血凝涩等躯体性病理变化；而“喜则气缓……喜则气和志达，荣卫通利，故气缓矣”（《素问·举痛论》），可使躯体恢复正常的生理变化。这里生理活动与心理活动以及不同的心理活动，它们之间都在发生相互的影响作用，从而使喜乐这种情绪活动可以治疗有关的情志疾病。

喜乐疗法的应用也很广，有许多案例。例如，清朝有位八府巡按，久病而忧，其疾不愈。一医专注诊脉后，问其月事几月未行，巡按因而大笑。以后每想到此事，即自然发笑，其病不觉渐愈。喜极才会大笑，“喜胜忧”，用问男子月经引发常常大笑治愈忧症，真是高明。又如《医方考》记载：有位韩丞相看到久旱无雨而积忧成疾，一则为天下忧，二则为自己的官位忧，忧而致疾。多次延医无效。最后请来一位既精医术又通天文的左医生。这位左氏只说一句话：某日有雨，便走了。韩不解何意说：何言雨而不及药我也。那晚果然下雨了。韩高兴极了，在庭院散步达旦，病状也消除了。又是喜胜忧的有趣案例。

3. 惊恐疗法案例简析

据《医史特辑》引《洄溪医书》载：“某殿撰新以状元及第，告假而归，至淮上而有疾，求某名医。医曰：疾不可为也，七日必死，可速归，疾行犹可抵里。殿撰嗒然气沮，兼程而归，越七日无恙。其仆进曰：医有一柬，嘱归面呈之。殿撰拆视，中言：公自及第后，大喜伤心，非药力所能愈，故仆以死恐之，所以治病也，今无妨矣。殿撰大佩服。”[1]这是以惊恐的情绪治疗过喜所致情志疾病的典型案例。新科状元及第，当然是喜乐至极，也是人之常情。《灵枢·本神》指出过喜则耗散正气，“神惮散而不藏”，“喜乐无极则伤魄，魄伤则狂”。医者以死的惊恐而治愈过喜所致之疾，其气机是“恐胜喜”，可以用恐吓的方法治疗喜伤心的疾病。

又据《医部全录》载：“州监军病悲思，翁告其子曰：法当甚悸即愈。时通守李宋卿御史严甚,监军内所惮也。翁与其子请于宋卿一造向因，责其过失，监军皇怖汗出，病乃已。”[2]悲思则气结，惊悸则气散。翁即医者郝允，请来患者监军最害怕的上司御史责问之，即汗出病愈，就是依据了气结者散之的机理。

又据《医部全录》载：“周真治一妇，因产子舌出不能收，公以朱砂敷其舌，仍令作产子状，以两女扶腋，乃于壁外投大瓦盆作声砰訇，闻之舌收矣。”[3]朱砂镇心安神，摔盆惊则气缩，故舌收如常，此案用药疗与心疗结合取得功效。

4. 顺情疗法案例简析

前面三种疗法是以情制情，其实顺其情也可治疗情志疾病。《黄帝内经》指出：“未有逆而能治之也，夫惟顺而已矣。……百姓人民，皆欲顺其志也。”顺从病人的情绪、意志是可以作为心理疗法的。后来张景岳说：“以情病者，非情不解，必得愿遂而后可释。”又说：“若思虑不解而致病者，非得情舒愿遂，多难取效。”这也是讲的顺情疗法的重要。

当代“蛇侠”季德胜也用突然出现蛇的惊恐疗法，治愈了一位女子

---

[1] 徐灵胎：《洄溪医书》。

[2]《医部全录·医术名流列传·郝允》。

[3]《医部全录·医术名流列传·周真》。

双手上举而不能放下的怪病。[1] 季德胜是江苏南通人，作为蛇医专家曾将祖传六代、流传三百年之久的“季氏蛇药”献给国家，在国内外都治愈了许多蛇咬患者。下面的案例却说明他还掌握了心理治疗中的惊恐疗法。那是1943年的事情。江苏有一女子患了一种怪病，双臂只能悬举，不能落垂，犹如投降的模样。家里带她去上海、无锡等地大医院看病，也无济于事。后来请到季德胜诊治。他治疗时只让一个小孩在房间监护。只见他围着女子转了几圈后，嘴里说道：“不打针，不吃药，一会儿就会好。”话音刚落，忽地划着一根火柴，一条蟒蛇从他袍兜里突然窜到女子腿上。女子一声尖叫，双臂落下，推脱蛇身，就往房门口冲去。季蛇医也立刻收了蛇。就这样，女子的怪症消失了。

《三国演义》里，赤壁之战，曹操八十三万大军压境。东吴仅有数万兵力，统帅周瑜心焦得病。孔明借东风治周瑜心疾，这是顺情疗法人所共知的典型案例：

却说周瑜立于山顶，观望良久，忽然望后而倒，口吐鲜血，不省人事。……

鲁肃心中忧闷，来见孔明，言周瑜卒病之事。孔明笑曰：“公瑾之病，亮亦能医。”肃曰：“诚如此，则国家万幸。”即请孔明同去看病。瑜命请入，教左右扶起，坐于床上。孔明曰：“连日不晤君颜，何期贵体不安！”瑜曰：“人有旦夕祸福，岂能自保？”孔明笑曰：“天有不测风云，人又岂能料乎？”瑜失色，乃作呻吟之声。孔明曰：“都督心中似觉烦积否？”瑜曰：“然。”孔明曰：“必须用凉药解之。”瑜曰：“已服凉药，全然无效。”孔明曰：“须先理其气；气若顺，则呼吸之间，自然痊可。”瑜料孔明必知其意，乃以言挑之曰：“欲得顺气，当服何药？”孔明笑曰：“吾有一方，便教都督气顺。”瑜曰：“愿先生赐教。”孔明索纸笔，屏退左右，密书十六字曰：欲破曹公，宜用火攻；万事俱备，只欠东风。写毕，递与周瑜曰：“此都督病源也。”瑜见了大惊，以实情相告：“先生已知我病源，将用何药治之？事在危

[1] 见《“蛇侠”季德胜无偿献秘方》，《扬子晚报》2010年9月12日。

急，望即赐教。”孔明曰：“亮虽不才，可以呼风唤雨。都督若要东南风时，可于南屏山建一‘七星坛’，亮于台上作法，借三日三夜东南风，十一月二十日甲子祭风，至二十二日丙寅风息，如何？”瑜闻言大喜，矍然而起。

顺情疗法在儿科治疗中也常运用，兹举二例：

据《续名医类案》载：一儿半岁，忽日惨然不乐，昏睡不乳。万（明代医生万密斋）曰：“形色无病。将谓外感，则无风寒之症；将谓内伤，则无乳食之症。此儿莫有所思，思则伤脾，乃昏睡不乳也。”其父母悟云：“有一小厮相伴者，吾使他往，今三日矣。”乳母亦云：“自小厮去后，便不欣喜，不吃乳。”父急呼之归，儿见其童嬉笑，父曰：“非翁妙术，不能知也。”

又据《医部全录》引《镇江府志》：有王生者，子方周，忽不乳食，肌肉尽削。医以为疳。晓（医者将晓）曰：“此相思症也。”众皆笑之。晓令取平时玩弄之物，悉陈于前，有小木鱼，儿一见喜笑，疾遂已。

从以上两案例可知：小儿也可由情思致疾，一个情思友，一个情思物。两位医者都诊察细微，认为非躯体之病，故顺其情欲即愈。正如《黄帝内经》所指出的：“各从其欲，皆得所愿。”[1]心理治疗就是要去除环境中之逆，顺应患者之情志。

第三节　习见习闻法

习见习闻法是源于《黄帝内经》“以平为期”的治疗思想，即平心火的治疗。它是一种通过反复、习惯的方式，使受惊敏感的患者恢复常态的心理治疗方法。此法是由金元著名医家张子和发展提出的。他说：“岐伯曰：以平为期，亦谓休息之也，惟习可以治惊。经曰：惊者平之，平

[1]《素问·上古天真论》。

谓平常也。夫惊以其忽然而遇也，使习见习闻则不惊矣。”[1]即对于突然闻见而受惊的刺激事物，使之在平常状态下反复出现而习惯于它，这样有关刺激事物出现也不会受惊了。更通俗地说就是习以为常。现代心理治疗中有一种行为治疗技术叫系统脱敏法，利用交互抑制的原理或反条件作用的原理来达到治疗目的，即在引发焦虑的刺激物出现的同时让病人作出抑制焦虑的反应，这种反应就会削弱，最终切断刺激物同焦虑反应间的联系，从而恢复正常心理状态。这样看来，中国传统心理治疗的习见习闻法，跟现代心理治疗的系统脱敏法是相通的，相类似的。

据《儒门事亲》载：卫德新之妻，旅中宿于楼上，夜值盗劫人烧舍，惊坠床下。自后每闻有响，则惊倒不知人，家人辈蹑足而行，莫敢冒触有声，岁余不痊。诸医作心病治之，人参、珍珠及定志丸皆无效。张（子和）见而断之曰：“惊者为阳，从外而入；恐者为阴，从内出也。惊者谓自不知故也；恐者自知也。足少阳胆经属肝木。胆者，敢也。惊怕则伤胆矣。”乃命二侍女执其两手，按高椅之上，当面前置一小几，张曰：“娘子当视此。”一木猛击之，其妇大惊。张曰：“我以木击之，何以惊乎？”伺少定，击之，惊又缓，又斯须连击三、五次。又以杖击门，又遣人击背后之窗，徐徐惊定而笑。曰：“是何治法？”张曰：“《内经》云：‘惊则平之。’平者，常也，平常见之，必无惊。”是夜，使人击门窗，自夕达曙，无惊意。一、二日虽闻雷亦不惊矣。

上面是以惊治惊的典型案例。妇人住旅店，遇贼人抢烧屋舍而惊倒不知人事，后每闻响声则惊倒，这是以惊致病。病年余医治无效。名医张子和根据“惊者平之”的医理，采用以惊治惊的疗法。一是当面以木击桌，二是击窗，再是击门窗，响声逐次增大，而妇人受惊程度则趋缓，到最后“虽闻雷亦不惊矣”。这是由于习惯了响声的刺激而平复的。现代系统脱敏法也是对患者不断加大刺激强度而不发生敏感反应，可见张氏的习见习闻法何其高明。

后来也有医者采用以惊治惊的，我们可以从何时希《历代无名医家

[1] 张从正：《儒门事亲·九气感疾更相为治术》。

验案》选出两个案例以为佐证。

其一："有病人因惊而厥，两目上窜（医学名词为戴眼），经治疗，它恙俱愈，而瞳仁上翻不能下，病人终日但见屋顶，不能行步及一切生活。有医者令病人坐高座，匿人于座下，于静中大声鸣金（敲锣），病人一惊，瞳人遂下如常人。"这是一例因惊厥所致的外因性戴眼症。《黄帝内经》说："大惊卒恐，则血气分离，阴阳破败，经络决绝，脉道不通，阴阳相逆，卫气稽留，经脉虚空，血气下次，乃失其常。"[1] 此案瞳仁上翻，是因惊肝经阴血受损，而引起目系失养所致，医者令人敲锣于座下，病人受惊而下视，使瞳仁遂下而愈。此时血气通，上则下之，故复其常。其疗法是以惊治惊。

其二："有一官僚坐轿，偶雪中桥滑，以致人在轿中滚跌，遂得视人物均作斜视之症。延名医视之，此医思之良久，嘱觅健者八人，分作两番，立于庭院四方，令病人四肢蜷缩，抛病人如绣球状，四方丢接。半日后，病人疲不能堪，告免而卧，迨卧起，而视物俱正矣。医理谓此由滚跌而致病人目系了戾纠正，无药可使复理，唯有再与翻滚，以复于正。"此案致病与治病的病理是，患者轿中滚跌受惊而致斜视，是因惊气入肝，损及于目。今又治之以滚跌，则受损肝目气血和畅，故复归于正视。这也是以惊治惊疗法。

以上三个案例都是以惊治惊的疗法，第一个案例用惊治的刺激力度逐步增强，使之适应而治惊，是以惊治惊中更精细的一种，故另名"习见习闻"法。

第四节　以欺制欺法

以欺制欺法（也可称以诈制诈）是对诈病和疑病症者，以欺骗方法

[1]《灵枢·口问》。

制伏其欺骗行为而取得疗效的心理治疗方法。此种疗法宋明时期起应用较多。明代著名医学家张景岳明确提出并多次运用此法取得疗效。他说："夫病非人所好，而何以有诈病？盖或以争讼，或以斗殴，或以妻妾相妒，或以名利相关，则人情作为诈伪，出乎其间，使不有烛照之明，则未有不为之欺者，其治之之法，亦唯借其欺而反欺之，则真情自露，而假病自瘳矣。"[1] 这段论述非常简要，首先指明此种方法适应的对象是"诈病"者（我们也可扩大为疑病症者）；其次列举了常见发生诈病的多种情况，以供医者分析；最后提出治疗方法是唯有"借其欺而反欺之"，即以欺制欺。在现代医疗中，对疑病症者用注射蒸馏水而称特效药，并且能取得疗效，被称为安慰剂治疗法。可见中国古代的以欺制欺法，跟现代医学中的安慰剂治疗法是相通和类似的，或者也可以说安慰剂疗法是以欺制欺法的变式。下面简要评析古代医疗中的几个案例。

案例一，据《北梦琐言》记述："唐时京城有一医人，忘其姓名，有一妇人，从夫南中，曾误食一虫，常疑之，由是成疾，频疗不损，请诊之。医者知其所患，乃请主人姨奶中谨密者一人，预戒之曰：'今以药吐泻，但以盘盂盛之，当吐之时，但言一小虾蟆样物走去，然切不得令病者知是诳绐也 。'其奶仆遵之，此疾永除。"[2] 患者因误食小虫常疑成疾，并非已损躯体之病，而是造成了心理上的疑病症。医者洞悉此中道理，便设计一种善良的欺骗治疗法，令服所谓特效吐药即可吐出小虫而愈。秘密交代奶仆诳说，吐在盘盂里呕吐物中有一个小虾蟆样的东西。如此患者信以为真，从而消除了小虫在腹中的疑症。这跟现代医疗中用注射蒸馏水法成特效针剂的安慰剂治疗法是一个道理。何其相似乃尔！

案例二，据《景岳全书》载："予向与数友游，寓榆关客邸内。一友素耽风月，忽于仲冬一日，谯鼓初闻，其友急叩予户。启而问之，则张皇求救，云：'所狎之妓，忽得急症，势在垂危，倘遭其厄，祸不可

[1] 张景岳：《景岳全书》。

[2] 此案例也见于李昉《太平广记》卷219医类二。

解！’予随往视之。见其口吐白沫，僵仆于地。以手摸之，则口鼻四肢俱冷，气息如绝，陡见其状，殊为惊骇。因拽手诊之，则气口和平，脉不应证。予意其脉和如此，而何以症危如是？第以初未经识，犹不知其为诈也。然沉思从之，则将信将疑，而复诊其脉，则安然如故，始豁然省悟：岂即仲景之说也！遂大声于病妓旁曰：‘此病危矣，使非火攻，必不可活。非用如枣如栗之艾，亦不可活。又非连灸眉心、人中、小腹数处，亦不可活。余寓有艾，宜速取来灸之。然火灸尚迟，姑先与一药，使其能咽，咽后少有声息，则生意已复，即不灸亦可；若口不能咽，或咽吞无声，当速灸可也。’即与一药，嘱其服后即来报我。彼狡奴闻予之言，窃以惊怖，惟恐大艾着身，药到即咽，咽后少顷即哼声出，而徐动徐起矣。予次日问其所以，乃知为吃醋而发也。予闻之大笑，始知姊妹行中，奸狡之况有如此。”[1]

此案例中，妓女因吃醋而装病，属于可用以诈治诈疗法的对象。运用此法的关键正如张景岳所说：“凡遇此类，不可不加以详审。”要细心观察和把准脉象，如脉不应证则为诈病，此时方可用诈治之。张氏初诱妓女时，见其状也殊为惊骇似危症；把脉诊知气口平和时，则又感到疑惑不解；再次复诊其脉，才豁然省悟确系诈病，这样就有把握以欺制欺了。张氏先是出言此病危矣，吓唬必用艾火灸身多处才有可能救活。然后话锋突转说，姑且先服汤药，若能咽而有声或许有救，否则赶快艾灸。妓女闻听此言，非常惊恐用艾火灸身，感到不能再装病了，只得自己慢慢起来，自然也就好了。张氏诊疗施术有条不紊，步步逼进，使其不能装病而恢复正常状态，值得为医者师法。张氏的以欺制欺法是心理疗法，使用的是语言而非药物之力。正如他自己所说：“予之玄秘，秘在言耳。亦不过借药为名耳，但使彼惧，敢不速活？”[2]

案例三，也是《景岳全书》所载：“一姻戚士子，为宦家所殴，遂卧

[1] 张景岳：《景岳全书》。

[2] 同上。

病旬日，吐血盈盆。因宣传人命，连及多人。延医数辈，见其危剧之状，皆束手远避，防为所累也。最后予往视之，察其色则绝无窘苦之意，诊其脉则总皆和缓如常。予始疑之，而继则悟之。因之潜语之曰：'他可欺也，予也可欺也？此尔之血也，抑家禽之血也？'其人愕然，挽予无言。遂为调和，而相衔感而散。"

此案也是属于诈病之列，从病情到治法则有所不同，可称为此法的变式。前述案例二完全是装病，本案例是斗殴所伤，但"吐血盈盆"是有意假造为危症的，事涉诉讼，更须公正，众医怕诊察不当而远避。医者张氏察色无窘苦，而脉又和缓如常，从怀疑到断定为假装伤情危重。其次在治法上有所不同，前例是以欺制欺，本案则是揭露装病者之欺，要害是将家禽之血充当所吐之血，令其人愕然。这桩斗殴案件也得到了调解。诈伤诈病在古今诉讼中都有，法医于德于法都必须秉公心，察真伪。此案也说明，以欺制欺法（或称以诈制诈）应用非常广泛，尤其涉及人事关系引起的诈病。

第五节　消愁怡悦法

消愁怡悦法或称移情易性法，是通过怡情移志帮助患者消除消极情绪的一种心理治疗方法。宋代张杲说，对于情志疾病，"若非宽缓情意，则虽服金丹大药，亦不能已。法当令病者先存想以摄心，抑情意以养性"[1]。宽缓情意就是要通过修心养性调节患者的情绪，抑制甚至消除其负面的、消极的情绪，达到平常心理状态。清代吴师机也说："七情之病，看书解闷，听曲消愁，有胜于服药者矣。"[2]这跟《北史 · 崔光传》所说的"取乐琴

[1] 张杲：《医说》。

[2] 吴师机：《理瀹骈文》。

书，颐养神性”，是完全一致的心理治疗思想。二者都认为听音乐、读书能够影响人的情绪，陶冶性情，进而转移、改变患者的情志。而且它们对情志患者的作用，是药物治疗不可替代的。推而广之，不只是看书听曲，各种文艺活动、欣赏山水、种花垂钓等都可以作为消除忧愁、怡悦性情的手段，而成为心理疗法。《临证指南医案》一书说：“情志之郁，由于隐情曲意不伸……郁症全在病者能移情易性。”[1]心中的郁抑之疾，只有设法转移，消除其消极情绪，改易心志，才能治愈，所以消愁怡悦法也称移情易性法。

消愁怡悦法的心理治疗机理是，通过文艺作品的欣赏、琴棋书画的爱好、山水花草的赏玩、茶饮清谈等活动，使环境变幻多端，令人赏心悦目，怡情移志，从而达到对抑郁、焦虑、紧张等情志疾病的调治。中国古代思想家和医学家关于音乐对人的影响很早便有深刻论述。孔子就明确指出音乐对人的影响，既有积极有益的方面，也有消极有损的方面。他说：“益者三乐，损者三乐。乐节礼乐，乐道人之善，乐多贤友，益矣！乐骄乐，乐佚游，乐宴乐，损矣！”[2]《礼记》中的《乐记》关于音乐跟人的情感、意志与性格的关系也早就进行了全面的论述。[3]其中音乐对情感的影响，直接与人的身心健康有关联。先看情感对音乐的影响：“乐者，音之所由生也；其本在人心之感于物也。是故其哀心感者，其声噍以杀（意思是：引起悲哀的情感时，发出焦虑急促的声音）；其乐心感者，其声啴以缓（引起快乐的情感时，发出舒畅和缓慢的声音）；其喜心感者，其声发以散（引起欣喜的情感时，发出响亮和轻松的声音）；其怒心感者，其声粗以厉（引起忿怒时，发出粗暴严厉的声音）；其敬心感者，其声直以廉（引起敬重的情感时，发出直爽庄重的声音）；其爱心感者，其声和以柔（引起慈爱的情感时，发出柔和的声音）。”[4]反之，音乐对人的情感也产生一定影响：

[1] 叶天士：《临证指南医案》。

[2]《论语·季氏》。

[3]参见《刘兆吉美育心理文艺心理研究文选》，西南师范大学出版社2003年版，第572—577页。

[4]《礼记·乐记》。

“是故志微噍杀之音作，而民思忧；啴谐慢易繁文简节之音作，而民康乐；粗厉猛起奋末广贲之音作，而民刚毅；廉直劲正庄诚之音作，而民肃敬；宽裕肉好顺成和动之音作，而民慈爱；流辟邪散狄成涤滥之音作，而民淫乱。”[1] 所以在心理治疗中恰当地运用音乐的效果，可以影响患者的情感，进而起到治病的作用。正如《乐记·乐象》所说：“故乐行而伦清，耳目聪明，血气和平……是故君子反情以和其志，广乐以成其教。”[2] 音乐可以影响人的耳目气血这些生理活动，也可以影响人“反情和志”的心理状态。

消愁怡悦法的治病机理，更可从《黄帝内经》对七情相互作用的论述中找到根据。“怒伤肝，悲胜怒。……喜伤心，恐胜喜。……思伤脾，怒胜思。……忧伤肺，喜胜忧。……恐伤肾，思胜恐。”[3] 根据阴阳五行脏腑学说，不仅人的喜怒悲恐思等情志活动对心肺肝肾脾等脏腑会发生相互影响（即“伤”），而且喜怒悲恐思这些情志活动之间也互相发生克制影响（即“胜”）。在这种生理心理思想的基础上，《黄帝内经》还提出了发生疾病的病理心理问题。“帝曰：‘……余知百病生于气也，怒则气上。喜则气缓，悲则气消，恐则气下，寒则气散，炅则气泄，惊则气乱，劳则气耗，思则气结，九气不同，何病之生？’岐伯曰：‘怒则气逆，甚则呕血及飧泄，故气上矣。喜则气和志达，荣卫通利，故气缓矣。’”[4] 百病生于气，故情志与寒热都能影响人的气血，也就可以成为致病和治病的因素。“喜则气和志达，荣卫通利，故气缓矣。”这就很好地阐明了以喜乐愉悦消除忧愁，从而使人身心健康的生理机制，即消愁怡悦法的治病机理。

案例一：据王米渠等编著《中医心理学》载笑治忧病：“清朝有位八府巡按，久病而忧其疾不愈，一医专注诊脉后，问其月事几月未行，巡

[1]《礼记·乐记》。

[2] 同上。

[3]《素问·阴阳应象大论》。

[4]《素问·举痛论》。

按因而大笑，以后每想到此事，即自然发笑，其病不觉自愈。”笑是人喜乐情感的表现，巡按久病而忧愁，医者爆笑料，惹得患者每每自然发笑。“喜胜忧”，使其病渐愈，说明笑是一种很好的心理疗法，本案以喜乐之情解除了忧愁之疾。清代医家叶天士说：“情志不遂……开怀谈笑可解。”[1]正是讲的以笑为治疗手段的消愁怡悦法。

案例二：据清代《孟河四家医集》载：“朱家圩朱姓男，未及二十岁。因诵劳不耐久坐，少不顺意，即脘胀心烦，入夜不寐，食不贪。父年高为之焦灼。有时言语错杂，颠倒是非，多方求治罔效而来孟（医者所住孟河镇）。渭（巢渭芳）诊之曰：‘心气不足，痰火乘之，示诸病状非虚劳也。今先以怡养情志，后再服药如何？’乃父曰善，请指明可也。渭曰：‘先进开郁化痰，兼养心神；随求善音乐者一名，日教挥弹，并及小歌，投药必能应指。’越一年来调养，问之果以此法而愈也。”[2]在此怡情治郁案里，医家巢渭芳是懂得心理治疗的，既让患者先服开郁化痰药，又令其学习弹琴唱歌，使用的是药物疗法与心理疗法相结合的方法，尤其令学习弹唱是其特色。患者经过一年调养便治愈了。这完全跟现代心理治疗中的音乐疗法相吻合。

案例三：宋代大文学家欧阳修倡导古文运动，形成一种新文风，受到推崇。政治上先是提出“务农节用”的农本思想，但逐步走向保守，且屡被罢职贬官。他曾患忧郁病，药物治疗无效。后来他向友人学习弹琴陶冶性情，忧郁症状也就逐渐消除了。他在给友人的信中说：“予尝有幽忧之疾，退而闲居不能治也。既而学琴于友人孙道滋，受宫声数引，久而乐之，不知疾之在体也。”欧阳修采用学琴之乐治愈了自己的“幽忧之疾”，完全符合《黄帝内经》所说“喜胜忧”的机理，是典型的音乐疗法之一（参与式音乐疗法）。

上面所述消愁怡悦法（又称移情易性法），跟现代心理治疗中的音乐

[1] 叶天士：《临证指南医案》。

[2]《孟河四家医集·巢渭芳医话》。

疗法、娱乐疗法的原理是相同的。中医认为，用五音（宫、商、角、徵、羽）代表五行（土、金、木、火、水），并与人体脏象功能相联系，可以调整人体的机能。《乐记》认为音乐能影响人的情感、意志与性格。现代音乐疗法始于美国，1944年，美国密执安州大学第一个设立音乐治疗课程，并于1950年成立音乐治疗学会。现代音乐疗法主要包括三种方式，即音乐欣赏的感应式音乐疗法、直接参与唱奏活动的参与式音乐疗法和通过音乐电疗机作用于人体的音乐电疗。现代音乐疗法之有效在于它的机理是符合现代科学的，即音乐通过有规律的频率变化，作用于人的大脑、丘脑下部和边缘系统，调节身体的激素分泌、血液循环、胃肠蠕动、新陈代谢等活动，从而改变人的情绪体验和机体状态。其适应症既包括神经症、精神分裂症等心理疾病，也包括神经性头痛、高血压、甲亢、肠胃功能紊乱等躯体疾病。

第六节　暗示解惑法

暗示解惑也是中医里一种古老的心理治疗方法。暗示是用一种间接的或含蓄的方式，以某种语言、行动、情景来影响患者的心理状态，来解除病人对事对人的误解、疑惑，甚至影响人的生理机能，从而达到治疗疾病的目的。中医医案里记述了不少案例可兹研究，例如晋代乐广的杯弓蛇影案，唐代张文仲的诵《本草》愈应声案等。我们还可从《黄帝内经》里找到对暗示心理作用的运用情况。《素问·调经论》说："按摩勿释，出针视之，曰我将深之，适人必革，精气自伏，邪气自乱。"这是在针刺治病时应用暗示提高疗效。据朱文锋解释：医生先不断按摩病人应针刺的地方，并且将针拿给病人看，说我将把针扎得很深。这样病人必然会集中注意力，使精气深伏于内，邪气散乱而外泄，从而提高针刺的疗效，并且认为这可能是暗示疗法在中医典籍里的最早记载。[1]

暗示现象在日常生活中就有不少。如成语的“谈虎色变”“望梅止渴”等，就是在语言暗示下产生生理反应的典型例子，它是人类最简单化、最典型的条件反射。心理学认为，暗示是由实施暗示与接受暗示两个方面组成的。它可以分为积极暗示和消极暗示两种，前者对人产生正面影响，后者对人产生负面影响。医生采用积极暗示来消除或减轻患者的疾病症状，其主要的机理是：暗示对人的心理与生理状态乃至行为都会产生影响。当暗示被个体接受后，不仅会影响改变随意肌的活动状态，而且也能影响不随意肌的功能，也就是心理的功能可以影响生理的功能。医生利用积极暗示就能改善个体的心理与行为，甚至包括生理机能。这里个体的暗示性有高低的差别，大部分人是中等的暗示性状态。据研究，癔症患者的暗示性高，而精神发育不全和重性精神患者的暗示性低。当然中国古代的医者不可能有现在这样对暗示疗法的科学认识，但是在长期医疗实践里摸索出的这种疗法，就其机理和疗效说，确实可以说是暗示解惑法。

案例一：“尝有亲客，久阔不复来，广问其故，答曰：‘前在坐，蒙赐酒，方欲饮，见杯中有蛇，意甚恶之，既饮而疾。’于时河南听事壁上有角，漆画作蛇，广意杯中蛇即角影也。复置酒于前处，谓客曰：‘杯中复有所见不？’答曰：‘所见如初。’广乃告其所以，客豁然意解，沉疴顿愈。”（《晋书・乐广传》）这就是有名的杯弓蛇影医案，也成了常用的成语。晋代有个叫乐广的人，问一位久不来访客人的缘故。客人说，前次蒙以酒盛情招待，当我正欲饮酒时，看到杯中有条很小的蛇样的东西，饮下以后很不舒服，久而成病。乐广回顾厅堂情景后，请客再于原来的地方饮酒。斟饮后问杯中观到什么了吗？客说跟前次所见的一样，乐广乃指墙上所挂角弓说，是它的倒影在杯里。于是取下角弓，杯中什么也没有了。客人豁然明了，病也立时好了。因疑致病的心理疾病自古有之，即所谓疑心生暗鬼。医者只要弄清病由，便能令患者疑去病除。这里乐

[1] 参见朱文锋主编《中医心理学原旨》，湖南科学技术出版社1987年版，第155页。

广以语言和情景的暗示,解除了客人的疑惑,所以能立即见效。此案在《医部全录·怪病门》和《风俗通·怪神》两书中也有类似记载，可见此案例所用暗示解惑疗法影响很广。

案例二：据《名医类案》记载：“洛州有士人，恚应声，语即喉中应之，以问良医张文仲，张夜思之，乃得一法。即取《本草》令读之，皆应，至其所畏者，即无声。仲乃录取药，合和为丸，服之应时而止。”[1]这是一个精心设计用暗示解惑法治疗应声症即幻觉症的典型案例。患者既是读书之人，良医张文仲便采用文字作暗示手段，令其读诵中药名著《本草纲目》。事先告知患者此症是一种应声虫作怪产生的，这是病因暗示，所以当诵读到杀虫药的时候，患者自然联想到杀虫药可杀死应声虫，所以应声即止，这是治疗暗示。取药合成丸令服，是强化其暗示作用，增其疗效。

案例三：“唐时盛京医人吴元祯，治一妇人，从夫南中还，曾误食一虫，常疑之，由是致疾，频治不减。请吴医之，吴揣知所患，乃择主人姨奶中谨密者一人，予戒之曰：‘今以药探吐，以盆盂盛之，当吐时，但言有一小蝦蟆走去，然切不可令病人知之。’是诳给也。奶仆如约，此疾顿除。”[2]唐代时有一妇人，曾误食一虫，心常疑惑不安而致疾病，且久治不见好转。医生吴氏揣摩分析病情病因后，提出的治疗方案是，服一种催吐药物令其呕吐，密令一服侍病者的人用盆盂接呕吐物，然后诳说有一条小蝦蟆，将其端走切不可把实情告知病人。服侍病者的人如约照办，结果疾病立即消除。这个案例中，医生和服侍病者的人用的诳言发生了暗示作用，解除了病人的疑惑，是以虚治虚，正是用的暗示解惑疗法。在宋代孙光宪的《北梦琐言》一书中也有类似的记述。

医书关于暗示解惑法的记载很多。例如张仲景、张景岳都曾在治疗中对病人说让服吐下药或针灸，采用暗示方法治疗好了“诈病”。又如

[1] 江瓘:《名医类案·诸虫》。

[2] 魏之琇:《续名医类案》。

有的医者用语言暗示使患者的注意力从眼睛转移到股部，从而导火下行，而治好了眼病。现代医家也有根据暗示解惑疗法的精神精心设计治疗方案，除疑治癫狂病，采用心、药合治，从而使心病顿除。用语言暗示和安慰剂治愈由精神因素而致的癔病性瘫痪。

第七节　移精变气法

移精变气法是用非药物、针石的语言行为等方式，调动病人的积极因素，转移病人的注意力和精神，改变气机紊乱以治愈疾病的疗法。《黄帝内经》对此有专门论述："黄帝问曰：'余闻上古之治病，惟其移精变气，可祝由而已。今世治病，毒药治其内，针石治其外，或愈或不愈，何也？'岐伯对曰：'往古人居禽兽之间，动作以避寒，阴居以避暑，内无眷慕之累，外无伸宦之形，此恬惔之世，邪不能深入也。故毒药不能治其内，针石不能治其外，故可移精祝由而已。当今之世不然，忧患缘于其内，苦形伤其外，又失四时之从，逆寒暑之宜，贼风数至，虚邪朝夕，内至五脏骨髓，外伤空窍肌肤，所以小病必甚，大病必死，故祝由不能已也。'"[1]从黄帝与岐伯的对答中可知，其主要思想是使用"祝由"疗法，使之"移精变气"，这是上古治病的主要方法，分析了不同社会环境中人的处境不同，使用药物针石的治疗效果也有差异。

"祝由"是祝说病的原由，转移患者的注意力和精神，调整人的气机，通过移精变气达到病愈的方法。它属于精神疗法，是有其科学道理的。至于它曾为宣扬鬼神迷信的巫医所利用的方面则应抛弃。笔者认为，后来历代医家对"移精变气"法的运用，是属于医学范畴的。我赞成张子生编著《历代中医心理治疗法验案类编》中使用的"移念疗法"名称[2]。

---

[1]《素问·移精变气论》。

[2] 张子生编著：《历代中医心理治疗法验案类编》，河北人民出版社1988年版，第139页。

兹摘其有科学性的案例如下：

案例一：民间流传唐代孙思邈治唐王惊吓的案例。据刘道清《中国民间疗法》载，唐太宗有次带兵打仗，兵败溃逃，连人带马陷入淤泥河里，险些被擒。后虽被救出，但终因惊吓过度而成疾，那条淤泥河使他心有余悸，难以排解，经常梦中惊呼："爱卿救我。"太医们百医无效。后来有一位老者，说是能治圣上之病。李世民请他医治。老者令做一泥球，高丈许，放在宫中桌子上，让李世民天天看，说是需要九九八十一天，将药球看没了，病也就好了。李世民治病心切，也就相信了。好容易八十一天过去了，泥球仍是那么大，一点没有减少，李世民大为恼怒，认为老者戏弄了他，要杀老者。老者说：泥丸确实没有缩小，可圣上的病现在怎么样了呢？李世民这才想起，这些天精神清醒了，饮食增加了，也不害怕了，病果真好了。询问其中的道理，老者说，是借泥球转移圣上的注意力，将你的神思从淤泥河中解脱出来。李世民重谢老者，称赞地说："你真是药王啊！"原来这位老者正是大医学家孙思邈。太医们医治无效，是因为他们没有考虑到唐王是被救后余悸犹存，因惊而成疾的，一般药物是治不好心理疾病的。大医学家孙思邈精心设想的治法，是让唐王转移意念。天天看泥球，人的注意力、思念都集中在泥球上，余悸便渐渐弱下去以至平复，故能不药而愈。这种移精变气法用巴甫洛夫高级神经活动学说来解释就是，用注视泥球这种刺激在大脑皮层上形成的长期而强烈的兴奋灶，抑制了原先受惊在大脑皮层上形成的兴奋灶，即受惊吓的心理状态被改变了，所以惊吓就好了。

案例二：据元代《儒门事亲》记载："昔闻山东杨先生，治府主洞泄不止。杨初未对病人，与众人谈日月星辰躔度，及风云雷雨之变，自辰至未，而病者听之而忘其圊。杨尝曰：'治洞泄不已之人，先问其所好之事，好棋者与之棋，好乐者与之笙笛，勿辍。'"[1] 对于心理因素发生重要作用的洞泄不止的病人，患者越关注此事越会增加次数，这是注意集中意念

[1] 张从正：《儒门事亲》。

于此引起有关肌肉高度兴奋所致。医者杨先生深谙此理，没有采用一般的药物疗法，而创设了一种能转移患者注意力和意念的方法。先要知其所好，了解患者最为喜好的事情是什么。本案例中，医者知道患者最感兴趣的事情是天文气象，故大谈日月星辰和风云雷雨之事，患者从辰时听到未时，集中意念专注听其高谈阔论，而致忘其洞泄之事。医者更提出“好棋者与之棋，好乐者与之笙笛”，让人举一反三去运用。转移患者意念的机理与上面案例一是相同的。

案例三：据《清朝野史大观》记载：“某公子生二十余年，素席丰厚。父为某省制军，是秋登贤书，贺者盈门，公子两目忽红肿，痛不可忍，延天士诊之。天士曰：‘目疾不足虑，当自愈。愈后七天内，足心必生痈毒。一发则不可治。’天士决生死如烛照，不差累黍，公子闻是言，不觉悲惧求救。天士曰：‘此时不暇服药，当先拟方散毒。如七日内不发，方可再议。’急求其方，曰：‘息心静坐。以左手擦右足心三十六遍，以右手擦左足心三十六遍，每日如是七次，候七日后，再来诊治。’如法至七日，延天士视之，曰：‘目疾如先生言已愈矣，未审痈毒能不发否？’天士笑曰：‘前言发毒者，妄也。公子为富贵中人，事事如意，所惧者，死耳。唯以死动之，则他念俱绝，一心注足，手擦足则心火下行，目疾自愈。不然，心益躁，目益痛，虽日服灵丹，庸有效乎？’公子笑而厚酬之，以医致富。”叶天士不愧为医学大家，将治实症与心理疗法相结合，而取得很好疗效。他根据“两目忽红肿，痛不可忍”诊断为上火产生的实症。一般的医生也许就开服下火的汤药治疗而已，叶天士则分析省制军之子是富贵中人，淫乐生活，火燥乏水。若不治愈目疾，则心火更躁，火更躁用药物针石治疗也难见效。于是他便采用心理疗法，以“足必生痈毒”相惧，使之转移意念于足部，用手按摩足底涌泉穴位。这样连续按摩七天，使得心火下降，肾水上升，水火交泰，所以不用服药，目疾也就治愈了。真是妙哉！这也说明，在许多情况下应将心理治疗与使用药物针石的躯体治疗结合起来，使之相互配合，相得益彰，更显疗效。

第八节　气功导引法

气功导引疗法是通过气功导引的调心养神对身体生理产生调节作用的心理疗法。古代又称吐纳、导引、行气、食气、坐禅等，现在一般称气功疗法。它是中国独特的一种心理疗法。《黄帝内经》中下面一段话可能是最早具体记述气功疗法的："所有自来肾有久病者，可以寅时面向南，净神不乱思，闭气不息七遍，以引颈咽气顺之，如咽其硬物，如此七遍后，饵舌下津令无数。"[1]《素问·上古天真论》也有论述气功的内容，如："呼吸精气，独立守神"，"恬惔虚无"，"精神内守"等。使用"气功"一词，有资料说最早见于晋代许逊的《净明宗教录·气功阐微》。近现代更多采用"气功疗法"的名称，以气功锻炼为手段，调节身心状态，调动生理潜能，培育人体真气，以发挥养生保健和治疗疾病的功效。"导引"也源自《黄帝内经》："其病多痿厥寒热，其治宜导引按跻。"[2]王冰注："导引，谓摇筋骨，动支节。"《一切经音义》说："凡人自摩自捏，伸缩手足，除劳去烦，名为导引。"导引也同时运气，这又与气功联系起来了。《养生导引》里说："安心定意，调和气息，莫思余事，专意念气……每引之，心念念送之。"所以气功导引法就是"导气令和，引体令柔"。

历代思想家和医家对气功导引疗法多有记述。《庄子》里说："吹呴呼吸，吐故纳新，熊颈鸟伸，为寿而已矣。此导引之士，养形之人……之所好也。"[3]这里是气功（呼吸）与导引并提的。隋代医家巢元方在《诸病源候论》中载有导引治疗法260多种。例如有这样的记载："安心定意，调和气息，莫思余事，专意念气，徐徐漱醴泉。漱醴泉者，以舌舔略唇口牙齿，然后咽唾。徐徐以口吐气，鼻引气入喉，须微微缓作，不可卒

[1]《素问遗篇·刺法论》。

[2]《素问·导法方宜篇》。

[3]《庄子·刻意》。

急强作。待好调和引气吐气，勿令自闻出入之声。每引气，心心念送之，从脚趾头使气出。引气五息、六息一出之，为一息。一息数至十息，渐渐增益，得之百息，二百息，病即除愈。”[1]这里记载了引气吐气进行气功导引的具体方法和治病的功效，具有可操作性。1974年初在长沙马王堆三号西汉墓出土的文物中，发现了一幅彩色帛画《导引图》，绘有40多种导引姿势图像，说明气功导引疗法在汉代已得到很大发展。

气功导引能够治疗身心疾病和强身健体，是由于通过人的意念调节和气息运动，疏通经脉，调和气血，来增强身体的抵抗力、适应力和修复力。这里既运用心理调节，发挥人的主观能动性，能够积极跟疾病作斗争，又通过增强“真气”（元气）强身祛病，锻炼和发挥人体的生理功能，从而达到身心健康。正如有的研究者所指出的：“气功具有生理治疗与心理治疗相结合、生理卫生与心理卫生相结合的特色。这是气功具有祛病、强身、改善心理、自我调节作用的最根本的原因。许多慢性久病、精神情志方面的病症，都有可能通过气功疗法而治愈，这已被无数的练功者所证实。”[2]

顺便提一下，跟气功导引法密切相关的，中国古代还有用体疗来增进养生和治疗疾病的。例如明末儒医洪基在所撰《摄生秘剖》一书中就作了阐述。[3]书中首先介绍了唐代医家孙思邈提出的“五宜法”，即“发宜多栉，手宜在面，齿宜数扣，津宜尝咽，气宜时练。”这就是说，要多梳头发，促进头皮血液循环；要多用手按摩面部，使皮肤红润光泽；要坚持每天扣齿数次，使之坚牙固齿；要经常吞咽津液，保持口腔喉部湿润；要正确呼吸和运气，使之气脉通畅。其次介绍了头面按摩法，即“热摩手心慰两眼，每二七遍，使人眼目自觉无障翳，明目去风无出于此，亦能补肾气也。频拭额上谓之修天庭，连发际二七遍，面上自然光泽。如有默默者立频拭之，又以中指于鼻梁两边，指二三十数，令表里俱热，

[1] 巢元方：《诸病源候论养生导引》。

[2] 朱文锋主编：《中医心理学原旨》，湖南科学技术出版社1987年版，第161页。

[3] 本段所引文字出自明代洪基《摄生秘剖》，上洋海左书局，光绪三十二年，卷三。

所谓灌溉中狱以润于肺。以手摩耳轮，不拘遍数，所谓修其城郭，以补肾气，以防聋聩。”简言之，包括用热手轻揉双眼，按摩额头，用双手中指按摩鼻梁两边，以两手摩耳廓。最后尤其提出了运动全身的“边引法”，跟气功导引是相联系的，边引法的动作也是在闭目静坐定神情况下运气咽津活动手足。它包括八种动作，其图示如下：

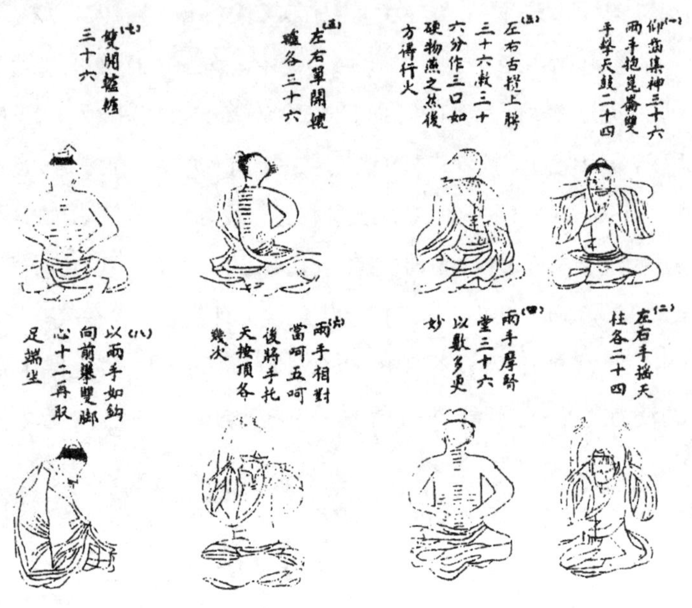

那么，气功的种类与一般方法有哪些？

前面已经提到气功导引名目繁多，儒道释医等各家对其称谓不同。一般来说，儒家称“养气”，道家谓“吐纳”，佛家叫“参禅”，医家言“摄生”，拳术家讲“内外功”，等等。任何种类的气功都由意念、运气、动作三大要素组成，意念引领运气和动作。这里的心理调节作用很重要，故可作为心理治疗方法。

气功一般按练功的动静可划分为静功和动功两大类。前者要求练气功者调节自己的姿势后安静下来，后者要求整个练功过程中都与肢体运动相配合。静功有内养功、松静功、先天自然功等，动功有太极拳、八段锦、五禽戏等。现根据车文博主编的《心理治疗指南》简要介绍气功

的一般方法：[1]

第一，练习静功的一般方法。

（1）调身：调节身体姿势，达到自然放松。这是气功练习的先决条件。常用的姿势有坐式（足着地，腿自然分开，双手掌心向下放膝盖上，上颌微收，垂肩含胸，口眼微闭，舌抵上腭）；站式（两脚分开，宽与肩平，脚尖稍向内，膝微屈。含胸挺腰，两臂抬起，手与肩平，肘比肩低，两手相距约一尺，手心相对如抱大球，两手指屈曲如握球状，眼口微闭）；还有自由盘膝式、仰卧式、侧卧式和走式。

（2）调心：调节心理状态，使之内守入静，无杂念，意守丹田或留意呼吸，对外界刺激（如声音、光线）的感受性减弱。这是气功疗法的基本功夫，在治疗中起主导作用。常用的调心方法有意守法（将意念高度集中于某一点，如丹田或额前，力排杂念）、随息法（意念集中于呼吸上，只留意腹部呼吸的自然起伏），还有数息法、默念法、听息法。

（3）调息：调节呼吸，使换气量下降，这是气功疗法的重要环节。常用的调息方法有呼吸法（吸气时膈肌下降，腹部外凸，呼气时膈肌上升，腹部内凹。通过锻炼，可以逐渐变胸式呼吸为腹式呼吸）、停闭呼吸法（有两种方式：一是吸→停→呼，即在一呼一吸之间拉长呼气时间；一是吸→呼→停，即在一呼一吸之间拉长吸气时间），还有鼻吸口呼法、气通任督脉法。

第二，练习动功的一般方法。

动功与静功有不少相同处，不同处在于练动功的调身、调心、调息都要与运动相配合，应当根据病情，辨证练功。这里不一一介绍。

下面介绍几个气功导引法的案例。

案例一：据《中医保健杂谈》载，宋代游方僧用高呼登山拜佛方法治愈官宦之子的体弱多病。“宋时，金陵有一宦家，五十得子，娇之异常，卧不见风，食不厌细。年将及冠，仍弱不禁风。终日药不离口，其父遍

[1] 车文博主编：《心理治疗指南》，吉林人民出版社1990年版，第862—865页。

请名医无效。一日，来一游方和尚，观公子而叹道：‘此子非贫僧，必有性命之虞。’其父急问：‘仙僧何方教我？’僧曰：‘南十里有紫金山，天下有名。山顶有洞，滴泉如注，名曰灵光宝洞，内有善普大佛，心诚望求，则佛光现，公子病可豁然。’父问：‘何为心诚？’僧曰：‘须每日朝拜，至顶高呼：嘘、呵、呼、呬、吹、嘻百遍，并深吸气至少腹，继之用丹田气呼出。七七四十九日如不见佛光，则需九九八十一日，如再不见，则需八百一十日……风雨无阻，不可稍懈，佛祖必显灵也。’此山高千仞，盘肠小道至其上。公子如其言，日日朝拜。四十九，佛光未见，身上似已有力。至九九八十一日，佛光仍未见，但登山已不似初时费力。继至八百一十日，佛光仍踪迹不见，而公子已红光满面，健步如飞。越三年，僧又至此，其父质之曰：‘仙师言谬矣，小子朝拜已逾千日，佛光仍未见，心岂不诚？’僧笑而不答，高唱：‘佛即是心，诚则灵，登山是药，病就轻。’飘然而去。”

此案中，高呼“嘘、呵、呼、呬、吹、嘻”百遍，深吸气并气运丹田是气功疗法。天天登千仞高，爬盘山小道是体育疗法。坚持三年不停，风雨无阻，诚信佛祖显灵是信仰疗法。游方僧教给公子所做的，是将气功疗法与体育疗法、信仰疗法结合起来，浑然一体而取得疗效的。患者从弱不禁风、药不离口的严重病态，到登山身上似已有力的好转状态，到已不似初时费力的进一步好转，以至到三年后的红光满面、健步如飞的健康状态，真是步步增进，疗效显著。

案例二：据清代姚元之《竹叶亭杂记》记载，峨嵋道士用吸纳法治怯症：“戴可亭师相任于四川学政时得疾，似怯症。成都将军视之，告以有峨嵋道士在省，曷请治之。因邀道士至署，道士谓与其有缘，病可治。因与对坐五日，教以纳吸之法，由是强健。道光乙未，余典试江西。揭晓之次晨，甫撤棘而师相至。是年整九十寿，精神步履如六十许人，惟重听耳。余问及饮食，师言：‘每日早饭时食稀粥，多半茶碗。晚餐时食人乳一浅碗。’余曰：‘即此饱也？’师拍案大声曰：‘人须吃饱也？’年九十六卒。闻师饮食如此已多年，盖峨嵋道士传有秘法也。”

此案中，峨嵋道士采用的是气功中的“纳吸之法”，施放外气治疗戴学政的怯症，连续五天治疗便有显著效果，身体逐渐强壮起来。到90岁时看上去像60多岁人，仍然很有精神，步履矫健。从其饮食看，应是气功疗法与食疗相结合才有此功效，所谓秘法应当指此。

第九节　厌恶反应法

中国传统医学里虽然没有厌恶疗法的名称，但是历史上很早就有许多厌恶疗法的有效案例。在宋明清的中医治疗实践里，如《名医类案》中的用鸡屎拌米催吐治疗食生米，《万病回春》和《奇症记》里，用辣味和脏物戒除嗜酒癖等案例，都跟现代行为治疗技术的厌恶疗法原理相符合。它是将需要消除的不正常行为症状与某种厌恶性刺激结合起来，通过条件反射作用而消除或逐步减少其不正常行为症状。厌恶反应疗法常用来戒除异食癖、烟酒瘾癖和强迫性行为观念等。需要注意的是使用的厌恶刺激应是没有严重副作用的，在可能情况下尽量使用有效的正强化物。

案例一：据《名医类案》记载，宋代道广僧用催吐法治食生米癖：“乾德中，江浙间有慎道恭，肌瘦如劳，唯好食米。缺之，则口中清水出，情似忧思，食米顿便如常。众医莫辨，后遇蜀僧道广，以鸡屎及白米各半合，共炒为末，以水一盏调顿服，良久，病者吐出如米形，遂瘥。病原谓米瘕是也。”[1] 宋初一个叫慎道恭的人患食生米的异食症，许多医生都不知其所以然，无法医治。后来四川和尚道广采用鸡屎拌米的方法消除了其食米癖，就是厌恶反应疗法。这里将不正常的食米行为与食鸡屎的厌恶刺激结合起来，对食米产生厌恶性条件反应而戒除了食米癖，正

[1] 江瓘：《名医类案》。

符合现代厌恶疗法的原理。当代报刊中也有时报道食米、食泥沙甚至食碎玻璃的异食症情况，亦属此类。一千余年前的宋初已有厌恶疗法的临床效案，较之西方现代心理治疗中的厌恶疗法早近千年，真是难能可贵。

案例二：据明代《万病回春》记载：[1]明代有一男子，嗜酒成癖，酒量很大，得日饮一二升，且不进食，身体日衰，延医无法治疗，家人非常着急。后来其父思得一法，当该男子要饮酒时，用毛巾缚住其手，用辣酒一坛放在他口鼻下，使酒气辣味冲入口中，令其非常难受。多次以后，该男子闻酒便产生厌恶之感而不再饮酒了。这个案例是将需要戒除的嗜酒行为与辣气味厌恶刺激结合起来产生厌恶反应的。现代生活中用催吐物戒除烟酒，也属此种厌恶疗法。

其实，民间也有用厌恶反应法戒除某些不当行为的应用事例。过去有的小孩两三岁甚至五六岁还在吃母乳（有的是用延长哺乳期来避孕），要断奶很困难。有一种常用的方法是在乳头上涂些黄连一类的苦味剂。小孩吸吮数次，觉得苦味难受便不再吸吮乳头了。这是将吸吮乳头的行为与黄连苦味的厌恶刺激结合起来，形成了厌恶性反应。

以上我们介绍了中国传统心理治疗的九种主要方法。此外，还有突然刺激法，即利用突发性刺激物，尤其是突然精神刺激影响人，来治疗人体生理机能失调。例如《黄帝内经》上说："哕，以草刺鼻，嚏，嚏而已；无息而疾迎引之，立已；大惊之，亦可已。"[2]又如中国古代医案中载有"以恐治衄""以怒吐瘀"等。还有针灸刺疗法，运用针刺和艾灸以达到疏利经脉气血，从而有利于平复心理状态。《黄帝内经》认为，"神有余，则泻其小络之血，出血勿之深斥，无中其大经，神气乃平。神不足者，视其虚络，按而致之，刺而利之，无出其血，无泄其气，以通其经，神气乃平"[3]。这里所说的"神气乃平"，就是说针灸刺疗法有平复病人精神、心理状态的作用。总之，突然刺激法和针灸刺疗法也是值得继续挖掘整理的。

[1] 龚廷贤：《万病回春》。

[2]《灵枢 · 杂病第二十六 》。

[3]《素问 · 调经论》。

第五章　传统心理治疗之“治未病”

——心理养生

现代生命科学对人的寿命有各种预测，根据“寿命系数”，认为人的寿命介于125—175年之间；根据性成熟期推算为112—140年之间；根据细胞分裂次数推算则为110年。《黄帝内经》也说“终其天年，度百岁乃去”，即认为人的自然寿命是100年。那么怎样才能健康长寿呢？

《黄帝内经》指出：“圣人不治已病治未病，不治已乱治未乱，此之谓也。夫病已成而后药之，乱已成而后治之，譬犹渴而穿井，斗而铸锥，不亦晚乎？”[1]“治未病”从现代医学术语的内涵来说，是预防医学的思想，认为医学不只是要治病，更要防病。防患于未然。中国传统医学里“治未病”的医学思想，具体表现在重视人们平时的养生、摄生，不仅指人躯体的生理养生，也包括人精神的心理养生。这就是现代医学讲的心理卫生、心理保健方面的问题。

中国历代医家和思想家都很重视人的心理养生问题，其养生心理思想是非常丰富而独具特色的，各家的养生心理思想有其特性也有其共性。随着现代医学尤其是预防、保健医学的发展，也引起人们日益重视对中国传统医学里有关养生和养生心理思想的发掘和整理。已有的论著中，

[1]《素问·四气调神大论》。

特别要提到曾跟随我研究中国心理学史的汪凤炎的博士学位著作:《中国传统心理养生之道》[1]。在该书的《序》里我写道:“汪凤炎同志的《中国传统心理养生之道》,是我国第一部系统研究中国古代养生心理学思想的专著。该书内容丰富而成系统,论述严谨而有深度,观点明确而有创见。导言阐明研究意义、对象和方法学,第一章论述了历史背景,第二章论述了先秦时期的心理养生之道,第三章论述了秦汉至隋唐时期的心理养生之道,第四章论述了五代至明清时期的心理养生之道,结束语部分阐述了中国传统心理养生之道的特色、科学性与价值。”

“该书在下列方面给我留下深刻的印象:首先,不是就心理养生思想谈心理养生思想,而是从经济发展需要、重人贵生思想和孝道思想影响等方面分析重养生之缘由,再阐明重养心与调神,将这些思想置于一定的历史背景之下来分析。其次,提出中国古代养生思想家探讨的中心问题是养生与生理、心理、自然和社会四种因素的关系,蕴涵了一个兼顾生理—心理—自然—社会的整体养生模式。它体现了中国传统文化里天人合一和形神合一的思想,较之现代西方医学的生理—心理—社会模式,更具独特性和全面性。再次,中国古代的养生心理学思想有较明显的派别性,包括道家(含道教)、儒家、杂家、医家和禅宗,各派互相影响、互相渗透,但以道家养生心理学思想为主体。最后,中国古代养生心理学思想有三个较明显的侧重点,即不同派别在不同历史时期对养形、养神或养心各有侧重,但总的说还是形神并养。此外,指出养生心理学思想在社会发生较大变革时期发展较大,还列举几组数据证明,根据传统心理养生模式进行养生曾取得过很好的效果,这些亦给今天的人们以启示。我研究中国心理学思想史20多年的体会是:治史之意不在古,论古之旨却在今,通古变今,昭示明天。从作者的选题与内容阐述看是颇得其真谛的。”[2]

---

[1] 汪凤炎:《中国传统心理养生之道》,南京师范大学出版社2000年版。

[2] 杨鑫辉:《中国传统心理养生之道》(汪凤炎著),序,第1—2页,南京师范大学出版社2000年版。

本章传统心理治疗之“治未病”——心理养生，作为全书的一个专题则着重阐述三个方面的问题，即传统心理养生的意义、作用与思想发展脉络，心理养生的机理与心理养生的基本原则，心理养生的主要方法。为了使问题更为集中，我们准备围绕上述三个问题，将不同历史时期儒道佛医等诸家的有关心理养生思想综合起来论述。

第一节　传统心理养生思想概述

一、意义与作用

对中国传统养生心理思想的研究、继承与发扬，不仅有弘扬祖国优秀文化遗产的意义，而且对于当今的心理卫生学科的建设和养生实践具有不可替代的历史意义和实际价值。

1. 心理保健、健康长寿的实用意义

宋代《寿亲养老新书》中说：“郭康伯遇神人授保身卫生之术，云但有四句偈，须是在处受持。偈云：‘自身有病自身知，身病还将心自医。心境静时身亦静，心生还是病生时。’郭信用其言，知自护爱，康强倍常，年几百岁。”[1] 所谓“保身卫生之术”“知自护爱，康强倍常”，就是讲的养生学、保健学的方法与作用。这四句偈强调“心自医”“心境静”，就是突出心理养生的意义，这是宋代人的思想，对于他们前人的养生心理思想的应用是很重视的。古为今用，就在于传统养生心理思想具有心理保健、健康长寿的实用意义。

药物只能治病，养生才能健身。所以要强身健体有求医不如求己之说，尤其要求助于自己的良好心理状态。历来医家和思想家都重视养生

[1] 陈直:《寿亲养老新书 · 保养》。

包括心理养生的健康长寿效用。例如,《黄帝内经》说:“圣人为无为之事,乐恬淡之能,从欲快志于虚无之守,故寿命无穷,与天地终,此圣人之治身也。”[1]明确地提出“乐恬淡”、守“虚无”这种心理养生治身之法,可以健康长寿。晋代思想家嵇康专门论述过养生问题,著有《养生论》。他指出:“善养生者,则不然矣。清虚静泰,少私寡欲,知名位之伤德,故忽而不营,非欲而强禁也。识厚味之害性,故弃而弗顾,非贪而后抑也。外物以累心不存,神气以醇白独著。旷然无忧患,寂然无思虑,又守之以一,养之以和,和理日济,同乎大顺。然后蒸以灵芝,润以醴泉,晞以朝阳,绥以五弦,无为自得,体妙心玄。忘欢而后乐足,遗生而后身存,若此以往,恕可与羡门寿,王乔争年,何为其无有哉!”[2]这里讲善养生长寿者应顺其自然,养生方法措施很多,最主要的是心理养生,要少私寡欲,无思守一,绥以五弦,调节自身的思虑、欲求(需要)、情绪等心理状态,以平静愉快的心情对待自己和外界事物。在此前提下,也可用“灵芝”“醴泉”“朝阳”等药物、饮料、阳光等方面的配合,但嵇康尤为强调的还是心理养生。

当代的名老中医也是既重治病又重养生作用的,例如有位张老中医就批评民国以来许多医生只知治病,而不研究养生之道,并建议要多读《黄帝内经》里的有关论述。他说:“医学以修道为重,古人治医深通易理,能知生死寿夭,有长生却病方法。民国以来,医生之职责缩小,只知治病,未研究养生之道,医生本身多病不健康,对群众服务,难以尽力,故医生要多读《内经·上古天真论·四气调神大论》,以明养生之本。”[3]

2. 建设中国现代心理卫生学的现实意义

心理卫生是相对于生理卫生而言的,又称精神卫生,是指保护心理健康。心理卫生的思想源远流长,可以追溯到古罗马医生盖仑在其著作中论述的“感情卫生或精神卫生”问题。在中国古代,则是“养生”中的“养神”“养心”问题。“心理卫生”是一个从国外引入的名词。心理

[1]《素问·阴阳应象大论》。

[2]嵇康:《养生论》。

[3]魏长春:《中医实践经验录·张生甫谈<内经>养生祛病法》。

学、卫生学、医学等多学科共同研究心理卫生问题形成了一门心理卫生学（psychohygiene），它是专门研究预防心理疾病、精神疾病，维护人的身心健康尤其是促进心理健康的学问或学科。从不同的大学科划分，心理卫生学可视为心理学的一个分支学科，或卫生学的一个分支学科，或医学的一个分支学科。从1843年美国精神病学教授威廉·斯惠符撰写出世界第一本心理卫生学专著，至今才167年。最近《美国网络医学杂志》刊文[1]，美国专家推荐长寿五大法宝，前三条是食物生理方面的，后两条说：多交朋友，可延寿7年；告诉自己“退休后的生活依旧五彩缤纷”，可延寿7.5年。这后两条完全是心理养生方面的问题。随着人们对健康的理解更加全面，不仅要身体健康，同时也要心理健康，即是一种心身健康的概念。随着心理学、卫生学、医学的深入发展，现代心理卫生学也在日益发达。

心理卫生学是一门自然科学与社会人文科学交叉的学科，建立中国现代心理卫生学应继承中国古代丰富的仍具科学性的养生心理思想，既要具有现代科学性，也要体现中国文化的特色。“马有度（1987年）在考察了中国古代心理卫生思想后，提出了建立中国心理卫生学的设想，他认为中国心理卫生学的理论基础，主要有五论：整体恒动论；人天相应论；时世异论；形神一体论；治未病论。基本原则为六条：一是首重卫护心神；二是强调顺时调神；三是养生与养德结合；四是形神兼养，养神为先；五是以静制躁，动中取静；六是节欲守神，贵在适度。”[2]这是有见地之论。我们建设中国现代心理卫生学的基本途径应是：首先，要坚持唯物辩证法的方法论指导和多元的具体方法，开展研究工作。其次，学习和借鉴国外现代心理卫生学的理论和方法。最后，发掘和继承中国传统心理养生的宝贵遗产，并融入中国现代心理卫生学体系中去。

[1] 参见《扬子晚报》2009年7月27日。

[2] 转引自马建青主编《心理卫生学》，浙江大学出版社1990年版，第22—23页。

3. 弘扬中国传统文化的国际性意义

中国被国际心理学界肯定为世界心理学思想最早的策源地，和印度、希腊一样。美国著名心理学史家墨菲指出："纪元前500年中国的老子和孔子,印度的《奥义书》,从南意大利到小亚细亚许多城邦的希腊思想家等，在哲学和心理学方面都有惊人的兴起。"[1]苏联著名心理学史家姆·格·雅罗舍夫斯基在《国外心理学的发展与现状》一书中，也指出古代巴比伦、埃及、中国、印度、希腊都对人的心理生活有所探究，有的学说东方可能出现得更早。由此可知，中国宝贵的传统心理学思想丰富了世界心理学思想的宝库，挖掘、整理、研究中国传统心理学思想，其中当然包括中国传统心理治疗、心理养生思想，具有弘扬中国传统文化的国际性意义。

中国古代的传统心理学思想（包括心理养生思想）对不少西方心理学家有着直接的影响，并反映或渗透在他们的心理学思想理论里。例如，人本主义心理学的创始人马斯洛，在怎样对待人的本性问题上，直接吸取了中国古代道家的观点，即"无为而治"和"任其自然"。日本的森田疗法也可以找到"任其自然"的心理思想影子。对道家心理学思想有专深研究的美籍华人心理学家李绍崑指出："作为一个思想家，马斯洛像老子；作为一个写作家，马斯洛像庄子；作为一个心理学家，他不像别人，只像自己！在其遗著《人性的远征》,他引用了'道家'凡30次,引用了'弗洛伊德'凡37次，但他引用了自己则多达87次！"[2]杨德轰教授2005年在所著《精神应激与相关疾病》一书的第12章精神超脱心理治疗中说：道家处世养生原则两千余年以来，经久不衰，在现代仍有积极的保卫心身健康与改善社会人际关系的意义。

据李绍崑的研究，许多西方心理学家都吸取了中国传统心理思想。2002年他在广州举行的"第二届分析心理学与中国文化国际研讨会"的报告中指出："实际上'荣格与中国'的'对话'是从荣格时代就开始了：

[1] G. 墨菲、J. 柯瓦奇著，林方、王景和译：《近代心理学历史导引》（下），商务印书馆1982年版，第299页。

[2] 李绍崑：《道家的心理学》，中美精神心理研究所，2006年，第102页。

不管是他本人童年对于庄子蝴蝶物化的神往，还是其晚年对于老子智慧的感悟，这些都是特殊意义上的分析心理学与中国文化的内容。……如今《易经》、儒学、道家哲学与中国禅宗的经典，仍然是心理分析的生动资源和灵感的源泉；对于心理分析学者来说，中国文化的智慧依然是充满魅力的呼唤。"[1]20世纪90年代，柯洛特在欧洲掀起了精神心理学的旋风，将弗洛伊德的精神分析发展到一个新阶段。他放弃欧洲至上的地域主义，而开始研究中国的儒、释、道的精神修炼，从中国传统心理思想里吸取了他所需的东西。当然这种吸取不是变为相同。英国著名学者李约瑟在《中国之科学与文明》一书中说："道教思想从一开始就有长生不死的概念。而世界上其他国家没有这方面的例子。这种不死思想对科学具有难以估计的重要性。"道教的养生术特别丰富，其心理养生思想也蕴含其中。它跟中国古代其他各家的心理养生思想，都成了世界传统养生学中不可代替的宝贵财富。

二、心理养生思想的发展脉络

中国传统心理养生思想是非常丰富的，而且存在各种思想学派的心理养生观点，同时这些思想观点又有相互影响之处。因此，理清和把握中国传统心理养生思想的发展脉络，对于认识与把握其发展规律和特点，对于中外古今的比较研究，都有着重要的意义。中国古代在先秦时期就形成了百家争鸣的局面，思想学派很多。在历史发展的过程中，有几个重要的学派一直在产生重要影响，成为主流学派，这就是儒家、道家和佛家，史称儒道释三家。由于本节研讨的是传统心理养生思想，属于医学保健的范畴，所以首先还要提到医家。因此弄清儒道释医的主要心理养生思想及其相互影响，就可以基本上理清和把握中国传统心理养生思想的发展脉络。其特点最概括地说就是：医家的调神摄生，儒家的养性崇德，道家的长生重术，佛家的性本清净。

[1] 李绍崑：《欧洲的心理学界》，商务印书馆2007年版，第79—80页。

1. 调神摄生：医家的心理养生之道

历代医家都有“治未病”的养生保健心理思想，如《灵枢·本神》说：“故智者之养生也，必顺四时而适寒暑，和喜怒而安居处，节阴阳而调刚柔，如是则僻邪不至，长生久视。”综观中国传统心理养生思想观点，概括起来都集中于调神摄生这个主导思想。朱文锋对此曾作过阐发。他认为：“调神摄生的具体措施概括起来有：清静养神、节欲保精、和情治气、适时调神、气功练神等方面。同时还应根据不同年龄、性别、生理条件、病理状态等进行调养，尤其应注意病人、老人、妇女、小儿的心理卫生。”[1]“清净”是要求人保持淡泊宁静的精神状态。正如《素问·生气通天论》所说：“清净则肉腠闭拒，虽有大风苛毒，弗之能害。”《医方考》也说：“若能清心寡欲，久久行之，百病不生。”节欲保精，指节制性欲，保全肾精。正如张景岳在《类经·摄生类》里所说：“善养生者，必保其精，精盈则气盛，气盛则神全，神全则身健，身健则病少，神气坚强，老而益壮，皆本乎精也。”和情治气，指调节情绪情感，不过度喜怒，以调顺体内气机，保护身心健康。正如《孙真人卫生篇》所说的：“卫生切要知三戒，大怒大欲并大醉……世人欲识卫生道，喜乐有常嗔怒少，心诚意正思虑除，顺理修身去烦恼。”所谓适时调神，是要求人们依据春、夏、秋、冬四时气候，阴阳之气的变化交替，来调适和保养精神。《素问·四气调神大论》说：“阴阳四时者，万物之终始也，死生之本也，逆之则灾害生，从之则苛疾不起。”气功练神，是通过排除杂念、意守丹田和调息入静的方法，用意念引导“内气”沿一定的经络路线循行，以调节阴阳，通畅气血，保全真气，健神强身。气功分为静功与动功两种，陶弘景在《养性延命录》里说：“能动能静，所以长生。”

医家还重视病老妇幼不同人群的调神摄生问题，针对他们各自的特殊性提出相应的养生方法和需要注意的事项。这些特定的人群包括病人调神摄生、老人调神摄生、妇女调神摄生和小儿调神护育。例如，《圣济

[1] 朱文锋主编：《中医心理学原旨》，湖南科学技术出版社1987年版，第184页。

总录》要求病人应注意静心养神，指出“凡治病之术，不先制其所胜，正其所念，去其所恶，损其所恐，未有能治愈者”。根据老人身心抗压能力下降，要尽量避免重大精神刺激。《医贯·寡欲论》提出：“凡丧葬凶祸不可令吊，疾病危困不可令惊，悲哀忧愁不可令人予报……坟园冢墓不可令游。”《千金要方·养胎》对于孕妇养生的要求是：“调心神，和情性，节嗜欲，庶事清静。”保持心神宁静，有利于母子健康。幼儿处于迅速发育期但总的说仍很稚嫩，要特别重视精神护育。《育婴家秘》指出：“凡小儿嬉戏，不可妄指他物作虫作蛇，小儿啼哭，不可令人装扮欺诈以止其啼，使神志昏乱，心小胆怯成客忤，不可不慎。”

2. 养性修德：儒家的心理养生之道

儒家心理养生的最大特点是特别注重养性修德。孔子虽无详细的养生论述，但其核心观点却鲜明而影响深远。他说：“知者动，仁者静。知者乐，仁者寿。”[1]仁者爱人，仁是养性修德的核心。“仁者不忧”[2]，道德高尚的人不计个人得失而具乐观情绪，是有利于身心健康的。这就是“君子坦荡荡，小人常戚戚”[3]，所以才会得出“故大德……必得其寿”[4]的结论。为什么仁者会长寿呢？董仲舒的解释是：“仁人之所以多寿者，外无贪而内清静，心和平而不失中正，取天地之美以养其身。”[5]孔子修养道德的方法之一是“四勿”。明代王廷相对此分析很透辟：“论语：‘非礼勿视，非礼勿听，非礼勿言，非礼勿动。’以克去己私，是教人动而省察之功也。能如是，则克己而一私不行，可以妙物来顺应之用矣。圣人养心慎动之学莫大于此。”[6]这里仍是讲养性修德。先秦其他儒家的心理养生思想总的说也是养性修德。孟子倡导“养心莫善于寡欲”[7]，要求节制欲求，保养“浩

[1]《论语·雍也》。

[2]《论语·宪问》。

[3]《论语·述而》。

[4]《四书章句集注·中庸章句》。

[5]《春秋繁露》第十六卷《循天之道第七十七》。

[6] 王廷相：《雅述上篇》。

[7]《孟子·尽心下》。

然之气”这种道德情操。荀子更直接继承和发扬了孔子的思想，提出“凡治气养心之术，莫径由礼，莫要得师……”[1]“故人莫贵乎生，莫乐乎安，所以养生安乐者莫大乎礼义。”[2]这就是要用合乎礼义的善行来养生长寿。这些思想对后世都产生了深远的影响。

在历史发展过程中，尽管儒家思想处于中国社会的主导地位，但也吸取了道家、佛家等思想，其心理养生思想也是如此。汉代董仲舒在“天人感应”的思想指导下，主张自然养形调神。他曾明确地指出：“循天之道，以养其身，谓之道也。”[3]这显然吸取了老庄道家的思想，它与“道之真以治身”(《庄子·让王》)的思想是相通的。东晋葛洪著有《抱朴子》，是一部外儒内道的书。其中也提出了摄生养气和节制情欲的养生之法，方法之一是“遐栖幽遁”，要求在清静的环境里去遏制情欲。“是以遐栖幽遁，韬鳞掩藻，遏欲视之目，遣捐明之色，杜思音之耳，远乱听之声，涤除玄览，守雌抱一，专气至柔，镇以恬素，遣欢戚之邪情，外得失之荣辱，割厚生之腊毒，谧多言于枢机，反听而后所闻彻，内视而后见无联，养灵根于冥钧，除诱慕于接物，削斥浅务，御以愉慔，为乎无为，以全天理耳。”[4]这里完全继承了老子避世无为的养生思想，其中“涤除玄览，守雌抱一”等语更直接出自《老子》一书。宋代朱熹关于治病养生曾说：“病中不宜思虑，凡百可且一切放下，专以存心养气为务，但加趺静坐，目视鼻端，注心脐腹之中，久自温暖，即渐见功矣。”[5]这种存心养气养性的观点，是受禅宗“若识自心见性，皆成佛道”[6]的修心养性思想一定影响的。而禅宗人性本清净的基本观点，跟先秦儒家“人生而静，天之性也”[7]观点又是相通的。

---

[1]《荀子·修身》。

[2]《荀子·强国》。

[3]《春秋繁露》第十六卷《循天之道第七十七》。

[4]《抱朴子·外篇·逸民》。

[5]《晦庵先生朱文公文集》卷五十一。

[6]《坛经·般若品第二》。

[7]《礼记·乐记》。

3. 长生重法：道家的心理养生之道

这里说的道家，既指狭义的春秋战国时期的老子庄子学派，也包括东汉中期开始形成的道教的广义道家。尤其道教追求长生不老，因而非常重视养生，其中也包括心理养生思想。老子认为："天长地久，天地所以能长且久者，以其不自生，故能长久。是以圣人后其身而身先，外其身而身存。"[1]这是强调圣人不妄为，顺应自然，把自身置之度外，自身反而能保全。其心理养生的要求是："见素抱朴，少私寡欲。"[2]即保持自然纯朴状态，减少私心，降低欲望。《庄子》一书也说："无视无听，抱神以静，形将自正。必静必清，无劳女形，无摇女精，乃可以长生。目无所视，耳无所闻，心无所知，女神将守形，形乃长生。"[3]不妄视不妄听，保持精神的宁静，形体就自然会正常。心静神清，你的形体不过分劳累，你的精力不随便耗费，就可以长生。这种用精神守住形体乃可长生的思想，跟老子的养生观是一脉相承的。

道教主张"重人贵生"和"我命在我"，并以此作为养生术的哲学思想基础。既然"重人贵生"，就以长寿成仙为最高目标而重视养生，既然"我命在我"，就强调发挥人自己的力量探求众多的养生之术。道教要求众术合修。例如，陶弘景在《养性延命录》里记载："张湛《养生集叙》曰：养生大要，一曰啬神，二曰爱气，三曰养形，四曰导引，五曰言语，六曰饮食，七曰房室，八曰反俗，九曰医药，十曰禁忌。过此已往，义可略矣。"[4]十种养生术的众术合修，亦可谓多矣。据现代有的研究，也有将道教养生术归纳为下面十种，即守一，存思，导引，吐纳，胎息，服食，外丹，内丹，房中，起居。这十种养生术中，涵盖心理养生思想的是"守一"和"存思"，它们都强调意念的作用。所谓"守一"，是指在人处于身心安静状态中，将意念集中于对"一"（即"道"）的信仰，以达养生长寿。

[1]《老子》七章。

[2]《老子》二十九章。

[3]《庄子·在宥》。

[4] 陶弘景：《养性延命录》卷上《教诫篇》。

所谓“存思”,是指人在高度入静状态下,将意念存放在体内或体外的某处,以达养生长寿。还有“内丹”也含心理因素,是指用人体作炉鼎,以人的精气神为对象,运用意念使精气神在体内凝聚成丹,以达养生长寿。[1]道家心理养生思想里还强调“先立功德”和“积善立功”,这与儒家的仁者寿和养性修德有共同之处。东晋外儒内道的葛洪曾说:“欲求仙者,要当以忠孝、和顺、仁信为本。若德行不修,而但务方术,皆不得长生也。”[2]他将仁信德行视为养生长寿的首要条件。他还进一步阐述说:“然览诸道戒,无不云欲求长生者,必欲积善立功,慈心于物,恕己及人,仁逮昆虫,乐人之吉,愍人之苦,赒人之急,救人之穷,手不伤生,口不劝祸,见人之得如己之得,见人之失如己之失,不自贵,不自誉,不嫉妒胜己,不佞谄阴贼,如此乃为有德,爱福于天,所作必成,求仙可冀也。”[3]葛洪将积善修德说得很具体。

4. 性本清净:佛家的心理养生之道

佛教追求走进极乐世界而重来生,它是不讲养生长寿的。但是,佛教自西汉末年从印度传入中国以后,逐步与中国传统文化相融合,而形成了独具特色的中国佛教。唐代的禅宗就是在中国本土形成的一个有深远影响的佛教宗派。禅是梵语Dhyana,音译是“禅那”,意译是“定”,合称“禅定”,即安静不乱、明照清净地沉思的意思,是一种专讲内心修养方法的佛教理论。这样在客观上也跟心理养生问题有了联系,并可视为一种特殊的心理养生思想。

禅宗的经典《坛经》说:“人性本净,由妄念故,盖覆真如。但无妄想,性自清净。”[4]这是禅宗的基本教义。怎样保持本性的清净呢?从心理学的角度,怎样保持人正常的平静心理状态呢?禅宗的回答是养心为本,具体的做法有两个:一是排除一切善恶妄念妄想,这就是“汝若欲

[1] 参见刘仲宇、李子微、陈耀庭《道家养生术》,复旦大学出版社1992年版,第3—4页。
[2] 葛洪:《抱朴子·内篇·对俗》。
[3] 葛洪:《抱朴子·内篇·微旨》。
[4]《坛经·坐禅品第五》。

知心要，但一切善恶都莫思量，自然得入净心体，湛然常寂，妙用恒沙”[1]。二是要知足自乐，指出：“凡愚不了自性，不识身中净土，愿东愿西，悟人在处一般。所以佛言：‘随所住处恒安乐。’”[2]只要随处知足，随处知乐，便能保持自心清净。从历史发展看，这种“人性本清净”的观点，跟儒家“人生而静，天之性也”[3]的观点是基本相通或相同的。而且从字义说，“清净”和“清静”是基本相同的，这里都是要去掉心中的杂念和妄念。以至影响到后世全真教将“清静”和“清净”并用，甚至全真教受其影响的“打坐”跟禅宗惠能的“坐禅”也是相同的，都要求保持平静的心理状态。全真教王重阳说：“凡打坐者，非言形体端然，瞑目合眼，此是假坐也。真坐者，须要十二时辰行住坐卧一切动静中间，心如泰山，不动不摇，把断四门眼耳口鼻，不让外景入内，但有丝毫动静杂念，即不名静坐。”[4]总之，禅宗是把养心推至极致，而不讲养形，即只讲精神修炼而忽视养形。较之儒道医形神兼养的心理养生观，佛家禅宗“性本清净”的养生观是有严重缺陷的。

第二节　心理养生的机理与原则

金元名医朱丹溪曾经指出：“与其救疗于有疾之后，不若摄养于无疾之先。盖疾成而后药者，徒劳而已。是故已病而不治，所以为医家之法，未病而先治，所以明摄生之理。”[5]阐发了《黄帝内经》治未病之旨。现在人们越来越认同这样一种说法：从健身来看，吃药不若养生，求医不

[1]《坛经·护法品第九》。

[2]《坛经·疑问品第三》。

[3]参阅汪凤炎《中国传统心理养生之道》，南京师范大学出版社2000年版，第197、236—240页。

[4]《重阳立教十五论·第七论打坐》。

[5] 朱丹溪：《丹溪心法》。

如求己。这里不是否定药物治病的重要作用，而是强调养生的预防医学意义。养生大而别之可以分为生理养生和心理养生。对于养生特别是心理养生为什么有实效？其机理是什么？这是人们在讨论和实行养生时必须弄清的一个重要问题。在长期的养生实践活动中，人们总结出为了更有实效必须遵循的一些基本要求，这就是养生原则。本节的任务就是简要阐明心理养生的机理与原则，让人懂得其科学道理，并防止为骗钱打着“养生”旗号的伪养生学。

一、心理养生的机理

1. 杂融诸家的形神观

探讨身心健康、心理养生涉及人的形体、身体与精神、心理两大方面的问题，以及它们之间的关系。对于心理养生机理的理解，跟人们对形神关系的认识密切相关。综观历史上医家和思想家们的形神观，有唯物论的形神观、唯心论的形神观和二元论的形神观。他们大都是在唯物论思想下的心理养生观，有的也杂融着唯心论和二元论的形神观。本书第二章第二节神能御形的治疗观对神形即心身问题已作较详细的阐述，这里只就与养生问题密切相关的问题概述之。

《黄帝内经》认为，形神结合才是活生生的人，形神分离则只剩人死的形骸，养生就是要调摄人的形体和精神。摄生方面调养气血、骨肉，调节脏腑机能。调神方面要求恬淡虚无，心情愉悦。唐代医学大家孙思邈从形神关系出发，提出养生思想是形体方面要微劳，“养性之道，常欲小劳，但莫大疲及强所不能堪耳”，精神方面要静心，“静神灭想，此养生之道备也”。[1] 金元四大家之一的刘完素说：“夫气者，形之主，神之母，三才之本，万物之元，道之变也。”[2] 他将原始物质的气视为产生形神之根本，而且还指出“神能御形”，从而高度重视心理养生。朱丹溪说：“儒

[1] 孙思邈：《千金要方》卷27，《养性》。

[2] 刘完素：《素问玄机原病式 · 六气为病》。

者立教曰：正心、收心、养心，皆所以防此火之动于妄也。医者立教曰：恬淡虚无，精神内守，亦所以遏此火之动于妄也。”[1]这里概括了儒家与医家心理养生思想的要旨，儒家强调用“正心、收心、养心”来调摄心身健康，医家则重视用“恬淡虚无，精神内守”来调摄心身健康。总之历代医家都是从形神不离、神能御形来论述心理养生问题的。

思想家们的心理养生思想，跟他们的形神观也是密切相关，比较复杂的。兹列举几位思想家来说明。庄子说：“留动而生物，物成生理谓之形；形体保神，各有仪则谓之性。”[2]他认为运动的阴阳二气滞留则形成物，物形成的生理结构即是生物的形体。形体中保存有精神，其各种不同表现就是性。他还说：“人大喜邪？……大怒邪？……其反伤人之形乎！”[3]庄子注意到情能伤及人的形体，因此主张虚静养生，即“无视无听，抱神以静，形将自正。必静必清，无劳女形，无摇女精，乃可以长生。目无所见，耳无所闻，心无所知，女神将守形，形乃长生”[4]。很显然这与以动养生或动静结合的养生术是不同的。

魏晋玄学家的养生心理思想也是受其形神观影响。他们主张形神相亲，反对形神相离。嵇康说：“精神之于形骸，犹国之有君也；神躁于中，而形丧于外，犹君昏于上，国乱于下也。……是以君子知形恃神以立，神须形以存，悟生理之易失，知一过之害生，故修性以养神，安心以全身。”[5]这修性养神和安心全身，强调了神对形的影响，但是又没有忘记“神须形以存”，所以在养生方面要求“爱憎不栖于情，忧喜不留于意。泊然无感（当为惑——作者注）而体气和平。又呼吸吐纳，服食养身，使形神相亲，表里俱济也”[6]。这里既强调心理养生，控制爱憎忧喜对健康的

[1] 朱丹溪：《格至余论·房中补益论》。
[2]《庄子·天地》。
[3]《庄子·在宥》。
[4]《嵇康集校注·养生论》。
[5] 同上。
[6] 同上。

影响，又重视饮食和锻炼身体，使之“形神相亲”。基于这一思想，嵇康还提出：“养生有五难：名利不灭，此一难也。喜怒不除，此二难也。声色不去，此三难也。滋味不绝，此四难也。神虑转发（当为“神虚精散”或“神虑消散”之误——作者注），此五难也。”[1] 他认为对养生最为不利的五个方面是：追求名利，喜怒无常，贪图享乐，偏好饮食，精神涣散。唐代大医学家孙思邈在《千金要方·养性》里，曾评价嵇康提出的“养生有五难”是“此养生之大旨也”。

东晋思想家葛洪著有《抱朴子》一书，分为内篇和外篇。他在自叙中说：“其内篇言神仙方药、鬼神变化、养生延年、禳邪却病之事，属道家。其外篇言人间得失、世事臧否，属儒家。”这种外儒内道的思想体系在哲学上是唯心论的，由于他注重科学实验，故亦含有一些朴素唯物论思想观点，这也反映在他的形神观上是杂融儒家和道家的。他说：“夫有因无而生焉，形须神而立焉。有者，无之宫也。形者，神之宅也。故譬之于堤，堤坏则水不留矣。方之于烛，烛糜则火不居矣。身劳则神败，气竭则命终。”[2] 这“形须神而立”颠倒了“形具而神生”的关系，是一种唯心论的观点。但他也曾说：“苟能令正气不衰，形神相卫，莫能伤也。”[3]“形神相卫”指形与神相互作用、相辅相成，又具有唯物论思想倾向，所以他在养生心理方面提出：“是以善摄生者，卧起有四时之早晚，兴居有至和之常制；调利筋骨，有偃仰之方；杜疾闲邪，有吞吐之术；流行荣卫，有补泻之法；节宜劳逸，有兴夺之要。忍怒以全阴气，抑喜以养阳气。”[4] 这里的起居饮食、活动筋骨、注意劳逸等摄生养气和忍怒抑喜、节制情欲的养生之法，属于儒家入世的养生术。他在另外的地方又提出：“是以遐栖幽遁，韬鳞掩藻，遏欲视之目，遣损明之色，杜思音之耳，远乱听之声，涤除玄览，

[1]《嵇康集校注·答难养生论》。

[2] 葛洪：《抱朴子·内篇·至理》。

[3] 葛洪：《抱朴子·内篇·极言》。

[4] 同上。

守雌抱一，专气致柔，镇以恬素……为乎无为，以全天理耳。”[1]这里提倡远走隐居，避开各种声色，养气致使筋骨柔和，用恬静的真情镇住自己，属于道家避世的养生术。

道家重生，自然特别讲求养生之道，当然也包括心理养生在内，都涉及其形神观，兹列述数则皆系形神相依之观点来论述养生之理。《南华真经》主张以神守形来养生。如广成子说：“无视无听，抱神以静，形将自正。必静必清，无劳女形，无摇女精，乃可以长生。目无所见，耳无所闻，心无所知，女神将守形，形乃长生。”[2]既然形体靠精神守卫和调节，那么人们又怎样去养神呢？该书认为：“纯粹而不杂，静一而不变，惔而无为，动而以天行，此养神之道也。”[3]要求人们排除杂念，保持平静，任其自然而无为即可养神，进而卫形。陶弘景在《养性延命录》里更明确地说：“夫神者生之本，形者生之具也。神大用则竭，形大劳则毙。神形早衰，欲与天地长久，非所闻也。故人所以生者，神也。神之所托者，形也。神形离别则死，死者不可复生，离者不可复返，故乃圣人重之。”[4]生命离不开神形，形神是不可离别、必须相依的两个方面，故应当避免“神大用”“形大劳”来养生延年。其他道家著作中还有主张“形神合同”“形表神里”“形劳神毙”等各种观点的，也都从形神相依的思想出发讲求养生之道，重视心理养生。

2. 精气形神的心理养生机理

心理因素是怎样在养生健体延年中发生作用的呢？历代医家和思想家对此都做过探讨和解释，这就是心理养生机理问题。概括起来，他们都是在人的精、气、神、形的密切联系中找出其制约关系，从而采取各种养生方法（其中包括心理养生）。《黄帝内经》曾作过这样的论述：“恬淡虚无，真气从之，精神内守，病安从来？是以志闲而少欲，心安而不惧，

[1] 葛洪：《抱朴子·内篇·至理》。

[2]《南华真经·在宥》。

[3]《南华真经·刻意》。

[4] 陶弘景：《养性延命录》卷上《教诫篇》。

形劳而不倦，气从以顺，各从其欲，皆得所愿。”“外不劳形于事，内无思想之患，以恬愉为务，以自得为功，形体不敝，精神不散，亦可以百数。”[1]在这恬淡虚无的养生观里，认为清静安闲而无杂念的心理状态，就能使真气内藏，精神内守而不耗散，人就不会得病。虽劳形体也不会疲倦，由于真气和平而感到满意。形体不衰老，精神不耗散，可以延年百岁。《黄帝内经》虽然还没有清晰地阐明心理因素（神）是如何达到养生延年益寿的，但是已明确表达了真气、精神（心理）、形体诸因素在养生中的作用。

唐代施肩吾在《论炼形》中也谈到形、精、气、神等各方面的关系。他说：“人之生也，形与神为表里，神者形之主，形者神之舍。形中之精以生气，气以生神，液中生气，气中生液，乃形中之子母也。水以生木，木以生火，火以生土，土以生金，金以生水，气传子母，而液行夫妇，乃形中之阴阳也。……阴不得阳不生，阳不得阴不成。……必欲长生不死，以炼形住世，而历劫长存，必欲超凡入圣，以炼形化气，而身外有身。”[2]这里以形表神里为基本观点，阐述了形、精、气、神的关系，再作阴阳五行学说的阐述，而论证炼形对健身的作用，但毕竟还没有突出“神”在健身养生中的意义。

另外，有的医家和思想家则在前人的基础上，在论述精、气、形、神的关系时，相当明确地揭示了“神”的突出作用，即心理养生的机理。金元四大家的刘完素指出：“夫太乙天真元气，非阴非阳，非寒非热也。是以精中生气，气中生神，神能御其形也，由是精为神气之本。形体之充固，则众邪难伤，衰则诸疾易染，何止言元气虚而为寒尔！”[3]精$\xrightarrow{\text{生}}$气$\xrightarrow{\text{生}}$神$\xrightarrow{\text{御}}$形相互联系的生物心理链里显现了“神能御形”的心理养生机理。刘完素在《河间六书》的另一处也论到：“是知形者，生之舍也。气者，生之元也。神者，生之制也。形以充气，气耗形病，神依气住，气纳生存。

[1]《素问·上古天真论》。

[2] 施肩吾：《钟吕传道集·论炼形》。

[3] 刘完素：《素问玄机原病式·六气为病》。

修真之士，法于阴阳，和于术数，持满御神，专气抱一，以神为本，以气为马，神气相合，可以长生。故曰：精有主，气有元，呼吸元气，合于自然，此之谓也。……是以全生之术，形气贵乎安，安则有伦而不乱。精神贵乎保，保则有要而不耗。故保而养之，初不离形气精神，及其至也，可以通神明之出。”[1]这里认为，形是生命之居所，气是生命的根源，神是生命的统治者。所以，要长生必须以神为本，神气结合，要养生就离不开形气精神四大因素，跟前面一段论述的要旨是一致的。

明末洪基著有《摄生秘剖》，清末光绪三十二年曾经铜版印制。最初书稿距今300多年，印刷出版也已100年有余。该书旁搜医典，榜集奇方，是一部融合儒、道、医诸家的养生心理专著，至今仍有着重要的历史意义与现实价值。关于心理养生的机理，该书的论述非常精辟。它继承《黄帝内经》的“主心说”和儒家荀子“形俱而神生”的思想，认为“心者神明之舍，中虚不过径寸，而神明居焉”[2]，以心为精神、心理的器官并不科学，认定精神、心理必须依托形体却是正确的。又说：“心者神明之官也，忧愁思虑则伤心，神明受伤，则主不明，而十二官危。”[3]即“心”这个形是产生精神、心理的器官，同时“忧愁思虑”这些精神现象、心理过程也能影响“心”和其他器官。这是一种杂融儒、医诸家的形神观。

在此种形神观的基础上，《摄生秘剖》一书用精、气、神、形的思想来解释养生心理机制。何谓精、气、神？《黄帝内经》说：“天之在我者德也，地之在我者气也，德流气薄而生者也，故生之来谓之精，两精相搏谓之神。”[4]精，指生命的原始物质。气，指地面的植物、水分等，中国古代认为气是物质微粒。神，指阴阳两精互相搏击而形成的生命力——心理、意识。《摄生秘剖》一书认为：“精气神人身三宝也。《经》曰精生气，气生神。是以精极则无以生气，以致庆削少气，气弱则无以生神，以致目

[1] 刘完素：《素问病机气宜保命集》。

[2] 洪基：《摄生秘剖》，上洋海左书局，光绪三十二年，卷3，第3页。

[3] 同上书，卷1，第4页。

[4]《灵枢·本神篇》。

昏不明。”[1] 这里清楚地表述了精、气、神三者的关系是层进性的，精气神是人的生命中最宝贵的，当然也是人的心理健康中最不可缺少的。

在该书的《保养精神》篇里，对精、气、神、形的关系作了更完备的论述，提出了精气神形的养生心理机理。指出：“精者神之本，气者神之主，形者神之宅也。故神太用则歇，精太用则竭，气太劳则绝。是以人之生者神也，形之孔者气也。若气衰则形耗，而欲长生者未之闻也。夫有者因无而生焉，形须神而立焉。有者无之馆，形者神之宅也。倘不全宅以安生，修身以养神，则不免于气散归空。……夫神明者生化之本，精气者万物之体，全其形则生，养其精气则性命长存矣。”[2] 这里明确地阐述了精、气、神、形四者的关系，并且从“保养精神”的篇名透出其主旨为养生心理问题。正如《淮南子》一书在论述形、气、神三位一体时早就指出的：“夫形者，一生之舍也；气者，生之充也；神者，生之制也；一失位则三者伤矣。……此三者，不可不慎守也。”[3] 形、气、神三者有机联系、相互制约，这是养生之道的一条基本原则。根据以上论述，我们可以将《摄生秘剖》的精、气、神、形养生心理机理图示如下：

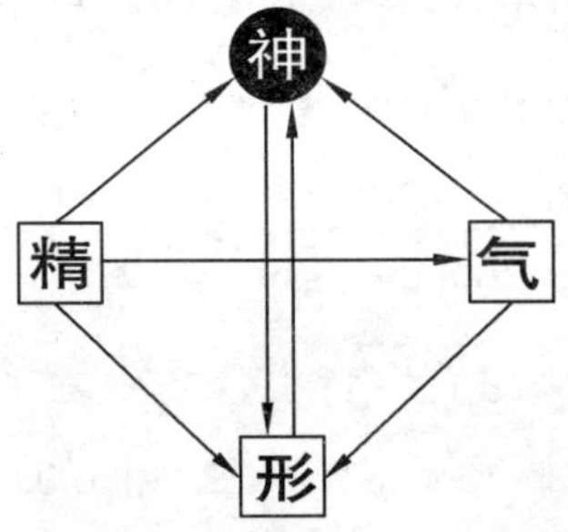

图示表明的意思是：精是神之本，气是神之主，故精生气，气生神。精、气是形体的物质组成，故“形具而神生”，形是神之宅；反过来，神又能影响形的活动。这样，通过保养精神，讲求心理卫生、心理调适，就能够保障和促进形体的健康。心理健康和身体健康是互相发生影响作用而

[1] 洪基：《摄生秘剖》，上洋海左书局，光绪三十二年，卷2，第11页。

[2] 洪基：《摄生秘剖》，上洋海左书局，光绪三十二年，卷3，第6页。

[3]《淮南子·原道训》。

达到心身健康的，神形共养就可以使人健康长寿。

二、心理养生的基本原则

中国古代诸家的心理养生思想虽然各有特色，但是为了实现心身健康的目标，各家亦遵循了一些共同的基本原则。参照现有的研究，我们归纳为三条原则：即德术双修，修德养性；形神共养，动静结合；众术结合，不可偏修。

1. 德术双修，修德养性

所谓德术双修就是在心理养生中将修德养性放在首位，结合运用各种心理养生方法，而不是单纯重视方法。孔子虽然未有系统的心理养生思想，但他特别强调修德养性才可能健康长寿，他明确提出："仁者寿。"[1]只有能爱他人讲求仁德的人才会健康长寿。为什么呢？因为"仁者不忧"[2]，"君子坦荡荡，小人常戚戚"[3]。仁者是有高尚道德的人，不患得患失，而且没有忧愁和烦恼，具有坦荡的胸怀并始终处于乐观的情绪状态，这种积极的心理状态就能使人身心健康，达到长寿。后来各家的养生心理思想都继承和发扬了这一宝贵思想，成为养生心理的一条重要原则。

《黄帝内经》说："所以能年皆度百岁而动作不衰者，以其德全不危也。"[4]有些人的寿命能够超过百岁而动作不显衰老，是因为他们掌握了修德养性的养生之道。这也就是古人推崇的"淳德全道"[5]，即道德淳厚，能够全面掌握养生之道的"真人""至人"。东晋的葛洪承继"仁者寿"的要旨，主张德术双修，说得非常明白。《抱朴子》一书记载："或问曰：'为道者当先立功德，审然否？'抱朴子答曰：'有之。按《玉钤经中篇》云，立功为上，除过次之。为道者以救人危使免祸，护人疾病，令不枉死，

[1]《论语·雍也》。
[2]《论语·宪问》。
[3]《论语·述而》。
[4]《素问·上古天真论》。
[5] 同上。

为上功也。欲求仙者，要当以忠孝、和顺、仁信为本。若德行不修，而但务方术，皆不得长生也。'”[1]强调不进行道德修养，单纯注重养生方法是不可能健康长生的，提倡做人要以忠孝、和顺、仁信为本。该书还说："然览诸道戒，无不云欲求长生者，必欲积善立功，慈心于物，恕己及人，仁逮昆虫，乐人之吉，愍人之苦，赒人之急，救人之穷，手不伤生，口不劝祸，见人之得如己之得，见人之失如己之失，不自贵，不自誉，不嫉妒胜己，不佞谄阴贼，如此乃为有德，受福于天，所作必成，求仙可冀也。”[2]这里将修德养性具体化为怎样对人对己要“积善立功”以求长生。葛洪著作的思想是外儒内道，其养生之道，当然兼具儒道两家的思想。在养生心理思想里儒家讲求修德养性，道家要求建立功德，这是一致的。儒家讲求现实，养生的目标是健康长寿。道家追求仙境，宣扬养生可以长生成仙，这是有所不同的。

2. 形神共养，动静结合

所谓形神共养，就是在心理养生中将养形与调神两者结合起来达到身心健康，而不是单纯的重视使用养形或调神一个方面的方法。对于养生来说，形体需运动，精神需宁静，所以形神共养的原则也包含着动静结合的思想。

《黄帝内经》说：“上古之人，其知道者……故能形与神俱，而尽终其天年，度百岁乃去。”[3]上古时代的人懂得养生的法则，做到形神共养，使人的形体与精神皆旺，故终其天年，可长寿百岁。魏晋玄学家也是主张形神兼养的，认为“爱憎不栖于情，忧喜不留于意。泊然无感，而体气和平。又呼吸吐纳，服食养身，使形神相亲，表里俱济也”[4]。要有不受爱憎忧喜干扰的平静心情，再加上用吐纳、服食之法保养身体，这就是养生之道的表里相济的形神共养。

[1] 葛洪：《抱朴子·内篇·对俗》。

[2] 葛洪：《抱朴子·内篇·微旨》。

[3]《素问·上古天真论》。

[4]《嵇康集校注·养生论》。

儒家不仅主张静以养神，而且主张动以养身（形）。孔子既说“仁者静……仁者寿”，也要求以“礼、乐、射、御、书、数”六艺教弟子，其中射和御都跟体育运动有关。透过儒家关于古代教育中学习的内容也可看出，儒家不仅重视养神健身，而且同时重视运动强体。例如《礼记》说：“十有三年学乐诵诗舞勺，成童舞象学射御。”[1]这里说的“舞勺”“舞象”是古代的体操活动，“射御”也与体育运动有关。荀子说：“养备而时动，则天不能病。”“养略而动罕，则天不能使之全。”[2]他认为营养休息和经常运动是养生健体的基本途径，否则，养息差、运动少是很难健康的。就连孟子也主张“劳其筋骨”，他说：“天将降大任于斯人也，必先苦其心志，劳其筋骨，饿其体肤，空乏其身。”[3]当然他还同时主张“养心莫善于寡欲”[4]。从养生学来说，静以养心（神）与“劳其筋骨”（动以养身）都需要。庄子主张静以养神，但神也是活动变化的。他说：“无视无听，抱神以静，形将自正。必静必清，无劳女形，无摇女精……形乃长生。”[5]清静养神是健身长生之道。同时又说：“形劳而不休则弊，精用而不已则劳，劳则竭。水之性，不杂则清，莫动则平，郁闭而不流，亦不能清，天德之象也。故曰，纯粹而不杂，静一而不变，淡而无为，动而以天行，此养神之道也。”[6]这“动而以天行”便点破了庄子的养神观也是动静结合的。总之，中国古代的心理养生学是重视养神和形神共养的。指出不能偏颇看待二者：“夫人只知养形，不知养神；只知爱身，不知爱神。殊不知形者载神之车也，神去人即死，车败马只奔也。”[7]有的则说：“太上养神，其次养形。”[8]“养神”就是调养心理，“养形”就是锻炼形体。全面的养生之道是形神共养。

[1]《礼记·内则》。
[2]《荀子·天论》。
[3]《孟子·告子下》。
[4]《孟子·尽心下》。
[5]《庄子·在宥》。
[6]《庄子·刻意》。
[7]《寓简》。
[8]《艺文类聚》。

同时，“养生法，心神以静为贵，躯体以动为主。吾国之养生者，均动静并重”（谢利恒《中国医学源流论》）。

3. 众术结合，不可偏修

所谓众术结合，指从整体观看，养生是涉及生理、心理、环境（自然和社会的）诸因素的问题，要求从养生者个体的特点出发，将多种养生方法结合运用共促健康长寿，不可偏修某一种方法而排斥别的方法。

《黄帝内经》指出：“其知道者，法于阴阳，和于术数……度百年乃去。”[1] 懂得养生道理的人，适应取法于天地阴阳自然变化之理，调和养生的各种方法，就可以长命百岁。很显然，这里已经涵盖着将各种养生方法结合运用的思想。结合中医重视五脏六腑、情志变化、人事关系等诸因素对疾病的影响看，在“治未病”的养生防病中也涵盖着生物、心理、社会诸因素的整体观思想。

道家重人贵生，非常重视养生术，尤其是后世道教，全面继承历史上诸家的养生思想和方法，博采众长，故更重视众术结合、众术合修而不偏修某一种方法。东晋葛洪在《抱朴子》一书中说得明白透彻：“凡养生者，欲令多闻而体要，博见而善择，偏修一事，不足必赖也。又患好事之徒，各仗其所长，知玄素之术者，则曰唯房中之术，可以度世矣；明吐纳之道者，则曰唯行气可以延年矣；知屈伸之法者，则曰导引可以难老矣；知草木之方者，则曰唯药饵可以无穷矣；学道之不成就，由乎偏枯之若此也。浅见之家，偶知一事，便言已足，而不识真者，虽得善方，犹更求无已，以消工弃日，而所施用，意无一定，此皆两有所失者也。”[2] 这里列举了房中术、行气、导引、药饵等多种养生方法，养生者不应“各仗其所长”，而“偏修一事”，这是失策的。他认为之所以要求众术结合不得偏修，是“盖籍众术之共成长生也”。梁代陶弘景在《养性延命录》记载：“张湛《养生集叙》曰：养生大要，一曰啬神，二曰爱气，三曰养

[1]《素问·上古天真论》。

[2] 葛洪：《抱朴子·内篇·微旨》。

形，四曰导引，五曰言语，六曰饮食，七曰房室，八曰反俗，九曰医药，十曰禁忌。过此已往，义可略矣。”[1]这里列举养生十大要项当然需养生者将它们结合起来兼修。

第三节　心理养生的方法

中国传统养生思想的宝库里，养生原则、方法甚多，大而别之可谓养身养心（养形调神）两大类。侧重从养心（调神）来说的方法，就是心理养生方法。根据历代最重要的文献资料，我们归纳为下面六种心理养生法，即养心——调神养形法，养德——修德保健法、节情导欲法、愉悦怡神法、导引行气调神法、起居饮食保养法。鉴于本节内容与第四章所述传统心理治疗的方法有不可分割的交错，一个讲治已病方面，一个讲治未病方面，同一项内容可以从不同的方面去讲，故本节从心理养生方法方面讲时只作简要介绍，有的则作些补充。

一、养心—调神养形法

在人的身心健康中，养心要求人达到一种心静神安的心理状态，通过调节精神以养形健身，是心理养生之要法。金元四大家之一的朱丹溪曾指出：“儒者立教曰：正心、收心、养心。”

老子主张“见素抱朴，少私寡欲”[2]。人们应当保持自然纯朴的状态，减少私心，降低欲望。他说：“祸莫大于不知足，咎莫大于欲得。故知足之足，常足矣。”[3]他认为人的最大祸害是不知满足，最大罪过是贪得无厌，知足才会常乐。总之，老子主张心情清静，被后人称为“静漠恬淡，所

[1] 陶弘景：《养性延命录》卷上《教诫篇》。

[2]《老子》19章。

[3]《老子》46章。

以养生也”(《道庄·九部名教要记》)。这是养心要达到的境界，也是养心的总方法。

《黄帝内经》指出:“恬淡虚无，真气从之，精神内守，病安从来。”[1]心情要清静安闲，排除杂念妄想，达到虚无状态，精神内守而不耗散，这样怎么会得病呢？这也就是在养心。怎样养心呢？“苍天之气，清净则志意治，顺之则阳气固。”[2]苍天之气是清净的，人的精神志意也就和畅，顺应它就可以密固阳气而不会得病。“故智者之养生也，必顺四时而适寒暑，和喜怒而安居处，节阴阳而调刚柔，如是则僻邪不至，长生久视。”[3]这是聪明人的养生之道，其中，“和喜怒而安居处”直接点明要心静神安不让喜怒扰乱，而且要顺应四时寒暑的自然气候变化和正常的饮食起居，就能长寿而不衰老。从先秦至明清历代都重视养心养生而影响至现代，下面略举二三例。

明末儒医洪基在所著《摄生秘剖》里列有“治心”专篇，论述运用心理调节保养身体与治疗。该书持“形须神而立”的形神观，提出了两种治心（即养心）的方法。第一是“定心气”，调节情绪与欲望，即“必掩身毋燥，止声色暴怒，薄滋味和致和，禁嗜欲定心气”[4]。这里的毋燥、止暴怒、禁嗜欲，跟其他篇中所述的“和心气”“少嗔怒”都是讲以定心气来调节躁与怒等不良情绪和过度的欲望。第二是以“心净”节制七情六欲。“凡七情六欲之主于心皆然，故心净可以通乎神明之主。……盖心如水之不挠，久而澄清洞见，其底是谓灵明，宜乎静，可以固元气，则万病不生，故能长久。”[5]这是说心净如澄清之水，可以节制人的七情六欲，使精神宁静固元气而祛病延年。

清代曹慈山著有《老老恒言》，对养心养生的方法介绍得颇为具体。

---

[1]《素问·上古天真论》。

[2]《素问·生气通天论》。

[3]《灵枢·本神篇第八》。

[4]洪基:《摄生秘剖》，上洋海左书局，光绪三十二年，卷3。

[5]同上。

睡眠时，“神统于心，大抵以清心为切要”（《安寝》）。“散步者，散而不拘之谓，且行且立，且立且行，须得一种闲暇自如之态。《南华经》曰：水之性不杂则清；郁闭而不流，亦不能清。此养神之道也。散步所以养神。……每夜入睡时，绕室行千步，始就枕。……行千步是以动求静。”（《散步》）“平居无事时，入室默坐，常以目视鼻，以鼻对脐，调匀呼吸，毋间断，毋矜持，降心火入于气海，自觉遍身和畅”（《燕居》）。“人借气以充其身，故平时在乎善养，所忌最是怒。怒心一发，则气逆而不顺，窒而不舒，伤我气，即足以伤我身。老年人虽事值可怒，当思事与身孰重？一转念间，可以涣然冰释。”（《戒怒》）[1] 总之，人们在睡眠、散步、静坐、处事、戒怒等各种活动中都可以运用养心的方法，以安神健身。《寿世青编·养心说》也指出：“未事不可先迎，遇事不可过忧，既事不可留住，听其自来，应以自然，任其自去，念懥恐惧，好乐忧患，皆得其正……此养心之法也。”这样看来，人们遇事任其自然，心情平静对待，都是“养心之法”。

二、养德—修德保健法

在心理养生的基本原则一节里，我们曾经讲到中国古代的养生思想是将修德养性放在非常重要的地位的，养生必先修德，思想家们尤其如此。

孔子明确提出“仁者寿”，博爱他人，讲求仁义道德，胸怀坦荡、情绪乐观的人才可能健康长寿。那么怎样修德呢？在第一节里已经讲到孔子修养道德的方法之一是“非礼勿视，非礼勿听，非礼勿言，非礼勿动”。孔子下面一段话更明确地提出，对不同年龄的人，由于生理心理的发展不同，特别要注意戒除某些事情以保养自己。他说：“君子有三戒：少之时，血气未定，戒之在色；及其壮也，血气方刚，戒之在斗；及其老也，血气既衰，戒之在得。”[2] 简言之，青年要慎防沉迷情色，壮年要慎防逞性争斗，老年要慎防贪心贪得，以此来保全自身。曾子说：“吾日三省吾

[1] 以上诸篇均见曹慈山《老老恒言》。

[2]《论语·季氏》。

身，为人谋而不忠乎？与朋友交而不信乎？传不习乎？”[1]每天都再三自我反省，检查自己办事是否忠诚，与人交往是否诚信不欺，学习是否经常复习练习。做到了当然就会坦荡乐观，也有益于健康。庄子也指出：“执道者德全，德全者形全，形全者神全。”[2]掌握“道”的人德性完全，德性修养完全就可形体完全，形体完全又可精神完全。也就是说，只有修养德性才能达到形体和精神的完全。当然儒家的道德指其社会性，道家的道德指其自然性，它们是有所区别的。但是道家发展到道教也讲道德的社会性了。例如：“故父母者，生之根也；君者，授荣尊之门也；师者，智之所出，不穷之业也。此三者，道德之门户也。”[3]葛洪的著作是外儒内道和儒道结合的，他明确说过：“欲求仙者，要当以忠孝和顺仁信为本，若德行不修，而但务方术，皆不得长生也。”[4]要求从忠孝、和顺、仁信三个基本方面修德，来达到养生长寿，指明了修德的具体内容。道德是有其历史社会性的，不同的社会阶段有不同的道德标准和内容。我们现在运用养德—修德保健法来养生，既要继承传统的优良美德，更要发扬社会主义国家的新美德。

三、节情导欲法

有情感与欲望是人的本性。古代往往情欲并提，也有将情与欲分开讲的。所谓节情导欲，是指人们对待自己的情感与欲望，既不能是它嚣、魏牟宣扬的“纵欲”，也不能是老庄的“无欲”和程朱的“灭人欲”，而应当是节制与引导自己的情感与欲望，以有利于养生长寿。

荀子说：“性者，天之就也；情者，性之质也；欲者，情之应也。以所欲为可得而求之，情之所必不免也。以为可而道（导）之……欲虽不可去，

[1]《论语·学而》。

[2]《庄子·天地》。

[3]《太平经》。

[4]葛洪：《抱朴子·内篇·对俗》。

求可节也。"[1]这里所说节情导欲是从社会心理学思想角度讲的，但其科学价值也涉及到心理养生思想。要愉快地生活、养生长寿，必须节情导欲，也就是"节欲则治，不节欲则乱"，"导欲则治，不导欲则乱"。东晋葛洪继承和发扬荀子的思想说："情不可极，欲不可满。达人以道制情，以计遣欲。为谋者犹宜使忠，况自为策而不详哉。盖知足者常足也，不知足者无足也。常足者，福之所赴也，无足者，祸之所钟也。"[2]制情遣欲、通达事理，以调节心理，有助于养生。明代的王廷相也认为，人不能去欲和无欲，只能寡欲和节欲。他说："贪欲者，众恶之本；寡欲者，众善之基。"[3]"圣人之心虚，故喜怒哀乐不存于中；圣人之心灵，故喜怒哀乐各中其节"[4]。"无忿悌、好乐、忧患、恐惧，此不偏之中，圣人养心之学也"[5]。王廷相认为，贪欲是产生罪恶的根源，寡欲是使人从善的根本，从而提出"各中其节"的节制情欲的养生思想。他告诫人们不要"过于喜""过于怒"，更不得"贪受侵剥，暴戾蠹蚀"，而要注意"养心""养生"。他还说："圣智之人有养生之论，大要不出少思虑，寡嗜欲，节饮食，慎起居，顺时候，和气体，利天节而已矣。"[6]并且指明这就是"节制之常"，亦即节情导欲的养生之法。

医家也主张节制情欲来养心养生。例如，明代医家李梴说："况情意兴动于中，虽病且危也难遏，贪名竞利之心急，过于劳伤而不觉，此古今之寿相远者，非气禀之异也，实今人之不如古人重其身尔。……要之，血由气生，气由神全。神乎，心乎，养心莫善于寡欲。"[7]他认为"情意兴动"和"贪名竞利"对于治病和养生都是有害的，所以提出"寡欲"来养心养生。明医胡文焕的"养生要诀"也是"戒暴怒以养其性，少思虑以养其神；

[1]《荀子·正名》。

[2] 葛洪：《抱朴子·外篇·知止》。

[3] 王廷相：《慎言·见闻篇》。

[4] 王廷相：《雅述》上篇。

[5] 王廷相：《慎言·潜心篇》。

[6] 王廷相：《雅述》下篇。

[7] 李梴：《医学入门》。

省言语以养其气，绝私念以养其心”[1]。通俗具体地告知人们要节制不利的情欲，要调节保持积极的情感，这样才能有助于养心、养生、心身健康。

四、愉悦怡神法

人的情感可以分为积极的与消极的两大方面。愉悦怡神法是指人通过琴棋书画、游览山水等活动产生的喜悦积极情感，调节振奋精神来养心养生，保护心身健康。中国古代思想家和医家都曾有所阐述。

儒家经典之一的《礼记》，在论及音乐与人的情感、意志和性格的关系中，也涉及音乐有助养心养生的思想。《乐记》说：“故乐行而伦清，耳目聪明，血气和平，移风易俗，天下皆宁。故曰：‘乐者乐也。’君子乐得其道，小人乐得其欲。以道制欲，则乐而不乱；以欲忘道，则惑而不乐。是故君子反情以和其志，广乐以成其教。乐行而民乡方，可以观德矣。”[2]其中讲到积极的音乐可以使人伦关系清楚，对人身心的影响是耳聪目明、气血和平；并且通过音乐可以提高道德修养，节制情欲。下面一段话更是直接讲到以乐治心。君子曰：“礼乐不可斯须去身。致乐以治心，则易直子谅之心，油然生矣。易直子谅之心生则乐，乐则安，安则久……”[3]礼乐是时刻不能离身的，用音乐来治心，可以使人产生正直慈爱之心。音乐可以使人快乐安静，从而有利于养生健身。宋代著名文学家欧阳修更是身体力行地运用愉悦怡神法来疗病和养生的。他在给因屡试不中心情忧郁的友人序中说：“予尝有幽忧之疾，退而闲居不能治也。既而学琴于友人孙道滋，受宫声数引，久而乐之，不知疾之在体也。”[4]弹琴时要“听之以耳，应之以手，取其和者，道其湮郁，写其忧思，则感人之际，亦有至者矣”[5]。琴声带来快乐的积极情感，欧阳修长久以此

[1] 胡文焕:《类修要诀》。

[2]《礼记·乐记·乐象篇》。

[3]《礼记·乐记·乐化篇》。

[4]《文忠集》卷42,《序9首·送杨置序》。

[5] 同上。

愉悦之情调节自己的精神状态，治愈了自己的忧郁症，并劝友人也用此法排解忧思来养心养生，这是很有说服力的。

医家也主张人们从事能产生愉悦情感的活动来养心养生。例如，明代胡文焕的“养心要语”是“笑一笑，少一少；恼一恼，老一老；斗一斗，瘦一瘦；让一让，胖一胖”[1]。民间谚语也说：“生气催人老，笑笑变年少。”这些都通俗具体地告知人们避开消极情绪，调节积极情绪以养心养生。明代龚廷贤则说：“诗书悦心，山林逸兴，可以延年。”[2]提出通过吟诵诗书产生的喜悦心情和欣赏山林美景产生的兴致，来养心养生、延年益寿。清代吴师机说：“七情之病者，看书解闷，听曲消愁，有胜于服药也矣。”[3]认为看书听曲这些可以解闷消愁的活动，对于人的情志疾病比吃药的效果还好，当然也可以用来养生，预防心理疾病。巢渭芳是晚清江苏武进名医，曾治愈了一位青年忧郁患者，他因久坐诵读，心烦脘胀，寝食不安，其治法是：“先进开郁化痰，兼养心神；随求善音乐者一名，日教挥弹，并及小歌，投药必能应指。”[4]经过一年的调养而愈。

现代心理学对音乐疗法的研究与应用，是许多书刊早有介绍的，这也证明中国传统养生里愉悦怡神法的科学性。这里还要提到香港大学高尚仁关于书法心理治疗的研究。他的试验调查发现：各年龄书法练习组心理健康程度均明显高于非练习组；不论青年人还是老年人，练习书法长短对个体心理健康有一定的影响；老年书法练习者比青年书法练习者有更高的心理健康水平；长时间书法练习还可以提高人的注意能力。[5]

五、导引行气调神法

第四章第八节气功导引法里，我们已经讲到古代医典称此法是“呼

[1] 胡文焕：《类修要诀·养心要语》。

[2] 龚廷贤：《寿世保元·延年良箴》。

[3] 吴师机：《理瀹骈文》。

[4]《孟河四家医集·巢渭芳医话》。

[5] 参阅高尚仁编著《书法心理治疗》，香港大学出版社2000年版，第469—470页。

吸精气，独立守神”“导气令和，引体令柔”。道家（道教）特别重视导引法，现在一般叫气功疗法，它既能医病健体，也能防病强身。这里从养心养生的视角，称为导引行气调神法。其能养神的原理是，用意念调节呼吸，引导“内气”循行全身经络，调整阴阳，通畅气血，保全真气，保养精神，从而起到养心强身的作用。下面从静功和动功两大类中选取几种方法，着重介绍其具体操作。当然它们是外静内动，外动内静，静中求动，动中求静，动静结合，功效完全。正如梁代陶弘景所说：“能动能静，所以长生。”[1]

（一）静动

1. 呼吸静功

这里介绍明代龚廷贤在《寿世保元》一书中对呼吸静功的记述。他写道：“每子午卯酉时，于静室中，厚褥铺于榻上，盘脚趺坐，瞑目不视，以棉塞耳，心绝念绝，以意随呼吸一往一来，上下于心肾之间，勿急勿徐，任其自然。坐一炷香后，觉得口鼻之气不粗，渐渐和柔，又一炷香后，觉得口鼻之气似无出入，然后缓缓伸足开目，下榻行数步，偃卧榻上，少睡片刻起来，啜粥半碗，不可作劳恼怒，以捐静功。每日依法行之，两月之后，自见功效。”[2]这里须着重掌握三个要点：第一，闭目静坐绝思念。第二，以意呼吸任自然。第三，心情平静勿恼怒。

2. 静坐养生

现代著名学者郭沫若，1914年在日本曾患严重的神经衰弱症，心悸胸痛。在《王文成公全集》中读到“静坐”养生法，便每天早晚各静坐30分钟。不到两周便有显著功效，精神振作，竟能骑马。郭氏将静坐规则归纳为四点：第一，呼吸——吸长而缓，呼短而促，宜行于不经意之间。第二，姿势——端坐，头部要直对前面，眼、唇微闭，牙关不紧咬亦不相接；胸部，背后微圆，前胸不挺，心部宜凹下，双手叉置大腿上；腹

[1] 陶弘景：《养性延命录》。

[2] 龚廷贤：《寿世保元·呼吸静功妙诀》。

部要上腹凹下，臀部后突，两膝不并，距不盈尺。第三，精神——注意点宜集脐下，无念无想，但杂念难息，亦不勉强，随其自然。第四，时间——以食后一、二时为宜，至少30分钟。地点不论，办公室、电车上均可，随处都行。[1]

（二）动功

1. 五禽戏

五禽戏是历史悠久流传很广的一种养生术。汉末华佗擅长此法，模仿虎、熊、鹿、猿、鸟五种动物，活动腰和躯体，伸展各个关节，以增进健康，故称五禽戏。练习此法可依各人身体情况，多做某种动物的动作，但以出汗为标准。长期锻炼，能促进消化，增加力气，消除病痛，延年益寿。五禽戏的动作要求是："虎戏四肢踞地，前三踯却三踯；长引肤，乍前乍却；仰天即返伏踞地，行前却各七。熊戏正仰以双手抱膝下，举头；左擗地七，右亦七；踯地，手左右托地各七。鹿戏四肢踞地，引项反顾左三右三；右伸右脚，左伸左脚；左右伸缩亦三止。猿戏攀物自悬，伸缩身体上下七；以脚拘物倒悬，左七右七；坐，左右手拘脚五按各七。鸟戏立起翘一足，申两臂，扬扇用力各二七；坐，申脚起挽足趾各七；伸缩两臂各七。"[2]在上述动作中，虽然没有专门讲到呼吸运气，但是伴随动作的自然呼吸随着各种动作而变化，因而也就具有了导引行气的调神作用。

2. 导引按摩法

导引前面已述。按摩又称按跻，跟导引一样古老。它更偏重于按捏身体有关部位的皮肉，打通经络，促进循环，以却病强身。中医的按摩、推拿是他人按摩。这里所述道家养生健身的按摩属自我按摩。兹介绍梁代陶弘景著作中的导引按摩法如下：[3]

"《导引经》云：清旦未起，啄齿二七。闭目握固，漱满唾，三咽气，

[1] 参见《体育报》1982年12月27日。

[2] 华佗：《太上老君养生诀·五禽第一》。

[3] 陶弘景：《养生延命录》，节引自陈耀庭等编《道家养生术》，复旦大学出版社1992年版，第95、105页。

气闭而不息，自极。极乃徐徐出气，满三止。便起，狼踞鸱顾，左右摇曳，不息自极，复三。便起下床，握固不息，顿踵三还，上一手，下一手，亦不息自极三。又叉手项上，左右自了戾，不息复三。又伸两足，及叉手前却，自极复三。皆当朝暮为之。能数尤善。平旦以两掌相摩令热，熨眼三过。次又以指按目四眥，令人目明。按经云，拘魂门，制魄户，名曰握固，与魂魄安门户也。此固精明目，留年还魄之法。若能终日握之，邪气百毒不得入。"（握固法，屈大拇指于四小指下把之，积习不止。即眠中亦不复开。一说云，令人不遭魔魅。）

"常每旦啄齿三十六通，能至三百弥佳。令人齿坚不痛。次则以舌漱满口中津液咽之，三过止。次摩指少阳令热以熨目，满二七止，令人目明。每旦初起，以两手掩两耳，极上下热，按之二七止，令人耳不聋。次又啄齿，漱玉泉三咽，缩鼻闭气，右手从头上引左耳二七，复以左手从头上引右耳二七止，令人延年不聋。次又引两鬓发举之一七，则总取发，两手向上，极势抬上一七，令人血气通，头不白。又法，摩手令热以摩面，从上至下，去邪气，令人面上有光彩。又法，摩手令热摩身体，从上至下，名曰干浴，令人胜风寒，时气热、头痛，百病皆除。夜欲卧时，常以两手揩摩身体，名曰干浴，辟风邪。"

六、起居饮食保养法

历代养生家都非常重视个人起居饮食的保养，以却病延年益寿。正如有论者对《黄帝内经》的"饮食有节，起居有常"阐述说："食饮者，充虚之滋味。起居者，动止之纲纪。"就是在这人人都得经过的日常生活中，只要得法都有保养健身作用。

东晋葛洪说："养生之方：唾不及远，行不疾步，耳不极听，目不久视。坐不至久，卧不至疲。先寒而衣，先热而解。不欲极饥而食，食不过饱，不欲极渴而饮，饮不过多。不欲甚劳甚逸。冬不欲极温，夏不欲穷凉。大寒、大热、大风、大雾，皆不欲冒之。五味入口，不欲偏多。卧起有四时之早晚，兴居有至和之常制。”[1]视听坐卧、冷暖温饱、行走劳逸都要适度至和，才合乎养生的要求，达到健体延年。

宋代张杲在《医说》里有关这方面的论述也很详细。例如他说：“养性之道，欲小劳，但勿大疲。及强所不能堪尔。食欲少而不欲顿，常如饱中饥，饥中饱。善养性者，先饥乃食，先渴乃饮，食后当行，毕，摩腹数百遍。……春欲晏卧早起，夏秋欲夜卧早起，冬欲早卧晏起。虽云早起，莫在鸡鸣前，虽云晏起，莫在日出后。……”[2]他对劳逸饥渴的要求跟葛洪的思想一样。至于春夏秋冬起卧时间的要求，现在社会流行的起卧时间要随季节变化，大概与此说有关。他又说：“善养生者，谨起居，节饮食，导引关节，吐故纳新，不得已而用药，则择其品之上、性之良，久服而无害者，则五脏和平而寿命长。”[3]这里除起居饮食等外，特别提到了用药的要求，当然也包括药膳在内。还值得注意的是说：“怒甚偏伤气，思多太损神。神疲必易役，气弱病相萦。勿使悲欢极，当令饮食均。再三防夜醉，第一戒晨嗔。亥寝鸣云鼓，寅兴漱玉津。妖邪难犯己，神气自全身。若要无诸病，尝当节五辛。安神宜悦乐，惜气保和纯。寿夭休论命，修行本在人。”[4]将饮食诸问题与情绪、思虑联系起来讲保神气健身体，并且强调修性养生、延年益寿全靠个人努力修行而非天命。

十多年前，当笔者年过六旬之后，常有友人、学生甚至媒体问及我个人的养生之道是什么。综合历代养生传统的要旨和当代生命科学的精神，我最简要的回答是十六个字：“起居有常，饮食有节，体脑活动，心理调适。”前两句取自《黄帝内经》的开篇，后两句系自己的补充。起卧时间的长短早晚随年龄和工作特点而有所不同，但一定要有规律，使之符生物钟的节律。吃喝方面，坚持综合饮食的原则，讲卫生，讲营养，不偏食，不贪食，七八成饱即可，烟不吸，酒微量。生命在于运动，不

[1] 葛洪：《抱朴子·内篇·极言》。

[2] 张杲：《医说》卷9《养生》。

[3] 同上。

[4] 同上。

限于躯体运动，用脑活动至老仍不可停止，谨防痴呆，体脑齐活动，心身都健康。人难免有情绪变化，要用积极情绪克服消极情绪，努力使自己始终保持高尚的情操和乐观的心理状态。愿与读者共勉,共同延年益寿。

第六章　传统心理治疗的医者素质

治疗疾病（含心理治疗）的过程中，医生和患者两个方面形成的医患关系，对于治疗效果具有重要的作用。这种医患关系在心理治疗中比在药物治疗中尤为重要。《黄帝内经》里有这样一段记述："帝曰：'今良工皆称曰：病成名曰逆，则针石不能治，良药不能及也。今良工皆得其法，守其数，亲戚兄弟远近音声日闻于耳，五色日见于目，而病不愈者，亦何暇不早乎？'岐伯曰：病为本，工为标，标本不得，邪气不服，此之谓也。"[1]这里的"工"指医生，"病"指患者。认为医生与患者不能很好配合（标本不得），病邪就不能被制服。也就是说，处理好医患关系非常重要，它将直接影响医疗效果。医患关系融洽对治疗有积极作用，医患关系不融洽则对治疗产生消极作用。从矛盾论的观点分析，在疾病治疗过程的不同环节，医患关系这对矛盾的主要方面是可以转换的。但就治疗工作来说，搞好医患关系的主导方面应是医生，其治疗效果取决于医生的从医品德、医术水平、心理品质等综合素质。

中国古代医学典籍对医者应具备的素质有过许多论述和精辟的见解，对今天的医疗工作仍有重要的指导性意义和借鉴作用。就时间的久远来说，《黄帝内经》已对医者素质的重要性与要求作了论述。就医学家对医者素质论述的广度和深度说，唐代孙思邈在其医学著作《备急千金要方》

[1]《素问·汤液醪醴论》。

中作了相当系统的论述，内容全面而具体。孙思邈关于医者基本素质的思想概括起来就是“普救舍灵之苦”的仁爱精神，“医国”“听声”“医未病”的治疗能力和“三要五不得”的行医规范。下面我们以此为内容框架，将散见于历代医学家著作的有关医者素质的主要思想纳入其中，予以阐述。

第一节 “普救舍灵之苦”的精神

医生所从事的是救死扶伤、保障健康的崇高事业，民间最通俗的说法是：治人之病，救人之命。医生要完成对患者躯体与心理救治的艰辛使命，特别需要具有仁爱之心和奉献精神。孔子要求学生做有品行的人时说：“弟子，入则孝，出则悌，谨而信，泛爱众，而亲仁。行有余力，则以学文。”[1]其中非常重要的一点是“泛爱众，而亲仁”，即对所有的人都要有仁爱之心。对于从事医疗活动的医生来说，当然更应具有这种仁爱之心，用高度的同情心和责任感去救治病人，所以古人说：“医者，仁术也。”医务工作者从事的是一种必具仁爱之心的工作，对治疗所有病人都要有一种“不计其功,不谋其利”的大爱精神和“皆如至亲……必救治”的高度责任感。简言之，要有良医的品德。

一、“恻隐之心”的大爱精神

做一个良医需要医德医术双全，不仅要医术高明，而且首先要医德高尚。唐代大医学家孙思邈曾经指出：“凡太医治病，必当安神定志，无欲无求，先发大慈恻隐之心，誓愿普救舍灵之苦。若有疾厄来求救者，不得问其贵贱贫富，长幼妍媸，怨亲善友，华夷愚智，普同一等，皆如

[1]《论语·述而》。

至亲之想。亦不得瞻前顾后，自虑吉凶，护惜身命。见彼苦恼，若已有之，深心悽怆，勿避崄巇，昼夜寒暑，饥渴疲劳，一心赴救，无作功夫形迹之心。如此可为苍生大医。”[1]这就是说，能称得上“苍生大医”最重要的品德素质是要有大慈恻隐之心的大爱精神，其具体要求表现为：不问病人的贫贱富贵、美丑亲疏等情况，一律如同亲人对待；不考虑医生个人在治疗中的吉凶得失；深切同情病人，不避艰险和饥渴疲劳，一心救治病人。医家“普救含灵之苦”的精神与佛家“普渡众生”的思想、儒家的“仁爱”在这方面是相通的，也是现在的医务工作者和心理咨询治疗师应当继承和发扬的传统医德。

历代许多医家也有相近思想的论述。例如，隋代医学家巢元方说：“虽治得瘥，师终不可以治为恩。”“然死生大事也，如知可生，而不救之，非仁者也。唯仁者心不已，必冒犯怒而治之，为亲戚之故，不但其人而已。”[2]他认为，医生不得以治愈病人而居功，强调以恻隐同情之心、仁爱之心去救治一切病人。梁代阳泉则指出：“夫医者，非仁爱之士，不可托也。”[3]将仁爱之心视为从医的首要条件，不是仁爱之士，是不能将医疗技术传授给他的。

二、“不失人情”的医疗态度

古代医家在强调医者要具有仁爱之心的精神时，还具体地提出了各种应持的医疗态度。例如，《黄帝内经》论针刺治疗疾病时应有的态度：“刺实者须其虚，刺虚者须其实，经气已至，慎守勿失，深浅在志，远近若一，如临深渊，手如握虎，神无营于众物。”[4]指出不论针刺深浅、穴位远近，刺时都必须精神专一，要小心谨慎，好像面临万丈深渊般，又要坚强有力，好像手捉老虎，精神要集中，不为其他事情而分散注意力。后来医家也

[1] 孙思邈：《千金要方·序例》。

[2] 巢元方：《诸病源候论》卷六，《解散病诸候》。

[3] 阳泉：《物理论·论医》。

[4]《素问·宝命全形论》。

有许多行医治疗态度的论述，诸如要求“安神定志，无欲无求”（孙思邈），“性存温雅，志必谦恭”（《小儿卫生总微论方》），等等。

还有医家对医者的不应有态度给以批评，典型的代表可举《医家必读》的论述为例。该书指出：“所谓医人之情者，或巧语逛人，或甘言悦听，或强辩相欺，或危言相恐，此便佞之流也。或结纳亲知，或修好僮仆，或营求上荐，或不邀自赴，此阿谀之流也。有腹无藏墨，诡言神授，目不识丁，假托秘传，此欺诈之流也。有望闻问切，漫不关心，妄谓人愚我明，生人我熟，此孟浪之流也。有妒嫉性成，排挤为事，阳若同心，阴为浸润，是非颠倒，朱紫混淆，此谗妒之流也。有贪得无知，如病在危疑，良医难必，至于败坏，嫁谤自文，此贪幸之流也。有意见各持，异同不决，曲高者和寡，道高者谤多，一齐之傅几何，众楚之咻易乱，此庸浅之流也。有素所相知，苟且图功，有素不相识，遇延辨症，病家既不识医，则倏张倏李，医家莫肯任怨，则惟是惟非。或延医众多，互为观望，或利害攸系，彼此避嫌，惟求免怨，诚然得矣，坐失机宜，谁之咎乎？此由知医不真，任医不专也。凡若此者，孰非人情，而人情之详，尚多难尽，圣人以不失人情为戒，欲令学者思之慎之，勿为陋习所中耳。”[1] 指出“医人之情”有种种不同的态度表现，也是心理治疗时要特别注意的。这里列举了七种不正确态度表现，提醒医者要加以防范，即“便佞之流”“阿谀之流”“欺诈之流”“孟浪之流”“谗妒之流”“贪幸之流”“庸浅之流”。同时也指出病家应当注意“知病不真，任医不专”等情况。

第二节 “医国”“听声”“医未病”的能力

高素质的医家，不仅要有仁爱之心和谨慎态度的品德，还得具有诊

[1] 李士材：《医宗必读》。

断准确和治愈疾病的能力，这种要求对于心理治疗尤为重要。然而这些高超的医疗能力，又来自从医者勤奋学习医学知识与医疗技术，并在医疗实践中不断提高。

一、博精行医能力

《黄帝内经》说："而道上知天文，下知地理，中知人事，可以长久，以教众庶，亦不疑殆，医道论篇，可传后世，可以为宝。"[1]就行医之道而言，医者必须上通天文，下通地理，中知人事，这样医学才能长久流传下去，用以教导民众，也不致发生疑惑。只有这样的医学论著，才能作为宝贵的遗产流传于后世。上面的论述告诉人们：医者必须有超出医学范围的广博知识作为基础，才能拥有精深的医学专业知识技能去治愈患者。就临床诊疗而言，必须既重视病人的心理与病情，也重视社会因素对疾病的影响，所以《黄帝内经》在列举诊疗上的五种过失之后指出："凡此五者，皆受术不通，人事不明也。故曰：圣人之治病也，必知天地阴阳，四时经纪，五脏六腑，雌雄表里。刺灸砭石，毒药所主，从容人事，以明经道，贵贱贫富，各异品理，问年少长，勇怯之理，审于分部，知病本始，八正九候，诊必副矣。"[2]还提出医者应当"入国问俗，入家问讳，上堂问礼，临病人问所便"[3]。总之，对良医诊治能力与知识的要求是非常广泛的，要知五脏六腑的生理病理与药剂针砭；要了解病人的生活习惯与人品个性；要区别贵贱贫富和问俗、问讳、问礼、问所便，了解病人的社会地位和人事关系，等等。只有这样才能全面正确诊断，对症下药，治愈疾病。

对于上面所述医者应具有的博精行医能力，唐代医学家孙思邈作了很好的概括。他说："古之善为医者，上医医国，中医医人，下医医病。又曰上医听声，中医察色，下医诊脉。又曰上医医未病之病，中医医欲

---

[1]《素问·著至教论》。
[2]《素问·疏五过论》。
[3]《灵枢·师传》。

病之病，下医医已病之病。若不加心用意，于事混淆，即病者难以救矣。”[1]将为医者应具有的医学专业能力分为上、中、下三个层次，强调上医的“医国”“听声”和“医未病”能力。“医国”指分析社会因素的能力，当然也要求能分析心理因素（医人）和生物因素（医病）。“听声”指闻声知病的能力，当然是以会“望闻问切”为基础的。“医未病”指有预防疾病的能力，当然也能治正发之病和初发之病。

医疗专业能力是要具体表现在诊断治疗过程的各个环节之中的，对于不同的病症有不同的要求。有些病症相似，必须仔细辨证才能对症处方，这就要求医者有很高的诊断能力。例如明代医家王肯堂对于癫、狂、痫三者的鉴别如下：“癫者或狂或愚，或歌或笑，或悲或泣，如醉如痴，言语有头无尾，秽洁不知，积年累月不愈，俗呼心风，此志愿高而不遂所欲者多有之。狂者病之发时，猖狂刚暴，如伤寒阳明大实发狂，骂詈不避亲疏，甚则登高而歌，弃衣而走，踰垣上屋，非力所能，或与人语所未尝见之事，如有邪依附者是也。痫病发则昏不知人，眩仆倒地，不晓高下，甚则瘈疭抽掣，目上视，或口眼㖞邪，或口作六畜之声。”[2]由上面的阐述可知，必须仔细观察分辨众多症状，才能正确诊断属于精神病范畴内的癫、狂、痫三种不同的疾病。这也说明医者必须具有广博的行医能力。对于“狂”这种疾病，明代医学家张景岳还有更精深的论述，将狂证分为虚狂与阳狂两类。“其证如狂，亦所谓虚狂也。而虚狂之证，必外无黄赤之色，刚暴之气，内无胸腹之结，滑实之脉，虽或不时躁扰，而禁之则止。口多妄诞而声息不壮，或眼见虚空，或惊惶不定，察其上则口无焦渴，察其下则便无鞭结，是皆精气受伤，神魂不守之证，此与阳极为狂者，反如冰炭。而时医不能察，但见迸乱便谓阳狂，妄行攻泻，必致杀人。”[3]如果不辨阳狂与虚狂，其治法则不当，适得其反，不是救人而是致病人于死地。所以医者应有辨疑症，然后对症治疗的能力，这

---

[1]《千金要方》卷一，《序例》。

[2] 王肯堂：《证治准绳》。

[3] 张景岳：《景岳全书》。

对于躯体之病和情志之病都是如此。明代医家吴球说："古今虽有治法疗七情，而无结散之方，用药难以应手。愚谓喜乐恐惊，耗散正气；怒忧思悲，郁结邪气。结者行之，散者益之，此治七情之要法也。"[1] 诊断为情志病则用疗七情之法，药疗则是难以见效的。明代医家吴昆也有相同看法，认为"精志过极，非药可愈，须以情胜，《内经》一言，百代宗之，是无形之药也"[2]。这里说的"无形之药"，就是"以情胜"的心药，也就是现代所说的心理治疗，没有博精的行医能力能治好此类病吗？

二、勤奋学习医术

医者广博精深的治疗能力，不是稍学即会，更不是天生的，而是需要经过刻苦勤奋的学习才能获得的。唐代大医学家孙思邈享年101岁，一生勤奋精研医学，是后代医家之楷模。他的医学巨著《急备千金要方》系统总结和发展了唐以前我国丰富的医学思想，也融入了他自己80年的临床经验。孙思邈白首高龄时仍手不释卷，钻研医学，可谓"白首穷医"。他指出："世有愚者，读方三年，便谓天下无病可治，及治病三年，乃知天下无方可用，故学者必须博极医源，精勤不倦，不得道听途说，而言医道已了。"[3] 古人说书到用时方恨少，行医者尤甚。这里强调的"博极医源，精勤不倦"，孙思邈是身体力行的。以病理心理思想为例，在博览前人医著的基础上，他强调心理因素致病是"造化必然之理"，并且提出"七气""七伤""五劳""六绝"，来阐述临床病理心理的机制。这是他在《黄帝内经》关于病因的阴阳（内外）两类、"六淫"和"情志"思想基础上，结合个人丰富的临床经验提出来的，是勤奋学习医术的结晶之一。为了更好地研习医学理论，提高医疗能力，孙思邈提出了一份医著书名

[1] 吴球：《诸症辨疑》。

[2] 吴昆：《医方考》。

[3] 孙思邈：《备急千金要方》。

和应涉猎的有关知识，认为“必须谙《素问》《甲乙》《黄帝针经》，明堂疏注，十二经脉、三部九候、五脏六腑、表里孔穴、本草药对，张仲景、王叔和等诸部经方”，“又须涉猎群书，上至天文，下极地理，五经三史，旁及诸子百家，若能具而学之，则于医道无所滞碍，而尽善尽美矣”[1]。可见其对提高医者素质的要求是相当具体详细的，对于今天的医师和心理医师仍有借鉴意义。

中国历代医家勤奋博学前人的著述而有所发展的屡见不鲜。例如，金元四大家之一的张子和编写了《儒门事亲》40卷，其心理治疗案例之丰富和心理治疗思想之深刻，是他继承发展了《黄帝内经》的五志相胜法和宋代赵佶《圣济总录》九气论心理治疗思想的结果。明代大医药家李时珍撰写出世界名著《本草纲目》，也是“渔猎群书，搜罗百氏。凡子史经传，声韵农圃，医卜星相，乐府诸家，稍有得，辄着数言”。李时珍将前人的医学成果与自己的躬身实践结合起来，作出了新的贡献。明末儒医洪基融合诸家养生心理思想，著有《摄生秘剖》一书，是他历尽二十多年艰辛，广征海内奇方，加以医理评析后写成的。正如他在《精订丸散谱缘起》中所说:“余性嗜医，每于业儒之暇，旁搜医典，究心于兹。盖亦有年，固走四方就正有道。原夫医理惟方与法而已。归来日读三四家之书，以究其法。觅方心切，更榜其门曰：兑换奇方。海内高明，异士怀奇方者，咸折节而辱教焉。繇是二十载辛勤，倒屐负笈，总其所得之方几以万计。”[2]清代的叶桂学习医学十年，先后从师十七位之多，以博采众师之长，提高自己的医术，至死不敢懈怠。所以他临终时还不忘以其亲身体悟告诫儿子说：“医可为而不可为，必天资敏悟，读万卷书，而后可以济世。”中国古代的良医都无不通过勤奋钻研提高医术，服务患者，并且以其医学思想丰富了祖国的医药学宝库。

---

[1] 孙思邈:《备急千金要方》。

[2] 洪基:《摄生秘剖》，上洋海左书局，光绪三十二年，卷1，第2页。

第三节 “三要五不得”的行医规范

中国古代医家认为，良医治病救人不仅要有“普渡舍灵之苦”的仁爱精神，勤奋学习医术而具有“医国”“听声”“医未病”的治疗能力，还要有行医规范来保证并体现在行医规范所要求的治疗过程中。

医典《黄帝内经》里，对医者的行医规范有许多相关论述。书中提出治疗要达到“十全”的目标，行医中要避免“五过”“四失”。《素问·疏五过论》提出的“五过”是：要问明病人生活变化情况，知道其致病原因来诊病，否则是第一个过失。要问明病人的饮食和居住环境，以及是否有精神上的突然变故，否则是第二个过失。诊脉必须将病之奇恒比类辨别，得知其病情，否则是第三个过失。诊病必问社会地位的贵贱，是否有失势之事和过高的妄想，否则是第四个过失。诊治必知病情发展过程，并结合男女生理不同特点来考虑，否则是第五个过失。因此，必须了解病人生理的、心理的、社会的各种因素的情况，才能使诊断与病情完全相符。《黄帝内经·素问》还指出，诊治疾病之所以不能收到十全的疗效是由于“精神不专，志意不理，外内相失，故时疑殆”[1]，并且归纳出治病失败的四个原因，即所谓“四失”：一失不知阴阳逆从的道理；二失从师未卒业，医术不精，乱用杂术；三失治病不区分病人生活状况特点、形体寒温、饮食状况、个性勇怯；四失不问病人开始发病情况、忧患饮食起居失常、是否曾伤于毒。与“四失”相反的，则是医家应遵循的行医规范。《素问》对诊病提出了更具体细致的行为要求：“是以诊有大方，坐起有常，出入有行，以转神明，必清必净，上观下视，司八正邪，别五中部，按脉动静，循尺滑涩寒温之意，视其大小，合之病能，逆从以

[1]《素问·徵四失论》。

得，复知病名，诊可十全，不失人情。”[1]对医者的起坐行走、视力观察要求符合常规，头脑要清静，思维要敏捷，辨别邪气中于五脏何部，尺部切脉要探知脉象的滑涩寒温等等。这样才能十不失一，也不会违背人情，否则就会妄下结论，违反医疗规律，治不好病。

唐代大医学家孙思邈在《千金要方》里，对医者的行为规范作了相当周全的阐述，可以概括为“三要五不得”。“三要”：一要“安神定志，无欲无求”；二要“宽裕汪汪，不皎不昧”；三要“至意深心，详察形候”。“五不得”：一不得“谈谑诫諠哗，道说是非”；二不得“安然欢娱，傲然自得”；三不得“自逞俊快，邀射名誉”；四不得“问其贵贱贫富”；五不得“瞻前顾后，自虑吉凶”。只有这样，医生才能得到病人的信赖与合作，做好诊治工作。这方面的思想较集中地反映在一篇《序例》里。如说：“凡太医治病，必当安神定志，无欲无求。……不得问其贵贱贫富……亦不得瞻前顾后，自虑吉凶，护惜身命。”“夫大医之体，欲得澄神内视，望之俨然，宽裕汪汪，不皎不昧。省病诊疾，至意深心，详察形候，纤毫勿失。处判针药，无得差参。虽曰病宜速救，要须临事不惑，唯当审谛覃思。不得于性命之上，率尔自逞俊快，邀射名誉，甚不仁矣。又到病家，纵绮罗满目，勿左右顾盼……夫为医之法，不得多语调笑，谈谑諠哗，道说是非，议论人物，玄耀声名，訾毁诸医，自矜己德。”[2]这篇序例对诊治疾病的行为规范阐述得相当周全具体，称得上是一篇行医规范的专论，对于今天仍有指导意义。

后来的医家对行医规范也很重视并有所阐述，兹举数例以见一斑。例如，金元四大家主张处理医患关系时，张从正认为，“医者与其逆病人之心而不见用，不若顺病人之心而获利也”[3]。朱丹溪的《格至余论》提出，“必先开之以义理，晓之以物性，旁譬曲喻，陈说利害，意诚辞确，一切

[1]《素问·方盛衰论》。

[2]《千金要方·序例》。

[3]张从正：《儒门事亲》。

以敬慎行之，又次以身先之，必将有所感悟而扞格之逆矣”[1]。要求医生的语言要意诚辞确，行为要敬慎和以身先之。明代李中梓在《医宗必读》里，指出医者应匡正自己的言行，即“或巧言诳人，或强辩相欺，或危言相恐……或延医众多，互相观望，或利害攸系，彼此避嫌”。清代的顾铭照则要求医者“凡书方案，字期清爽，药期共晓”（见《吴医汇讲》）。对有些医生字迹潦草难辨，使用药物生僻名称让人难知，真是一针见血。我们现在制定医生的医疗行为规范，应当吸取以上仍然富有价值的思想。

[1]《格至余论·养老论》。

第七章　传统心理治疗学的新发展
——文化·养形调神的心理健康理论与实践

从前面六章的阐述可以断言，中国传统文化背景下的医心之道是非常宝贵的，蕴含着丰富的心理治疗与心理养生思想。在浩瀚的中医经典和各派思想家的有关著述里，可以挖掘和整理出中国传统心理治疗学的思想体系。它主要包括："形神相即""先医其心"的理论基础，"医国·医人·医病"的医学模式和"标本相得"的医患模式；从中医阴阳学说阐发的心理治疗机理和养形调神，辨证论治，心疗与体疗、食疗、药疗结合的心理治疗原则；开导劝慰、以情胜情、习见习闻、以欺制欺、消愁怡悦、暗示解惑、移精变气、气功导引、厌恶反应等一系列心理治疗法；"医未病"的心理养生有医家的调神摄生，儒家的养性修德，道家的长生重法，佛家的性本清净；医者的素质应具有"普渡舍灵之苦"的精神，"医国""听声""医未病"的能力和"三要五不得"的规范。

事物在发展，历史在向前。在20世纪末，笔者在《心理学通史》总论中写道："研究心理学史的真谛应当是：治史之意不在古，论古之旨却在今，通古变今，昭示明天。"[1]我们研究中国传统心理治疗学的历史遗产，

[1] 杨鑫辉主编：《心理学通史》第一卷，山东教育出版社1999年版，第2页。

也是遵循这个指导思想的。我们不仅要传承，而且要发展；不能只作理论探讨，更要古为今用。因此，我在做心理咨询与心理治疗的实际工作中，既运用中国传统心理治疗学的理论与方法，又注意对中西结合作新的探讨，得到的许多案例都是自己的实践与探索。还值得提出的是，我们对中国古代心理养生思想做了实证研究和诠释转换，这样就形成了本书的最后一章——传统心理治疗的新发展。

第一节　全面心理咨询、治疗观的建构

心理咨询、心理治疗的基本理论和实际工作两个方面的原因，引发我们探讨了全面的心理咨询、治疗观问题。从基本理论讲，心理咨询与心理治疗属于健康心理学与医学心理学的范畴。心理咨询与心理治疗的作用意义、模式原则、技术方法，都与心理咨询、心理治疗、心理健康、医学心理所持的基本观点密切联系，从而产生了不同的流派。从心理咨询、心理治疗实际活动讲，中国这方面的工作起步较晚，知识阶层和一般群众对心理健康问题的关注与认识存在着差异，不甚了解人的心理，特别是心理咨询、心理治疗，跟人所处的文化背景和所具有的精神状态密切联系，甚至有些人存在着片面性认识和错误观念。这种情况必将影响我国心理咨询与心理治疗活动的正常开展，因而必须让大家具有一种比较全面的观点和认识。在继承中国传统心理健康思想精华和吸取外国当代心理科学理论的基础上，我们所建构的全面心理咨询、治疗观应当包括下面四个方面，即积极意义的心理健康教育观，本土文化的心理咨询辅导观，古今中外结合的立体心理咨询、治疗观和文化—养形调神心理健康模式的机理观。兹分述如下：

一、积极意义的心理健康教育观

对于心理健康的重要意义，可以从不同角度去认识。例如，从当前

青少年心理健康的严重性，强调加强心理咨询、治疗的重要性。20世纪80年代我国学生的心理健康问题开始引起学校、家庭和社会的广泛注意便是例证。《人民日报》1989年8月15日，曾以“大中学生心理障碍应当引起社会重视”为题，报道了“大中学生心理卫生问题和对策研究”的情况，调查2 916名大学生（男1 523人，女1 438人），有严重心理问题的占16.79%。并且发现学生随年龄的增长，心理卫生问题大幅度上升，初中为13.76%，高中为18.79%，大学则高达25.39%。有的研究还认为，学生的心理疾病在悄悄蔓延，并有低龄化趋势。对此，学校、医院和有关部门采取了多种措施来应对，开设心理健康教育课程或讲座，建立心理咨询室（或中心），出版心理健康方面的书籍刊物，举办心理咨询教师培训班等等，着重解决当前学生中出现的各种心理问题。笔者就曾受国家教育委员会思政司委托，于1994年春在江西师范大学举办首届全国高校心理咨询教师培训班。在1991年创办的全国首家心理技术应用研究所内，也较早设立了心理咨询室，开展心理咨询辅导。随着心理健康活动的不断扩大和深化，我们的心理健康观也在深化，注重青少年儿童心理健康问题更广泛更深远的积极意义。2000年初我曾撰文《全面认识心理健康的意义》，后来又作了阐发。[1]

首先，从健康概念的扩展性看，健康不只是讲身体健壮无病，还包括心理健全心态良好，即现代健康概念是指身心健康概念。正如《世界卫生组织宪章》里说的：“健康乃是一种在身体上、精神上和社会上的完善状态，而不仅仅是没有疾病和衰弱现象。”而且现代医学模式也发生了重大变化，即从生物医学模式转变为“生理·心理·社会”医学模式。恩格尔（G.L. Engel）1977年提出这个新模式时指出，传统的模式只依据对病人身体检查和化验参量的偏离正常值来诊治疾病，而忽略了心理与社会因素对这些参量的明显影响。因而人们不应当局限于身体健壮来理

[1] 参阅《我国学生心理健康教育对策》，载杨鑫辉《心理学的历史·理论·技术》，暨南大学出版社2001年版。

解健康概念，而应当树立一种全面的既重视身体健康又重视心理健康的身心健康概念。遗憾的是，社会上仍然较普遍存在着只重身体健康而忽视心理健康的倾向，这就要求我们向全社会加强开展心理健康教育。在这里我们还要指出，中国传统心理学思想里很早就有“身心”健康的思想。华佗曾说：“夫形者神之舍也，而精者气之宅也，舍坏则神荡，宅动则气散，神荡则昏，气散则疲，昏疲之身心，即疾病之媒介，是以善医者先医其心，而后医其身。”(《青囊秘箓》）这个“身心”健康思想是极其宝贵的，我们应当在当今的心理健康教育和医疗实践中将它发扬光大。

其次，从素质教育的包含性看，心理健康和心理素质教育是全面发展教育的重要内容之一。从语言学看，人的素质是指构成人的基本特性的东西。作为心理学的专业术语，素质是指人先天具有的解剖生理特点，主要是神经系统、脑的特性以及感知和运动器官的特性，它是人的心理发展的自然前提和基础。现在流行的素质概念则更为广泛，它既包括人先天的生理特性，也包括人后天的心理特性和社会特性，是指人的生理、心理、社会特性品质的总和。人的素质的内涵是丰富的，至少分为身体素质、政治素质、品德素质、心理素质、文化素质、技能素质、业务素质等方面。《中国教育改革和发展纲要》要求“全面提高学生的思想道德、文化科学、劳动技术和身体心理素质，促进学生生动活泼地发展”。很显然，素质教育就是要求学生的德、智、体、美、劳诸方面素质的全面发展。而所谓心理素质是指人的心理因素的特性品质，包括知、情、意和人格诸方面的心理特性品质。心理健康是发展良好心理素质的前提与基础，反之，有了良好的心理素质，人的心理健康水平也就会提高。由上可知，从素质教育的包含性看，心理健康教育也具有非常积极的意义。

再次，从思想教育的深层性看，心理教育是思想教育工作的重要方面。我们认为不能笼统地看待思想教育工作，它是有层次性的，包括世界观人生观教育、政治观点教育、伦理道德教育和心理品质教育。过去对其深层的心理品质教育认识不足，重视不够。在青少年儿童思想教育工作中有不少属于心理方面的问题，而并非都是道德品质问题或者政治观点问题。早在1993年国家教委思政司在举办首届全国高校心理咨询教师培训班的通知中便指出，心理咨询、辅导是进行思想教育的重要途径之一，要求心理咨询工作要朝着科学化、规范化方向发展。我们许多学校思想政治教育工作者也在实践中日益认识和体会到，心理咨询、心理教育与思想教育工作，都要求培养人的健全人格，消除心理障碍，促进人的积极发展。正如《中共中央关于进一步加强和改进学校德育工作的若干意见》所指出的："要积极开展青春期卫生教育，通过各种方式对不同年龄层次的学生进行心理健康教育和指导，帮助学生提高心理素质，健全人格，增强承受挫折、适应环境的能力。"

最后，从生活质量的全面性看，人的精神生活、心理状态是非常重要的内容。1976年美国的伊斯坦（Epstein）与麦克帕兰（Mcpartland）将生活质量概念引入到学校教育与管理工作，这是很有意义的做法。事实表明，随着科学技术的飞跃和经济的发展，人们的生活水平尤其是物质生活水平普遍有了很大的提高，这是一个必然的趋势。但是与此同时人们也会发现，只有物质享受的生活并不是完全的高质量生活，充实的精神生活、良好的心理状态以至达到一种完美的人格，才是更高生活质量的追求。很显然，这里从生活质量的视角，扩大了人的心理生活、心理健康的广泛而积极的意义，而不会片面地单纯从当前青少年心理卫生、心理障碍、心理疾病问题的严重性上来认识心理健康的重要性。

综上所述，关于全面心理咨询、治疗观建构的思想，可以用下面的图示来理解全面认识心理健康教育的重要意义：

这就是说，应当从狭义的体魄健壮的健康概念扩展到包括身体和心理两个方面，素质教育的内容中包含着重要的心理素质教育，思想教育的深层次应培养良好的心理品质，生活质量的提高既包括物质生活，又包括精神、心理生活，这样才是全面的。

二、本土文化的心理咨询辅导观

人类在其进化和发展过程中，创造了物质的和精神的成果，这种物质成果和精神成果的总称叫做文化。这样看来，文化包括着物质文化和精神文化，而且它们之间又相互作用，是非常复杂的。个体和群体都生活在某种社会文化的环境中，他们的一切活动必定受其文化的影响。但是不同国家、民族有其不同的文化形态、文化背景，甚至一个大的部门、系统还有其亚文化。他们的心理与行为方式有一定的差别性。古人说："非我族类，其心必异。"（《左传·成公四年》）就是从民族因素讲的不同文化产生的心理与行为方式差异。我们也可以说个体和群体的社会化过程，就是个体和群体不断受一定社会文化熏染的过程。总之，文化对人们的一切活动都会产生影响。

对于人的心理咨询、治疗这一活动来说，不能以纯自然科学的普适性来看待。心理学属于自然科学与人文社会科学的二重性科学范畴。"应当指出，以西方文化为背景的科学实验的心理学，一开始就潜伏着某种危机，只有实行考虑各国不同文化背景，同时重视将科学精神与人文精神相结合的转折，心理学才能全面保证其真正的科学性。心理学的中国化，就是要将科学精神与人文精神结合起来，建立有中国特色的心理学理论体系，它跟心理学的国际化和科学化是相辅相成、辩证统一的。"[1] 这里的中国化就是指中国的本土文化的心理学的影响，它不能只停留在心理学的一般理论层面，而要深入到心理学的各个分支领域，当然也包括心理咨询与治疗，所以，我们提出要建立本土文化的心理咨询辅导观。

[1] 杨鑫辉：《危机与转折——心理学的中国化问题研究》卷首言，黑龙江人民出版社2002年版。

这就是说，在开展心理咨询辅导活动时，不能完全照搬西方心理学的理论与方法，而必须考虑中国的历史与现实的文化背景。例如，在中国传统文化的长期影响下，中国人较之西方国家的人，更讲孝道和重视家庭，更讲面子和人情，更少一点自我中心和多一点国家社稷意识，重中庸之道，崇尚和为贵，更重整体思维和辩证思维等等。当然这种本土化的心理咨询辅导观，与心理学的世界性、国际性并不是对立不相容的，而是相辅相成、密切结合的。我们只是要求，在遵循人类共同心理规律的前提下，不能忘记和脱离不同国家、民族的个体和人群的心理行为特点来进行心理咨询与辅导。

既然不同国家、民族不同的文化形态、文化背景决定了不可能有全球完全按一种范式建立的心理学和心理咨询治疗学，因而进行心理咨询辅导工作时，一定要从国情出发。从西方心理学看来，心理咨询辅导是完全有别于思想教育的，在我国学术界则存在不同的见解。我们认为，从中国的国情看，心理咨询辅导既区别于思想教育，又与思想教育有着一定的联系。正如前面已经指出的，从思想教育的深层性看，心理教育、心理咨询辅导是思想教育工作的重要方面，它们都是为了培养人的健全人格，消除不良心理状态和心理障碍，促进人生积极发展。关于这个问题，本人早在《我国学生心理健康教育对策》一文中作过如下论述："从我国的国情出发，一般的心理教育与心理咨询辅导可以与思想教育工作结合起来。只有那些严重的心理障碍、心理疾病需要进行专门心理治疗的，才是医学心理学着重要解决的问题。因此，就学校心理健康教育的任务而言，一方面要指导学生学会适应社会环境，注意心理卫生和心理保健，防止心理疾病，以增进学生的身心健康；另一方面，要结合思想教育工作，提高学生的心理素质，促进学生认知、情感、意志和个性等方面的发展。为此就需要对学生开展学习指导和生活指导。当然我们必须注意心理咨询与思想教育工作的侧重点是不同的，所采用的方式、方法也不同。

三、古今中外结合的立体心理咨询治疗观

对于事物的认识有线性、平面与立体认识之分，或者说有单维度认识与多维度认识之别。对于心理咨询治疗活动来说，为求其认识更加全面和深刻，我们认为应当采取多维度的立体观。从总体说，所谓立体的心理咨询治疗观，是指在实践活动过程中，将中国的与外国的、中国传统的与现代的、外国传统的与现代的心理咨询治疗理论、技术、方法相结合，融汇起来消除心理障碍，恢复心理平衡，保持心理健康。就每一个具体的心理咨询、治疗案例来说，从实际需要出发，选择一两种或多种技术、方法结合运用，互不排斥，以求达到心理咨询、治疗的目标即可，而不是形而上学地理解为什么都得做到古今中外的结合。下面我们把这种立体的心理咨询治疗观概括成古今与中外两个方面来考察。

无古不成今，古今应传承。心理咨询治疗的古今结合，就是在运用现代心理学原理、技术、方法进行心理咨询治疗时，要重视继承和发扬传统心理治疗与心理养生方面的宝贵遗产，使之融汇到现在的理论与实践中，做到古为今用。这些中医传统心理治疗理论技术仍具科学性和实效性，当然也包括道教各家和藏医各民族的传统心理治疗方面仍具科学性的内容，它们又都符合本土文化心理咨询治疗的精神，更易取得实效性。前面已较系统论述了中国传统心理治疗的开导劝慰法、以情胜情法、习见习闻法、以欺制欺法、消愁怡悦法、暗示解惑法、移精变气法、气功导引法、厌恶反应法等，在当今医学实践中也都是行之有效的。心理养生方面，养心—调神养形法、养德—修德保健法、节情导欲法、愉悦怡神法、导引行气调神法、起居饮食保养法等，对于今人的心理养生、心理卫生也都大有帮助。西方古代医学著作里也有丰富的心理卫生思想应当借鉴和吸取。例如，古罗马著名医家希波克拉底、盖仑在其著作中就论述过有关心理卫生的问题，或称“情感卫生和精神卫生”问题。11世纪阿拉伯医学家阿维森纳更在其所著的《医疗之书》里，将阳光和空气、食物

和饮料、运动和安静、睡眠和兴奋、新陈代谢、情感作为保健的六个要素。总之，中国心理咨询治疗的古今结合，当然主要指中国传统心理治疗思想与现代心理咨询治疗理论的结合，但是并不排斥和可以包涵承继外国心理卫生和心理治疗的宝贵思想，因为我们主张的立体观是包括中外结合的。

早在“五四”运动时期,思想界的先驱就提出了“中学为体,西学为用”的观点，现在提出心理咨询治疗活动要中外结合更是理所当然。尽管中国是世界心理学思想最早的重要策源地之一，中国传统心理学思想极为丰富，但是科学心理学包括现代心理咨询学和现代心理治疗学的创立和充分发展却首先在西方国家。更何况心理学的本土化（中国化）、国际化和科学化是相辅相成、辩证统一的，其中心理咨询和心理治疗工作也包括在内。所以，在我国的心理咨询治疗理论与实践中，也应当充分学习、吸取外国现代心理咨询、治疗的理论模式和技术方法。例如，心理咨询方面有：收集资料的技术、分析讨论的技术、改变求询者的认识结构和行为模式的技术等。心理治疗方面有：精神分析理论技术、行为治疗理论技术、认知治疗理论技术、人本—存在主义治疗理论技术等。当然这些理论技术是在西方文化形态背景下产生的，是以西方人为研究对象的成果，将它们用于中国人的身上，则必须经过中国化（本土化），以适合中国人的心理行为特性的实际。

四、文化—养形调神心理健康模式的机理观

心理咨询与治疗是怎样平衡人的心理、消除心理障碍和保持心理健康的呢？在第三章传统心理治疗的机理与原则里，我们认为阴阳学说是中医心理咨询、治疗的理论基础，提出了心理健康机理的阴阳平衡图示，并且在此基础上进一步提出了文化调节和养形调神的心理咨询治疗机理方框图。它们也是全面心理咨询治疗观建构的主要内容，这里不再赘述。

第二节　心理咨询治疗方法探索案例

通过对古今中外许多心理咨询治疗理论、技术、方法的考察和自己做心理咨询治疗的实践体会，我们建构了全面的心理咨询治疗观。这些心理咨询治疗观又指导着我们对心理咨询治疗方法作了新的探索，现从一百多个案例中选出几个典型案例加以说明分析。

一、用移精变气法和权威效应治疗意识强迫症

这是20世纪90年代初的事情。离高考约一个月前的某天上午，我照例第二节课去院系办公室取报纸和信件。刚进门，管收发信报的女职员就向一位陌生的学生模样的青年介绍说："这就是你要找的杨教授。"那个年轻人便走近说："杨教授您有单独的办公室吗？"我略有所悟地把他引到我创办的心理技术应用研究所。他进去后的第一句话是："杨教授，您要救我。我是经多人推荐介绍，多方打听才找到您的。"我一怔之后，让他坐下慢慢说。该生自述说：他初中毕业时只考上一般高中，高二时父母设法让其转学到一所省市最出名的重点高中。转学以后，尽管自己很努力学习，但是考试测验的成绩，却从在原先学校的上等变成了现在学校的中下等。这让自己情绪紧张不安，甚至上课时经常在头脑里冒出"我考不上大学了，我考不取了"的思想困扰。尤其考试测验时，似乎有一个小人在脑子里说此话。一年多来，弄得经常失眠，精神不振，学习注意力不集中。虽然主观上认为在努力学习，成绩却上不去，甚至下降，心理压力很大。到医院检查，做神经衰弱治疗，但无甚效果。该生还告诉我，最后他读到一本心理咨询治疗的书籍，觉得自己患了意识强迫症，按照书上介绍的森田疗法去治，并未取得成效。他还不时地说："报纸上和电视台都介绍了您是心理学权威专家，要帮助我，救我啊！"

该生所述情况，让我非常犯难。他只有五周多时间就要参加高考，按照常规方法怎能在短时间内治好他的意识强迫症呢？我一边听取他的自述，一边思考辅导治疗方法，最后决定只好唱一出我平生只使用过一次的“空城计”。我考虑可以利用他对我已产生的权威效应，使用中国传统心理治疗方法中的移精变气治疗法，即运用良好的精神自守，移易精气，变利气血，发挥人体自身的治疗作用。我便断然否定他有意识强迫症，将他的心理状态解说为只是由于两所学校教学质量水平不同，转学后因认识不够而产生的状况而已。至于看心理学书后对号入座自诊为意识强迫症，是知其一不知其二，知其然不知其所以然，不要“天下本无事，庸人自扰之”。希望他放下思想包袱，适度参加一些自己很喜爱的文体活动，抓紧最后五周多时间备考，充满信心，定能考取的。最后交代他，如果他还有什么问题，考试后再来找我。该生边听边不断点头，愁云渐渐散去，末了如释重负地说：“早知如此，何必自带精神枷锁。我抓紧时间复习去。”

当年九月下旬，收到该生写给我的一封致谢信，信里说他“考取了一所全国性重点中专（注：当时是大学和重点中专同时招收高中毕业生），总算考上了学校有书读了。……现在完全没有以前那种心理状态了”。这个案例的疗效是在一种迫不得已的善意谎称不是意识强迫症的特殊条件下，利用了患者对我早已形成的权威效应，从表面上看采用了心理疏导法（相当于现代的帮助纠正认知偏差）为其解惑而接受，实际上是以此帮助他转移注意力，运用了传统的移精变气法，使其产生平静的心态去应对高考现实，从而较快地消除了他所患的意识强迫症。必须强调指出的是，这只是在特殊条件一个“辨证论治”的特殊案例，采用此种方法治疗一定要慎之又慎，初学心理咨询治疗的工作者更不能贸然滥用。

二、用义理疏导法、示范法和系统脱敏法治疗神经性厌食症和人际交往恐惧症

在河南一位心理学教师的推荐下，我无法婉拒一位初中生的父母的

要求，为他们的孩子治疗厌食症。1998年12月8日，河南焦作××中学初中男生许××在父母陪同下乘车来南京找到我的住处求治。从事前其父母的电话诉说和许××本人的当面自诉得知，该生正读初中二年级，男，14岁，身高1.69米。原先体重138斤，因嫌自己肥胖不好看，有意少食减肥，由每餐吃两碗饭减为吃一碗饭，后稍多吃即呕吐。已有一年不能吃肉鱼了，身体渐渐瘦下来，如今只有94斤了。曾到郑州、新乡的综合性医院求治无效，特来请作心理治疗。

我诊断为认知偏差引起的神经性厌食症。考虑到他只能回河南做家庭治疗等具体情况，决定采用义理疏导法纠正其认知偏差，用示范法和系统脱敏法恢复其正常进食。于是连续两天都引他到书房交谈，事前有意将一些关于美学和美育心理学的书籍集中到书柜显眼处。这样我们就自然地讨论了什么是健康，什么是健康美，什么是内在美和外在美，唐代杨贵妃一类美女的绘画和戏剧化妆是较胖还是较瘦，怎样对待胖瘦，怎样对待吃饭等问题。通过适当的引导，他自己作出结论说："唐朝的杨贵妃是较胖的丰满美，清代的林黛玉则是以瘦为美。不同历史时期，对以胖些为美还是以瘦些为美是有所不同的。应当要健康美，应当比现在多吃一些食物，从营养上看也应当吃一些肉、鱼。"我及时肯定了他的这些认识。当他的父母在场交谈时，他谈到来南京吃的大米饭很香，我就跟他父母一起鼓励其逐渐多吃一些，进行强化。他们还表示回河南家里也买些这种大米吃。为了能更好地开展家庭治疗，单独指导他的父母学会创设家庭欢乐吃饭气氛的示范法，包括有意地选择一些有欢乐进餐场景的光盘放映给全家看，以增强其食欲。尤为重要的是教给他的父母学习用系统脱敏法去逐步治好儿子的神经性厌食症，可以从孩子最喜爱吃的食物入手，逐渐增加分量，缓慢地增添一点原先厌吃的肉鱼，稍有一点改变便及时肯定、鼓励，以强化其疗效。并且要求他们按照我提出的一些具体措施去办，经常与我保持电话联系，以得到及时的指导。我也适时地通过电话鼓励和春节发贺年卡强化其治疗效果。

比我预想的要更好，在我指导下，经过七个月的家庭治疗，便取得了显著的实效。1999年6月13日，许××的妈妈来信说："……最近许××基本恢复正常。可以吃肉了，小脸也胖了，体质也健壮了，情绪也好多了，学习比以前进步多了，体重已达到130斤。我们全家都从心里非常感激您。"我想这是运用多种方法综合治疗和实行家庭治疗以及远距离指导治疗神经性厌食症的一个成功案例，内心感到欣慰。

这又使我联想起20世纪90年代初期，主要用系统脱敏法治疗的一个女大学生的人际交往恐惧症的案例。入大学不很久的侄女告诉我：同寝室的一个女同学到校后很害羞，更害怕跟同学交往，甚至和同寝室的同学交谈也不敢看着对方，她们倒是比较要好，希望我能帮助这个女同学消除其恐惧心理。我欣然应允。一天，侄女陪着该女生来家，我热情地接待了她们。该女生只是低着头紧张地问了一声老师好。见此情景，我微笑着特意走到该生前面，拍着她的肩请她就座，并且说："你是我侄女的同学，应当同我的侄女一样像到了自己的家，随便啊！"侄女给她倒了茶，慢慢地缓解其紧张情绪。从其自述中了解到：该生来自经济较落后的边远山区，读中学时刻苦努力，在当地学校成绩居前列，那时和老师同学交往情绪很平静正常，能考上大学，甚至有点自豪感。但是当她第一次来到省城这样的大城市，感到很陌生，对自己的衣着也感到有些寒碜，学习上人家比自己更好，平时交谈起来人家知识面要广得多……跟人交往时很快由害羞变得害怕紧张，尽量一个人躲在房间学习，不接触老师同学，更不敢跟男同学说话。对此案例，我首先用传统的义理疏导法帮助分析产生这种人际交往恐惧的原因，心病还需心药治，鼓励其完全可以自我矫治的信心，完全可以恢复甚至超过中学时的良好心态，并且告知她一些自己进行系统脱敏的方法。其主要步骤是：第一步，注视画报上的男女头像说话，甚至可以用手去摸（她说不好意思，就先在蚊帐内看画报吧）；第二步，先在同寝室内跟女同学对视交谈；习惯后转第三步，跟随其他几位女同学到同班男生宿舍走走；第四步，班里开小组会争取发言，练习胆量。总之是逐步加强与同学的交往强度，使紧张恐惧情绪随之减弱，直至完全适应。这就是传统心理治疗中的习见习闻法，使之习以为常而已。此外，我还交代侄女从旁做些疏导强化辅助工作。过了约两个月，有一次在校园相遇，她主动向我打招呼，并简述了一下现在学习生活很愉快，没有了原先那种人际交往紧张恐惧感了。

三、用典故义理疏导法对疑病症进行心理辅导案例

1999年9月，江苏省第11届科普宣传周在南京某广场举行活动，江苏省心理学会也设了专家心理咨询处，来询者中年轻人居多，也有父母带着小孩来作教育心理咨询的。老年来询者虽是个别的，但留下了深刻印象。南京某著名大学一对年过六旬的老教授夫妇带着忧闷的心情来到咨询处。诉说平时非常喜爱自己的两个子女，他们在身边时不仅时时关照，更带来家庭的欢乐。一年前他们都出国深造去了——一个攻读博士学位，一个做高级访问学者搞合作研究。别人都以羡慕的心情祝贺，按理他们应有良好的心情，可是这对教授夫妇（女教授尤甚）却日夜思念子女，以至两人的饮食减少，坐卧不安，发展到后来觉得自己患病了，有头痛、胸闷、肢冷、冒汗等症状，到医院检查却被诊断为无相关的躯体疾病。如果是身体患病就及时医治好了，现在诊断说无病，而主观感觉又是有病，弄得更加忧闷而不知所措，也许是心理上出了什么问题吧，特来请予帮助。

很显然，这对老教授夫妇患的是由于对子女思念心切产生的疑病症。为了消除他们的疑病症，我采取的对策是根据他们的教授身份以讨论的方式，首先解释产生疑病症的病因与机理，其次用典故义理疏导法进行辅导，消除心理障碍。通过我的分析辅导与讨论，得出了下述认识：两人既希望子女出国深造发展，又舍不得他们远离自己，失去了心理平衡，出现了心理冲突。在机理上是破坏了原先全家在一起生活的动力定型，存在认知偏差和情绪波动而产生了心理障碍。当心理障碍严重时，就可能出现躯体化症状，这就是所谓心理障碍的躯体化。接着是怎样消除这种心理障碍呢？我指出，他们完全可以自己消除，不妨一起回忆两个古代的故事吧！由于两位教授是学理工专业的，对中学时代读过的一些古典著作比较淡忘了，便以我为主一起先回忆《战国策》里的“触龚说赵

太后”的历史故事。某年，赵国受到齐国的进攻，赵太后跟群臣商议对策。战事紧急，本国兵力难以对付，请求秦国发兵帮助，秦国要求以赵太子作为人质。赵太后喜爱太子不肯答应，臣子们进谏均遭斥退。在此危难之时，脚疾告假在家的老臣触詟便去进见太后。太后开始以为又是进言用太子为人质以求救兵退敌的,面带愠色。触詟却只言不提退敌之事，而是说久未拜见，特来问候太后，继而又说今还有一事求助于太后，犬子已经成年，臣甚爱之，想在宫廷求得一个卫士之职以求发展，恳请太后恩准。太后渐渐转喜说道：你们男人还会这么喜爱自己的孩子吗？触詟说，男人比妇人爱之更甚，我是考虑孩子的长远发展才先让他做卫士的。然后话锋一转说到以太子为人质求救兵退敌，太后表示同意群臣的谏言。这则故事，即以情动情，使太后领悟“父母之爱子，则为之计深远”，纠正了自己的认知偏差。这对教授夫妇此时联想自己对子女出国深造的事也点头称是。接着，我们又回忆了“亡斧者言”的寓言故事。古代有一个人家里丢失一把斧头，到处寻找不见。此时邻居的孩子从门前跑过，便怀疑是这个小孩子偷的，不然为什么不是走过去而是跑呢？越想越觉得是这样。后来这个人在家里的一角落处找到了这把斧头，再观察邻居的孩子，不管是跑还是走，都不像偷东西的孩子了。教授夫妇说：这是疑心生暗鬼。

通过半个多小时的辅导式交谈后，这对老教授的脸上渐现笑容，说原来如此，身体并未患病，是心理上疑出来的病。思子心切的复杂情绪也顿失疑团，哑然失笑而去。这是运用典故义理疏导法加上现代医学心理解释,对疑病症进行心理辅导取得成功的案例。在我的心理咨询治疗中，除了现代的方法技术，还经常有针对性地采用典故和成语故事帮助进行认知疏导。

四、以情胜情的真情实感抚慰法辅导教育案例

1994年春，在我受国家教委思政司委托举办的首届全国高校心理咨询教师培训班上，除了系列讲座，还组织大家座谈讨论过去自己所做心

理咨询辅导工作的心得体会。一位女辅导员讲述了这样一件事情：大概在20世纪80年代中期，某高校物理系一位男大学生单相思爱上了同桌的一位女同学，而这位女同学对此非常反感。男生在经常写纸条遭到拒绝后，更正式写信求爱了。这个女同学认为这是对她正常学习的干扰，气愤不过，将信递交给班上的男辅导员老师，请求帮助她解除困扰。那时大学生谈恋爱是被视为违反校规的，这位辅导员性子比较急躁，便在一次全班集会上不点名却较具体地叙述了此事，并说如不马上改正，就将公开念这封信。当时，大多数同学都心知肚明猜到是谁，而把眼光投射于那个男生。这个男学生感到受了极大的羞辱，从此便与辅导员闹对立，感到无颜面对同学，学习成绩急剧下降，负责的社会工作也懒得管，尤其产生了消沉自卑心理，情绪低落得快要崩溃。

后来系领导从多方面考虑换了一位更年轻的女辅导员，她曾学习过心理学课程，懂得自尊和自信是战胜人生困难的支点，人是在不断克服自卑心理中完善自我的。于是热情地关心这个男学生，帮助他走出那件事产生的心理阴影。这个男生逐步振作起来，却又发生了移情，他认为原先所爱的女同学没有什么了不起，你看女辅导员对自己多关爱。于是他给只比自己大两岁的女老师写了一封爱慕的信。女辅导员见信也很生气，闪现了这种人真要公开他的信才能整治得了的念头。再冷静一想，这样那个学生真正会一切都完了。于是她找这个学生作了一次坦诚而严肃的谈话，指明自己对他的关爱是出于做教师的职责，更何况学生的主要任务是集中精力学习呢？此后她在学习生活上照常给予一个辅导员老师对学生的关心爱护。时间不久，这个男大学生又回复到正常的学习生活中去了，表现得很不错。

我当即肯定她的做法是对的，是对一个受辱单相思大学生进行心理辅导教育的成功案例。为什么会取得成功呢？首先，女辅导员始终注意保护这个学生的自尊心和自信心，这是使他走出困境，进行自我心理调适和正常生活的前提条件。其次，能够晓之以理，说明了教师关爱是一种职责，不能与爱情混为一谈，还指明学生的任务是集中精力学习，帮助该生在认识上有所提高。这在中国传统心理治疗里属于义理疏导方法。最后，更为关键的是针对该生问题属性或范畴，包括追求谈情说爱、情绪消沉自卑、移情他恋等等，采取以情胜情的方法是恰当的。这个中国传统心理疗法是利用情志互相制约的关系，运用一种情志纠正相应所胜的另一种失常情志。女辅导员以情动情，用关爱对待当时产生的消沉情绪而激起其正常的学习生活热情，可以称之为真情实感抚慰法。

五、用精神分析法、义理疏导法和想象停顿法治疗恐美症

1992年12月末，学校某老师引来一位中年男子请做心理咨询治疗。来访者邬××，男，40余岁，江西赣州人，工厂车间主任。他自述："这是数月前出差外地，在火车卧铺车厢里发生的事情，我进入车厢落座后，发现对面卧铺上坐着一位穿着时髦的漂亮妇女正用目光向他扫视，当我们两人的目光相对视的瞬间，我立即感到很不自在和惊恐，好像她很瞧不起我，一种自卑感油然而生，甚至呼吸急促，身体有点发抖。弄得我尽量坐在走道的位子上眺望窗外以平静心情。我以前在厂子里接触女同志没有异常感觉，自己在车间会议上讲话，望着下面许多女同志时也没有紧张过。这次车上的偶发事情以后，见到衣着华丽漂亮的女同志也会出现类似的紧张感和自卑感，几个月来都影响着自己的工作与生活。请问我出了什么心理问题？帮我医治吧！"

我一边倾听，一边思考产生这种心理障碍的原因是什么，只有找出病因才能对症矫治。当我问及他的家庭状况与平时交往时，他回答有妻子儿女，跟男女邻居、同事关系也好。根据精神分析理论，我推想也许跟他早期的生活事件有关，于是让他尽量回忆儿童少年时期哪些事情至今还有深刻的印象。在他讲述的多个故事中，有一件往事引起我的重视："文革"期间，他跟随父母从赣州市下放到农村劳动，当时只有十四五岁。那年春节前他回到城里爷爷奶奶家过年，家里叫他到商铺去买点东西，刚进商店还未开口买什么东西，只见柜台里站着一位穿着时髦、年轻漂亮的女售货员，用一双闪亮的眼睛注视着他。他感到像针刺般，一愣，

认为她是鄙视自己穿着不合身的破旧棉袄。带着受辱自卑和惊恐的心情，他连东西也没买就跑回家去，很久才平静。后来回到农村跟穿着朴素的农民一起劳动，就完全淡忘了这件事。这时我向他指出：这正是他现在出现“恐美女症”的心理原因。心理学理论告诉大家，儿童少年的早期重大事件，对他们的心理影响很大。儿童少年早期生活中的重大刺激事件与心理创伤，在成年后的相似情景下最易产生相同的心理状态。他同意我的分析。我向他讲述了“韩信胯下受辱”的故事，韩信后来不是做了鼎鼎有名的大将吗？鼓励他完全应该也完全能够克服自卑心而增强工作生活的自信心，他点头称是。

在用精神分析法找出其心理病因和用义理疏导法帮助克服自卑、鼓励增强信心以后，接着运用想象停顿法帮助他逐步消除心理障碍。让来访者闭目静坐，想象在某种情景下又见到一位衣着华丽的漂亮美女，当心理上出现紧张不安甚至惊恐的状态时，便举起手来。这时我便在桌上猛地一拍，来访者睁眼一看，什么也没有而恢复平静，如此连续做3—4次。他说最后一次出现的异常心理状态没有原先的强烈。然后交代他回家后，由他爱人按这个方法每天做3—4次，只要坚持一段时间，并且大胆接触穿着华丽的女性，就会完全恢复常态，不会出现“恐美女症”了。交代他在此过程中保持电话联系或面谈。

患者1993年1月31日从广东顺德来信说：“上次到学校咨询，得到热情接待和热心指教，首先表示深切的谢意！……我在原单位请了假，在这边担任装配车间副主任（不设主任）……我自上次咨询后，心理上要稳定、平衡很多。但由于多年的重荷，心理阴影一时还难以完全消除，严重的自卑心理使我自身的能力未能得到充分施展。时至今日，人又过了不惑之年，但我还在与命运之神搏斗，我偌大年龄敢于出来打工，就说明了这点。”这封信说明一个月已有了咨询治疗的初步效果。从侧面了解，他后来没有另外去咨询治疗，逐渐地完全好了。也许任其自然的“森田疗法”在自发地起了作用。

六、用义理分析法与厌恶疗法治疗动作强迫症

1993年2月21日，胡××，女22岁，南昌人，报社打字员，在她父亲的陪同下来咨询。她自述：高中毕业后从事电脑打字工作，每天要连续干8小时，太累，不大感兴趣。为了能得到片刻休息，到一定时间便看看手指脏不脏，用剪刀修剪一点指甲。久而久之，指甲修剪得不能再剪，看到手指有点脱皮也剪。这种情况已经有两个多月了，一次费时几分钟到十多分钟。每天约5—6次。后来回到家不打字时也要看手指，用剪刀剪去些许指甲和点滴浮皮，有时剪得流血。家里人经常制止都无效，而且大大地影响了工作效率。其父补充说：女儿1991年8月底出现过幻觉，说别人怀疑自己偷了东西，又说别人在自己家里放了炸药。1992年跟同事的关系不好，不说话。她性格内向，感到家教太严。后来到医院服药治疗，幻觉方面的症状基本消除，现在主要是不断剪指甲和手皮的毛病。

我采用性格倾向性测试得知患者倾向分裂性性格。现在的心理行为异常主要是动作强迫症，不能克制自己反复出现的多余动作。首先，向她解释分析此种心理障碍产生的原因与机理，要她充满信心恢复正常心理行为。指出只要采取一定的行为矫治方法，就可以恢复原先正常的动力定型并达到常态。其次，运用厌恶疗法进行行为矫治。告知中国古代传统心理治疗中便有厌恶反应方法，用来戒除异食癖、烟酒瘾癖和强迫性行为。时至现在，农村仍采用在母亲乳头上涂黄连水的方法，使两三岁孩子厌恶这种苦味而停止吸吮来断奶。现在心理治疗中的厌恶疗法更有微电刺激、橡皮圈弹压、药物等许多厌恶方法。我对她采用的是橡皮圈厌恶疗法：告诉她回家自制一个弹力较大的橡皮圈套在手腕上，当出现想看手指和剪手指甲的念头和动作时，即连续用力弹拉橡皮圈使之打在手腕上有一定痛感，以此较强的刺激去抑制看手指和剪指甲后即停。每天这样做下去，若干天后，看手指、剪指甲的意念与动作的次数会减少，以至最后会完全消失。交代她要坚持做和做好记录，隔2周可来复诊。

第一次复诊她带来记录告诉我，前9天遵照疗法有明显疗效，后来四五天以为弹拉橡圈哪能这么神，也许是自然好转，就没有严格坚持做，于是看手指和剪指甲出现的次数又稍增加了。第二次复诊时我对其解说原由，要求她坚持做下去，以防反复。

这个案例是成功的。1993年5月15日，胡××来了一封感谢信说："……我慕名来到江西师范大学心理技术应用研究所咨询，经您耐心细微的诊断，并果断地采用行为矫正厌恶治疗法进行治疗。开始实施疗法每天症状出现次数分别为十余次和五六次，后逐渐减少到一二次，到3月底症状基本消失。中间曾因停做有过反复，到现在病情已愈。通过两个多月短期的心理治疗，解除了精神痛苦，工作上也恢复了原来的效率。特来信表示我内心万分的感激！祝愿您为更多的心理患者造福！"

有一位大专生也患有动作强迫症。他读高三时，曾经常出现移动所坐课桌的凳子多次才敢坐稳，书写涂改动作重复到把本子弄破。这些症状高考后才消除，自认为或许是杂志上所说的顺其自然疗法所致。升入高专后又出现了另外的不能自已的重复动作：一个是，将书放在书架上要连续摆弄三四次才放心离去。另一个是系领带后会认为歪了，要摆弄三四次，尤其周末学校组织跳舞，不时松开手去摆弄领带，被人笑话。对于该生的动作强迫症，我也是采用义理疏导、橡圈厌恶疗法和放松疗法治愈的。

第三节　传统心理养生思想的实证研究与诠释转换

关于对中国传统心理治疗学新发展的探索，前面我们提出了全面心理咨询、治疗观的建构，介绍了本人根据古为今用、中外结合所作心理咨询治疗方法的探索案例。下面我们将进一步探讨对传统养生心理思想的实证研究与诠释转换问题。中国古代养生心理思想非常丰富而有价值。

中国古代人们在养生长寿中特别重视心理、精神因素的作用，无论从医学家抑或思想家那里,都可以找到这一思想根源。养生长寿不仅需要食疗、体疗、药疗，而且需要心疗，即心理养生，因而对心理养生的研究是很必要的。中国古代养生心理学思想蕴藏在医学、哲学等著作里面，并且非常丰富。研究中国古代养生心理学思想，不仅具有弘扬祖国优秀文化传统的意义，而且与现代人的健康生活也息息相关。古代养生心理的原则与方法，对现代人们的心理卫生教育与实践，仍通过各种途径产生重要影响。但是正如中医一样，只有通过现代医学验证其科学性之后才能更好地发挥其作用。中国古代的养生心理思想也只有通过现代生理心理的实验实证和诠释转换，才能在今天的实际生活中得到更好的应用。当前国内外均无这方面的研究，尚属空白。虽然我国中西医学界已有个别关于情绪的实证研究，然而是以动物做的实验。至于日本的《脑力革命》和美国的《压力与健康》等书也只能从一个侧面给人以启发。

笔者曾于2002年初获批主持全国教育科学“十五”规划重点课题：“中国古代养生心理思想的实证研究与诠释转换”，于2005年底完成。我们从心理学与生理学相结合的视角，用现代生理心理的实验手段，检验古代某些重要的养生心理学思想，通过心理学理论的诠释与转换的方法，将古代仍富有科学性的养生心理学思想的精华，纳入到我们现在的心理卫生学体系中来，使其具有实际应用价值。坚持贯彻古为今用的原则，是我们进行该项研究的一条指导思想。课题组成员发表研究论文12篇，进行实证研究与调查研究多项。下面简介我们的三项实证研究与调查研究，可视为关于中国传统心理治疗学（尤其是传统心理养生思想）新发展的又一种探索。

---

* 详见刘昌、刘贤敏、杨鑫辉：《中国古典音乐诱发情绪的生理活动研究》，2006年3月，课题批准号DBA010160的研究成果之一。这里省略所有测查数据，着重介绍结果。

一、"七情状态"（音乐）对生理活动的影响研究*

音乐能引起情绪的变化，进而影响人的生理活动，并且用来养生健身，古代学者和医家都早已论及。《乐记》说："故乐行而伦清，耳目聪明，血气和平。"[1]明确地指出音乐可以影响人的视听和气血变化。《黄帝内经》更具体地阐述了不同情感对不同脏器的影响，以及跟脑的联系。"怒伤肝、喜伤心、思伤脾、忧伤肺、恐伤肾。"[2]"心悲名曰志悲，志与心精共凑于目也。是以俱悲则神气传于心，精上不传于志，而志独悲，故泣出也。泣涕者脑也，脑者阴也，髓者骨之充也，故脑渗为涕。"[3]认为人体的心、肺、肝、肾、脾五脏是产生喜怒悲忧恐等情感的生理基础，特别是指出了心情悲哀则泣涕，跟脑髓有关联，情感情绪能引起人体的生理变化和具有相应的外部表现。正因为如此，音乐可以影响人的情绪，所以唐宋八大家之一的欧阳修曾学习弹琴，用音乐疗法治愈自己的"幽忧之疾"。医家也说："诗书悦心，山林逸兴，可以延年。"

为了验证音乐心理养生思想的科学性，我们做了一项"中国古典音乐诱发情绪的生理活动研究"。随机选取20名研究生（8名男生，12名女生），年龄为22—28岁，没有任何脑部疾病，实验为2（埙、筝）×2（男、女）因子实验设计。采用的乐曲是《阳关三叠》，为一首优秀的古琴曲，系根据唐代著名诗人兼音乐家王维的名篇《送元二使安西》谱写而成的。该乐曲在唐代非常流行，不仅由于短短四句诗句饱含着极其深沉的惜别情绪，也因为曲调情意绵绵真切动人。宋代失传，现今演奏的出自清末张鹤所编《琴学入门》。全曲曲调纯朴而富有激情，以同音反复作为结束音，强化了离情别意及对远行友人的关怀，与诗的主题十分吻合。本实验选用的是筝曲和埙曲，每首乐曲都为独奏。被试进入屏蔽室，开启多

[1]《乐记·乐象》。

[2]《素问·阴阳应象大论》。

[3]《素问·解精微论》。

导生理仪,让被试佩戴耳机倾听乐曲。利用BIOPACMP150系统测量脑电、心电、皮肤温度、皮肤电、电氧饱和度、呼吸6项生理指标，所有图形都呈现在主试电脑上，转换为数字后用SPSS10.0进行方差分析。

本研究要求被试分两次倾听不同乐器演奏的同一首乐曲，实验前后填写情绪调查表，试图用两种不同音色的乐曲诱发两种不同的情绪，并寻求情绪与皮肤电、皮肤温度以及心率等自主神经生理指标的关系，情绪与各个脑区不同波之间的联系。对这种主观体验调查问卷进行统计发现：被试倾听埍乐曲时悲伤得分显著增加，愉快得分显著降低，这说明埍乐曲成功地诱发出了被试的悲伤情绪；倾听筝乐曲时愉快得分显著增加，这说明筝乐曲成功地诱发出了被试的愉快情绪。两种情绪的差异是显著的，即这两种乐曲不仅诱发出两种完全不同的情绪，而且这两种情绪在主观体验上也是完全不同的。这验证了以往关于音乐与情绪的研究，充分证明了不同音色的乐曲可以诱发出不同种类的情绪：筝乐曲可以诱发出愉快情绪，埍乐曲可以诱发出悲伤情绪。进一步检验发现：被试的主观体验只受音乐类型的影响，不受性别的影响。这说明主观体验没有性别差异，不同性别的被试在听同一类型的乐曲时主观体验是相同的。对被试进行实验后的调查发现，被试一致认为埍乐曲给人的感觉是忧伤、苍凉，如泣如诉;而筝乐曲则给人悠扬、安祥、愉悦的感觉。这些都证明，本实验中选取的两种不同音色的乐曲在主观体验上的不同。

本研究采用多导生理仪，以研究脑电图（EEG）为主，同时用来测得了皮肤电、皮肤温度和心率等自主神经生理反应。正常被试的结果表明：两种情绪状态（悲伤、愉快）无疑是与不同人脑的神经数量有关。α波和β波是正常人占优势的脑电波。从α波来看,悲伤情绪较多激活了额区，而愉快情绪较多激活了枕区和顶区；β波能量在中央区和额区正前方显著下降，θ波能量在颞区显著下降，δ波能量在枕区和额区正前方显著下降，γ波能量没有差异；愉快情绪下，α波能量在枕区和顶区显著下降，β波能量在枕区、顶区和颞区显著下降，θ波能量在枕区显著下降，δ波能量在中央区显著下降，γ波能量在顶区显著下降。悲伤情绪与愉快情绪相比，

α波、β波、θ波有耗能量增强，但增强的脑区不同；δ 波则没有差异；γ 波能量在中央区减弱。至于自主神经生理反应方面：皮肤电反应不受情绪的影响，但受性别的影响。无论悲伤情绪还是愉快情绪下，男性被试的皮肤电都比女性被试高。皮肤温度不受性别的影响，但受情绪的影响。无论是在悲伤情绪还是愉快情绪下，皮肤温度都会升高，但是愉快情绪下的皮肤温度高于悲伤情绪下的皮肤温度。心率的变化受情绪和性别交互影响。呼吸频率、呼吸幅度和血氧饱和度在本实验中没有明显变化。

二、“禅定养神”（静坐）过程中的脑生理活动特征研究*

禅定养神和静坐是中国古代儒道佛心理养生的一种重要方法。《坛经》说:“何名‘坐禅’？此法门中，无障无碍，对于一切善恶境界，心念不起，名为‘坐’；内见自性不动，名为‘禅’。……善知识，外离相即禅，内不乱即定。外禅内定，是为禅定。”[1]佛家的坐禅不是简单的静坐，而是面对外界事物的纷纭内心能保持平静，审视自己的内心能见原本清净的自性。这种精神修炼方法跟儒道两家的静坐养神法都有心理养生的作用。道教王重阳说：“凡打坐者，非言形体端然，瞑目合眼，此是假坐也。真坐者，须要十二时辰行住坐卧一切动静中间，心如泰山，不动不摇，把断四门眼耳口鼻，不令外景入内，但有丝毫动静思念，即不名静坐。”[2]

这里的“打坐”“静坐”也被称为“坐忘”，语出《庄子》：“堕肢体，黜聪明，离形去智，同于大道，此谓坐忘。”[3]忘却自身形体，抛开聪明才智，人与自然融为一体，进入物我两忘的心理状态和境界，被道教视为长生之根基。宋代朱熹也曾经说过:“病中不宜思虑,凡百可且一切放下，专以存心养气为务，但加趺静坐，目视鼻端，注心脐腹之中，久自温暖，

---

* 详见刘昌、王国英、杨鑫辉:《静坐的EEG和自主神经活动研究》，2006年3月，课题批准号DBA010160的研究成果之一。这里省略测查数据，着重介绍结果。

[1]《坛经·坐禅品第五》

[2]《重阳立教十五论·第七论打坐》。

[3]《庄子·大宗师》。

即渐见功矣。”[1]这种存心养气的“静坐”与佛家的“坐禅”、道教的“打坐”，对于人的却病健身延年的功效是相通的。

现代心理学也讲静坐（meditation），将它视为人类特有的一种身体和心理练习。对它的定义很多，可以归纳为两大类。一类是描述性定义，将静坐作为一种身心完全放松的状态，将meditation译为“冥想”“沉思”“静默”等。另一类是Roberto Cardoso等人（2004）介定的操作性定义，提出练习静坐对场所、态度、呼吸、姿势、肌肉放松等方面的要求。总之，静坐的种类很多，同一种静坐也有不同的方法，例如气功有站功，也有坐功。南怀瑾先生说静坐方法有九十六种之多[2]，不同的国家、地区、民族，静坐的种类和方法不同，如印度的瑜伽、中国西藏的佛教静坐、中国的气功和禅修、西方国家的超绝静坐等。本研究中，偏向于对静坐进行操作性定义，将静坐看成一种心理生理练习，这似乎更适合认知神经科学对其进行心理和大脑生理机制研究，更便于实证研究。采用多导生理仪记录有经验的静坐练习者和没有经验的静坐练习者（在校研究生），在安静休息状态下和静坐过程中的脑电活动（EEG）和自主神经活动的生理指标（即呼吸频率、呼吸幅度、皮肤电反应、皮肤温度、心率、血氧饱和度），在认知神经科学的框架下探讨静坐的生理机制。被试的控制组：随机选取15名在校研究生（男6，女9），年龄22—28岁，无静坐练习史。实验组：选取3名有经验的静坐练习者，为27—76岁男性，3—25年静坐史。其中一名是哥伦比亚留学生，练瑜伽，另2名为退休教师和研究人员，练气功静坐。实验材料采用Plutchik制定的五分制情绪心境评定量表和调查问卷，实验仪器为多导生理仪。

实验结果：（一）主观情绪体验的变化方面，控制组和实验组被试的情绪在安静休息和静坐状态下无明显变化，不受有无经验的影响。（二）自主神经活动的变化方面，对实验组和控制组自主神经活动的六个

[1]《晦庵先生朱文公文集》卷五十一。

[2] 南怀瑾著：《南怀瑾选集》第四卷《静坐修道与长生不老》，复旦大学出版社2003年版。

基础生理指标在安静休息、静坐前10分钟、静坐后10分钟状态下进行统计发现，控制组被试的呼吸频率和皮肤温度有明显差别，而其他生理指标，即呼吸幅度、皮肤电反应、心率、血氧饱和度无明显差别。虽然实验组被试静坐的方法不同，但未引起每一个被试静坐过程中明显的自主神经活动的生理指标的变化。（三）脑电活动的变化方面，对于有经验的练习者和没有经验的练习者来说，静坐使他们的大脑处于一个不同于睡眠、静息和认知活动特别活跃的生理状态。对有经验的练习者来说，不同的静坐方法和练习时间引起了他们脑电活动的变化。静坐是人类的一种身体和心理练习，可以开发人们的心理、生理的潜能，本实验对静坐的脑电图和自主神经活动研究只是一个初探。

三、传统养生心理思想对现代生活的影响研究*

本研究根据已有文献资料的总结概括，将中国传统养生心理思想的基本理念归纳为：顺时调神、形神兼顾（动静结合）、顺应自然、养神为主、平和适中、以物养性、预防为主、以情制情（节制情欲）、清静养神、修养道德、精神陶冶。对于今天中国人的生活而言，传统养生心理思想是否仍然具有现实价值，它们在传承中产生了怎样的变化等问题，是非常值得思考和探索的。由此，我们根据中国传统养生心理思想的理论构想，自编了《现代人养生心理状况调查问卷》，最终确定45项，采用四点记分法，被试根据自身情况对每个项目选择以下四种情况作答：不符合，有点符合，符合，非常符合。在苏州、无锡两地随机抽取被试，有效样本248人，其中男性109人，女性139人，年龄在20—59之间。本研究所提出的8个因素对问卷总变异值解释量累积为59.13%，其中损失了40.87%的变异信息。整个问卷的α系数为0.863 5，达到较高的水平。

研究发现，尽管传统养生心理思想已经经历了漫长的历史变迁，然

* 详见彭彦琴、崔莹、杨鑫辉：《中国传统养生心理思想对现代生活的影响研究》，载《南通大学学报》（教科版）2006年第1期，系课题批号DBA010160的研究成果之一。详见本书附录。

而其中所蕴含的科学有效的养生思想和方法，仍然受到现代人的认可和采纳。这主要包括：首先是整体养生观，现代人仍然主张修养精神和身体保健相结合的形神共养。其次，主张以自然、平和、节制、清静的养生方法保养身心健康，重视精神修养。再次，预防为主思想在养生保健中仍然占居重要地位，即承继《黄帝内经》的“治未病”思想。最后，以物养性的思想仍然扎根于现代人的养生观念中，借助外界物质供养生命仍流行于现代社会。但是问卷调查研究也发现，一些传统养生心理思想精髓已经随着时代的变迁被遗忘了。中国传统养生心理思想非常重视“仁者寿”，强调修养道德，陶冶精神，提倡养生与养德相结合。然而本研究发现，现代人对修养道德以养生的方法似乎已表现出不屑一顾。其实现代生物科技也证明，精神状态可以影响人体免疫力，长期处于忧虑紧张状态的人是难以保持身体健康的，而一个具有道德自律、宽容善良的人更容易享受高质量的生命。有报道说，美国哈佛大学资助研究中国的传统养生方法，这是值得我们反思的。我们一定要继承和发扬中国传统养生心理思想里仍具科学性的精华，既要继承，更要有新发展。

附录1

中国传统医学心理学思想*

杨鑫辉

中医理论源远流长，较之西医理论而自成体系。中医治病的着眼点是整体观念，它认为人体脏器组织是一个紧密联系的有机整体，人体和气候、人体和地土方宜也密切联系。尤其人的生理、病理与心理密切联系的观点，使得中医理论里具有丰富的医学心理学思想。中医以阴阳五行学说为理论基础，它和中医治病的整体观念一起，贯穿于生理、病理、诊断与治疗等各个方面。中国古代医学典籍里蕴含着丰富的医学心理学思想，其代表性医典有先秦的《黄帝内经》，汉代张仲景的《伤寒论》，唐代孙思邈的《备急千金要方》、巢元方的《诸病源候论》，宋代陈无择的《三因极一病证方论》，金元时期张子和的《儒门事亲》、李东垣的《脾胃论》，明清叶天士的《临证指南医案》、王清任的《医林改错》等。它们的医学心理学思想可以概括为四个方面，即病理心理思想、诊断心理思想、治疗心理思想和养生心理思想。至于生理心理思想，前面章节已有论述，这里略而不谈。

一、病理心理思想

病理心理主要探讨致病的原因和机理。中医认为致病因素有三种：以七情为主的内因、以六淫为主的外因和以意外损害为主的不内外因。“外

* 本文选自杨鑫辉著《中国心理学思想史》，江西教育出版社1994年版，第231—243页。

感六淫”，即风、寒、暑、湿、燥、火，它与四季气候变化有关。春主风、夏主暑、长夏主湿、秋主燥、冬主寒，称为“五气”。因为暑即热，热极生火，故又称“六气”。当人体的内外环境失调，感受六淫，便会导致发病。“内伤七情”，即忧、思、喜、怒、悲、恐、惊。它是由于外界事物的刺激，引起人情志方面失调而致病。在这里，心理因素是致病的原因，它是需要特别予以论述的。此外，有些病的发生，既不属于外因，也不属于内因，可称之为不内外因，如房室伤、金刃伤、汤火伤、虫兽伤、中毒等。

《黄帝内经》最早对病理心理作了较广泛的论述。它认为喜、怒、忧、思、悲、恐六种情志是相互制约的，在正常情况下有利于身心健康，而在异常波动情况下则会导致人体发生病变。“故喜怒伤气，寒暑伤形。暴怒伤阴，暴喜伤阳。厥气上行，满脉去形。喜怒不节，寒暑过度，生乃不固。”[1] 明确指出情志这种心理因素是致病的一个重要原因。那么心理因素致病的机理是怎样的呢？归纳起来，主要可以从三个方面加以说明：首先是情志通过心脏异常变化而导致其他脏腑发生病变，因为“心者，五脏六腑之主也……故悲哀愁忧则心动，心动则五脏六腑皆摇”[2]。其次是情志通过气机运行的异常变化而导致身心病变，因为“……百病生于气也，怒则气上，喜则气缓，悲则气消，恐则气下，寒则气收，炅（热）则气泄，惊则气乱，劳则气耗，思则气结”[3]。第三是禀赋和个性不同的人，易在不同的时令季节发生病变。“木形之人……能春夏不能秋冬，感而病生。……土形之人……能秋冬不能春夏，春夏感而病生。”[4]

唐代孙思邈详细地论述了致病因素为“七气”“五劳”“六极”“七伤”，其中“七气”“五劳”主要是心理因素。“七气者，寒气、热气、怒气、恚气、喜气、忧气、愁气。此之为病，皆生积聚，坚牢如怀，心腹绞痛，不能饮食，

[1]《素问·阴阳应象大论》。

[2]《灵枢·口问》。

[3]《素问·举痛论》。

[4]《灵枢·阴阳二十五人》。

时去是来，发则欲死。”[1]“五劳”是指志劳，思劳，忧劳，心劳，疲劳，认为“远思强虑”“忧恚悲哀”“喜乐过度”“忿怒不解”等心理状态都能伤人致病。孙思邈还认为，心理因素致病女子多于男子，其原因是：“女人嗜欲多于丈夫，感病倍于男子。加以慈恋、爱憎、嫉妒、忧恚，染著坚牢，情不自抑，所以为病根深，疗之难瘥。”[2]这对于临床诊断与治疗不无参考价值。

唐代巢元方在《诸病源候论》中，对病理心理作了多方面的探讨。从脏腑病理心理看，他认为情志与脏腑相互影响、互为因果。情志活动失调，可导致脏腑失调而致病。“愁忧思虑则伤心，恚怒气逆，上而不下则伤肝，肝心二脏伤，故血流散不止，气逆则呕而出血。”[3]反之，脏腑变异对情志也有影响，例如，“劳肝者……精神不守……心劳者，忽忽喜忘。”[4]从气机病理心理看，情志的变异可导致人体气机的紊乱，气机的异常也会影响情志的正常。“夫百病皆生于气，故怒则气上，喜则气缓，悲则气消，恐则气下，寒则气收聚，热则腠理开而气泄，忧则气乱，劳则气耗，思则气结。九气不同。怒则气逆，甚则呕血及食而气逆上也。……”[5]反之，阴阳之气不足，会导致神识不明；热气积聚，会导致说话不清。从临床病理心理看，巢元方认为情志变异一方面是临床病理变化的因素，许多病症是由于惊、恐、忧、思等心理因素所引发；另一方面情志变异又是临床病理变化的症候，许多疾病都会出现程度不同的情志异常，因而医生可以运用情志变化作为诊断疾病的一种依据。

宋代陈无择更明确地提出了七情致病说，他指出：“内所因惟属七情交错，爱恶相胜为病，能推而明之。”[6]金元四大家刘完素、张子和、李东垣、

---

[1]《千金要方》卷十七，《肺脏》。

[2]《千金要方》卷二，《妇人方上》。

[3]《诸病源候论》卷二十六，《血病诸候》。

[4]《诸病源候论》卷三，《虚劳病诸候上》。

[5]《诸病源候论》卷十三，《气病诸候》。

[6]《三因极一病症方论》。

朱丹溪和明代的张景岳、清代的叶天士等，对七情五志致病的问题也多有阐发，从病理心理角度阐述了许多疾病的致病机理。例如，刘完素指出："所以中风瘫痪者，非谓肝木之风实甚，而卒中之也。……多因喜、怒、思、悲、恐之五志，有所过极，而卒中者，由五志过极，皆为热甚故也。"[1]李东垣则作过如下概括："凡怒、忿、悲、思、恐、惧皆损元气。夫阴火之炽盛，由心生凝滞，七情不安故也。……阴火太盛，经营之气，不能颐养于神，乃脉病也。"[2]从心理因素与气机的相互关系出发，论述了五志七情过极，大都损耗元气而导致疾病发生。当然也指出人体气机的升降出入能影响心理活动的是否正常。

二、诊断心理思想

在诊断心理思想方面，《黄帝内经》提出："闭户塞牖，系之病者，数问其情，以从其意，得神者昌，失神者亡。"[3]即以"得神"与"失神"作为衡量情志心理活动是否正常的标准，作为预测、诊断疾病的依据。《黄帝内经》和以后历代医家都认为人的情志状况与人的生理、病理变化相互关联，情志变化既是引起某些疾病的"因"，又是临床病理变化的"候"。这样，观察病人情志的变异，便能测知患者脏腑气血盛衰，为心理诊断提供了理论基础。因而许多医家都十分重视病人的心理和社会因素，例如《黄帝内经》认为，诊病必问病情与情志，必问饮食居处，必问正常与反常情况，必问贵贱、贫富、苦乐情况，必问疾病本末，不如此则是"治之五过"。"凡此五者，皆受术不通，人事不明也。故曰：圣人之治病也，必知天地阴阳……从容人事，以明经道，贵贱贫富，各异品理，问年少长，勇怯之理，审于分部，知病本始，八正九候，诊必副矣。"[4]诊断要正确地与病情相符，重要的一点是必须掌握明"人事"的心理诊断技术。中

[1]《素问玄机原病式·六气为病》。

[2]《脾胃论》卷中。

[3]《素问·移精变气论》。

[4]《素问·疏五过论》。

国先秦时期已具有心理诊断思想，这无疑是近现代医学心理学中关于心理诊断的先声。

中国古代医家在疾病诊断方面提出了“四诊”的方法，即望诊、闻诊、问诊和切诊。望、闻、问、切“四诊心法”，是清代吴谦等在《医宗金鉴·四诊心法要诀》中正式提出的，但其思想可上溯到《黄帝内经》。“四诊心法”非常注重从人的心理因素方面去考察和诊断疾病。

望诊是医生通过视觉去观察病人的精神、气色、舌苔，以及身体形态情况，以推断病情。精神充沛或疲乏能反映正气的盛衰，正气充实则目光有神，言语有力，神思不乱；正气衰弱则目光黯淡，言语乏力，神思不定。气色方面，察色将面部和全身皮肤分为青、赤、黄、白、黑五种，按照五行学说以推断五脏病情；察气分浮沉、清浊、微甚、散搏、泽夭五类，以此鉴别疾病表里、轻重、吉凶。观察舌质和舌苔的变化，以辨别脏气的虚实、胃气的清浊和外感时邪的性质。此外，观察病人的形体姿态动作，也都有助于诊断疾病。

闻诊是医生通过听觉去听取病人发出的种种声音、气息，通过嗅觉来辨别口气、病气和二便等气味，以测知病情。声音、气息如言语、呼吸、咳嗽、呃逆、呕吐、呻吟等，例如语气低微为内伤虚症，高声骂詈为癫狂症等，口臭气为胃有湿热，痰有腥秽气为肺热，大便奇臭气多为消化不良，瘟疫病则一般有病气触鼻。

问诊是医生通过与病人的言语交往，了解病人发病经过、自觉症状，以及生活起居、职业状况、家族史及个人病史等，以帮助诊断病症。问诊内容广泛，明代张景岳曾作十问歌：“一问寒热二问汗，三问头身四问便，五问饮食六问胸，七聋八渴俱当辨，九因脉色察阴阳，十从气味章神见。”[1]有寒热者多为外感表症，无寒热者多为内伤里症。外感发热无汗是伤寒，有汗是伤风。头痛不止有寒热者多为外感，痛有间歇兼有眩晕者多为内伤杂症。全身酸痛有表症者多为外感，不兼寒热痛在关节或游走者为风

---

[1]《类经》。

寒湿痹。大便闭而能食者为阳结，大便常稀者为脾虚。小便清白为寒，黄赤为热。喜食冷为胃热，喜食热为胃寒。胸膈满闷多为气滞，懊嘈杂多为热郁。暴聋多实，久聋属虚。口渴喜凉饮为胃热，喜热饮为内寒。

切诊是医生通过触摸觉去触摸病人的脉搏、胸腹和手足等，以诊断疾病。切脉是采取两手寸口即掌后桡骨动脉的部位，用食指、中指和无名指轻按、重按，或单按、总按，以寻求脉象。一般说，脉象分为28种：浮、沉、迟、数、滑、涩、虚、实、长、短、洪、微、紧、缓、芤、弦、革、牢、濡、弱、细、散、伏、动、促、结、代、疾。这些脉象大都两两相对，如以浮和沉分表里，迟和数分寒热，涩和滑分虚实，其他脉象都是从这六种化出的。《医学传心录》《脉象图说》和《脉说》等医书还认为，七情与脉象密切相关，这里就不细说了。触诊方面，腹满拒按为实症热症，按之不痛为虚症寒症。手足温者为轻病，手足冷者为重病。手背热为外感，手心热为阴虚。

三、治疗心理思想

病理心理的分析和对疾病的心理诊断，最终都要表现在疾病治疗之中，也只有治疗有效才能显示病理心理分析和心理诊断之重要。中国古代医家既重视药物治疗，也注意心理治疗，是重视心理治疗和药物治疗在治病中的整体效应的，对某些疾病甚至将心理治疗置于首位。古代有关心理治疗的思想和医案都非常丰富，兹概要分述之。

1. 心理治疗的重要性

《黄帝内经》非常重视治疗中病人的心理状态和进行心理治疗，提出了“标本相得”的医患模式。它认为“病为本，工为标，标本不得，邪气不服”[1]，即病人是本，医生是标，医生和病人不能很好配合，则不能除去病邪。这就要求临床治疗必须依据病人的心身特点去辨证施治，以能制伏疾病。它还认为，患者的心理状态对治疗有积极和消极两方面的作用：“精神进，志意治，故病可愈。今精坏神去，荣卫不可复收。……

[1]《素问·汤液醪醴论》。

精气弛坏，荣泣卫除，故神去之而病不愈也。”[1]因而在治疗疾病中，调节病人的心理状态进行心理治疗就特别重要了。

中国古代医家从神形密不可分的观点出发，认为治疗疾病不仅要治其身，更要治其心。华佗说：“夫形者神之舍也，而精者气之宅也。舍坏则神荡，宅动则气散。神荡则昏，气散则疲。昏疲之身心，即疾病之媒介，是以善医者先医其心，而后医其身，其次则医其未病。若夫以树木之枝皮，花草之根蘖，医人疾病，斯为下矣。”[2]这里强调形神密切不可分，明确提出了身心健康的概念，比现代西方医学的身心健康概念要早1700多年，真是难能可贵。他还提出了两个观点，即“善医者先医其心，而后医其身”，将调节人的心理状态放在首位；实施治疗中以心理治疗为上，药物治疗为下，尤其是心病须用心药治。《秘藏宝钥》一书曾提出“九种心病，拂外尘而遮迷”。金元时的朱丹溪也强调心理疗法：“五志之火，因七情而生……宜以人事制之，非药石能疗，须诊察由以平之。”[3]

2. 心理治疗的方法

关于心理治疗的方法，《黄帝内经》已有较系统的论述，后来历代医家又有补充发展，使其更为完备。中国古代的心理治疗方法，以现代医学心理学的原理去评价仍富科学性，而且较之西方的心理疗法另具其独特性。在金元四大家（刘完素、张子和、李东垣、朱丹溪）的医学著作中，还生动地记述了许多心理治疗的案例，并广为流传。综合古代心理治疗的方法，主要有如下几种：

（1）开导劝慰法：通过言语开导劝告与安慰，以调节心理的方法。《黄帝内经》中的下面一段话就是专门论述这种开导劝慰疗法的：“人之情，莫不恶死而乐生，告之以其败，语之以其善，导之以其所便，开之以其所苦，虽有无道之人，恶有不听者乎？”[4]这里既指出了开导劝慰法是以

[1]《素问·汤液醪醴论》。

[2]《青囊秘箓》。

[3]《丹溪心法》。

[4]《灵枢·师传》。

人的“恶死乐生”心理本能倾向为理论基础，又提出了此疗法的要则是“告”“语”“导”“开”，即告诉病人不遵医嘱的危害，讲明遵从医嘱的好处，诱导病人创造治愈疾病所需的条件，指出不从医理将会有更大的痛苦。总之，此种疗法着重转变患者对医治疾病的态度和认识，以取得治疗效果，也就是后来朱丹溪所说的“必先开之以义理，晓之以物性”[1]。西汉著名作家枚乘在《七发》一文中，记述吴客用“要言妙道”治楚太子疾病的故事，使用的就是开导劝慰法。“今太子之病，可无药石针刺灸疗而已，可以要言妙道说而去也。”[2]用精深的道理劝导太子放弃骄奢淫逸的生活方式，端正思想认识，身体自会健康。

（2）情志相胜法：又称七情互治法。这是一种利用情志相互制约的关系进行治疗的心理疗法，即运用一种情志纠正相应所胜的另一种失常情志。《黄帝内经》首先提出此种疗法：“怒伤肝，悲胜怒。……喜伤心，恐胜喜。……思伤脾，怒胜思。……忧伤肺，喜胜忧。……恐伤肾，思胜恐。”[3]朱丹溪进一步发展了此法：“悲可以治怒，以恻怆苦楚之言感之。喜可以治悲，以欢乐戏谑之言娱之。恐可以治喜，以祸起仓卒之言怖之。思可以治恐，以虑此忘彼之言夺之。怒可以治思，以污辱欺罔之言触之。”[4]七情互治法的案例颇多。例如《后汉书·方术传》记载，华佗写信怒骂一位思虑过度而疾的郡守，使其大怒呕出“恶血”而愈。据《冷庐医话》记载，清代名医徐洄溪曾以死诈状元。江南一考生得中状元而发狂，徐告以逾十天将亡，书生受吓而狂病愈。又如通晓医术的书法家傅青主，曾教一位使妻子郁闷病倒的青年用文火加水煨软石头作药引，烧几天几晚毫无倦意，妻子见状受感动，化恨为爱而疾愈。

（3）移精变气法：这是一种古代祝由形式的心理疗法，即通过语言、行为、舞蹈等祝由形式，调动病人的积极因素，转移患者对局部痛苦的

---

[1]《格至余论·养老论》。

[2]《汉书·昭明文选·七发》。

[3]《素问·阴阳应象大论》。

[4]《丹溪心法要诀》。

注意，形成良好的精神自守状态，移易精气，变利血气，发挥人体本身的治疗作用。《黄帝内经》写道："古人治病，惟其移精变气，可祝由而已。"[1]"黄帝曰：'其祝而已者，其何故也？'岐伯曰：'先巫者，因知百病之胜，先知其病之所从生者，可祝而已也。'"[2]所谓移精变气，就是通过一定的方法，转移病人的精神，以改变气机的紊乱。祝由是对患者祝说疾病的来由，用以改变病人的精神状态。祝由虽然由巫医而起，但从历史发展来看，却是一种包含心理治疗成分的古老疗法。

（4）习见习闻法：是一种通过反复、习惯的方式，使受惊敏感的患者恢复常态的心理治疗方法。它源于《黄帝内经》上"以平为期"的治疗思想，即平心火的治疗原则。金元时期的张子和在其所撰《儒门事亲》医书中，发展成为"习见习闻"的心理疗法。该书写道："岐伯曰：以平为期，亦谓休息之也，惟习可以治惊。经曰：惊者平之。平谓平常也。夫惊以其忽然而遇之也，使习见习闻则不惊矣。"[3]即对于突然闻见而易受惊的刺激与事物，使之在平常状态下反复出现并习惯于它，这样有关刺激突然出现也不会受惊了。张子和的《儒门事亲》中《九气感疾更相为治术》专论心理治疗，并述典型案例。有一个叫卫德新的人的妻子，在旅舍遇强人抢烧而惊倒不省人事，张子和以木击茶几，慢慢让其习惯并得到平复。这种"惊者平之"的治疗方法，实则是现代医学心理学中的系统脱敏法。

（5）以欺制欺法：这是明代医家张景岳提出的一种心理疗法，即对诈病和疑病者以欺骗方法制伏其欺骗行为而取得疗效的方法。他写道："夫病非人之所好，而何以有诈病？盖或以争讼，或以斗殴，或以妻妾相妒，或以名利相关，则人情作为诈伪，出乎其间，使不有烛照之明，则未有不为之欺者，其治之之法，亦唯借其欺而反欺之，则真情自露，而假病

[1]《素问·移精变气论》。

[2]《灵枢·贼风》。

[3]《儒门事亲》卷三。

自瘳矣。”[1] 在现代医疗中，对疑病症者用注射蒸馏水等安慰剂来代替所谓特效药，也可视为是一种以欺制欺方法的变式。

（6）突然刺激法：它是利用突然刺激，特别是精神刺激，来治疗人体生理机能失调的方法。中国古代医案有不少记载，如“以恐治衄”“怒激吐瘀”等，又如“哕，以草刺鼻；嚏，嚏而已；无息而疾迎引之，立已；大惊之，亦可已”。

（7）针灸刺疗法：它是运用针刺和艾灸以达到疏利经脉气血，并有利于平复心理状态的治疗方法。《黄帝内经》认为：“神有余，则泻其小络之血，出血勿之深斥，无中其大经，神气乃平。神不足者，视其虚络，按而致之，刺而利之，无出其血，无泄其气，以通其经，神气乃平。”[2] 这里所说的“神气乃平”就是指有平复病人精神、心理状态的作用。针灸刺疗法在治疗疾病中常与药物疗法等相结合使用，所以《黄帝内经》又指出：“形乐志苦，病生于脉，治之以灸刺。形苦志乐，病生于筋，治之以熨引。形乐志乐，病生于肉，治之以针石。形苦志苦，病生于咽喝，治之以甘药。形数惊恐，筋脉不通，病生于不仁，治之以按摩醪药。”[3]

3. 医生的心理素质　唐代大医家孙思邈对医生心理素质的要求论述最为全面具体，可作为中国古代医学心理有关这个方面思想的代表。兹将他在《千金要方》中的有关论述归纳如下：

首先，要有“普救舍灵之苦”的医德。“先发大慈恻隐之心，誓愿普救舍灵之苦。若有疾厄来求救者，不得问其贵贱贫富，长幼妍媸，怨亲善友，华素愚智，普同一等，皆如至亲之想。”[4] 只有具有这种大慈普救的精神和不论贵贱贫富普同一等的态度，才能在治疗中真正做到救死扶伤，还人健康。

其次，要有“上医听声，中医察色，下医诊脉”的能力。孙思邈指出：“古

[1]《景岳全书》。

[2]《素问·调经论》。

[3]《灵枢·九针》。

[4]《千金要方》卷一，《序例》。

之善为医者，上医医国，中医医人，下医医病。又曰上医听声，中医察色，下医诊脉。又曰上医医未病之病，中医医欲病之病，下医医已病之病。若不加意用心，于事混淆，即病者难以救矣。”[1]从“医国”“医人”“医病”的提法，可以发现它与现代医学中的社会、心理、生物的整体医学模式相暗合，为医者必须具备此种知识和能力才可称为良医。

最后，他还提出了医疗过程中，医生心理素质的一些具体要求，概括地说可以归纳为“三要五不得”。“三要”：一要“安神定志，无欲无求”；二要“至意深心，详察形候”；三要“临事不惑，审谛覃思”。“五不得”：一不得“瞻前顾后，自虑吉凶”；二不得“自逞俊快，邀射名誉”；三不得“多语调笑，道说是非”；四不得“安然欢娱，傲然自得”；五不得“炫耀声名，訾毁诸医”。

四、养生心理思想

中国古代医家都重视“治未病”，即注意养生之道，讲求生理卫生。《黄帝内经》说：“是故圣人不治已病治未病，不治已乱治未乱，此之谓也。夫病已成而后药之，乱已成而后治之，譬犹渴而穿井，斗而铸锥，不亦晚乎！”[2]要“治未病”，就必须调摄形体和调摄精神，注意锻炼身体和讲究心理卫生，即“故智者之养生也，必顺四时而适寒暑，和喜怒而安居处，节阴阳而调刚柔，如是则僻邪不至，长生久视”[3]。

思想家也重视养生与心理卫生。魏晋玄学家的基本观点是“任自然”，主张“爱憎不栖于情，忧喜不留于意。泊然无感，而体气和平。又呼吸吐纳，服食养身，使形神相亲，表里俱济也。”[4]他们认为讲求摄生的具体表现是：无求无欲，去名去利；清虚寥廓，泊然无感；逍遥忘我，听任自然；心以用伤，祸在智虑。因而提出养生有五难：“名利不灭，此一难也。喜怒

[1]《千金要方》卷一，《序例》。
[2]《素问·四气调神大论》。
[3]《灵枢·本神》。
[4]《嵇康集校注·养生论》。

不除，此二难也。声色不去，此三难也。滋味不绝，此四难也。神虑转发，此五难也。”[1]葛洪在《抱朴子》中提出的摄生养气和节制情欲的养生之法，也具有心理卫生意义。他认为首先要起居有常，活动筋骨，注意营养，调节劳逸，使生理与心理机能正常运行。其次，要淡泊肆志，节制情欲。“淡泊肆志，不忧不喜，斯为尊乐，喻之无物也。”[2]再次，要遐栖幽循，环境清静，以避开各种心理刺激和情欲。

历代医家承继《黄帝内经》“未病而先治”的思想，重视养生和心理卫生。朱丹溪说：“与其救疗有疾之后，不若摄养于无疾之先。”[3]并将此比作“备土以防水”“备水以防火”。他进一步指出：“儒者立教曰：正心、收心、养心。皆所以防此火之动于妄也。医者立教曰：恬淡虚无，精神内守，亦所以遏此火之动于妄也。”[4]古代医家的心理卫生思想丰富，《心理学大词典》有关条目归为六点，即“精神内守”“和畅性情”“爱养神明”“恬淡虚无”“闲情逸致”和“四气调神”。这里还要提出气功和导引的问题，对于养生和心理卫生有独特的作用。郭沫若在《奴隶制时代》一书中论到“行气玉佩铭”时指出，这是古人所说的导引，今人所说的气功。战国时代，确实有一派讲究气功的养生家。《黄帝内经》对气功早有论述，说：“夫上古圣人之教下也，皆谓之虚邪贼风，避之有时，恬淡虚无，真气从之，精神内守，病安从来。……上古有真人者，提契天地，把握阴阳，呼吸精气，独立守神，肌肉若一，故能寿敝天地，无有终时，此其道生。”[5]唐代医家巢元方在《养生导引》中，强调意气并用，气随意行。导引时要做到“安心定意，调和气息，莫思余事，专意念气，徐徐漱醴泉。……每引气，心念念送之”，并且注意选择导引时机，饱食后和喜怒时不得导引，向晓清静时为佳。

---

[1]《嵇康集校注 · 答难养生论》。

[2]《抱朴子 · 外篇 · 逸民》。

[3]《丹溪心法》。

[4]《格至余论 · 房中补益论》。

[5]《素问 · 上古天真论》。

古代医家还论到各个年龄阶段的养生和心理卫生问题。例如唐代医家孙思邈具体谈到老年卫生问题时说："养老之道，无作搏戏强用气力，无举重，无疾行，无喜怒，无极视，无极听，无大用意，无大思虑，无吁嗟，无叫唤，无吟吃，无歌啸，无啈啼，无悲愁，无哀恸，无庆吊，无接对宾客，无预局席，无饮兴。能如此者，可无病长寿，斯必不惑也。"[1] 人到老年身心衰竭，因而强调了老年期的养生和心理卫生。

[1]《千金翼方》卷十二,《养生》。

附录2

《摄生秘剖》的养生心理思想研究*

杨鑫辉

摘要 《摄生秘剖》是明末儒医洪基所撰的一部融合诸家养生心理思想的专著。"精者神之本，气者神之主，形者神之宅"，精、气、神、形紧密联系而形成一种独特的养生机理。养生健体的关键是"保养精神"，神形共养便可以使人健康长寿。养生的主要方法有药疗（按症处方）、体疗（运动身体）、心疗（治心养神），三者结合才能产生全面的功效。

关键词 养生心理；精气神形；药疗；体疗；心疗

中国是世界上心理学思想最重要的策源地之一。中国的心理学思想渊源悠久，其系统的研究见诸先秦诸子百家，并在后来历代思想家的著述中不断得到丰富和发展。其中心理卫生思想也非常丰富，且集中地反映在医家和思想家有关"摄生""养生"的著述里。今人对这些思想的研究较系统的专门著作有陈耀庭等编的《道家养生术》（1992）、李庆升主编的《中医养生学》（1993）、汪凤炎的《中国传统心理养生之道》（2000）等书。

笔者于数年前搜集到明末儒医洪基撰的《摄生秘剖》（共3卷），读后认为该书具有丰富而较系统的养生心理思想。经到南京中医药大学等高校图书馆查询，《摄生秘剖》只有书目名而未得其藏书，系稀缺的珍本。

---

* 本研究得到全国教育科学"十五"计划重点课题DBA010160项目的资助。已发表于《心理与行为研究》2005年第3卷第4期。

前面提到的今人的三本著作，没有也不可能研究到该书。兹将该书的养生心理思想挖掘“整理”评介于后。

一、融合诸家的儒医养生心理著作

1. 简介

该书系铜版印刷的小开本，其扉面写明为清末“光绪三十二年六月上洋海左书局发兑”。卷一总目末尾称“崇祯戊寅孟冬之言新安洪九有”，可知原书稿作者是明末时期新安人洪九有。而且从卷一签署的“新安洪基九有参订”也可知，洪基又叫洪九有。这就是说，这里介绍洪基（洪九有）撰写的《摄生秘剖》，印刷出版已约有100年，而最初书稿距今已300多年了。

洪基是一位饱学的儒士且酷爱医学，历尽20年艰辛，广征海内奇方，加以医理评析撰成此书。正如他自己在《精订丸散谱缘起》中所说：“余性嗜医，每于业儒之暇，旁搜医典，究心于兹。盖亦有年，固走四方就正有道。原夫医理惟方与法而已。归来日读三四家之书，以究其法。觅方心切，更榜其门曰：兑换奇方。海内高明，异土怀奇方者，咸折节而辱教焉。繇是二十载辛勤，倒履负笈，总其所得之方几以万计。”

2. 内容体系

光绪三十二年，铜版印制的《摄生秘剖》全书共3卷。第1、2卷均署“石渠阁精订摄生秘剖”，第3卷则署“精订摄生种子秘剖”，共计60页，合120面。第1、2卷为摄生丸散，主要讲养身的药疗。先述方剂，丸散膏酒计80种（误刻印为18种，应为80种）。后述医药理法，主要从精、气、神、形进行阐发，所以也分散涉及养生心理问题。第3卷又分卷上和卷下（这跟有的版本分4卷是一致的），专论养生保神之法。卷上讲养生之法，包括治心、边引法、坐功图像、保养精神等养形调神的具体方法。卷下则为生育性学和房中术。该书的养生心理思想主要集中见于第3卷，并散见于第1、2卷。《摄生秘剖》阐述的思想内容涉及儒、道、医诸家，是一部融合诸家的儒医养生心理著作。

二、精、气、神、形的养生心理机理

1. 杂融诸家的神形观与心物观

《摄生秘剖》的养生心理观，是以它的神形观与心物观为基础的。该书虽无详细直白的神与形的论述，但其神形观思想却是非常明确的，归纳起来主要有三点。首先，继承了《黄帝内经》的“主心说”和儒家荀子“形俱而神生”的思想，认为“心者神明之舍，中虚不过径寸，而神明居焉”。以心为精神、心理的器官并不科学，认定精神、心理必须依托形体却是正确的。其次，它论及了“形”与“神”的相互影响，认为“心者神明之官也，忧愁思虑则伤心，神明受伤，则主不明，而十二官危”，即“心”这个形是产生精神、心理的器官，同时“忧愁思虑”这些精神现象、心理过程也能影响“心”和其他器官。最后，叙述了十月怀胎的过程，认为随着各个月份胎形的发展，胎儿的初步精神心理也会跟着发展。例如，他说：“八月形容已见，成毛生发，长定精神”，“九月胎膜重如山，七情开窍正非凡。”由上可知，这是一种杂融儒、医诸家的形神观。

该书毕竟不是哲学著作或思想史著作，所以没有正面论述心物观，但也并非完全没有涉及心物问题。例如，书中说：“驰心物外，思念别端。”当然，它既没有说是“物决定心”，也没有讲是“心决定物”，但确实涉及心物这对范畴。

2. 精、气、神、形的养生心理机理

在其形神观的基础上，该书以精、气、神、形的思想来解释养生心理机制。何谓精、气、神？《黄帝内经》上说：“天之在我者德也，地之在我者气也，德流气薄而生者也，故生之来谓之精，两精相搏谓之神。”精，指生命的原始物质；气，指地面的植物、水分等，中国古代认为气是物质微粒；神，指阴阳两精互相搏结而形成的生命力——心理、意识。《摄生秘剖》的作者洪基认为：“精、气、神人身三宝也。《经》曰精生气、气生神。是以精极则无以生气，以致庆削少气；气弱则无以生神，以致目昏不明。”这里明确地表述了精、气、神三者的关系是层进性的，精、气、神是人的生命中最宝贵的，当然也是人的心理健康中最不可缺少的。在《保养精神》篇中，洪基将精、气、神、形联系起来论述，使之更加完备。

何以说《摄生秘剖》的作者提出了精、气、神、形的养生心理机理呢？只要读一读该书《保养精神》篇中一段精辟论述便知。“精者神之本，气者神之主，形者神之宅也。故神太用则歇，精太用则竭，气太劳则绝。是以人之生者神也，形之孔者气也。若气衰则形耗，而欲长生者未之闻也。夫有者因无而生焉，形须神而立焉。有者无之馆，形者神之宅也。倘不全宅以安生，修身以养神，则不免于气散归空。……夫神明者生化之本，精气者万物之体，全其形则生，养其精气则性命长存矣。”这里明确地阐述了精、气、神、形四者的关系，并以“保养精神”为篇名而表明其主旨为阐述养生心理问题。正如《淮南子》一书在论述形、气、神三位一体时所指出的：“夫形者，一生之舍也；气者，生之充也；神者，生之制也；一失位则三者伤矣。……此三者，不可不慎守也。”（见《淮南子·原道训》）形、气、神三者相互联系、相互作用，这是养生中必须遵守的一条原则。

根据以上论述，我们可以将《摄生秘剖》的精、气、神、形养生心理机理用图1表示：

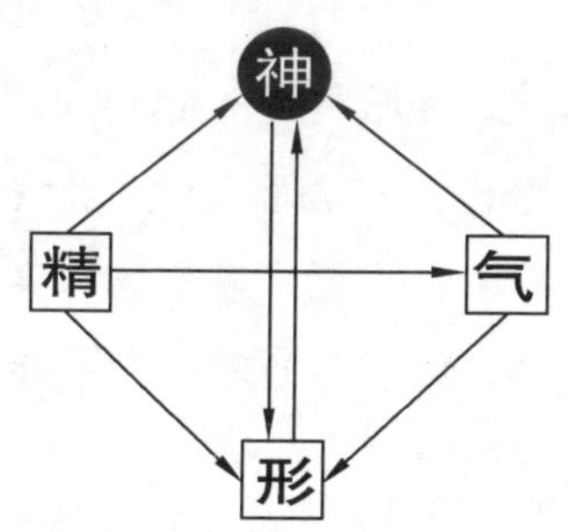

图1 精、气、神、形养生心理机理

从上图可知，精是神之本，气是神之主，故精生气、气生神。精、气是形体的物质组成，故“形俱而神生”，形是神之宅；反过来，神又能影响形的活动。这样，通过保养精神，讲求心理卫生、心理调适，就能够保障和促进形体的健康。心理健康和身体健康是互相发生影响作用，进而达到心身健康的，神形共养就可以使人健康长寿。

三、药疗、体疗、心疗相结合的养生心理方法

《摄生秘剖》一书的第1、2卷，集中论述了药疗，第3卷则着重论述体疗与心疗，从而形成了一套药疗、体疗、心疗相结合的养生心理方法。这套方法具有全面的功效，可以达到心身健康的目标。

1. 药疗

该书作者在搜集民间万种医病、养生奇方的基础上，“特拈其丸散方之最神奇、最切用者若干种，制以疗人。辄效信乎？昔神良之医，洞窥造化，熟晓阴阳，按症处方，自有精理传世之道”。据此，该书列出“摄生丸散总目”，计有80种药疗处方，如天王补心丹、六味地黄丸、珠珀益丸散、十珍膏、养生主、五五酒等。每种处方后，都有评析治病医理和处方药物功效的文字。如“千金补肾丸”一方说：“治一切耳聋症”，“耳以司听，非听勿聪也，君子有思聪之责者，胡然而使衰如乎？故取千金肾气丸。……凡是聋者，势必耳鸣，故总系以耳鸣也。味之甘者，可以补虚，亦可以补劳。”

药疗在养生健体中，不仅能治疗器质之病，而且能治疗有关心理机能之病。例如，“孔圣枕中丸”的用药为败龟板、龙骨、远志、菖蒲四味药，其功效是：“治学问易忘，此丸服之令人聪明。”其医理药理是：“凡人多识不忘者，心血足而无所蔽也。若心血不足，邪气蔽之，则伤其虚灵之体，而学问易忘矣。……用龟甲龙骨者，假二物之灵，养此心之灵。……远志辛温味厚，辛温可使入心，味厚可使养阴。菖蒲味辛气清，味辛则利发，气清则通神，学问宁复易忘耶！”

2. 体疗

流水不腐，户枢不蠹，身体运动才会健康。

《摄生秘剖》的作者在“养生之法”一篇里提出了一整套重视体疗的方法，认为“久视伤心损目，久坐伤肝损肉，久卧伤肺损气，久行伤力损筋，久立伤肾损骨。孔子所谓居必迁坐，以是故也。人之劳倦有生于无端，不必持重执轻，仡仡终日。惟是闲人多生此病，该闲乐之人不多

运动，气力绝食坐卧，经脉不通，血脉凝滞使然也。”这说明不运动会对内脏器官和骨肉的损害，更以闲乐之人不运动多生病为佐证，阐述体疗之必要性。

关于体疗，书中首先提出唐代医家孙思邈的“五宜法”，即“发宜多栉，手宜在面，齿宜数叩，津宜常咽，气宜精练”。这是说，要多梳头发，促进头皮血液循环；要多用手按摩面部，使皮肤红润光泽；要坚持每天叩齿数次，可以坚牙固齿；要经常吞咽津液，保持口腔喉部湿润；要正确呼吸并学习运气，使气脉通畅。其次是头面按摩法，即“热摩手心慰两眼，每二七遍，使人眼目自觉无障翳，明目去风无出于此，亦能补肾气也。频拭额上谓之修天庭，连发际二七遍，面上自然光泽。如有默默者立频拭之，又以中指于鼻梁两边，指二三十数，令表里俱热，所谓灌溉中狱以润于肺。以手摩耳轮，不拘遍数，所谓修其城郭，以补肾气，以防聋聩”。简而言之，就是用热手轻揉双眼，按摩额头，用双手中指按摩鼻梁两边，以两手摩耳廓。最后，提出了运动全身的“边引法”，此法跟导引与气功有一定的联系，边引法的动作也是在闭目静坐定神情况下进行的。

3. 心疗

心疗即重视心理因素，运用心理调节进行保养与治疗的方法。《摄生秘剖》列有“治心”专篇，对其加以阐述。在“形须神而立”的形神观的背景下，该书的治心方法有：一是“定心气”，即“必掩身毋躁，止声色暴怒，薄滋味保致和，禁嗜欲定心气”。毋躁、毋暴怒、禁嗜欲，跟其他篇中所述“和心气”“少嗔怒”都是讲以定心气来调节躁与怒等情绪和过度的欲望。二是以“心净”节制七情六欲。“凡七情六欲之主于心皆然，故心净可以通乎神明之主。……盖心如水之不挠，久而澄清洞见，其底是谓灵明，宜乎静，可以固元气，则万病不生，故能长久。若一念既萌，神驰于外，气散于内，血随气行，营卫昏乱，百病相攻，皆因心而生也。大概怡养天君，疾病不作，此治心之法也。”这是说，心净可以节制人的七情六欲，从而免生疾病，即为治心之法。三是“养精气”，“夫神明者，生化之本，精气者万物之体，全其行则生，养其精气则性命长存矣”。人的精与神是紧密联系在一起的，通过养精气可以增强神的状态，进而强健身体，达到长寿。这其中就包含着心疗的因素。

四、不可忽视的历史意义与现实价值

本人在为汪凤炎的《中国传统心理养生之道》一书所作的“序”中曾经写道：“养生长寿，不仅需要食疗、体疗、药疗，而且需要心疗，即心理养生，因而对心理养生的研究是很有必要的。中国古代养生心理思想蕴藏在医学、哲学等著作中，并且非常丰富。它主要论述心理与健康、长寿的关系，相当于现代的心理卫生学和健康心理学。因此，研究中国古代养生心理学思想，不仅具有弘扬祖国优秀文化传统的意义，而且与现代人的健康生活息息相关，值得引起重视。”依此，《摄生秘剖》一书在养生心理方面有着不可忽视的历史意义与现实价值。

明末洪基的《摄生秘剖》一书，是300多年前的一部养生专著，清末铜版印制本是保存至今的珍本医书。无论是从养生医学和版本学来看，都有其历史价值。尤其值得肯定的是，作者以儒医的身份致力于养生学的整理研究，使该书内容丰富，融合了医、儒、道诸家的养生心理思想，蕴涵着精、气、神、形的养生心理机理和药疗、体疗、心疗相结合的养生心理方法。其思想体系的完备性，使其在中国养生医学的发展史上占有一席之地。我们在研究中国传统养生心理问题上，应当重视除专门的医家、思想家的典籍以外的儒医这一特定人群的有关著作。

中国古代的养生心理思想，属于心理卫生学的知识体系的范围。有研究者指出：“中国的心理卫生思想渊源悠久，在世界心理卫生思想中占有重要地位。中国被视为世界心理卫生的第一故乡。”我们建立中国心理卫生学，应当吸收中国古代仍富科学价值的养生心理思想。《摄生秘剖》一书中的养生心理思想，不但丰富，而且至今仍有实效价值。现今民间流行的一些养生方法在该书中可以找到依据，这也证明了其现实价值。

我们现在的心理卫生学理应吸取其精华。

参考文献

[1]（明）洪基.摄生秘剖（卷1）.上海：上洋海左书局，光绪三十二年

[2]（明）洪基.摄生秘剖（卷3）.上海：上洋海左书局，光绪三十二年

[3] 灵枢经·本神.北京：人民卫生出版社，1963

[4]（明）洪基.摄生秘剖（卷2）.上海：上洋海左书局，光绪三十二年

[5] 汪凤炎.中国传统心理养生之道.南京：南京师范大学出版社，2000

[6] 马建青.心理卫生学.杭州：浙江大学出版社，1990

附录3

《中国传统心理养生之道》序*

杨鑫辉

庄子说："哀莫大于心死，而身死次之。"此话含义非常深刻，一方面心身并提蕴涵心身健康的思想，另一方面强调人的精神、心理因素对人身体健康和生命发展的重要作用。三国名医华佗将身心二字连用，把问题说得更加明白："昏疲之身心，即疾病之媒介，是以善医者先医其心，而后医其身。"由是可知，中国古代在长寿养生中特别重视心理、精神因素的作用，无论从思想家抑或从医学家那里，都可以找到这一思想根源。养生长寿，不仅需要食疗、体疗、药疗，而且需要心疗，即心理养生，因而对心理养生的研究是很必要的。中国古代养生心理学思想蕴藏在医学、哲学等著作之中，并且非常丰富。它主要论述心理与健康、长寿的关系，相当于现代的心理卫生学和健康心理学。因此，研究中国古代养生心理学思想，不仅具有弘扬祖国优秀文化传统的意义，而且与现代人的健康生活息息相关，值得引起重视。

汪凤炎同志的《中国传统心理养生之道》，是我国第一部系统研究中国古代养生心理学思想的专著。该书内容丰富而成系统，论述严谨而有深度，观点明确而有创见。导言阐明研究意义、对象和方法学，第一章论述了历史背景，第二章论述了先秦时期的心理养生之道，第三章论述了秦汉至隋唐时期的心理养生之道，第四章论述了五代至明清时期的心

* 本文选自汪凤炎著《中国传统心理养生之道》，杨鑫辉作序，南京师范大学出版社2000年版。

理养生之道，结束语部分阐述了中国传统心理养生之道的特色、科学性与价值。

该书在下列方面给我留下深刻的印象：首先，不是就心理养生思想谈心理养生思想，而是从经济发展需要、重人贵生思想和孝道思想影响等方面分析重养生之缘由，再阐明重养心与调神，将这些思想置于一定的历史背景之下来分析。其次，提出中国古代养生思想家探讨的中心问题是养生与生理、心理、自然和社会四种因素的关系，蕴涵了一个兼顾生理—心理—自然—社会的整体养生模式。它体现了中国传统文化里天人合一和形神合一的思想，较之现代西方医学的生理—心理—社会模式，更具独特性和全面性。再次，中国古代的养生心理学思想有较明显的派别性，包括道家（含道教）、儒家、杂家、医家和禅宗，各派互相影响、互相渗透，但以道家养生心理学思想为主体。最后，中国古代养生心理学思想有三个较明显的侧重点，即不同派别在不同历史时期对养形、养神或养心各有侧重，但总的说还是形神并养。此外，指出养生心理学思想在社会发生较大变革时期发展较大，还列举几组数据证明，根据传统心理养生模式进行养生曾取得过很好的效果，这些亦给今天的人们以启示。我研究中国心理学思想史20多年的体会是：治史之意不在古，论古之旨却在今，通古变今，昭示明天。从作者的选题与内容阐述看是颇得其真谛的。

凤炎同志跟我研习中国心理学思想史的时间算是长的，他既是我的硕士研究生，又是我培养的我国第一届中国心理学史博士，去年又进了南京师范大学教育学博士后流动站做研究工作。他事业心强，对学术很执著，勤奋好学，刻苦钻研，勇于不断探索。他的硕士论文是《先秦养生心理学思想研究》，博士论文是《中国古代养生心理学思想研究》。呈现在读者面前的《中国传统心理养生之道》一书，是在他的博士论文的基础上修改补充而成的。我感到欣慰，乐为之作序，并将此书推荐给广大读者。希望他在学术道路上谦虚谨慎，再接再厉，朝着更高的目标前进，不断取得新的成绩。

附录4

中国传统养生心理思想对现代生活的影响研究*

苏州大学教育学院心理系　彭彦琴　崔　莹

南京师范大学教育科学学院心理系　杨鑫辉

摘要　本研究采用养生现状调查问卷，初步探讨了中国传统养生心理思想对现代生活的影响。研究结果表明，传统养生心理思想在现代生活中已经有不同程度的传承和遗弃：① 以形神兼顾、顺应自然、平和适中、顺时调神、以物养性、预防为主、以情制情、清静养神为代表的传统养生心理思想至今仍经久不衰；② 强调修养道德、精神陶冶，突出养神为主的传统养生心理的思想精髓在发展中遗失；③ 探讨了传统养生心理思想的现代回归与思索。

关键词　中国传统养生心理思想；现代生活；影响

一、中国传统养生心理思想的基本理念

纵观中国传统养生心理思想的发展历程，尽管随着时代的不断变迁，不同的时代在养生的观点和方法等方面存在不同程度的差异和变迁，然而，在共同的传统文化背景下，各时代养生流派之间思想的通融和交流，

* 本文选自全国教育科学“十五”规划重点课题“中国古代养生心理思想的实证研究与诠释转换”（DBA010160）；已发表于《南通大学学报》（教育科学版）2006年3月第22卷第1期。

不断取长补短，借鉴并修整各自的养生理论模式，使得中国传统养生心理思想具有高度一致的基本精髓。本研究根据已有文献资料，总结并概括出中国传统养生心理思想的基本理念。

首先，中国传统养生心理思想一致认可整体养生模式，即兼顾生理—心理—自然—社会的整体养生模式。中国传统的思想家（佛家除外）和医学家多强调天人合一和形神合一的思想，运用整体思维方式，主张兼顾生理、心理、自然和社会四个方面的因素，主要体现在：① 就个体而言，主张形（生理）神（心理）合一，把人看做是一个小系统，认为人的生理和心理是相互依赖、相辅相成的，主张身心兼养，既不忽视生理因素，又要重视心理因素对人的影响；② 就个体与环境而言，环境包括自然环境和社会环境两方面，把人与其生存的环境看做一个具有生命力的整体，认为人体内部的活动既与外界天地万物的自然变化相一致，又与所生存的社会环境的变迁息息相关，因此主张顺应四时和气功养生等；③ 从养生中运动和清静的关系来看，主张以动养形，以静养神，动静结合，实现二者的辩证统一。

其次，在中国传统养生心理思想的具体操作层面上，尽管中国传统有关养生的文献浩如烟海，但是，不同时期的各个养生流派的具体操作原则及方法在基本精神上是相通的，具体表现在：在养生心理观上，多主张形神兼顾的共养观、动静结合的养神观和顺应自然的调神观等；养生心理原则上，多主张养神为主、养生与养德相结合、平和适中、以物养性和预防为主等；在养生心理方法上，多主张运动养形怡神法、气功养形调神法、节制情欲法、修养道德法、精神陶冶法、清静养神法和顺时调神法等。

概而论之，中国传统养生心理思想的基本理念具体为顺时调神、形神兼顾（动静结合）、顺应自然、养神为主、平和适中、以物养性、预防为主、以情制情（节制情欲）、清静养神、修养道德、精神陶冶。尽管中国传统的养生心理思想成为理论研究中的瑰宝，但是，对于今天中国人的生活而言，传统养生心理思想是否仍然具有现实价值？现代人的养生观念在传承中产生了怎样的变化?

二、现代人养生心理状况调查

1. 问卷编制

根据中国传统养生心理思想的理论构想，自编《现代人养生心理状况调查问卷》。

通过问卷的发放和初步调查结果，对问卷项目进行分析、修改和调整，最终确定45项。

量表采用四点记分法，每个项目根据被试情况划分为以下四个不同的程度："1"不符合，"2"有点符合，"3"符合，"4"非常符合，根据被试自身的实际情况对每个项目作答，选择量表上合适的等级，并画勾标明。

2. 被试选择

从苏州、无锡两地随机抽取被试，有效样本248人，男性109人，女性139人，年龄在20—59岁之间。

3. 实测与数据处理

问卷采用现场施测的方式获得调查数据。

数据处理运用SPSS11.0数据处理软件。对调查数据进行因素分析，使用主成分分析和正交旋转的方法抽取因素。

4. 结果分析

（1）因素抽取与命名（见表1）

依据各评价因素所包含项目的共同性对因素进行命名，其具体含义如下：

因素1——形神兼顾：养生同时关注身体和心理的健康保健，通过运动和调节饮食的方法修养身体，调节精神。

因素2——预防为主：健康保健注重防患于未然，关注自身健康状况，通过不同的养生方法保健身心。

因素3——顺应自然：随着外界环境的变化调整自身的精神，遵循自然的规律修养身心。

表1　各因素的负荷矩阵

因素1（形神兼顾）	因素2（预防为主）
V18　0.480	V17　0.695
V20　0.573	V19　0.721
V20　0.556	V21　0.474
V24　0.690	V26　0.778
因素1（形神兼顾）	因素2（预防为主）
V25　0.698	V31　0.606
V27　0.707	V43　0.694
V29　0.783	
V30　0.753	
因素3（顺应自然）	因素4（平和适中）
V2　0.511	V13　0.732
V3　0.790	V14　0.804
V4　0.726	V15　0.676
V5　0.738	V16　0.506
V6　0.436	V22　0.504
因素5（顺时调神）	因素6（以物养性）
V36　0.405	V7　0.765
V37　0.692	V28　0.677
V38　0.603	V32　0.508
V39　0.718	V35　0.422
V40　0.612	V33　0.756
	V34　0.498
因素7（以情制情）	因素8（清静养神）
V10　0.686	V1　0.686
V11　0.712	V8　0.594
V12　0.557	V9　0.481
V41　0.498	V44　0.704
V42　0.717	V45　0.736

注：符号“V”表示问卷中的项目。

因素4——平和适中：为人处世不偏激，言行符合中和的原则，不极端冲动。

因素5——顺时调神：根据外界环境的变化，如四季等自然环境，调整自身的心理状态，改变养生方式。

因素6——以物养性：借助外界事物保养身体和心灵，端正对物质的看法，借助外物供养生命，而非牺牲生命汲取物质。

因素7——以情制情：重视对情绪变化的控制，通过不同情绪之间的互相调节来修养精神，其中包含对个体欲望的控制，即通过规范生活规律，控制和调节自身的欲望。

因素8——清静养神：消除心中杂念，保持内心平静状态，进而保养心灵。

（2）因素分析结果（见表2）

表2 因素分析结果

因 素	特征值	变异百分数	累积百分数
1	5.016	10.032	10.032
2	4.641	9.282	19.314
3	2.867	5.734	25.048
4	2.821	5.641	30.689
5	2.623	5.246	35.935
6	4.002	8.107	44.042
7	4.025	8.049	52.091
8	3.519	7.039	59.130

本研究所得出的8个因素对问卷总变异值解释量为59.13%，其中，损失了40.87%的变异信息。通过进行信度检验，8个分量表的a系数分别为0.872、0.806、0.740、0.770、0.555、0.675、0.607、0.542，整个问卷的a系数为0.863 5，达到了较高的水平。

三、中国传统养生心理思想对现代生活的影响

1. 传统养生心理思想经久不衰的影响与应用

经研究发现，尽管传统养生心理思想演变已经经历了上千年的时代变革，然而，其中所蕴含的科学、有效的养生观念和思想仍然受到现代人的认可，它所提倡的养生方法仍然是现代人养生生活中所青睐的对象，突出包含以下几方面养生理念：

（1）整体养生观：现代人仍然主张修养精神和身体保健相结合的形神共养观，素来注重形神兼顾的中国传统养生思想仍然影响着现代人的养生观念，主张身心合一、动静结合的养生观，认为身体健康和心理的健康密不可分。

（2）主张以自然、平和、节制、清静的养生方法保养身心健康：中国传统养生思想中注重顺应自然、顺时调神、平和适中、以情制情、清静养神的观点，提倡人与自然的和睦相处，提倡通过顺应、调整自身的方式寻求个体与环境的平衡和协调，而不是控制和占有，这是精神的修养的关键，也是中国思想与西方思想具有显著差异的焦点。

（3）养生保健中预防为主的思想仍居重要地位：防患于未然是养生思想的精华，主张人们应该在日常生活中注重身体健康，不断调节自身以顺应环境，平和心态。同时，通过运动等方式保健身心，增强身体对环境的适应能力，从而避免严重的身体疾病等。

（4）以物养性的思想仍然扎根于现代人的养生观念中：在个体与环境的关系方面，现代人仍然注重与环境的和睦相处。在个体与外界物质的关系上，借助外界物质供养生命的观念仍然流行在现代生活中，为了满足自身的欲望而无限制地追求物质仍然是人们所不愿接受的。

2. 传统养生心理思想的遗失

尽管传统养生心理思想在很大程度上仍然是现代生活中不可或缺的重要部分，但经过问卷调查研究发现，一些传统养生心理的思想精髓已经随着时代的变迁被遗忘了。中国传统文化是典型的早熟文化，具有极

强的生命力与原创性，尤其是它的精髓内涵不仅不会因时代变迁而过时，反而会以历久弥新的姿态不断地实现自我验证与超越。众所周知，传统中国人重视个体道德修养，将道德品质作为评价个体的重要标准，这一点在养生领域中亦不例外。中国传统养生心理思想尤其强调修养道德、精神陶冶，突出养神为主，提倡养生与养德相结合，讲究精神至上。然而，本研究发现，现代人对修养道德以养生的方法似乎已表现出不屑一顾，这固然是由于现代生活中浓厚的功利色彩，让人们逐渐地缩短了自我内省与成长的历程，也忽视了道德情操的修养，但这种现象的出现只是暂时的：一方面，随着物质的不断丰富和人们生活层次的不断提高，精神境界必然会成为人们的主要取向；另一方面，现代生物科技已经证明，精神状态可以影响人体免疫力，长期处于忧虑紧张状态的人是难以保持身体健康的，而一个具有道德自律、宽容良善的人更容易享受高质量的生命。

3. 传统养生心理思想的回归与思索

目前国内健康教育就其整体来说，多是以发达国家（尤以美国、西欧）为范本来跟进的。然而，有意思的是，美国哈佛大学却资助研究中国的传统养生方法，斯坦福大学受五角大楼委托，已秘密研究有关内容多年，这一现象值得我们反思。的确，建立在解剖学、实验生理学、细胞病理学等基础上的现代生物医学使绝大多数传染病已置于人类的控制之下（如天花、脊髓灰质炎等）。利用新的脑功能成像技术，甚至可以将一个透明的活体人脑呈现出来，人体最为神秘的大脑也能在现代仪器的观测下一览无遗。对自然界和人体生物机理的高精度模拟和控制——“因为……所以……”的完美因果模式作为科学的一般范式，也一度给人们慌乱和迷惑的心灵以安慰。人们甚至坚信，这一完美的医学发展模式将攻无不克地使我们最终能战胜各种疾病。然而，一个让人颇为沮丧而又不得不面对的事实是：无论是疾病的病因、病理及其防治，均不是单一因素导致的。人作为一个复杂的开放性系统，其心理状态早已深深地烙上社会因素的印迹，并通过生理状态折射出来。因为身心失调而导致众多高发的心源性疾病，使人们又重新陷入到了新的不安中。仅依靠单纯的生物医学模式框架，很难找到真正解决问题的办法，于是，人们熟知的生理—心理—自然—社会的整体养生模式重新进入人们的养生理念。

回首聚焦了中国传统养生思想的具有6 400年历史的中医，我们发现，当世界上许多地区的人们尚在茹毛饮血时，中华民族已有了一套完整而系统的自我保健方法。作为传统养生学，其形成与发展都有自己特有的社会文化印记，重视心理因素，强调顺应自然，把人类、社会和环境联系起来去理解和维护人体的健康，完全符合目前备受推崇的生理—心理—社会医学养生模式。因此，我们以为，今天人类的身心健康问题得到了前所未有的关注，深入思索和探究我国传统的养生心理思想可以帮助人们有效地解决这一问题。从民俗心理学的角度，以传统养生心理思想的继承及应用现状为基础，删除其中的不合理因素，整理并归纳出一套科学有效的并具有操作性的养生思想和方法。

参考文献

[1] 汪凤炎.中国传统心理养生之道.南京：南京师范大学出版社，2000

[2] 陈玺等.21世纪的健康主题——心理养生.长春中医学院学报，2000(3)

[3] 景怀斌.传统中国文化处理心理健康问题的三种思路.心理学报，2002(3)

[4] 黄超岚等.论传统医学在亚健康状态治疗和保健中的作用.中医药信息，2003(4)

[5] 杨德森.中国人的传统心理与中国特色的心理治疗.湖南医科大学学报，1999(1)

[6] 林晓茅.探索中国特色的健康教育模式.中国健康教育，1999(6)

附录5

张从正养生心理学思想研究*

江西师范大学教育学院　易　芳

我国古代养生心理学思想的发展有一个特点：以个人临床经验为主。因此我们需要对每个医家独到的养生思想进行单纯研究。张从正是我国金元时期一位杰出的医学心理学家，他对心理学思想的重视，不仅表现在病理、诊断、治疗等几个环节中对心理因素的把握和运用，还在于他的理论在防、治并重的指导原则下，注意从养生保健和预防疾病相结合的角度论述情志、精神活动，形成他自成一套的养生心理思想。

一、养生心理的原则

张从正的养生心理思想以“形与神俱，形神兼养”为指导原则，意即人的形体（身）和精神（心）是结合在一起的，因此要保养身体，以促进心理健康，也要保养精神，以促进身体健康。

形与神俱、形神结合的观点，从哲学心理学思想方面来看，可以追溯到《墨子·经上》篇：“生，刑与知处也。”（“刑”同形，指人的身体；“知”，本为感知，可泛指为精神）从医学心理学思想角度讲，“形与神俱，形神兼养”最早见于《黄帝内经》。其《素问·上古天真论》认为，只有“形与神俱”，形体不敝，精神不散，才能“尽终其天年，度百岁乃去”。所

---

* 该文是杨鑫辉主持全国教育科学“十五”规划重点课题“中国古代养生心理思想的实证研究与诠释转换”的成果之一，课题批号DBA010160。

以在《灵枢》篇中竭力主张“顺四时而适寒暑，和喜怒而安居处，节阴阳而和刚柔。如是则僻邪不至，长生久视”。这里“顺四时而适寒暑”“安居处”等是从形上调摄，“和喜怒”“和刚柔”是从神上调摄。张从正不仅在《儒门事亲·九气感疾更相为治衍二十六》中摘引重申《内经·灵枢》以上的摄生调神的思想，更在临床实践中从防治角度加以运用和发挥。他嘱咐伤寒病初愈的患者要他们“禁杂食嗜欲，忧思作劳”，他还强调大病后的人宜静心休养：“清之而勿扰，休之而勿劳。”这些思想都是重视身体调养期间的精神调摄。

再从精、气、神统一的角度来看“形与神俱，形神兼养”的指导原则。在《儒门事亲·卷一·指风痹痿厥近世差玄说二》中，他说：“人之四季，以胃气为本，本固则精化，精化则髓充，髓充则足能履也。《阴阳应象论》曰：形不足者，温之以气；精不足者，补之以味。味者，五味也，五味调和，则可补精益气也……五味贵和，不可偏胜。又曰：恬憺虚无，真气从之；精神内守，病安从来？”张从正结合《内经》的思想，阐明了精气充足乃是形健神存的基础，若精气不足，则形体萎靡，精神浮躁，滋生疾病。只有精、气、形、神之间相互资生，彼此充盈，人才能健康长寿。

二、养生的主要方法

张从正除了从整体原则上论述了他的养生思想，还根据他的养生原则提出了具体的养生方法。归纳起来，他的养生方法主要有三种：

1. 清静养神（以全形）

中国古代许多哲学思想家都主张清静养神是健康长寿之道，而以老庄道家为著。老庄主张恬淡虚无，清静无为，顺乎自然，这样养性摄神，“忧患不能入，邪气不能袭”，人便可以“全形”“贵生”。

我国古代医学思想家也都持清静养神以全形的这个主张。自《黄帝内经》始，即形成了这种传统。例如，它认为“静则神藏，躁则神亡”。《黄帝内经》这一“静胜躁”的观点，为以后历代医家所继承。唐代孙思邈主张“静神灭想”。金元四大医家之一刘河间也强调说“心乱则百病生，心静则万病悉去”。张从正从具体做法上支持了这个观点，上文提到他特别嘱咐大病痊愈的病人注意精心调养便是例证。

张从正在总结“保养之说”时，提出了六字“慎言语，节饮食”，其中“慎言语”可以说是保持思想“清静”的重要方法之一。常言道：“祸从口出，病从口入。”亦理同张从正的六字令。“慎言语”一则可少惹麻烦，二则避免过分思虑劳神，情绪波动，保持心境平和稳定。张从正曾在《儒门事亲》对思虑过度而致病的观点有一具体阐发，可以从反面来证明“清静以养神”的观点。他说：“思气所主，为不眠，为嗜卧，为昏瞀，为痞荡闭塞，为咽膈不利……为得后与气则快然而衰，为不嗜食。”

必须指出的是，少思慎言，清静养神，并非教人无所事事，心如死灰，而是把握度并从积极方面思考。“节饮食”是节欲的一个内容。节欲有两个方面的意义：一是养神，二是保精。下面将阐述如何“保精”。

2. 节欲保精

欲望属于心理活动，它有狭义和广义之分，我们这里主要从广义而论。广义的欲望在现代心理学中指人的需要，它是多层次的。古人主要从低层次需要来看待“欲”的，因此大多思想家主张“节欲”“少欲”，而古代的医家是从“节欲保精”意义上来理解“欲”。如《素问》认为，若“志闲而少欲，心安而不惧，形劳不倦……是以嗜欲不能劳其目，淫邪不能惑其心”，就可以“年皆度百岁而动作不衰”。张从正也赞同这种观点。他在《补论》篇中从反面阐述了这个观点。他说缙绅之流、富豪之子“醉饱之余，无所用心，而因致力于床笫，以欲竭其精，以耗散其真，故年半百而衰也”。纵欲不仅会折寿，也是致病的原因。他在《指风痹痿厥近世差玄说二》中指出痿症的发病原因:“好以贪色。”又在《酒食所伤》篇中指出“膏粱之人，起居闲逸，奉养过度，酒食所伤，以至中脘留饮胀闷……”色欲、酒等饮食过度，皆伤精。中医学认为，精是构成人体和维持生命活动的物质，精不仅具有生长发育的能力，并能抵抗不良因素刺激而免于疾病。因而张从正主张“节饮食”以“保养”，大病后“禁杂食嗜欲”，就是要节欲以保精。与张从正并称的李东垣、朱丹溪都有相近的观点。李东垣在《脾胃论·远欲》中强调，人要“安于淡薄，少见寡欲”。丹溪翁更明确地指出要“节欲保精”，因为“人之情欲无涯，此难成易亏之阴气”。张从正更从治疗与预防相结合的角度指出：不节制欲望,不仅能致病,还能使病复发。他在《九气感疾更相为治衍》中说道:“不戒嗜欲，不节喜怒，病已而复作。”

3. 和情顺气

情与欲在古代既有联系，又有区别。从联系上看，凡是主张调节情志(古代把情绪称为情志)的思想家,也必然会重视节欲保精的,反之亦然。从区别上看，又应对情志作独立的考察。

“和情顺气”，是指协调七情活动，不过喜，勿大怒等，以使体内气机调顺，保持身心健康的养生方法。协调情志在养生中的重要性，可以从张从正论情志致病、情志治病的思想反面得到验证。情志活动过度是损害身体健康，导致疾病产生的内因，“和情顺气”以情志能致病为事实依据，注重七情气机调治和护养，从而达到祛病和预防疾病的目的。张从正曾在《九气感疾更相为治衍二十六》从正反两方面说明之：“是以圣人啬气，如持至宝；庸人役物，而反伤大和。此轩岐所以论诸痛，皆因于气。百病皆生于此，遂有九气不同之说。”在他看来，圣人知养生之道，所以最懂得爱护正气（正气即由和顺七情、适寒暑等而来的），而庸人则正好相反，使情纵欲，破坏气的“大和”状态，从而滋生百病。

这三种方法，从不同的角度分析了如何保养精神和身体。实质上三种方法是水乳交融、相依并存的，可以看成一个整体，归纳为“摄身养神”的养生心理思想。